MECHANICAL FACILITIES FOR BUILDING

권영필 저

| 개정판 |

■ 머리말

기계설비란 플랜트나 건축물에 들어가는 기계장치를 뜻하며, 기계공학의 모든 이론이 종합된 응용기술이라고 할 수 있습니다. 건축설비기술은 급속한 변화와 발전으로 현대건축물에 생명력을 공급하고 쾌적한 실내환경을 조성하는 데 크게 기여하여 왔습니다. 최근 들어 기계설비는 건축물에서 차지하는 비중이 점차 증대되고 있으며, 그 위상도 매우 높아졌습니다. 특히 21세기를 맞이하여 설비기술은 자원고갈과 지구환경보전이라는 근본적인 변화를 요하는 새로운 도전에 직면하여 그 역할이 더욱 중요하게 생각되고 있습니다.

이러한 시점에서 필자는 건축기계설비 분야의 현장 기술자와 전공하는 학생들을 위한 보다 심도 있는 지침서가 필요함을 느껴 이 책을 출간하게 되었습니다. 이 책은 건축에 관련된 건축기계설비를 대상으로 하여 공기조화, 배관, 위생, 소방, 방음방진 등에 관한 내용으로 구성하였습니다.

이 책에서는 최근 변화·발전된 기술을 최대한 포함하려 하였습니다. 또한 에너지절약과 신재생에너지의 활용에 주안점을 두어, 건축기계설비 분야를 개척하고 미래를 열어갈 실무자들과 학생들에게 다소나마 도움이 되기를 바랍니다.

초판이 제한된 시간에 서둘러 출간하게 되어 상당한 오류가 있었기에 수정 및 보완을 통한 개정판을 내게 되었고, 이번에 전면 재수정을 통해 다시 한번 보완하게 되었습니다. 그래도 미흡한 부분이 많으리라 생각되며 독자 여러분들의 질타와 격려를 부탁드립니다.

끝으로 이 개정판이 나오기까지 도와주신 많은 분들과 도서출판 대가에 진심으로 감사드립니다.

2020. 2.

저자 권영필

■ 차례

제 1 장 기초 이론

건축기계설비는 유체와 에너지의 이송을 주목적으로 하므로 열유체에 관련된 열역학, 유체역학 및 열전달을 기초 이론으로 한다. 또 건축기계설비는 건축물의 궁극적인 목적이 환경제어를 위한 것이므로 환경에 관한 지식이 필요하다.

1-1 단위

단위계에는 국제표준단위계인 SI(Le Systéme International)단위계와 영국단위계가 있으며, 우리나라는 법률에 의하여 국제표준단위계를 채택하고 있다.

SI단위계는 7개의 기본단위인 길이[m], 질량[kg], 시간[s], 온도[K], 광도[cd], 전류[A], 물질량[mol]을 기초로 하여 속력[m/s], 밀도[kg/m^3], 힘[N], 압력[Pa], 일[J], 일률[W] 등과 같은 유도단위로 필요한 물리량의 크기를 나타낸다. 아직도 산업현장에서는 힘의 단위로 [kgf], 열량의 단위로 [kcal]를 사용하는 경우가 있으나 힘은 [N], 열량은 일의 단위와 같이 [J]을 사용해야 하며, 각종 단위에 관한 환산표는 [부표 1]과 같다.

예제 1-1

[부표 1]에 있는 $1\,\text{lb} = 0.453592\,\text{kg}$, $1\,\text{kcal} = 4.1868\,\text{kJ}$ 및 $1\,\text{Btu} = 1055.06\,\text{J}$을 활용하여 열전달률 $1\,\text{kcal/h}$ 및 비열 $1\,\text{Btu/lb°F}$를 SI단위로 나타내어라.

풀이

$$1\,\text{kcal/h} = \frac{\text{kcal}}{\text{h}}\frac{4188\text{J}}{\text{kcal}}\frac{\text{h}}{3600\text{s}} = \frac{4188}{3600}\frac{\text{J}}{\text{s}} = 1.16\,\text{J/s} = 1.16\,\text{W}$$

또 온도 1°F 변화는 5/9K 변화와 같으므로 1°F = 5/9K를 이용하여

$$1\,\text{Btu/lb°F} = 1\frac{\text{Btu}}{\text{lb°F}}\frac{1055.96\,\text{J}}{\text{Btu}}\frac{\text{lb}}{0.453592\text{kg}}\frac{\text{°F}}{5/9\,\text{K}} = \frac{1055.96}{0.453592(5/9)}\frac{\text{J}}{\text{kgK}} = 4.19\,\text{kJ/kgK}$$ ■

1-2 열역학

열역학은 물질의 상태변화와 에너지 변환의 기본 원리를 다루는 학문이다. 특히 기계설비는 에너지의 변환 및 전달에 관련된 시스템을 다루는 것이므로 설비시스템을 해석하고 설계하는 데 열역학적 지식이 필요하다.

1) 열역학적 상태량과 열

온도, 압력, 엔탈피 및 엔트로피와 같이 상태변화와 관계된 양들을 열역학적 성질 또는 상태량이라고 한다. 단일 상(相)의 순수물질은 두 개의 독립된 강성적 상태량을 가지므로 두 개의 상태량만 알면 다른 모든 상태량들은 상태식이나 열역학 표를 이용하여 구할 수 있다. 이상기체의 경우 절대온도, 압력 및 비체적은 다음과 같은 이상기체 상태방정식을 만족한다.

$$pv = RT \tag{1.1}$$

여기서 p : 절대압력
v : 비체적
T : 절대온도
R : 기체상수

열이란 온도차에 의하여 전달되는 에너지를 말하며, 상변화가 없는 경우 일정한 질량의 물질을 가열하는 데 필요한 열량은 다음과 같다.

$$q = mC(t_2 - t_1) \tag{1.2}$$

여기서 q : 열량　　m : 질량
t_1, t_2 : 가열 전후의 온도　　C : 비열

비열은 물질의 상태량이며, 부피가 일정한 경우에는 정적비열 C_v, 압력이 일정한 경우에는 정압비열 C_p가 된다. 고체나 액체와 같이 비압축성인 물질의 경우에는 두 비열이 거의 같기 때문에 구분 없이 쓸 수 있다.

식 (1.2)에서와 같이 온도변화에 따른 열량을 현열(顯熱, sensible heat)이라 하며, 얼음이 녹거나 물이 증발하는 경우와 같이 일정한 온도에서 상변화를 일으키는 데 관련된 열을 잠열(潛熱, latent heat)이라 한다.

얼음의 융해 또는 물의 증발 과정과 같이 얼음과 물 또는 물과 수증기가 평형을 이루어 존재하는 상태를 포화상태라고 하며, 그때의 온도나 압력을 포화온도, 포화압력이라고 한다. [부표 2]는 물의 포화상태의 성질에 관한 것이다.

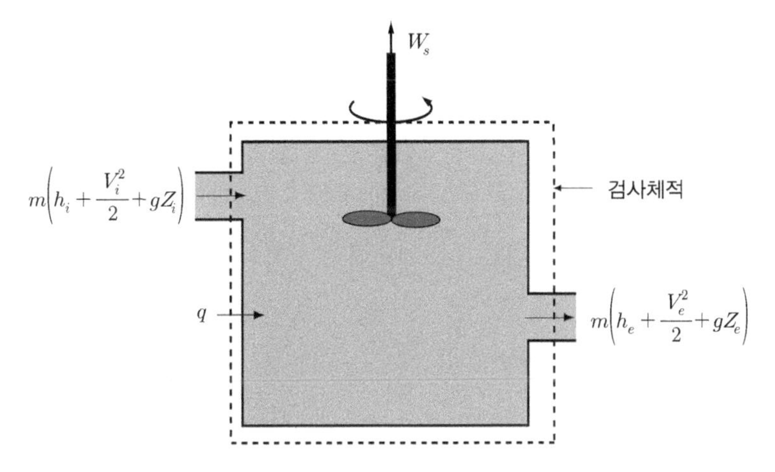

[그림 1-1] 정상상태에서 검사체적의 에너지 흐름

2) 열역학 제1법칙

열역학 제1법칙이란 에너지는 형태를 바꿀 뿐 창조되거나 소멸될 수 없이 보존된다는 에너지 보존에 관한 법칙을 말한다.

검사면을 통한 에너지의 흐름을 표시하면 [그림 1-1]과 같으며, 정상상태에서 질량 또는 에너지의 유입되는 양과 유출되는 양은 같으므로 정상유동에 대한 열역학 제1법칙은 다음 식으로 나타낼 수 있다.

$$q + m\left(h_i + \frac{V_i^2}{2} + gz_i\right) = m\left(h_e + \frac{V_e^2}{2} + gz_e\right) + W_s \tag{1.3}$$

여기서 q : 외부에서 검사체적으로의 열전달률
m : 검사체적으로 유입, 유출되는 질량 유동률

W_s : 검사체적의 축을 통한 일률(동력)
h : 엔탈피(enthalpy)
V, z : 유속 및 위치
첨자 i, e : 유입 측 및 유출 측

$\left(h+\dfrac{V^2}{2}+gz\right)$는 단위 질량당 엔탈피, 운동에너지 및 위치에너지를 합한 유동하는 유체가 가지고 있는 총 에너지를 뜻한다. 대개의 경우 운동에너지와 위치에너지의 변화는 엔탈피 변화에 비해 무시할 수 있는 양이므로 유체의 유동과 함께 흐르는 에너지는 엔탈피라고 할 수 있다. 따라서 식 (1.3)을 간단히 표현하면

$$q+mh_i=mh_e+W_s \tag{1.4}$$

검사체적의 동력은 압력의 변화와 관계되며 이상적인 상태변화의 경우 다음 적분식으로 나타낼 수 있다.

$$W_s=-m\int_i^e v\,dp \tag{1.5}$$

비체적 v가 일정한 유체일 경우 위의 적분을 간단하게 표현하면

$$W_s=-Q\Delta p \tag{1.6}$$

여기서 Q : 체적속도($=mv$)
Δp : 검사체적의 출구 압력과 입구 압력의 차

또 식 (1.4)에서 동력 없이 가열 또는 냉각만 있는 경우에는

$$q=m(h_e-h_i) \tag{1.7}$$

식 (1.2)는 현열에만 적용할 수 있으나, 식 (1.7)은 현열과 잠열을 포함한 전열(全熱)에 관한 식이다.

예제 1-2

전기로 가열하는 18 kW 용량의 온풍기에 100 kPa, 18℃의 공기가 공급된다. 공급 공기의 체적 유량이 150 m³/min이고 주위로의 열손실이 500 W일 때 출구 공기의 온도를 구하여라.

풀이

편의상 전력을 열로 보면 동력은 없고 운동에너지와 위치에너지의 변화는 무시할 수 있으므로 정상유동시스템에 대한 식 (1.7)을 적용할 수 있다. 그런데 이상기체의 경우 $\Delta h = C_p \Delta T$이고 공기는 이상기체로 볼 수 있으므로 식 (1.7)은 다음과 같이 나타낼 수 있다.

$$q = m C_p (T_e - T_i) \tag{1}$$

가열량은 전기적인 가열에서 열손실을 뺀 것과 같으므로

$$q = 18 - 0.5 = 17.5\,\mathrm{kW} \tag{2}$$

이상기체 상태방정식 (1.1)에서 비체적을 구하면

$$v_i = RT_i/p_i = \frac{0.287 \times (273+18)}{100} = 0.835\,\mathrm{m^3/kg} \tag{3}$$

질량유량은

$$m = \frac{Q_i}{v_i} = \frac{150/60}{0.835} = 2.99\,\mathrm{kg/s} \tag{4}$$

따라서 식 (1)에 식 (2), (4) 및 공기의 정압비열 $C_p = 1.006\,\mathrm{kJ/kg℃}$를 대입하면 출구 온도는

$$T_e = T_i + \frac{q}{m C_p} = 18 + \frac{17.5}{2.99 \times 1.006} = 18 + 5.82 = 23.8℃$$ ■

3) 열역학 제2법칙

열역학 제2법칙은 에너지 변환의 방향성에 관한 법칙으로 열기관의 열효율이나 냉동기의 성능계수의 한계를 제시한다.

[그림 1-2]와 같이 고온 측에서 q_H의 열을 공급받고 저온 측에 q_L의 열을 방출하여 그 차이를 일 W로 변환시키는 열기관의 열효율 η_{th}는 다음과 같이 정의한다.

$$\eta_{th} = \frac{W}{q_H} = \frac{q_H - q_L}{q_H} \tag{1.8}$$

열역학 제2법칙은 열효율 100%의 열기관은 불가능하며 카르노사이클과 같이 가역적인 사이클로 작동하는 이상적인 열기관이 최고의 효율을 낼 수 있음을 나타낸다. 고온 측 온도가 T_H, 저온 측 온도가 T_L인 경우 가역기관의 열효율 η_c는 다음과 같이 온도만의 함수로 구할 수 있다.

$$\eta_c = \frac{T_H - T_L}{T_H} \tag{1.9}$$

이 효율은 주어진 온도에서 작동하는 열기관이 얻을 수 있는 이상적인 최고 효율이다. 그러나 최고 효율에 도달하려면 모든 과정이 가역적이어야 하므로 현실적으로는 불가능하다.

[그림 1-2]와 같이 W의 일로 저온 측에서 q_L의 열을 흡수하여 고온 측으로 q_H의 열을 방출하는 냉동기의 성능계수 COP_R은 다음과 같이 정의한다.

$$\mathrm{COP}_R = \frac{q_L}{W} = \frac{q_L}{q_H - q_L} \tag{1.10}$$

열효율과 마찬가지로 냉동기나 히트펌프의 성능계수(COP; coefficient of performance)도 가역사이클로 작동할 때가 가장 높다. 가역사이클로 작동되는 냉동기의 성능계수 $\mathrm{COP}_{R,c}$는 역시 고온 측 온도 T_H와 저온 측 온도 T_L만의 함수로 다음과 같다.

$$\mathrm{COP}_{R,c} = \frac{T_L}{T_H - T_L} \tag{1.11}$$

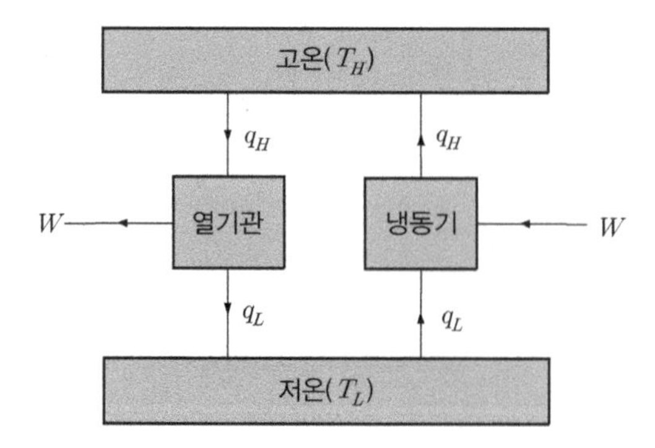

[그림 1-2] 열기관과 냉동기

한편 히트펌프(heat pump)는 냉동기와 기계적으로는 다르지 않으나 목적이 가열이기 때문에 성능계수는 식 (1.10)에서 분자에 q_L 대신 q_H를 사용한다. 가역사이클의 경우 히트펌프의 성능계수 $\mathrm{COP}_{H,c}$는 다음과 같다.

$$\mathrm{COP}_{H,c} = \frac{T_H}{T_H - T_L} \tag{1.12}$$

식 (1.11) 및 (1.12)의 성능계수 역시 가역사이클에 대한 것이므로 실제 사이클의 성능계수는 이보다 훨씬 낮다.

열역학 제2법칙과 관련하여 열역학적 상태량으로 엔트로피(entropy) s가 정의되었으며, 내부적으로 가역인 경우에 계의 엔트로피의 변화는 받은 열량 δq_{re}을 절대온도로 나눈 값과 같다.

$$ds = \frac{\delta q_{re}}{T} \tag{1.13}$$

따라서 $\delta q_{re} = 0$인 가역단열 과정은 $ds = 0$인 등엔트로피 과정이 된다.

가역 과정의 경우 계가 한 일을 압력-체적($P-V$) 선도에 표시할 수 있는 것과 같이 온도-엔트로피($T-S$) 선도에 의하여 열을 도시할 수 있다. 따라서 $T-S$ 선도에 의하면 열기관의 열효율과 냉동사이클의 성능계수를 쉽게 파악할 수 있다.

비가역 과정의 경우에는 계의 내부에서 엔트로피가 생성되므로 열이 공급되지 않는 단열 과정에서도 계의 엔트로피는 증가하게 된다. 어떤 계라도 계와 그 주위를 합하면 단열계가 되므로 계와 주위를 합한 총 엔트로피는 언제나 증가하게 된다.

4) 증기압축식 냉동사이클

증기압축 냉동사이클은 [그림 1-3(a)]와 같이 저온 저압의 냉매가스가 압축기에서 고온 고압으로 압축되는 과정, 고온 고압의 냉매가스가 응축기에서 주위로 열을 방출하고 냉각 및 액체로 응축되는 과정, 고압의 액체가 팽창밸브나 모세관을 통하여 팽창하면서 압력이 낮아지고 내부 증발을 하면서 온도가 포화온도로 내려가는 교축(throtling) 과정, 저온의 기액(氣液)상태의 냉매가 증발기에서 주위로부터 열을 흡수하여 증발 및 과열되는 과정으로 이루어진다.

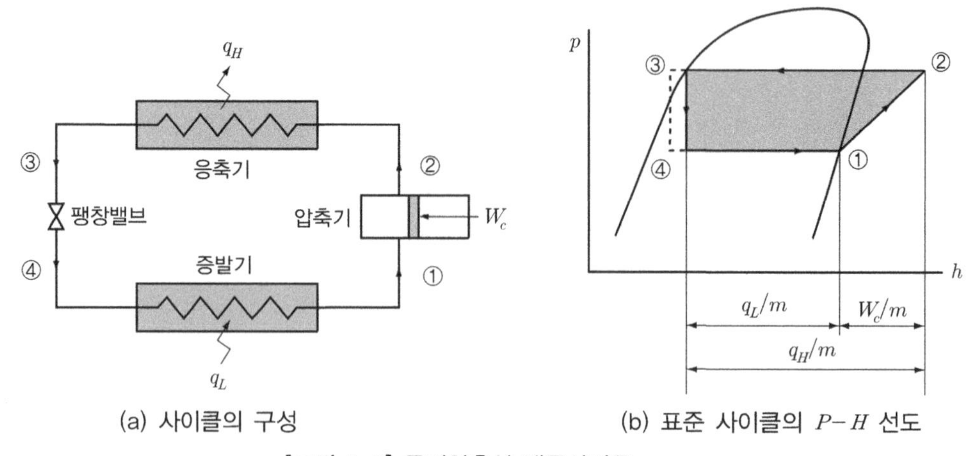

(a) 사이클의 구성 (b) 표준 사이클의 $P-H$ 선도

[그림 1-3] 증기압축식 냉동사이클

증기압축식 냉동사이클의 표준 사이클은 다음과 같은 과정으로 구성된다.

1-2: 등엔트로피 과정($s_2 = s_1$)

2-3: 정압 과정($p_2 = p_3$)

3-4: 교축 과정($h_3 = h_4$)

4-1: 정압 과정($p_4 = p_1$)

위의 과정을 압력-엔탈피 선도에 도시하면 [그림 1-3(b)]와 같고, 각 과정에 관계되는 일과 열은 엔탈피 차이로 나타난다. 즉, 냉매의 질량 유동률을 m이라 할 때 압축기에서 소요동력 W_C와 증발기에서 냉매가 흡수한 열량인 냉동효과 q_L 및 응축기에서 방열한 열량 q_H는 다음과 같다.

$$W_c = m(h_2 - h_1) \tag{1.14a}$$

$$q_L = m(h_1 - h_4) \tag{1.14b}$$

$$q_H = m(h_3 - h_2) \tag{1.14c}$$

따라서 성능계수는 식 (1.15)로 나타낼 수 있다.

$$\mathrm{COP}_R = \frac{q_L}{W_c} = \frac{h_1 - h_4}{h_2 - h_1} \tag{1.15}$$

실제 사이클은 외부적으로 비가역적일 뿐 아니라 압축기에서 등엔트로피 압축에 비해 더 많은 동력이 소요되며, 마찰에 의하여 냉매의 유동 방향으로 배관 내의 압력이 저하된다. 또 응축기에서는 냉매가 포화온도 이하로 과냉된다.

예제 1-3

냉매로 R-134a를 사용하는 냉동능력 10 RT의 표준 증기압축 냉동사이클이 응축온도 40℃, 증발온도 −10℃로 작동되고 있다. [그림 1-4]의 R-134a 냉매선도를 이용하여 다음을 구하여라.

(a) 냉매유량 [kg/s] (b) 압축기 동력 [kW]

(c) 성능계수 (d) 압축기 입구에서 체적유량

풀이

냉매선도에서 $h_1 = 392.3\,\mathrm{kJ/kg}$, $h_2 = 425.7\,\mathrm{kJ/kg}$, $h_3 = h_4 = 256.5\,\mathrm{kJ/kg}$

(a) 냉매의 단위질량당 냉동효과 $q_L/m = h_1 - h_4 = 392.3 - 256.5 = 135.8\,\mathrm{kJ/kg}$

냉매유량 m = 냉동능력/냉동효과, $1\,\mathrm{RT} = 3.86\,\mathrm{kW}$ 이므로 냉동능력 $q_L = 10 \times 3.86 = 38.6\,\mathrm{kW}$

따라서 $m = 38.6/135.8 = 0.284\,\mathrm{kg/s}$

(b) 압축기 동력 $W_c = m(h_2 - h_1) = 0.284(425.7 - 392.3) = 9.5\,\mathrm{kW}$

(c) 성능계수 $\mathrm{COP} = q_L/W_c = 38.6/9.5 = 4.06$

(d) 압축기 입구에서 비체적 $v = 0.09845\,\mathrm{m^3/kg}$,

체적유량 $Q = mv = 0.284 \times 0.09845 = 0.028\,\mathrm{m^3/s}$ ■

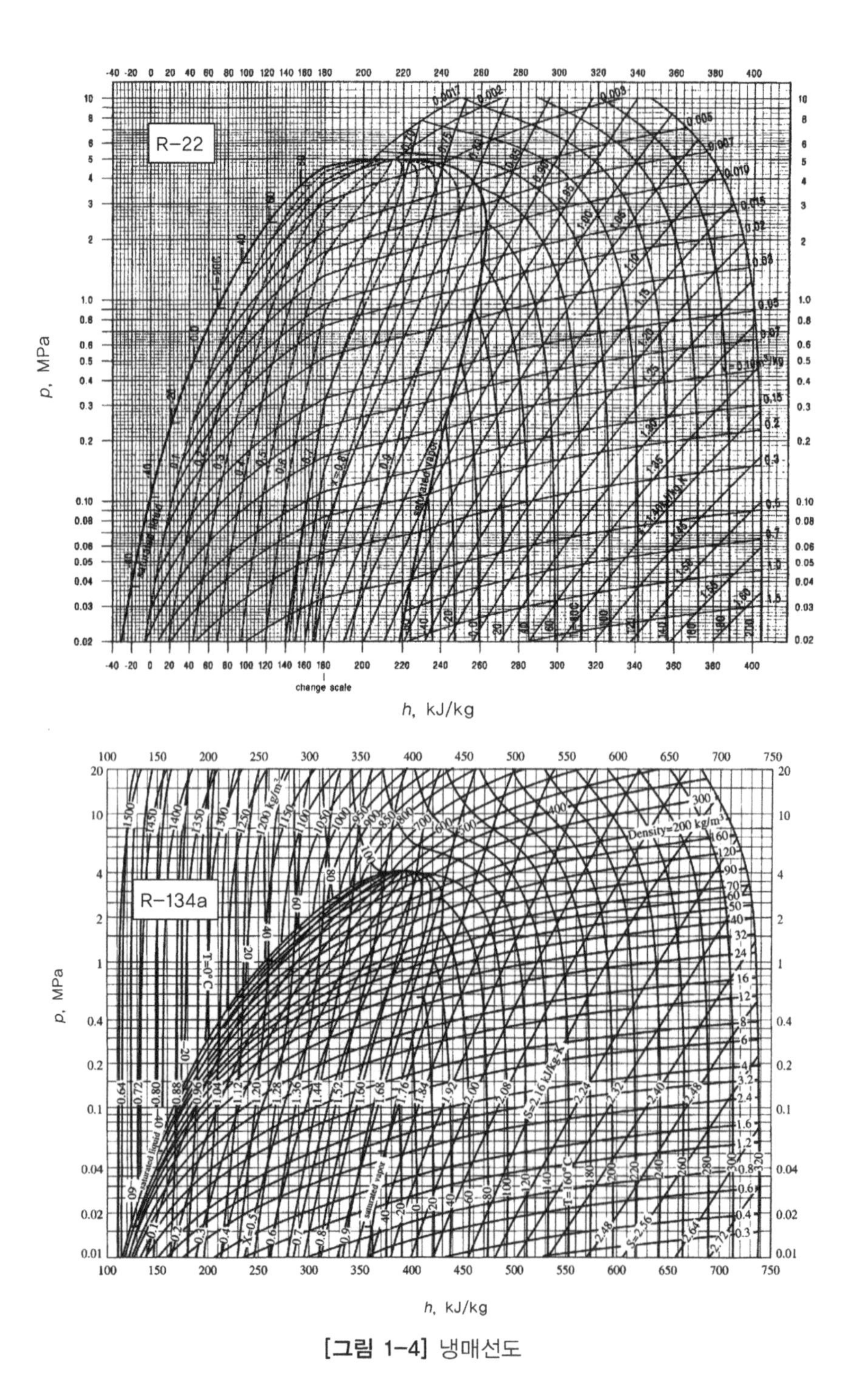
R-22
p, MPa
h, kJ/kg
change scale
saturated liquid
saturated vapor
R-134a
p, MPa
h, kJ/kg
saturated liquid
saturated vapor
Density=200 kg/m³

[그림 1-4] 냉매선도

5) 흡수식 냉동사이클

흡수식 냉동기는 저압의 냉매증기를 기체상태로 압축하는 대신 흡수액으로 흡수하여 액체상태에서 압축한 후 가열하여 고압의 증기로 재생하는 방식이다. 따라서 흡수식 냉동기에는 압축기 대신 흡수기와 발생기(또는 재생기) 및 용액펌프가 있으며, 기본 사이클인 단효용 흡수식 냉동기 시스템은 [그림 1-5]와 같이 구성된다. 흡수식 냉동기에 사용되는 냉매와 흡수제의 조합에는 물-리튬브로마이드(LiBr) 수용액과 암모니아-물이 있으나 대부분 물을 냉매로, 리튬브로마이드 수용액을 흡수제로 사용하여 공기조화용으로 쓰고 있다.

[그림 1-5]는 리튬브로마이드를 흡수제로 사용하는 흡수식 냉동 사이클로서, 증발기에서 물이 증발되면서 냉원이 형성되고, 이곳으로 약 12 °C의 물이 7 °C의 냉수로 빠져나가게 된다. 수증기는 흡수기에서 열을 내놓으며 리튬브로마이드에 흡수되어 발생기로 보내지며, 발생기를 가열하여(이때 보통 폐열을 이용한다.) 흡수제에 흡수됐던 물을 98 °C 정도의 수증기로 만들어 응축기로 보내게 된다. 발생기에서 흡수제를 이러한 방식으로 재생시키기에 재생기라고도 불리운다. 응축기로는 냉각수를 이용하여 열을 빼내게 되며, 약 39 °C까지 온도를 내린 물은 팽창밸브를 통과하며 팽창하여 저온 상태로 증발기로 보내지게 된다. 응축기를 통과하여 나가는 냉각수는 약 37 °C에 도달하며, 이 냉각수는 온수로 사용하여 에너지를 절약할 수 있다. 또한 응축기를 통과하는 냉각수는 응축기 통과전 흡수기를 먼저 통과하도록 설계하기도 하며, 흡수기를 32 °C로 통과한 냉각수가 응축기를 지나며 37 °C가 되게 된다. 한편, 물을 내보내어 진해진 리튬브로마이드는 다시 흡수기로 보내지게 되며, 이러한 과정을 반복시켜 냉원과 열원을 분리하게 된다. 리튬브로마이드는 펌프를 통해 순환시키며, 열교환기를 통해 발생기에서 가열된 흡수제의 열을 물을 흡수한 묽은 리튬브로마이드로 보내 에너지 절약을 도모한다.

$$\mathrm{COP}_{abs} = \frac{\text{증발기 열}}{\text{발생기 열}} \tag{1.16}$$

흡수식 냉동기의 성능계수는 증기압축식에 비하여 낮지만 전기에너지를 거의 소비하지 않고 냉난방을 겸할 수 있기 때문에 대용량 공기조화용으로 널리 사용되고 있다.

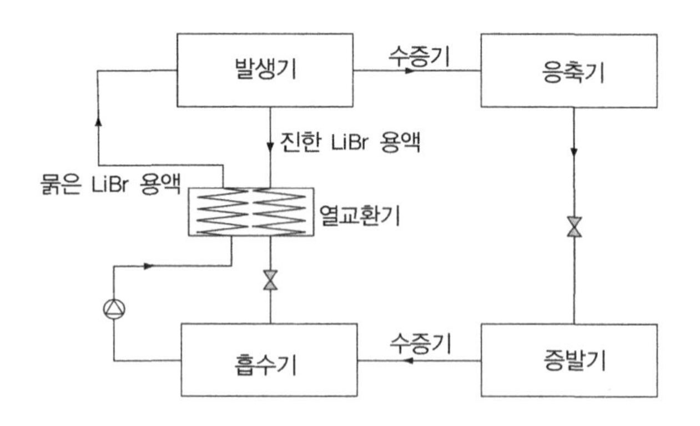

[그림 1-5] 흡수식 냉동 사이클의 구성

1-3 유체역학

기계설비는 배관이나 덕트를 통해 물이나 공기를 이송하는 시설을 기반으로 하기 때문에 유체의 압력, 속도 및 마찰을 다루는 유체역학의 이해가 필요하다.

1) 압력

밀도 ρ, 높이 H인 액체기둥에 의하여 바닥에 작용하는 압력 P는

$$P = \rho g H \tag{1.17}$$

압력의 SI단위는 [Pa]이지만 보통 액체기둥의 높이 H로 표시하는 경우가 많으므로 물기둥 높이로 표시할 때는 [mmAq] 또는 [mAq]로 나타낸다.

실용적으로는 압력이 대기압보다 얼마나 높은지(또는 낮은지)에 관심을 갖는 경우가 많다. 압력과 대기압의 차이를 계기압이라 하고, 실제 압력을 절대압이라 한다. 또 대기압보다 낮은 경우를 진공이라 하며, 대기압과의 차이를 진공계기압이라고 한다.

$$\text{계기압}(P) = \text{절대압}(p) - \text{대기압}(p_o) \tag{1.18a}$$

$$\text{진공계기압}(P) = \text{대기압}(p_o) - \text{절대압}(p) \tag{1.18b}$$

표준 대기압을 1 atm이라 하며, 1 atm=101300 Pa=10330 mmAq이다.

2) 유체의 운동과 저항

유체의 운동에 관련된 힘은 압력, 중력 및 유체의 점성에 의한 마찰력이 있다. 유체 유동의 특성은 다음 식과 같이 마찰력에 대한 관성력의 상대적인 크기를 뜻하는 레이놀즈수에 의하여 결정된다.

$$\mathrm{Re} \equiv \frac{\rho V L}{\mu} \tag{1.19}$$

여기서 Re : 레이놀즈(Reynolds)수
L, V : 물체의 특성 길이 및 유체의 속도
ρ, μ : 유체의 밀도 및 점성계수

유동은 레이놀즈수가 임계값보다 낮으면 층류가 되고 그 이상이 되면 난류로 천이한다. 층류에서 난류로 바뀌면 전달성능이 증대되어 유체마찰, 대류열전달 및 혼합이 크게 증가한다.

관유동에서 마찰에 의한 압력손실은 직관에서의 마찰손실과 관의 입구, 엘보, 밸브 등에서의 국부손실(또는 부차적 손실)로 나뉜다. 충분히 발달한 원관 내의 유동에서 압력손실은 다음 식으로 표현할 수 있다.

$$\Delta p = f \frac{L}{D} \frac{\rho V^2}{2} \tag{1.20}$$

여기서 Δp : 압력손실 　　f : 관마찰계수
L, D : 원관의 길이 및 지름 　　V : 평균유속

관마찰계수는 레이놀즈수와 관의 상대조도(난류유동의 경우) $\frac{e}{D}$의 함수로 원관의 경우 다음 식과 같다.

$$f = 64/\mathrm{Re} \ \text{(층류유동)} \tag{1.21a}$$

$$f = (1.82 \log \mathrm{Re} - 1.64)^{-2} \ \text{(난류유동, 매끈한 관)} \tag{1.21b}$$

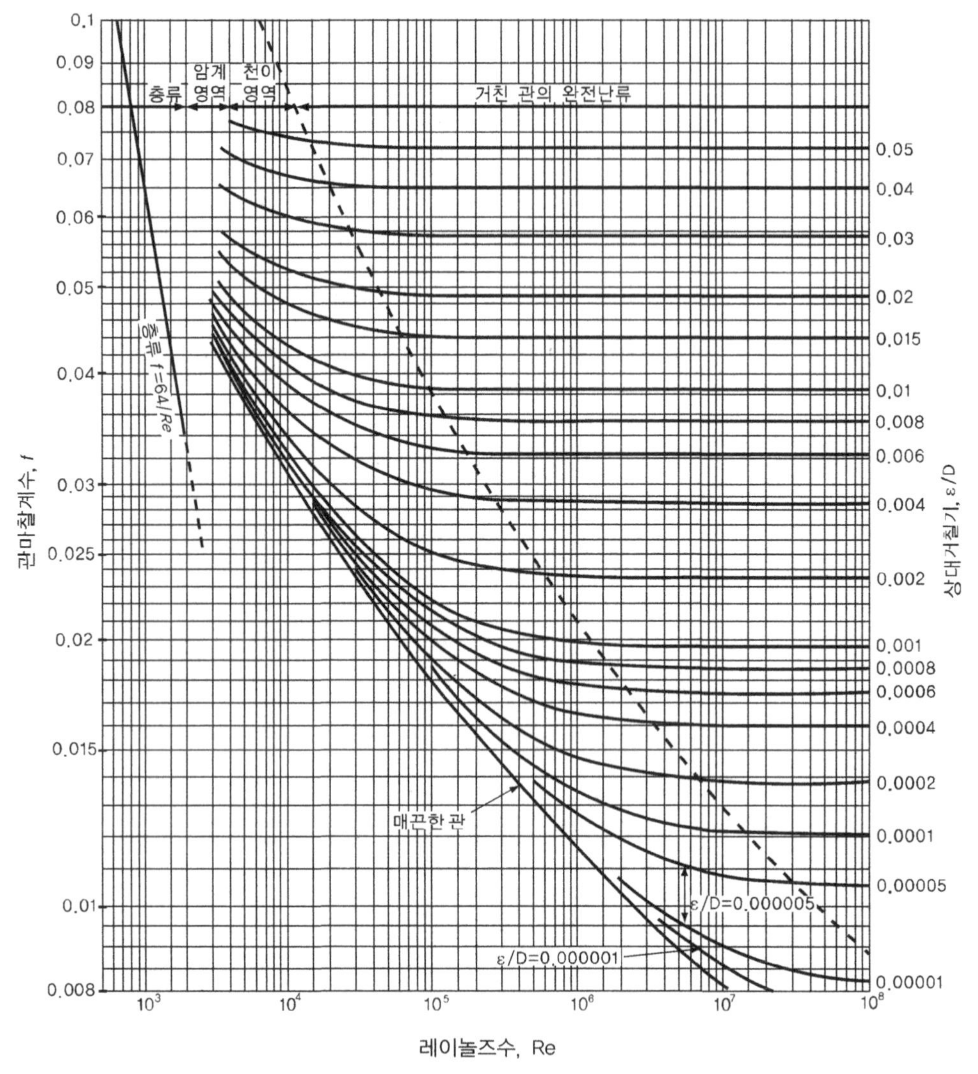

[그림 1-6] 원관의 관마찰계수

$$\frac{1}{\sqrt{f}} = 1.74 - 2\log\left(2\frac{e}{D} + \frac{1.87}{\mathrm{Re}\sqrt{f}}\right) \text{ (난류유동, 거친 관)} \tag{1.21c}$$

이를 도시하면 [그림 1-6]과 같으며, 이를 무디(Moody) 선도라고 한다. 원형 단면이 아닌 관에서는 지름 D 대신 다음 식으로 정의된 수력지름 D_H를 사용한다.

$$D_H \equiv \frac{4 \times \text{유로의 유동단면적}}{\text{유로단면에서의 접수길이}} \tag{1.22}$$

층류유동인 경우는 단면형상에 따라서 관마찰계수가 다르나, 난류유동의 경우에는 극단적인 경우가 아니라면 원관에 관한 식 (1.21b,c)에 수력지름을 적용하여 임의의 단면을 갖는 관에 대한 압력손실을 구할 수 있다.

국부손실은 손실계수(loss factor) K에 의하여 다음 식으로 구한다.

$$\triangle p = K\frac{\rho V^2}{2} \tag{1.23}$$

3) 베르누이 방정식

비점성이면서 비압축성인 유체의 정상유동에 대한 운동방정식을 동일한 유선을 따라서 적분하면 다음과 같은 베르누이(Bernoulli) 방정식을 얻는다.

$$p + \frac{\rho V^2}{2} + \rho g z = \text{const.} \tag{1.24}$$

여기서 p는 정압(靜壓), $\rho V^2/2$는 동압(動壓), $\rho g z$는 위치압을 나타내며, 정압과 동압을 합한 압력을 전압(全壓)이라고 한다. 물의 경우에는 위의 식을 ρg로 나눈 값인 수두(水頭, head)로 표현하는 경우가 많다.

$$\frac{p}{\rho g} + \frac{V^2}{2g} + z = H_t = \text{const.} \tag{1.25}$$

식에서 $p/\rho g$을 압력수두, $V^2/2g$을 속도수두, z를 위치수두, H_t를 전수두라고 한다. 식 (1.25)는 유체의 점성을 무시하면 유선, 즉 관로를 따라서 전수두는 일정함을 뜻한다. 그러나 실제 유동에서는 항상 점성에 의한 마찰이 존재하므로 전수두는 일정하지 않고 유동이 진행되면서 감소하게 된다.

관로의 두 점 1, 2 사이에서 마찰에 의한 손실압력을 $\triangle p_l$, 펌프 또는 송풍기에 의하여 상승되는 전압력을 $\triangle p$라고 할 때, 밀도 변화가 없는 경우 식 (1.24)로 나타낸 베르누이 방정식은 다음과 같이 확장될 수 있다.

$$p_1 + \frac{\rho V_1^2}{2} + \rho g z_1 + \triangle p = p_2 + \frac{\rho V_2^2}{2} + \rho g z_2 + \triangle p_l \tag{1.26a}$$

물의 경우 손실수두를 H_l, 펌프에 의한 전압력 상승을 수두로 표시한 양정(揚程, head)을 H라고 할 때 식 (1.26a)를 수두로 표현하면 다음과 같다.

$$\frac{p_1}{\rho g} + \frac{V_1^2}{2g} + z_1 + H = \frac{p_2}{\rho g} + \frac{V_2^2}{2g} + z_2 + H_l \tag{1.26b}$$

송풍기나 펌프에 의하여 유체로 전달되는 동력을 전압력상승과 유량으로 나타내면

$$W = Q \triangle p \tag{1.27a}$$

펌프의 경우 양정을 이용하여 나타내면 다음 식과 같다.

$$W_p = \rho g Q H \tag{1.27b}$$

예제 1-4

지면에 위치한 지름 2.0 cm의 노즐로 분수를 만들어 지상 20 m 높이까지 물을 쏘아 올리려고 한다. 저수조의 수면이 지면보다 5 m 낮은 곳에 있으며 배관에 의한 마찰손실은 직관길이 16 m에 해당한다고 할 때 펌프의 유량과 양정 및 수동력을 구하여라. 단, 관의 안지름은 6.5 cm의 매끈한 관이며, 노즐에서 손실 및 분수의 마찰손실은 무시한다.

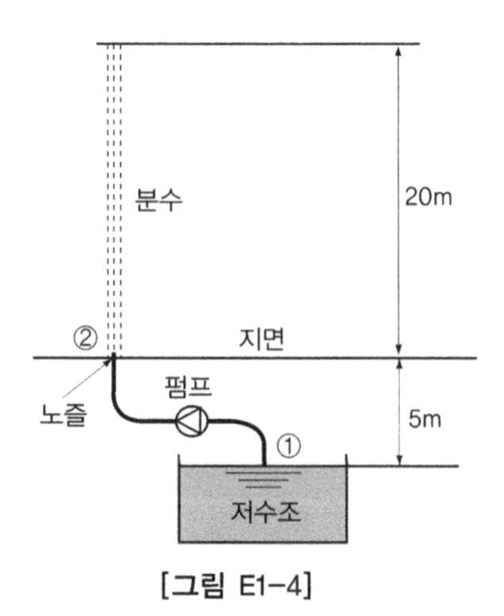

[그림 E1-4]

풀이

분수에 대하여 베르누이 방정식을 적용하면 손실수두를 무시할 때 노즐출구에서 속도수두는 분수 끝의 위치수두 20 m와 같아야 한다. 따라서 물의 분출속도 V_n는

$$V_n = \sqrt{2g\Delta z} = \sqrt{2 \times 9.8 \times 20} = 19.8\ \mathrm{m/s}$$

따라서 유량은

$$Q = \frac{\pi D_n^2}{4} V_n = \frac{3.14 \times 0.020^2}{4} \times 19.8 = 6.2 \times 10^{-3}\ \mathrm{m^3/s}$$

저수조 수면을 1, 노즐출구를 2라고 할 때 1, 2점 사이에는

$$p_2 = p_1\ ,\quad V_1 = 0\ ,\quad V_2 = 19.8\,\mathrm{m/s}\ ,\quad z_2 - z_1 = 5\,\mathrm{m}$$

관에서의 유속은

$$V = \frac{Q}{\frac{\pi}{4}D^2} = \frac{6.2 \times 10^{-3}}{\frac{3.14}{4}(0.065)^2} = 1.87\,\mathrm{m/s}$$

관유동의 레이놀즈수는

$$\mathrm{Re} = \rho VD/\mu = 999(1.87)(0.065)/(1.14 \times 10^{-3}) = 1.07 \times 10^5$$

따라서 유동은 난류로 볼 수 있으며 매끈한 관으로 보고 [그림 1-6] 또는 식 (1.21b)에서 관마찰계수를 구하면 $f = 0.0177$. 따라서 관유동에 의한 손실수두는

$$H_l = f\frac{L}{D}\frac{V^2}{2g} = 0.0177\left(\frac{16}{0.065}\right)\left(\frac{1.87^2}{2 \times 9.8}\right) = 0.777\,\mathrm{m}$$

펌프에 필요한 양정은 $H = \dfrac{p_2 - p_1}{\rho_w g} + \dfrac{V_2^2 - V_1^2}{2g} + (z_2 - z_1) + H_l$이므로

$$H = 0 + \frac{19.8^2 - 0}{2(9.8)} + 5.0 + 0.78 = 25.8\,\mathrm{m}$$

수동력은 펌프에 의하여 물로 전달된 이론 동력을 뜻하며 식 (1.21b)에서

$$W_p = \rho g QH = 999 \times 9.8 \times 6.2 \times 10^{-3} \times 25.8 = 1566\ \mathrm{W} = 1.57\,\mathrm{kW}$$

노즐에서 손실과 분수의 공기저항을 고려하면 이보다 더 큰 수동력이 필요하다. ■

예제 1-5

[그림 E1-5]와 같이 사이펀관에 의하여 수면 높이 차가 h인 높은 곳의 물을 높이 H인 턱을 넘겨 아래쪽 수조로 옮기려고 한다. 관이 안지름 D, 길이 L인 매끈한 원관일 때 유속을 구하는 식을 유도하고 h 및 H의 영향을 설명하여라.

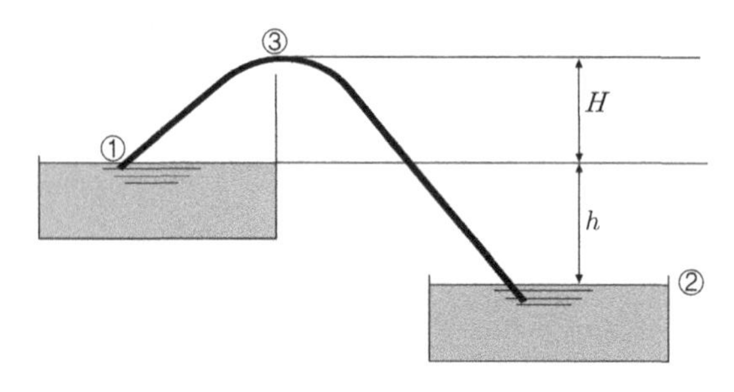

[그림 E1-5]

풀이

각 수조의 수면을 점 ①, ②라 하고 그 사이에 베르누이 방정식 (1.26b)를 적용하면 수면에 대기압이 작용하며 수면의 변화속도는 무시할 수 있으므로

$p_1 = p_2 = p_0$, $V_1 = V_2 = 0$. $z_2 - z_1 = -h$이고 펌프가 없으므로 $H=0$. 따라서

$$H_l = h \tag{1}$$

국부손실을 무시하면 손실수두는 식 (1.20)에서

$$H_l = \Delta p/\rho g = f\frac{L}{D}\frac{V^2}{2g} \tag{2}$$

식 (1), (2)를 연립하여 유속에 대하여 나타내면

$$V = \sqrt{\frac{2gDh}{fL}} \tag{3}$$

층류유동이라면 식 (1.21a)를 대입하면 다음 식과 같은 결과를 얻을 수 있다.

$$V = \frac{gD^2h}{32\nu L} \tag{4}$$

난류유동이라면 식 (1.21b)를 대입하고 시행착오법에 의하여 유속을 구할 수 있다. 낙차 h가 클수록 유속은 빠르게 된다. 관로의 어떤 점에서도 압력이 0 이하로 될 수 없을 뿐 아니라 증기압 이상으로 되지 않으면 기포가 발생하여 수주분리 등의 문제가 발생할 수 있다. 점 ③에서 정압력이 최소로 되기 때문에 그 값이 물의 증기압 이하로 될 정도로 H가 크면 사이펀 작용은 불가능하게 된다. ■

1-4 열전달

공기조화설비의 에너지 계산 및 설계를 위해서는 열전달에 관한 지식이 필요하다. 열은 온도가 높은 곳에서 낮은 곳으로 전달되며 그 전달 방법에 따라 열전도, 열대류, 열복사로 구분할 수 있다.

1) 열전도

정지된 매질을 통한 열전달을 열전도라고 하며, 전도에 의한 단위면적당 열전달률은 온도구배에 비례하고 그 비례상수를 열전도계수(thermal conductivity)라고 한다. 벽을 통한 정상상태 열전도의 경우 전도 열전달률은 다음 식으로 구할 수 있다.

$$q_{cond} = kA\frac{T_1 - T_2}{\Delta x} \tag{1.28}$$

여기서 q_{cond} : 전도 열전달률　　k : 열전도계수
A : 전열면적　　Δx : 두께
$T_1,\ T_2$: 벽의 양면에서 온도

열전도계수는 일반적으로 금속성 재료가 비금속 재료보다 높고 기체가 가장 낮다. 따라서 작은 기포를 포함한 유리섬유, 스티로폼, 폴리우레탄폼 등은 기포의 열전도가 매우 낮기 때문에 단열재가 된다. [부표 4]는 대표적인 건축 재료의 열전도계수를 나타낸다.

식 (1.28)에 전기회로 개념을 적용하면 다음 식으로 표현할 수 있다.

$$q_{cond} = \frac{T_1 - T_2}{\Delta x / kA} \tag{1.29}$$

열전달률을 전류, 온도차를 전위차에 대응시키면 전도열저항 R_{cond}는 다음과 같다.

$$R_{cond} = \frac{\Delta x}{kA} \tag{1.30}$$

2) 열대류

고체면과 유동하는 유체 사이의 열전달을 대류열전달이라 한다. 유동은 펌프나 송풍기 같은 강제력에 의한 경우와 부력에 의한 경우로 구분할 수 있으며 전자를 강제대류, 후자를 자연대류(또는 자유대류)라고 한다.

대류열전달률은 대류열전달계수와 온도의 차에 의하며 다음과 같이 표현할 수 있다.

$$q_{conv} = hA(T_s - T_\infty) \tag{1.31}$$

여기서 q_{conv} : 대류열전달률 h : 대류열전달계수
A : 전열면적 T_s, T_∞ : 고체면의 온도 및 유체의 자유흐름 온도

대류열전달계수는 유체의 열전도계수나 점성계수와 같은 물성치에도 영향을 받지만 면의 형상과 유속 및 유동특성의 영향을 받는다.

무차원화한 대류열전달계수를 누셀트수라고 하며 다음과 같이 정의한다.

$$\mathrm{Nu} \equiv \frac{hL}{k} \tag{1.32}$$

여기서 Nu : 누셀트(Nusselt)수 h : 대류열전달계수
L : 특성길이 k : 유체의 열전도계수

누셀트수는 강제대류의 경우 레이놀즈수와 프란틀(Prandtl)수의 함수가 되고, 자연대류의 경우에는 그라스호프(Grashof)수와 프란틀수의 함수가 된다.

그라스호프수는 부력과 점성력의 비이며 다음 식과 같이 정의한다.

$$\mathrm{Gr} \equiv g\beta(T_s - T_\infty)L^3/\nu^2 \tag{1.33a}$$

여기서 Gr : 그라스호프수 L : 특성길이
g : 중력가속도 ν : 유체의 동점성계수
β : 유체의 체적팽창계수(이상기체의 경우 $1/T$)

또 그라스호프수와 프란틀수의 곱을 레일레이(Rayleigh)수라고 한다.

$$Ra = GrPr \tag{1.33b}$$

여기서 Ra : 레일레이수 Pr : 프란틀수

대표적인 강제대류 열전달계수는 [표 1-1]과 같으며, 자연대류 열전달계수는 [표 1-2]와 같다. 같은 조건에 대해서도 여러 실험식들이 존재하며 실험식 사이에는 20% 이상의 편차가 있을 수 있다.

[표 1-1] 강제대류 평균 열전달 관계식

경 우	관계식	비 고
길이 L인 평판 위 유동 ($Re_L > 2\times10^5$)	$Nu_L = 0.036Pr^{0.43}(Re_L^{0.8} - 9200)\left(\frac{\mu_\infty}{\mu_w}\right)^{0.25}$	μ_∞는 자유유동온도에서, 그 외의 물성은 표면온도에서
지름 D인 원통에 수직 유동 ($40<Re_D<8\times10^4$)	$Nu_D = (0.4Re_D^{0.5} + 0.06Re_D^{2/3})Pr^{0.4}\left(\frac{\mu_\infty}{\mu_w}\right)^{0.25}$	μ_w는 표면온도에서, 그 외의 물성은 자유유동온도에서, 구(sphere)의 경우는 식에 +2
수력지름 D인 실린더 내부 유동 (Re_D>10000)	$Nu = 0.023Re_D^{0.8}Pr^n$	유체 평균온도의 물성치 n=0.4(가열 시), 0.3(냉각 시)

[표 1-2] 자연대류 평균 열전달 관계식

경 우	관계식	비 고
높이 H, 수직면으로부터 경사각 θ인 평판 ($Ra_H\cos\theta > 10^9$) 또는 수직원통	$Nu_H = 0.1(Ra_H\cos\theta)^{1/3}$ $Ra \equiv GrPr$	$\theta < 60°$ 수직원통은 $D/L \geq 35/Gr_L^{1/4}$ 인 경우
가열 수평평판 위 또는 냉각 수평평판 아래 ($Ra_L > 8\times10^6$)	$Nu_L = 0.15(Ra_L)^{1/3}$	특성길이 L은 직사각형인 경우 두 변의 평균, 원형인 경우 0.9×지름
가열 수평평판 아래 또는 냉각 수평평판 위 ($10^5 < Ra_L < 10^{11}$)	$Nu_L = 0.58(Ra_L)^{0.2}$	
지름 D인 수평실린더 ($Ra_D > 10^9$)	$Nu_D = 0.1(Ra_D)^{1/3}$	
지름 D인 구 ($Ra_D \leq 10^{11}$)	$Nu_D = 2 + \frac{0.589Ra_D^{1/4}}{[1+(0.469/Pr)^{9/16}]^{4/9}}$	

전도열저항과 같은 방법으로 대류열저항 R_{conv}을 다음과 같이 정의할 수 있다.

$$R_{conv} = \frac{1}{hA} \tag{1.34}$$

대류열저항은 표면적이 넓거나 대류열전달계수가 클수록 감소하며, 핀(fin)은 표면적을 확대함으로써 대류열저항을 감소시켜 열전달을 촉진하기 위한 것이다.

3) 열복사

열복사는 전자파의 일종으로 진공 중을 통과하거나 투명한 매질을 투과하여 열에너지를 전달하는 현상이다. 모든 물질은 표면의 절대온도의 4승에 비례하는 복사에너지를 방사하며 이상적인 복사체인 흑체의 방사력은 다음과 같다.

$$E_b = \sigma T_s^4 \tag{1.35}$$

여기서 E_b : 흑체의 방사력 T_s : 표면의 절대온도

σ : 스테판볼츠만(Stefan-Boltzmann) 상수($= 5.67 \times 10^{-8}$ W/m^{2}K^4)

흑체는 동일 온도에서 최대의 복사에너지를 방사할 뿐 아니라 입사에너지를 모두 흡수하지만 실제 표면은 흑체에 비하여 방사력이나 흡수력이 낮다. 흑체에 대한 방사력의 비율을 방사율(emissivity)이라고 하며, 각종 물질의 방사율은 [부표 5]와 같다. 복사파는 다양한 파장의 스펙트럼으로 구성되며 표면온도가 높을수록 짧은 파장의 복사파가 방사된다. 일반적인 표면의 방사율은 복사파의 파장과 방사 방향에 따라서 다르나 그 변화를 무시할 수 있는 물체를 회체라고 한다. 회체의 방사력은

$$E = \varepsilon \sigma T_s^4 \tag{1.36}$$

여기서 E : 회체의 방사력 ε : 방사율

물체에 입사한 에너지는 반사, 흡수 및 투과를 하게 되며 각각의 비율을 반사율, 흡수율 및 투과율이라고 한다. 같은 파장의 복사에 대하여 흡수율(absorptivity)과 방사율은 동일하다.

태양열 집열판은 단파장의 입사열에 대해서는 흡수율이 높고 장파장의 방사열에 대해서

는 방사율이 낮아야 집열효율을 높일 수 있다([부표 5] 참조).

유리나 비닐로 만든 온실과 같이 외부에서 들어오는 단파장의 복사열은 잘 투과하고 내부에서 방사되는 장파장의 복사열은 잘 투과하지 않음으로써 복사열로 내부온도가 상승하는 현상을 온실효과(green house effect)라고 한다.

여러 면으로 구성된 공간에서 복사열 교환은 다소 복잡한 계산을 필요로 하지만 두 회체 면으로만 구성된 경우는 두 면의 면적 A_1, A_2, 온도 T_1, T_2, 방사율 ε_1, ε_2 및 기하학적인 위치 관계를 고려하여 다음 식으로 복사열전달률 q_{rad}을 구할 수 있다.

$$q_{rad} = \frac{\sigma(T_1^4 - T_2^4)}{\dfrac{1-\varepsilon_1}{\varepsilon_1 A_1} + \dfrac{1}{A_1 F_{12}} + \dfrac{1-\varepsilon_2}{\varepsilon_2 A_2}} \tag{1.37}$$

식에서 복사 형태계수(view factor) F_{12}는 1면을 떠난 복사에너지 중 2면에 의해 차단되는 비율을 뜻하며, 평행인 두 무한 평판이나 환상 공간과 같이 폐공간 내의 볼록한 물체로부터의 복사열전달에서는 $F_{12} = 1$이 된다. 특히 큰 공간에 놓인 볼록한 작은 물체는 $A_1/A_2 \approx 0$이므로

$$q_{rad} = \varepsilon\sigma A(T_s^4 - T_{sur}^4) \tag{1.38}$$

여기서 ε : 볼록한 물체의 방사율　　T_s : 볼록한 물체의 절대온도
A : 볼록한 물체의 표면적　　T_{sur} : 주변(큰 공간) 표면의 절대온도

대류열전달에는 복사열전달이 동반되는 경우가 많으며, 특히 자연대류열전달의 경우에는 복사열전달을 무시할 수 없다. 표면에서 대류와 복사는 병행해서 일어나므로 대류열저항과 복사열저항은 병렬회로를 구성한다.

예제 1-6

가로 세로 4 m인 방의 바닥면의 온도는 32℃, 실내 공기의 평균온도와 벽과 천장의 평균온도는 모두 18℃라고 할 때 대류 및 복사에 의한 열전달률을 구하여라. 단, 천장 높이는 3 m이고 모든 면의 방사율은 0.9이다.

풀이

대류에 의한 열전달률을 구하기 위하여 먼저 표면과 주위의 평균 온도인

$T_f = \frac{T_s + T_\infty}{2} = \frac{32+18}{2} = 25℃ = 298\,\text{K}$ 에서의 물성치를 [부표 3]에서 구하면

$\rho = 1.184\,\text{kg/m}^3,\quad C_p = 1007\,\text{J/kgK},\quad k = 0.02551\,\text{W/mK},\quad \mu = 1.849\times10^{-5}\,\text{kgm/s}$

따라서 $\alpha = \frac{k}{\rho C_p} = \frac{0.02551}{1.184(1007)} = 2.14\times10^{-5}\text{m}^2/\text{s},\ \nu = \frac{\mu}{\rho} = \frac{1.849\times10^{-5}}{1.184} = 1.56\times10^{-5}\text{m}^2/\text{s},$

$\beta = 1/T_f = 1/298 = 3.36\times10^{-3}\text{K}^{-1},\quad \text{Pr} = \frac{\nu}{\alpha} = \frac{1.56}{2.14} = 0.73$

[표 1-2]의 가열 수평판 위에서 자연대류에 관한 식을 사용하면

$L = 4\,\text{m}$

$$Ra_L = \frac{g\beta(T_s - T_\infty)L^3}{\nu^2}Pr = \frac{9.8(3.36\times10^{-3})(32-18)4^3}{(1.56\times10^{-5})^2}0.73 = 8.85\times10^{10}(>8\times10^6)$$

$$\text{Nu}_L = 0.15(Ra_L)^{1/3} = 0.15(8.85\times10^{10})^{1/3} = 668$$

$$h = \frac{k\text{Nu}_L}{L} = \frac{0.02551(668)}{4} = 4.26\,\text{W/m}^2℃$$

따라서 $q_{conv} = hA(T_s - T_\infty) = 4.26(4\times4)(32-18) = 954\,W$

복사에 의한 열전달률은 두 면 사이의 열전달로서 바닥면을 1, 벽과 천장을 2라고 할 때 식 (1.37)에서 $\epsilon_1 = \epsilon_2 = 0.9,\ A_1 = 4\times4 = 16\,\text{m}^2,\quad A_2 = 4\times4\times3 + 4\times4 = 64\,\text{m}^2,\ F_{12} = 1$을 대입하면

$$q_{rad} = \frac{\sigma(T_1^4 - T_2^4)}{\frac{1-\varepsilon_1}{\varepsilon_1 A_1} + \frac{1}{A_1F_{12}} + \frac{1-\varepsilon_2}{\varepsilon_2 A_2}} = \frac{5.67((305/100)^4 - (291/100)^4)}{\frac{1-0.9}{0.9(16)} + \frac{1}{16(1)} + \frac{1-0.9}{0.9(64)}} = 1181\,W$$

복사에 의한 열전달이 대류에 의한 열전달보다 더 큰 것을 알 수 있다. ■

4) 벽을 통한 열전달

평면 벽을 통한 열전달에서 시간에 따른 온도 변화를 무시하고 정상상태로 볼 수 있는 경우에는 [그림 1-7]과 같이 열저항 개념을 활용할 수 있다.

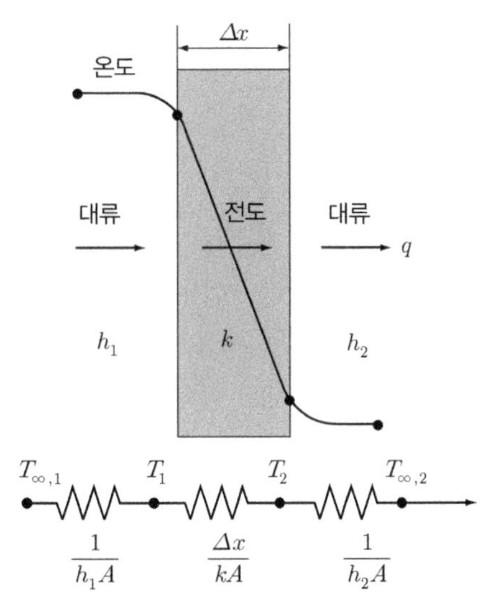

[그림 1-7] 벽을 통한 정상상태 열전달

외기와 외벽 면 사이의 대류열전달(열복사를 무시할 수 있는 경우), 외벽 면에서 내벽 면까지 전도열전달 및 내벽 면에서 실내공기까지는 대류열전달을 거치게 된다. 정상상태의 경우는 각 위치에서 열전달률이 같으므로

$$q = \frac{(T_{\infty,1} - T_1)}{1/h_1 A} = \frac{T_1 - T_2}{\Delta x / kA} = \frac{(T_2 - T_{\infty,2})}{1/h_2 A} \tag{1.39}$$

여기서 q : 벽을 통한 열전달률
$T_{\infty,1}$, $T_{\infty,2}$: 외기 및 실내 공기의 온도
T_1, T_2 : 외벽 면 및 내벽 면 온도
h_1, h_2 : 외벽 면 및 내벽 면에서 대류열전달계수
Δx : 벽두께 k : 벽의 열전도계수 A : 전열면적

대개 벽 내외의 공기 온도만 주어지는 경우가 많으므로 총 열저항 또는 열관류율을 사용하여 열전달률을 구하면

$$q = \frac{(T_{\infty,1} - T_{\infty,2})}{R_t} = KA(T_{\infty,1} - T_{\infty,2}) \tag{1.40a}$$

$$R_t = 1/h_1 A + \Delta x / kA + 1/h_2 A \tag{1.40b}$$

$$K \equiv \frac{1}{AR_t} = \frac{1}{1/h_1 + \Delta x/k + 1/h_2} \tag{1.40c}$$

여기서 R_t : 총 열저항 K : 열관류율

벽이 여러 층으로 구성된 복합 벽일 때는 각 구성 요소의 열저항에 직렬 또는 병렬회로의 개념을 적용하여 총 열저항을 구할 수 있다. 이 경우 구성요소 사이의 접촉저항에 대한 고려가 필요하다. 그러나 실제 외벽을 통한 열전달은 대부분 정상상태라고 볼 수 없다. 외기온도의 변화뿐 아니라 태양복사의 영향이 시각에 따라서 크게 변화하기 때문에 비정상 상태로 다루어야 한다. 비정상 열전달 문제는 대부분 해석적으로 풀기 어려우며 복잡하기 때문에 컴퓨터에 의한 시뮬레이션을 필요로 한다.

5) 원관을 통한 열전달

온도변화가 반지름 방향으로만 있는 원관의 경우에도 벽과 같이 열저항 개념을 적용할 수 있으나 전열면적이 일정하지 않기 때문에 전도열저항은 다음 식으로 표현된다.

$$R_{cond,\,cylinder} = \frac{\ln(r_2/r_1)}{2\pi kL} \tag{1.41}$$

여기서 $R_{cond,cylinder}$: 원관의 전도열저항 r_1, r_2 : 원관의 안쪽 반지름 및 바깥쪽 반지름
L : 원관의 길이 k : 원관의 열전도계수

따라서 단일 원관의 경우 총 열저항은

$$R_{t,\,cylinder} = \frac{1}{2\pi L}\left[\frac{1}{h_1 r_1} + \frac{\ln(r_2/r_1)}{k} + \frac{1}{h_2 r_2}\right] \tag{1.42}$$

같은 방법으로 여러 층으로 구성된 복합관의 총 열저항도 계산할 수 있다. 열교환기 등에서는 관에 관석과 같은 물질이 생기면 열저항이 증가하여 전열성능이 저하된다. 이러한 현상을 오염(fouling)이라고 하며 그 영향을 열저항에 포함시킨다.

6) 결로

표면에 결로(結露)가 발생하면 응축수가 흘러내리고 곰팡이가 생기는 등 문제가 발생한

다. 결로 발생은 표면온도가 공기의 노점온도보다 낮은 경우에 발생하며 물체의 표면에서뿐 아니라 내부에서도 일어날 수 있다. 결로 방지를 위해서는 벽의 열저항을 크게 하여 벽면과 주위 공기 사이의 온도차를 작게 해야 한다. 따라서 단열재를 사용하거나 벽을 두껍게 하면 결로를 방지할 수 있다. 또 내부결로를 막기 위해서는 습기가 내부로 침투하지 않도록 표면을 처리해야 한다.

예제 1-7

[그림 E1-7]과 같은 구조로 된 벽의 단위면적당 총 열저항 및 열관류율을 구하고, 단위면적당 열전달률과 내벽면의 온도를 구하여라. 또 실내공기의 노점온도가 18℃일 때 표면 결로의 가능성을 평가하여라. 단, 외기온도와 실내온도는 각각 –10℃와 21℃이며, 벽의 단열 부분의 20%는 나무로 된 기둥이다.

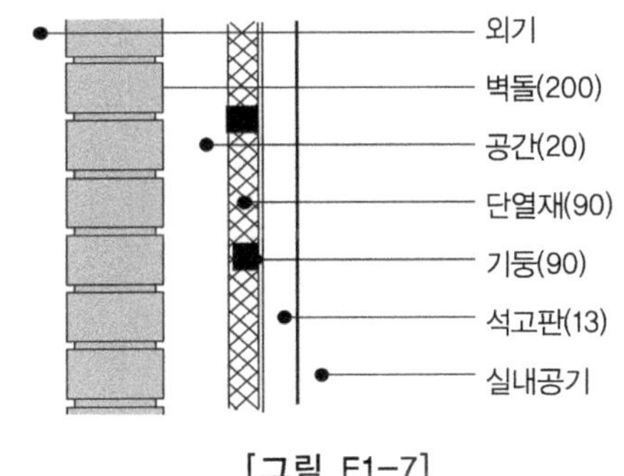

[그림 E1-7]

풀이

각 요소의 저항을 이용하여 회로를 구성하면 그림과 같이 병렬요소로 나타낼 수 있다. 각 요소의 대류열전달계수 또는 열전도계수와 열저항은 [표 E1-7]과 같다.

총 열저항은

$$R_{tot} = R_{실외대류} + R_{벽돌} + R_{공간} + \frac{1}{1/R_{단열재} + 1/R_{기둥}} + R_{석고판} + R_{실내대류}$$

$$= 0.043 + 0.637 + 0.182 + 1/(1/2.813 + 1/3.462) + 0.093 + 0.11 = 2.61\,\mathrm{K/W}$$

열관류율은 $K = 1/AR_{tot} = 1/(1 \times 2.61) = 0.383\,\mathrm{W/m^2K}$

열전달률은 $q = KA\Delta t = 0.383 \times 1 \times 31 = 11.87\,\mathrm{W}$

내벽면 온도는 $q = \dfrac{t_{실내기} - t_{내벽면}}{R_{실내대류}}$에서 $t_{내벽면} = t_{실내기} - qR_{실내대류}$

$$t_{내벽면} = 21 - 11.87 \times 0.11 = 19.7℃$$

노점온도 18℃보다 높기 때문에 결로의 위험은 없다.

[표 E1-7]

요소	Δx, m	k, W/mK	h, W/m²K	A, m²	R, K/W
실외대류			23	1	0.043
벽돌	0.20	0.314		1	0.637
공간	0.02	0.11		1	0.182
단열재	0.09	0.040		0.8	2.813
기둥	0.09	0.13		0.2	3.462
석고판	0.013	0.14		1	0.093
실내대류			9	1	0.11

■

1-5 실내환경

건물은 쾌적한 실내환경과 양호한 주변환경을 조성해야 한다. 실내환경에는 온습도, 기류, 먼지, 냄새, 소음 등의 요소가 있으며, 열환경, 공기질, 기류 및 음환경으로 나눌 수 있다.

1) 열환경

인체는 음식물을 섭취하고 산소를 흡수하여 대사작용을 함으로써 활동을 하고 열을 방출한다. 생명유지에 필요한 최소한의 에너지를 기초대사량이라고 하며, 안정 시에는 기초대사량보다 20% 정도 에너지를 더 소비하게 된다. [표 1-3]은 각종 활동에 대한 대사량을 나타내며, 대사량의 단위 1 met는 편안히 쉬는 상태의 대사량으로 52.8 W/m^{2}에 해당한다.

[표 1-3] 활동 상태별 대사량

활동 상태	대사량, met
누워서 잘 때	0.7
앉아서 휴식	1.0
편하게 서 있는 상태	1.2
보행(3.2 km/h)	2.0
읽고 쓰기	1.0
자동차 운전	1.0~2.0
요리	1.6~2.0
청소	2.0~3.4
테니스	3.6~4.0
농구	5.0~7.6

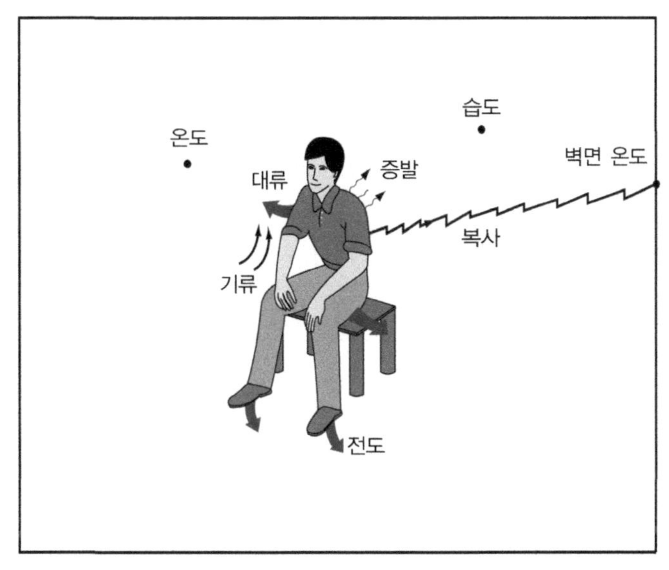

[그림 1-8] 인체로부터의 방열

인체가 소비하는 에너지는 [그림 1-8]과 같이 피부와 호흡을 통한 전도, 대류, 복사 및 수분 증발에 의하여 열로 방출된다. 일반적으로 증발에 의하여 20~25%, 복사에 의하여 40~45%, 대류에 의하여 20~30%의 열을 방출한다. 인체의 온열감은 열방출의 정도에 의한 느낌이므로 사람의 착의상태와 활동 정도뿐 아니라 기온, 습도, 기류속도 및 주위의 벽면 온도에 영향을 받으며 이를 인체온열감각의 4요소라고 한다.

활동이 크거나 외부환경이 변화하여 소비 에너지와 방출 에너지의 균형이 깨지면 인체는 체온조절 기능을 작동하며, 이때 춥거나 덥거나 하는 불쾌감을 느낀다. 처음에는 혈관운동을 통하여 더울 때는 확장, 추울 때는 수축으로 열방출을 조절한다. 그 다음 단계는 신진대사 조절작용으로 열생산을 높이거나 낮추어 체온유지를 한다. 이러한 조절범위를 넘어서면 인체 내부가 냉각 또는 가열되어 열사병의 발생 등 생리적인 위험에 처하게 된다.

열적으로 실내외의 환경이 크게 다를 때 인체가 미처 적응이 안 되어 나타나는 불쾌감을 히트쇼크(heat shock)라고 하며, 냉방병은 반복되는 히트쇼크로 체온조절 기능이 저하되어 나타나는 현상이다.

온열감각의 요소들을 조합한 열환경 지표에는 [표 1-4]와 같은 것들이 있다.

[표 1-4] 열환경 지표

지표	평가 방법
유효온도 (ET; Effective Temperature)	주어진 온도, 습도 기류 조건에서의 온열감각과 동일한 감각을 주는 상대습도 100%, 풍속 0 m/s인 경우의 온도
수정유효온도 (CET; Corrected Effective Temperature)	건구온도 대신 복사열의 효과가 고려된 글로우브(globe) 온도계의 눈금을 사용한 유효온도
신유효온도 (NET; New Effective Temperature)	상대습도 50%, 0.25 m/s 이하의 미풍에서 가벼운 복장으로 근육운동을 하지 않는 성인의 체표면으로부터 실제 환경과 동등한 방열량이 나타나는 온도로 ET*로 표시
평균복사온도 (MRT; Mean Radiant Temperature)	실내 벽면의 평균온도
작용온도 (OT; Operation Temperature)	실제와 동일한 열전달을 할 수 있는(평균 복사온도와 실내온도가 같은) 실내의 온도
예상온냉감지표 (PMV; Predicted Mean Vote)	열환경에 대한 인체의 느낌을 -3(매우 춥다)에서 +3(매우 덥다) 사이로 수치화한 것으로 통상 -0.5에서 +0.5 사이면 쾌적조건
불쾌지수 (DI; Discomfort Index)	외부 기후의 쾌적도를 단일 척도로 나타낸 것으로 0.72(건구온도+습구온도)+40.6으로 정의됨

유효온도(effective temperature)란 임의의 공간에서의 열감각이 상대습도 100%, 풍속 0 m/s인 기준실과 동일할 때의 온도를 말한다. 실의 온도가 같더라도 습도와 기류에 따라서 유효온도는 다르게 된다. 실내공기의 온도와 기류뿐 아니라 벽의 온도도 복사열전달로 인하여 열감각에 영향을 미치므로 이를 고려한 것이 수정 유효온도이다. 수정 유효온도는 기준실의 온도 대신 작용온도를 사용한다. 신유효온도는 상대습도 50%, 0.25 m/s 이하의 미풍이 있는 기준실에서 가벼운 복장으로 근육운동을 하지 않는 성인의 체표면으로부터 실제 환경과 동등한 방열량이 나타나는 기준실의 작용온도로 ET*로 표시한다. 이는 실제 환경조건에 잘 부합하므로 널리 사용된다.

[그림 1-9]는 작용온도와 습도에 따른 신유효온도 ET*를 나타낸다. 20℃ 이하의 저온에서는 유효온도에 미치는 습도의 영향이 거의 없으나 온도가 높아질수록 커진다. 빗금 친 영역은 ASHRAE가 권장하는 쾌적조건이며 ET*=22~25.5℃, x=0.0042~0.012 kg/kg'에 있다.

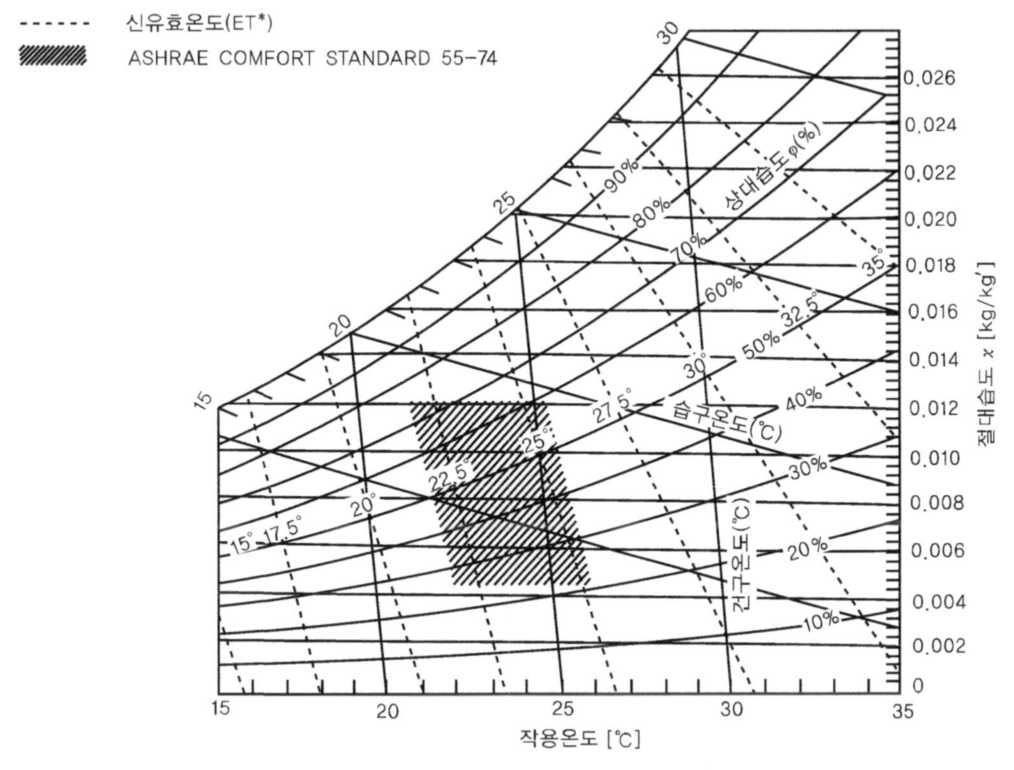

[그림 1-9] 작용온도와 습도에 따른 ET*

2) 공기질

현대인들은 실외보다 실내에서 머무는 시간이 많으나 에너지 절약을 위한 건물의 기밀화 설계로 자연적인 환기가 부족하게 되었다. 또 도심에서는 대기오염이 심각하기 때문에 실내공기질(IAQ; indoor air quality)의 개선이 중요한 환경문제로 대두되었다. 실내공기에는 250종 이상의 미세오염물질이 있어서 사무실에서 일하는 직장인들이 호소하는 두통, 알레르기성 질환, 안질, 어지러움 등의 빌딩증후군(sick building syndrome)의 원인이 되고 있다. 이들 오염물질은 외부에서 유입되기도 하지만 대부분은 건축자재나 인간활동에 의하여 실내에서 발생한 것이다. 대표적인 오염물질에는 라돈, 폼알데하이드, 석면, 연소가스, 담배연기, 오존, 미생물 등이 있다.

실내공기 오염물질은 크게 가스상 물질과 입자상 물질 및 복합 물질로 분류하며, 주요 오염물질을 요약하면 [표 1-5]와 같다.

[표 1-5] 주요 실내공기 오염물질

오염물질	생성원인 및 영향
라돈(Radon)	건축자재에서 방출되는 방사성 물질로써 폐암의 발생률을 높이는 것으로 알려짐
폼알데하이드 (HCHO)	단열용 건축자재나 옷감, 페인트, 접착제, 방향제, 연소가스나 담배연기 등에서 발생하며 기침, 설사, 어지러움, 구토, 피부질환 및 비암과 같은 암의 원인이 될 수 있음
석면	내화성 건축자재로 널리 쓰이던 가장 위험한 발암물질로 최근에는 취급이 엄격히 통제되고 있음
일산화탄소 (CO)	연소가스에서 나오며 호흡기 질환이나 폐기능 저하의 원인이 되고 혈중 헤모글로빈과의 친화력으로 산소공급을 차단시켜 사람을 질식, 사망에 이르게도 함
담배연기	지름 1μm 이하의 입자로 호흡기 질환, 심장 질환 및 폐암을 유발할 수 있음
오존	복사기나 공기정화기에서 방출되며 호흡기성 질환이나 두통의 원인이 될 수 있음
미생물	곰팡이 및 각종 알레르기성 물질로 페인트, 접착제, 방향제, 공기정화기, 가습기 등에서 발생하여 알레르기성 질환이나 호흡기 질환 또는 전염성 질환의 원인이 될 수 있으며 냉방장치와 관련된 레지오넬라병도 그 한 예라 할 수 있음
기타 물질	수은이나 납과 같은 중금속물질, 할로겐물질 및 유기성물질

[표 1-6] 우리나라 실내공기환경 기준

항 목	기 준
총 부유분진(TSP)	0.15 mg/m^3
이산화탄소(CO_2)	1000 ppm
일산화탄소(CO)	10 ppm
온도	18~27℃
상대습도	40~70%
기류속도	0.5 m/s

세계 각국은 실내공기 오염물질의 허용농도에 관한 환경기준을 정하고 있으며, 여기에 대개 이산화탄소의 농도가 포함되는 것은 그 자체가 유독성이 있어서라기보다 이산화탄소의 농도 증가가 기타 오염물질의 증가를 동반하기 때문이다. 따라서 이산화탄소는 오염의 척도로 그 의미를 갖는다. [표 1-6]은 우리나라 건축법 시행규칙에서 정한 실내환경 기준이다.

실내공기의 오염 대책에는 오염원 제어, 오염물질 제거 및 희석 제어가 있다. 오염물질이 발생하지 않도록 하는 오염원 제어에는 금연, 친환경 내장재의 사용, 국소배기 등이 있다. 오염물질제거에는 흡착제에 의한 가스 제거, 필터(filter)에 의한 여과 및 정전식 공기청정기에 의한 입자 제거가 있다. 희석 제어에는 오염도가 낮은 실외공기인 환기(ventilation air)에 의한 실내공기의 오염농도를 낮추는 방법이 가장 널리 사용되고 있다.

클린룸(clean room)과 같은 산업용 공기조화설비에서는 먼지의 양에 따라서 등급을 나누는데 지름 0.5μm의 입자를 기준으로 1 ft^3 공간에 있는 입자의 수로 평가한다. 클래스1은 입자수가 1개 이내, 클래스10은 10개 이내, 클래스100은 100개 이내인 청정실을 말한다.

3) 기류

실내공기의 온도 분포와 기류속도는 인체의 쾌적감에 중요한 영향을 미치는 요소일 뿐 아니라 실내공기의 질에도 영향을 미친다. 공기조화 시 취출공기는 실내공기를 유인하여 혼합됨으로써 온습도가 조정되고 유속은 저하되어 거주역에 도달할 때는 쾌적한 상태가 된다.

인체에 닿는 기류속도는 0.1~0.2 m/s가 적당하며 기류와 온도에 의하여 신체의 한 부분에 과도한 냉기나 온기를 느끼는 것을 드래프트(draft)라고 한다. 드래프트는 실내공기의 상하부 온도차가 크거나 취출공기와 실내공기의 온도차가 큰 경우, 외벽이나 외창에서 냉기가 유입되거나 기류가 허용속도 이상으로 재실자에게 닿았을 때 느끼는 현상이다.

거주역에서 온도차 및 기류가 체감온도에 미치는 영향, 즉 드래프트를 평가하기 위해 다음 식과 같은 유효드래프트온도(ETD; effective draft temperature)를 정의하고 있다.

$$EDT = (t_x - t_c) - 8(V_x - 0.15) \tag{1.43}$$

여기서 t_x : 실내 임의의 지점의 온도, ℃
V_x : 기류속도, m/s
t_c : 실내 평균온도, ℃

사무실과 같이 재실자가 앉아서 일할 경우 $-1.7℃ < EDT < +1.1℃$이고 기류속도가 0.35 m/s 이하면 대부분이 드래프트를 느끼지 않고 쾌적감을 느낀다. 실내의 여러 위치에서의 EDT를 측정하여 드래프트가 없는 쾌적조건에 들어가는 비율을 공기확산성능지표(ADPI; air diffusion performance index)라고 한다. ADPI가 클수록 기류의 분포가 양호하며 취출구의 위치, 취출속도 등이 적합하다는 것을 나타낸다.

1-6 지구환경

오늘날 환경문제는 국지적인 문제를 벗어나 지구적 규모의 문제로 확대되었으며 주요 지구환경문제에는 산성비, 지구온난화, 오존층파괴 등이 있다.

1) 산성비

산성비는 토양을 산성화하여 농작물과 산림에 큰 피해를 줄 뿐 아니라 호수를 산성화하여 수생 생태계에도 악영향을 미치고 건물이나 금속 구조물의 수명을 단축시킨다. 산성비의 주원인은 화석연료의 연소생성물인 아황산가스(SO_2)와 질소산화물(NO_x)이 대기 중에서 물 및 산소와 반응하여 만들어진 황산이나 질산 때문이다. 그밖에 휘발성유기물질, 염소, 오존 등도 영향을 미친다([그림 1-10] 참조).

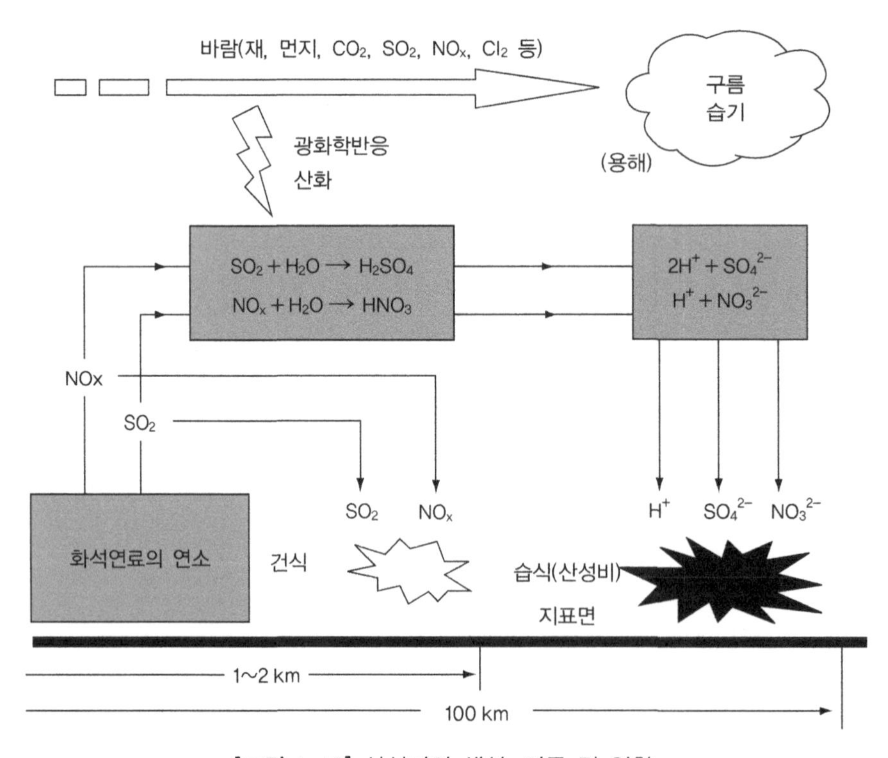

[그림 1-10] 산성비의 생성, 이동 및 영향

황산화물의 90% 이상이 유황분이 많은 석탄과 같은 화석연료의 연소에 의하여 발생하며 그중 85%는 화력발전소에서 배출된다. 따라서 황산화물의 배출을 억제하려면 유황분이 없는 연료를 사용하거나 유황분이 있는 연료는 연소나 배기과정에서 제거해야 한다. 황산화물의 배출 억제를 위한 연소방법에는 유동층 연소(fluidized-bed combustion)가 있다. 이 방법은 석탄에 탄산칼슘을 혼합하여 부상연소시키면서 황을 황산칼슘으로 제거하는 것이다. 유동층 연소에 의하면 90% 이상의 황을 제거할 수 있다. 또한 배기가스에 있는 황산화물은 가스세척탑과 같은 배연탈황 설비로 제거할 수 있다.

2) 지구온난화

태양에서 방출되어 지구대기의 외부에 도달하는 평균 복사에너지인 태양상수는 1,370 W/m^2이며, 지구표면의 단위면적당 평균 342 W/m^2에 해당한다. 그중 일부는 대기에 의하여 반사되는데 그 비율을 알비도(albedo)라고 하며, 약 31%로 추정한다. 따라서 지구에 흡수되는 태양에너지는 단위면적당 평균 235 W/m^2인 셈이다. 한편 지구는 복사 형태로만 우주공간으로 에너지를 방출한다. 태양에서 흡수한 에너지와 평형을 이루는 지구의 표면 온도는 −19℃ 정도이나 실제는 그보다 훨씬 따뜻한 34℃ 정도이다. 그 주된 이유는 온실효과 때문이며, 기타 태양상수의 변화, 에어로솔에 의한 냉각효과 등에 원인이 있다.

지구온난화는 지구의 평균기온을 상승시키고 강수량을 증가시킨다. 대륙 빙하의 감소는 해수면의 상승과 지역에 따라서는 홍수나 극심한 가뭄을 초래한다. 이러란 기후 변화는 생태계의 멸종, 도태, 재분포 등 생태계 변화와 농작물의 작황 피해로 인류에게 큰 재앙이 될 수 있다.

온실효과(green house effect)란 H_2O, CO_2, CH_4, N_2O, 플루오르화합물, O_3 등의 가스가 단파장의 태양복사선은 거의 통과시키나 지구에서 방출하는 4 μm 이상인 장파장의 적외선은 흡수하여 다시 대기 중으로 방출함으로써 대기온도를 상승시키는 작용을 말한다. 이러한 온실가스는 대기 중 체류시간이 길기 때문에 지구 전체에 고르게 분포하게 되어 문제를 야기하므로 이들 가스 농도의 증가는 지구온난화의 원인이 된다.

온실효과에 대한 온실가스별 기여도는 수증기가 약 60%, 이산화탄소가 약 25%, 메테인이 약 7%, 나머지는 플루오르화합물과 아산화질소에 의한 것이다. 인간의 활동과 관련 없는 수증기를 제외하면 온실효과의 60% 이상이 이산화탄소에 의한 것임을 알 수 있다.

1850년부터 최근까지 온실가스에 의한 복사량의 증가는 이산화탄소에 의하여 약 1.56 W/m^2, 메테인에 의하여 약 0.47 W/m^2 등, 총 2.45 W/m^2인 것으로 알려졌다.

어떤 물질의 지구온난화에 대한 기여도를 나타내는 지표로는 지구온난화척도(GWP; global warming potential)가 있다. GWP는 이산화탄소에 대한 상대적인 값으로 다음과 같이 정의한다.

$$GWP = \frac{\text{어떤 물질 1kg의 지구온난화 기여도}}{CO_2 \text{ 1kg의 지구온난화 기여도}} \tag{1.44}$$

GWP는 대략 온실가스의 복사힘과 체류시간에 관계되기 때문에 주요 온실가스의 GWP는 경과연수에 따라 다르며 대략적인 값은 [표 1-7]과 같다.

[표 1-7] 주요 온실가스의 직접효과에 의한 GWP

물질	화학식	체류시간, 년	CO_2와 비교한 단위질량당 복사힘	경과연수에 따른 지구온난화 척도 GWP		
				20년	100년	500년
이산화탄소	CO_2		1	1	1	1
메테인가스	CH_4	12.2	58	56	21	6.5
아산화질소	N_2O	120	206	280	310	170
R-11	$CFCl_2$	50	3970	5000	4000	1400
R-12	CF_2Cl_2	102	5750	7900	8500	4200
R-113	$CF_2ClCFCl_2$	85	3692	5000	5000	2300
R-114	CF_2ClCF_2Cl	300	4685	6900	9300	8300
R-22	CF_2HCl	13.3	5440	4300	1700	520
R-141b	CH_3CFCl_2	9.4	2898	1800	630	200
R-142b	CH_3CF_2Cl	18.4	4446	4200	2000	630
R-134a	CH_3CH_2F	14.6	4129	3400	1300	420
R-32	CH_2F_2	5.6	5240	2100	650	200
R-1301	CF_3Br	65	4724	6200	5600	2200
메틸클로로폼	CH_3CCl_3	5.4	913	260	110	35
사염화탄소	CCl_4	42	1627	2000	1400	500

대표적인 온실가스인 이산화탄소의 대기 중 농도는 지난 1000여 년간 280 ppm 정도로 유지되었다. 그러나 18세기 산업혁명과 더불어 화석연료 사용의 급증과 산림 파괴의 가속화 등으로 인하여 계측을 시작한 1958년에는 315 ppm, 1994년에는 358 ppm, 2003년에는 376 ppm으로 그 농도가 급속히 증가하고 있다. 이러한 속도로 이산화탄소가 증가할 경우 2100년에는 약 500 ppm에 이를 것으로 추정된다.

이산화탄소는 식물과 식물성 플랑크톤의 광합성 작용으로 흡수되고 호흡작용 및 유기물의 부패과정에서 방출된다. 대기 중 탄소의 99% 이상이 이산화탄소로 존재하며 해양에는 중탄산이온의 형태로 존재한다. 1980년대의 탄소의 저장과 순환량을 도시하면 [그림 1-11]과 같다. 대기 중 탄소의 양은 750 GtC(1 Gt=10^9톤), 식물에 저장된 탄소량은 대기 내의 양과 비슷하나 바다 속에는 그 50배 이상이 존재한다. 인간 활동에 의한 이산화탄소의 연간 배출양은 연소 및 시멘트 생산으로 5.5 GtC, 숲의 개간과정에서 1.6 GtC로 총 7.1 GtC 가량이며 그중 약 절반은 대기 중에 남아 있다.

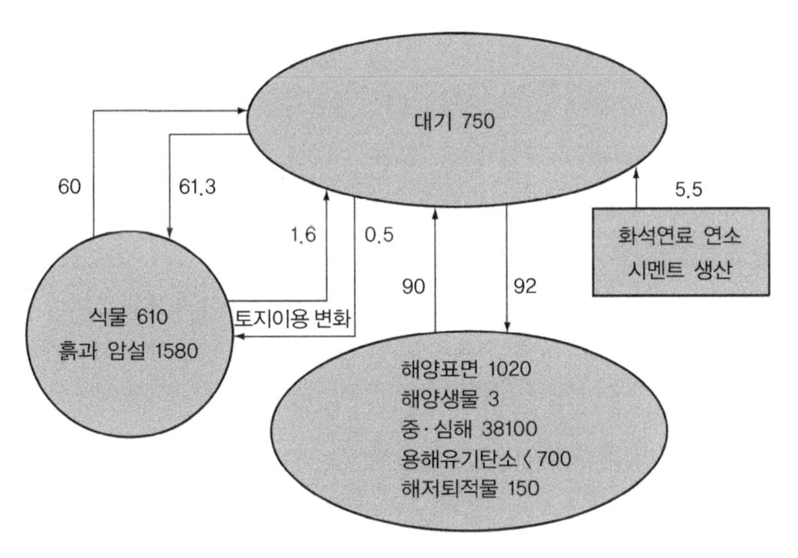

[그림 1-11] 1980년대의 탄소저장량(GtC)과 순환량(GtC/yr)

2005년에 발효된 기후변화협약(교토의정서)에서는 CO_2, CH_4, N_2O, HFC(수소화플루오르화탄소), PFC(과플루오르화탄소) 및 SF_6(육플루오르화황)의 6종을 온실가스로 규정하고 2012년까지 선진국에서 그 배출량을 1990년 대비 최소한 5.2% 감축할 것을 결정하였다.

우리나라는 2002년에 이 조약을 비준했으며 2020년까지는 2005년 대비 4% 감축목표를 설정하였다. 온실가스 감축에 의한 산업계의 부담을 줄이기 위해 건물과 교통 등 비산업 분야를 중심으로 감축을 계획하고 있으나 대체에너지 개발 등 산업계 전반에 영향을 미칠 것은 확실하다. 특히 건설산업은 국내 총 CO_2 배출량의 40% 이상을 차지하며 그중 80% 이상이 건물 운용과 관련 있다.

화석연료의 고갈로 대체에너지의 개발 압력이 커지는 가운데 온실가스 감축의무를 준수하고 지속가능한 발전을 이룩하려면 신재생에너지의 개발과 보급을 서둘러야 한다. 주요 신재생에너지에는 신에너지인 연료전지, 석탄액화가스화 및 중질산사유가스화, 수소에너지와 재생에너지인 태양광, 태양열, 바이오, 풍력, 수력, 해양, 폐기물 및 지열에너지가 있다. 신재생에너지는 비고갈성의 환경친화적인 청정에너지이지만 연구개발, 보급 등 정책적인 지원을 필요로 한다. 우리나라는 2030년까지 총 에너지 수요의 20%를 신재생에너지로 대체할 목표를 설정하였으며, 2019년 수소경제를 통한 경제 성장을 목표로 수소 생산, 저장, 공급 인프라 구축 및 연료전지 기술에 많은 투자를 하고 있다.

3) 오존층 파괴

성층권의 오존은 광화학적인 반응에 의하여 자외선을 흡수함으로써 생물종을 피부암, 시력저하 등의 피해로부터 보호하는 역할을 한다. 그런데 CFC계 냉매, 할론, 질소산화물 등은 이 오존층을 파괴하기 때문에 심각한 지구환경문제를 야기하고 있다([그림 1-12] 참조).

어떤 물질의 오존파괴 능력을 나타내는 지표로서 오존파괴지수 ODP(ozone depletion potential)가 있다. ODP는 CFC-11에 대한 상대적인 값으로 다음과 같이 정의한다.

$$\mathrm{ODP} = \frac{\text{어떤 물질 1kg의 오존파괴량}}{\text{CFC} - 11 \text{ 1kg의 오존파괴량}} \tag{1.45}$$

[표 1-8]은 주요 가스의 ODP를 나타낸다.

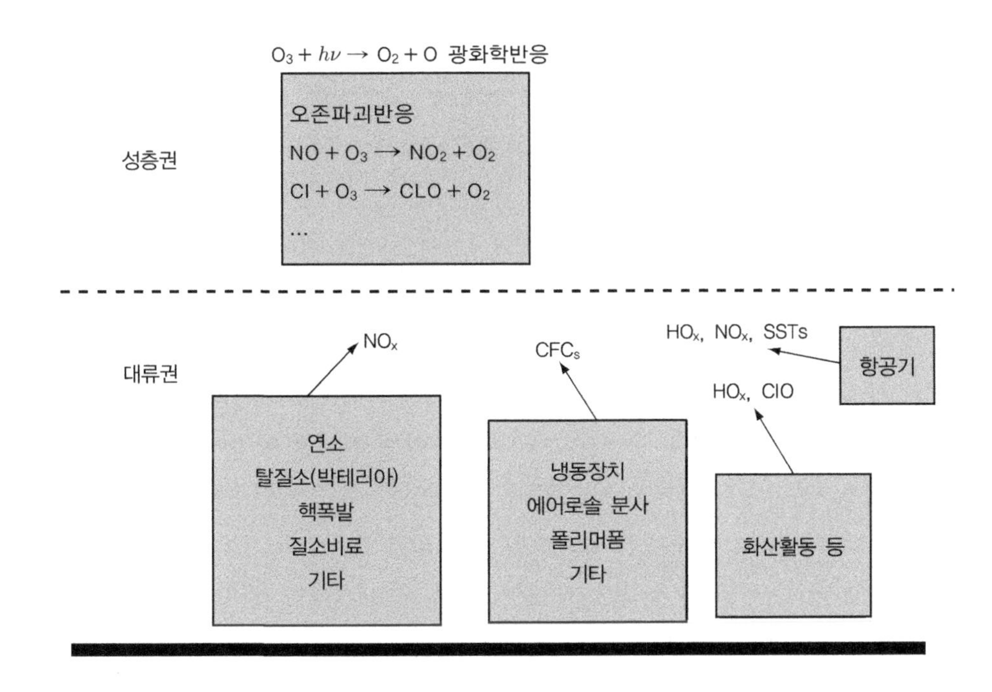

[그림 1-12] 오존파괴물질과 파괴반응

[표 1-8] 주요 가스의 오존파괴능력 ODP

구분	명칭	화학식	CFC-11와 비교한 오존 파괴능력 ODP
CFC	CFC-11	$CFCl_3$	1.0
	CFC-12	CF_2Cl_2	0.9
	CFC-113	$CF_2ClCFCl_2$	0.9
HCFC	HCFC-22	CF_2HCl	0.04
	HCFC-123	$C_2F_3HCl_2$	0.014
	HCFC-124	C_2H_4HCl	0.03
	HCFC-141b	$C_2FH_3Cl_2$	0.10
HFC	HFC-134a	$C_2H_2F_4$	$<5\times10^{-4}$
할론	H-1211	CF_2ClBr	5.1
	H-1301	CF_3Br	13
기타	메틸클로로폼	CH_3CCl_3	0.12
	사염화탄소	CCl_4	0.6

완벽한 냉매로 인식되어 온 CFC(염화불화탄소, 상표명 프레온)계 냉매는 냉매뿐 아니라 소화(消火)용제, 발포제, 분사제, 절연제, 세정제 등으로 널리 사용되었다. 그러나 성층권에 도달한 CFC가 자외선에 의하여 분해될 때 방출되는 염소원자는 오존층을 파괴하기 때문에 1995년부터 선진국과 개도국에 따라서 차등적인 폐기에 들어갔다. 그 결과 CFC-11의 농도는 증가하지 않고 있으나 체류시간이 50년이나 되므로 감소까지는 오랜 시간이 걸릴 것이다.

장기적으로는 염소원자를 갖지 않는 대체냉매인 HFC계 냉매를 사용하여야 하며 과도기적으로는 기존 냉매와 겸용이 가능한 HCFC계 냉매를 활용할 수 있다. HCFC계 냉매는 CFC계에 수소가 추가된 물질로서 성층권에 도달하기 전에 분해되므로 [표 1-8]에서 보듯이 CFC계 냉매보다 오존파괴력이 약하다. 하지만 여전히 안전하지 않기 때문에 2020년부터는 보충용 외에는 생산을 중단하고 2030년부터는 전폐할 예정이다.

냄새 제거, 헤어스프레이 및 페인트용 스프레이와 같은 에어로솔 추진제로 사용되던 CFC는 아이소부테인, 프로페인 및 CO_2로 대체되고 있다. 또 CFC는 증발할 때 미세한 기공을 형성하고 단열성이 크기 때문에 발포 플라스틱에 널리 사용되었으나 이는 HCFC-22, 펜테인 또는 CH_2Cl_2로 대체하고 있다.

ODP가 낮은 HFC계 냉매인 R-134a는 자동차 에어컨 및 냉장고 냉매로 널리 사용되고 있지만 이 또한 GWP=1300인 강력한 온실가스이다. 따라서 유럽을 중심으로 GWP가 150 이상인 냉매는 자동차용으로 사용을 규제하고 있으며 2017년부터는 신형자동차에 사용이 금지됨에 따라서 이를 대체할 냉매로써 R-1234yf와 R-744(CO_2)를 검토하고 있다. R-1234yf($CF_3CF=CH_2$)는 혼합냉매로 ODP=0, GWP=4, 체류시간이 6일에 불과하며 열역학적 특성은 R-134a와 매우 비슷하다.

제2장 공기의 상태변화

공기조화시스템을 해석 또는 설계하기 위해서는 공기의 온도 및 습도변화와 가열(또는 냉각) 및 가습(또는 감습)의 관계에 관한 이론이 필요하다. 이 장은 공기의 상태변화에 대한 기초 이론과 그 응용을 다룬다.

2-1 공기의 성질

1) 절대습도

공기는 [그림 2-1]과 같이 건공기와 수증기의 혼합 기체이다. 건공기는 체적비로 약 78%의 질소, 약 21%의 산소와 기타 기체로 구성된다. 습공기(濕空氣)는 수증기를 포함한 공기를 말하며, 수증기는 소량이지만 잠열이 크기 때문에 공기의 열적 성질에 큰 영향을 미친다.

건공기 1 kg에 대한 수증기의 양을 습도(濕度) 또는 절대습도라고 하며 x로 표시한다.

$$x \equiv \frac{\text{수증기 질량}}{\text{건공기 질량}}, \text{ kg/kg'} \tag{2.1}$$

kg'는 건공기 질량을 나타내며, 공기의 단위질량이란 건공기 단위질량을 말한다. 습도 x인 공기 1 kg'은 건공기 1 kg에 수증기 x kg을 포함한 습공기를 뜻하며, 공기의 압력 p는 건공기의 분압과 수증기의 분압을 합한 것이므로 수증기의 분압을 p_w라 할 때 건공기 분압은 $p-p_w$가 된다.

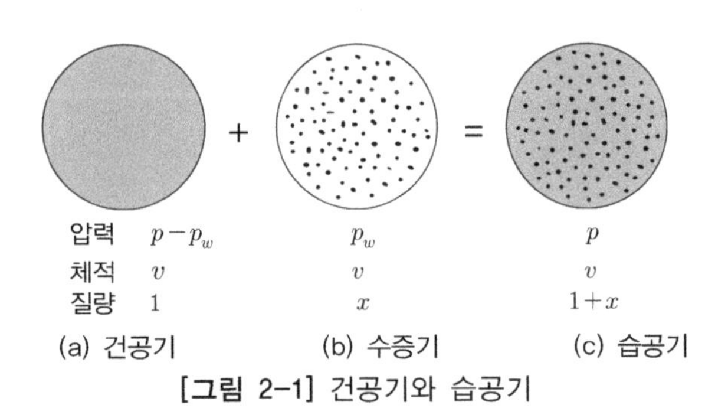

[그림 2-1] 건공기와 습공기

수증기는 기체 상태로 존재하며 건공기와 마찬가지로 이상기체로 다룰 수 있다. 건공기 1 kg, 절대온도 T인 습공기의 건공기와 수증기에 대하여 각각 이상기체 상태방정식을 적용하면

$$(p-p_w)v = R_a T \tag{2.2a}$$

$$p_w v = x R_w T \tag{2.2b}$$

여기서 p, v, T : 공기의 압력, 비체적 및 절대온도
p_w : 수증기의 분압
x : 습도
R_a : 건공기의 기체상수(0.287 kJ/kgK)
R_v : 수증기의 기체상수(0.462 kJ/kgK)

따라서 수증기 분압과 습도 사이의 관계는

$$x = \frac{R_a}{R_w}\frac{p_w}{p-p_w} = 0.622\frac{p_w}{p-p_w} \tag{2.3}$$

2) 상대습도

주어진 온도에서 공기가 포함할 수 있는 수증기의 양에는 한계가 있다. 식 (2.3)에서 알 수 있듯이 습도가 증가하면 수증기의 분압도 같이 증가한다. 그러나 분압이 그 온도에 대한 포화압력이 되면 더 이상의 수증기를 포함할 수 없게 되는데, 이 상태를 포화상태라고 하며 이때의 수증기 압력을 포화압력이라고 한다. 상대습도(相對濕度, relative humidity)는 다음 식과 같이 현재 수증기 분압의 포화압력에 대한 비율로 정의한다.

$$\phi = \frac{p_w}{p_s} \times 100, \ \% \tag{2.4}$$

여기서 ϕ : 상대습도
p_w : 현재 상태에서 수증기 분압
p_s : 현재 온도에 대한 포화수증기 압력

포화가 되면 상대습도는 100%가 된다. 포화가 되었을 때의 습도에 대한 현재 습도의 비를 비습도(humidity ratio) 또는 포화도라고 한다.

$$\psi = \frac{x}{x_s} \times 100, \ \% \tag{2.5}$$

여기서 ψ : 비습도

x, x_s : 현재 습도와 현재 온도에서 포화되었을 때 습도

3) 공기의 엔탈피

습공기의 비엔탈피는 건공기 1kg의 엔탈피와 수증기 $x$kg의 엔탈피의 합을 나타낸다. 통상 기체의 엔탈피의 기준점은 0℃이며, 수증기는 0℃의 물을 기준으로 하므로 물에서 증기로 변화하는 데 필요한 증발잠열을 더해야 한다. 따라서 건공기 및 수증기의 비엔탈피는 각각

$$h_a = C_{p,a} t \tag{2.6a}$$

$$h_w = r + C_{p,w} t \tag{2.6b}$$

여기서 h_a, h_w : 건공기 및 수증기의 비엔탈피, kJ/kg

$C_{p,a}$, $C_{p,w}$: 건공기 및 수증기의 정압비열

($C_{p,a}$ =1.006 kJ/kgK, $C_{p,w}$ =1.806 kJ/kgK)

r : 0℃ 물의 증발잠열(2501 kJ/kg)

t : 공기의 온도, ℃

따라서 공기의 엔탈피는

$$h = h_a + x h_w = C_{p,a} t + (r + C_{p,w} t) x \simeq C_p t + r x \tag{2.7}$$

식에서 습공기의 비열을 나타내는 C_p는

$$C_p = C_{p,a} + C_{p,w} x = 1.006 + 1.805 x, \ \ \mathrm{kJ/kgK} \tag{2.8}$$

습도의 평균을 0.01 kg/kg' 정도로 보면 습공기의 비열은 근사적으로 C_p=1.02 kJ/kgK로 볼 수 있다. 엔탈피는 식 (2.7)에서 온도에 관계된 현열량과 증발에 관계된 잠열을 합한 전열량(全熱量)을 나타낸다.

4) 습구온도

일상 온도를 건구온도라고 하며 습구온도계로 계측한 온도를 습구(濕球)온도 t'라고 한다. 습구온도는 습구를 감싸고 있는 수분이 공기 중으로 증발하는 데 필요한 잠열과 주위 공기에서 습구로 전달되는 열량이 일치하는 평형상태에서의 온도를 말한다. 증발은 주변 공기의 수증기분압이 낮을수록 크고 열전달은 주위 온도가 높을수록 크기 때문에 습구온도는 주위 공기온도와 수증기 분압에 의하여 결정된다. 또한 열전달과 물질전달은 주변 공기의 유속에도 영향을 받는다. 유속이 5 m/s 이상이 되면 습구온도는 단열포화온도와 같아지며, 이를 열역학적 습구온도라고 한다. 학술적인 습구온도는 열역학적 습구온도로서 아스만식 또는 슬링식과 같은 통풍식 습구온도계로 측정할 수 있으며 벽걸이식 습구온도계로 측정한 값과는 다소 오차가 있다. 습구온도는 건구온도보다 낮으며 상대습도가 100%인 포화상태에서는 같아진다.

5) 노점온도

노점(露点)온도 t''는 현재의 대기압과 절대습도 하에서 공기가 냉각되어 포화상태로 될 때의 온도를 말한다. 노점온도 이하가 되면 수증기가 응축되어 안개가 되거나 고체 면에는 이슬이 맺히는 결로현상이 나타난다. 노점온도가 빙점보다 낮으면 이슬은 성에나 서리가 된다.

6) 비체적과 밀도

공기의 비체적은 온도와 압력에 따라서 변하지만 편의상 0℃, 표준대기압의 표준공기의 비체적 $v = 0.83\,\mathrm{m^3/kg'}$로서 일정하다고 가정하는 경우가 많다. 마찬가지로 공기의 밀도 $\rho = 1.2\,\mathrm{kg/m^3}$으로 일정하게 다룬다.

예제 2-1

건구온도 25℃, 상대습도 45%일 때 절대습도, 엔탈피 및 비체적을 구하여라.

풀이

[부표 2]에서 온도 25℃에서 포화증기압은 $p_s = 3.169\,\mathrm{kPa}$

$$p_w = \phi/100 \times p_s = 0.45 \times 3.169 = 1.43\,\mathrm{kPa}$$

$$x = 0.622\,p_w/(p-p_w) = 0.622 \times 1.43/(101.3-1.43) = 0.00891\,\mathrm{kg/kg'}$$

$$h = C_p t + rx = (1.006 + 1.805 \times 0.00891) \times 25 + 2501 \times 0.00891 = 47.8\,\mathrm{kJ/kg'}$$

$$v = RT/p = 0.287 \times (273+25)/(101.3-1.43) = 0.856\,\mathrm{m^3/kg'}$$

■

2-2 공기선도

공기는 건공기와 수증기의 2성분 혼합물이지만 대기압을 일정하게 놓으면 두 개의 독립된 상태변수를 갖게 되므로 선도에 의하여 공기의 모든 상태량들을 나타낼 수 있으며, 이를 공기선도라고 한다. 공기선도에 두 개의 기준축 값을 정하면 다른 상태량들은 그 둘의 함수로 결정되기 때문에 두 축의 변수를 무엇으로 하는가에 따라서 여러 종류가 있을 수 있다. 가장 널리 사용되는 공기선도는 [그림 2-2]와 같이 구성되며, 공기선도 그래프를 [그림 2-3]에 나타내었다.

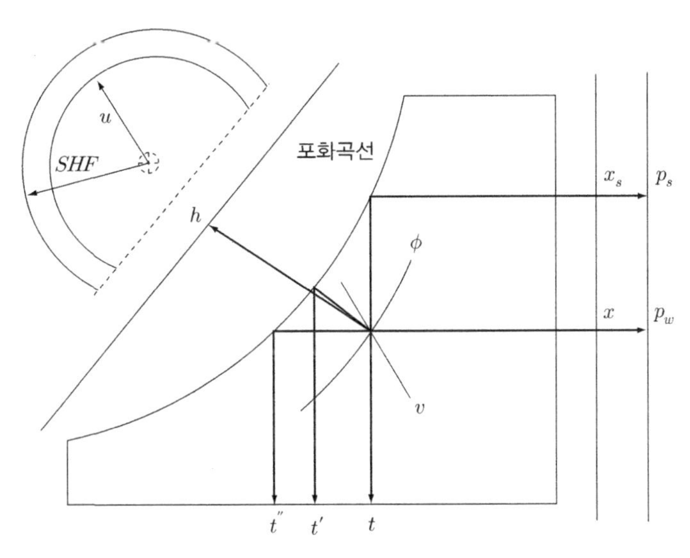

[그림 2-2] 공기선도의 구성

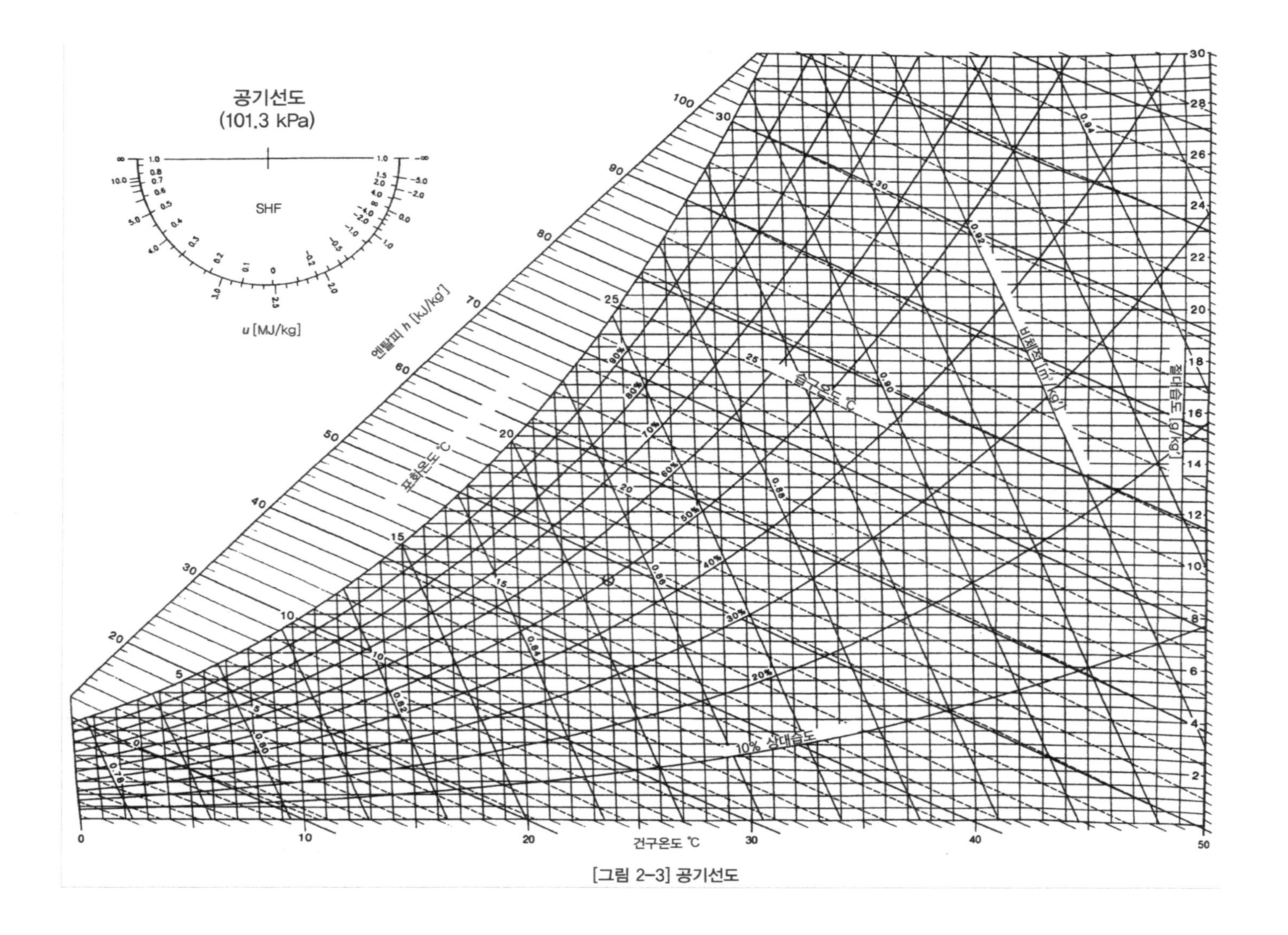

공기선도
(101.3 kPa)
SHF
u [MJ/kg]
엔탈피 h [kJ/kg']
포화온도 °C
습구온도 °C
비체적 [m³/kg']
절대습도 [g/kg']
10% 상대습도
건구온도 °C

[그림 2-3] 공기선도

공기선도를 이용하면 쉽게 공기의 상태량을 구할 수 있으며, 처음 상태점과 최종 상태점을 연결하여 상태변화를 표시할 수 있다.

예제 2-2

예제 2-1의 공기에 대하여 습구온도 t', 노점온도 t'', 절대습도 x, 엔탈피 h 및 비체적 v를 공기선도에서 구하여라.

풀이

[그림 2-3]의 공기선도에서

$t' = 17.1℃$, $t'' = 12.3℃$, $x = 0.0089\,\text{kg/kg}'$, $h = 48\,\text{kJ/kg}'$, $v = 0.857\,\text{m}^3/\text{kg}'$ ■

2-3 단열 혼합

상태가 서로 다른 두 공기 ①, ②를 단열 혼합하는 경우, 혼합 후의 공기 ③의 습도와 엔탈피에 관하여 각각 질량보존과 에너지보존식을 적용하면

$$m_1 x_1 + m_2 x_2 = (m_1 + m_2) x_3 \tag{2.9a}$$

$$m_1 h_1 + m_2 h_2 = (m_1 + m_2) h_3 \tag{2.9b}$$

따라서

$$x_3 = \frac{m_1}{m_1 + m_2} x_1 + \frac{m_2}{m_1 + m_2} x_2 \tag{2.10a}$$

$$h_3 = \frac{m_1}{m_1 + m_2} h_1 + \frac{m_2}{m_1 + m_2} h_2 \tag{2.10b}$$

혼합 후의 습도와 엔탈피는 [그림 2-4]와 같이 혼합 전 두 공기의 상태점을 연결한 선분을 질량비 $m_2 : m_1$으로 내분한 점의 값이 된다.

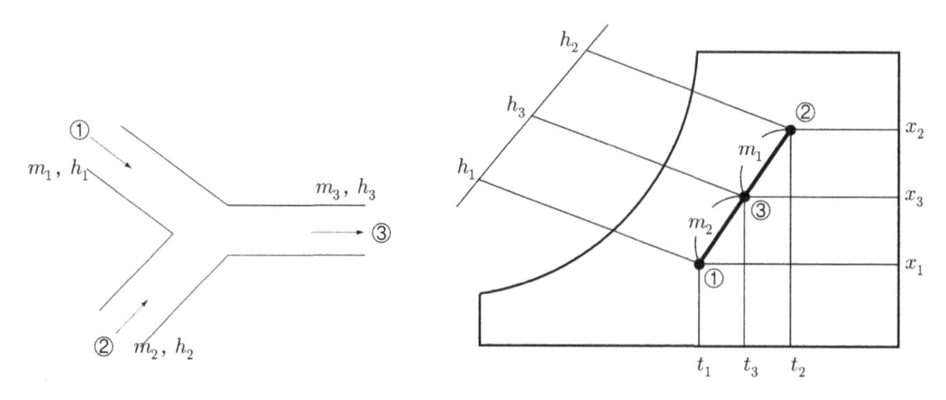

[그림 2-4] 두 공기의 단열 혼합

식 (2.7)에서 엔탈피는 근사적으로 온도와 습도의 1차 함수이므로 혼합 후의 온도 역시 질량비로 내분한 값이 된다.

$$t_3 = \frac{m_1}{m_1 + m_2} t_1 + \frac{m_2}{m_1 + m_2} t_2 \tag{2.10c}$$

2-4 공기의 상태변화

[그림 2-5]와 같이 상태 ①의 유량 m의 공기를 습도 변화 없이 가열만 하면 습공기선도에서 수평방향으로 습도 일정선을 따라서 상태 ②에 도달한다. 이때 필요한 열량은 현열이므로 다음 식으로 구한다.

$$q_s = m(h_2 - h_1) = m C_p (t_2 - t_1) \tag{2.11}$$

여기서 q_s : 현열량　　　　　　　　m : 공기량
h_1, h_2 : 가열 전후의 엔탈피　　　t_1, t_2 : 가열 전후의 온도

전기히터나 가열코일과 같은 일반적인 가열에서는 습도의 변화는 없으므로 가열량은 모두 현열이다. 습도 변화 없이 냉각만 하면 가열의 역방향으로 상태는 변화하고 엔탈피 차는 단위유량당 냉각열량을 나타낸다.

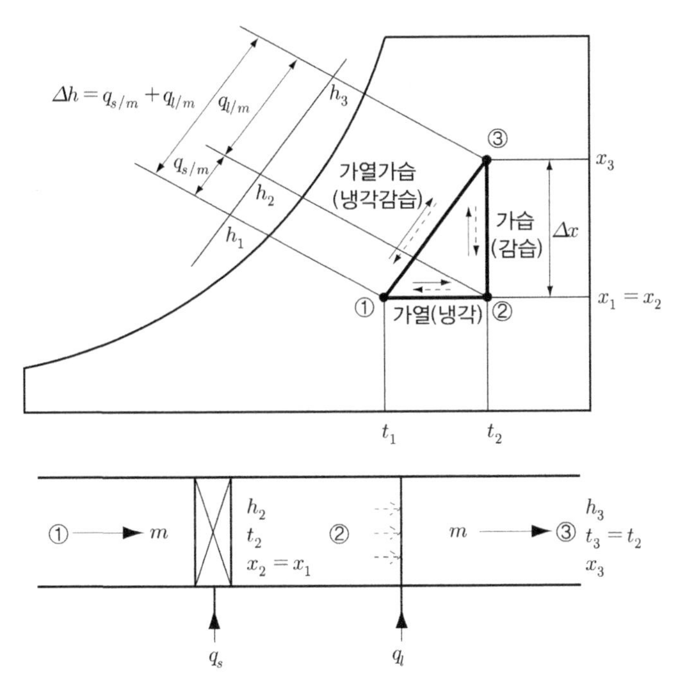

[그림 2-5] 공기의 가열(냉각) 및 가습(감습)

[그림 2-5]와 같이 상태 ②의 공기를 같은 온도의 수증기로 가습하면 수직방향으로 온도 일정선을 따라서 습도는 x_2에서 x_3로 상승한다. 이때 가습에 필요한 열량은 잠열이므로

$$q_l = m(h_3 - h_2) = rm(x_3 - x_2) = rL \tag{2.12}$$

여기서 q_l : 잠열량　　m : 공기량
r : 물의 증발잠열　　L : 가습에 사용된 증기의 양
h_2, h_3 : 가습 전후의 엔탈피　　x_2, x_3 : 가습 전후의 습도

가열 및 가습에 의한 ①에서 ③으로의 상태변화는 온도와 습도가 모두 변하는 경우를 대표할 수 있다. ①에서 ③으로의 변화를 ①에서 ②를 거쳐 ③으로 가는 경로로 생각해도 필요 열량에는 차이가 없으므로 변화에 필요한 총 열량은 현열과 잠열을 합하여 다음 식으로 구할 수 있다.

$$q = m(h_3 - h_1) = q_s + q_l \tag{2.13a}$$

$$q_s = m(h_2 - h_1) = mC_p(t_2 - t_1) \tag{2.13b}$$

$$q_l = m(h_3 - h_2) = mr(x_3 - x_1) \tag{2.13c}$$

공기의 상태변화 방향을 나타내는 양으로는 현열비와 열수분비가 있다. 현열비는 전열량에 대한 현열량의 비로 정의되며 ①에서 ③까지의 상태변화에 대한 현열비(顯熱比, sensible heat factor) SHF는 다음 식으로 나타낼 수 있다.

$$\mathrm{SHF} \equiv \frac{q_s}{q_s + q_l} = \frac{h_2 - h_1}{h_3 - h_1} = \frac{C_p \Delta t}{\Delta h} \tag{2.14}$$

또 상태변화에 대한 열수분비는 총 습도 변화에 대한 엔탈피 변화의 비로 정의되며 ①에서 ③까지의 상태 변화에 대한 열수분비(熱水分比, moisture ratio) u는 다음 식으로 나타낼 수 있다.

$$u \equiv \frac{\Delta h}{\Delta x} = \frac{h_3 - h_1}{x_3 - x_1} \tag{2.15}$$

예제 2-3

2880m^3/h로 덕트를 유동하는 15℃의 공기를 25℃로 가열하였더니 상대습도가 45%로 되었다. 가열에 필요한 열량은 얼마인가? 또 이 공기를 다시 수증기로 가습하여 온도는 변함없으나 상대습도가 80%로 되었다면 이때의 수증기 양과 잠열 가열량을 구하여라.

풀이

처음에 습도가 일정한 상태변화이므로 $x_1 = x_2 = 0.0089\,\mathrm{kg/kg'}$

공기선도에서 $h_1 = 37.6\,\mathrm{kJ/kg'}$, $h_2 = 48\,\mathrm{kJ/kg'}$, $v_1 = 0.823\,\mathrm{m^3/kg'}$

따라서 $m = Q/v_1 = 2880/0.823 = 3500\,\mathrm{kg/h}$

$$q_{1-2} = m(h_2 - h_1) = 3500 \times (48 - 37.6) = 36400\,\mathrm{kJ/h} = 10.11\,\mathrm{kW}$$

또는 $q_{1-2} = mC_p(t_2 - t_1) = 3500 \times (1.006 + 1.806 \times 0.0089)(25 - 15) = 35800\,\mathrm{kJ/h} = 9.94\,\mathrm{kW}$

다음에 가습 과정에서 가습 후의 상태는 $t_3 = t_2 = 25℃$, $\phi_3 = 80\%$ 이므로

공기선도에서 $x_3 = 0.016\,\mathrm{kg/kg'}$, $h_3 = 65.7\,\mathrm{kJ/kg'}$

따라서 $L = m(x_3 - x_2) = 3500 \times (0.016 - 0.0089) = 24.8\,\mathrm{kg/h}$

$$q_{2-3} = m(h_3 - h_2) = 3500 \times (65.7 - 48) = 62000\,\mathrm{kJ/h} = 17.3\,\mathrm{kW}$$

또는 $q_{2-3} = rL = 2501 \times 24.8 = 62000\,\mathrm{kJ/h} = 17.3\,\mathrm{kW}$ ■

예제 2-4

예제 2-3의 상태변화 전체(①→③)에 대한 현열비 및 열수분비는 얼마인가?

풀 이

$\text{SHF} = q_s/(q_s + q_L) = q_{1-2}/(q_{1-2} + q_{2-3}) = 10.11/(10.11 + 17.3) = 0.368$

$u = \Delta h/\Delta x = (65.7 - 37.6)/(0.016 - 0.0089) = 3960\,\text{kJ/kg}$ ■

2-5 냉각코일에서의 과정

냉각코일에 의하여 공기를 냉각하는 경우 초기에는 습도의 변화 없이 건구온도만 내려간다. 공기가 더욱 냉각되어 코일에 접한 공기온도가 노점온도 이하로 되면 공기 중 수증기의 응축에 의하여 수분이 제거됨으로써 습도가 저하된다. 응축이 일어나지 않는 냉각코일을 건코일이라 하고, 응축이 일어나는 냉각코일을 습코일이라 한다. 습코일을 통과할 때는 [그림 2-6]과 같이 공기의 온도와 습도가 동시에 저하된다.

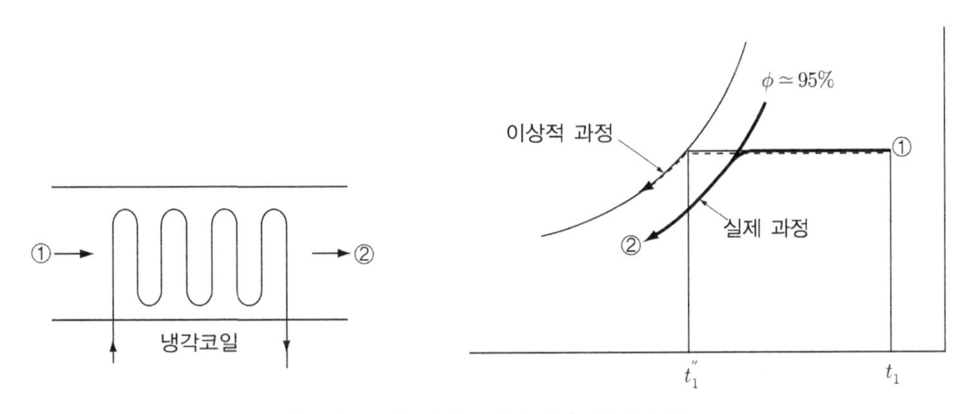

[그림 2-6] 냉각코일에서의 상태변화

모든 공기가 냉각코일을 지날 때 코일과 충분히 접촉한다면 노점온도에 도달하여 포화공기(상대습도 100%)가 될 때까지는 감습이 일어나지 않고 건코일이 될 것이다. 그러나 실제 과정에서는 완전한 접촉이 일어나지 않고 코일 사이를 통과하는 공기가 있으므로 접촉한 공기만 포화가 되어 감습이 먼저 일어나며 통과하는 공기는 불포화 공기가 된다. 따라서 공기는 평균적인 상태로 볼 때 포화되지 않은 상태로 감습이 일어나며, 최종 상태는 코일 표면온도와 입구 공기온도 및 코일의 열수에 의하여 결정된다. 코일의 열수가 무한하다면 공기온도는 코일면의 온도인 코일의 장치노점온도(裝置露店溫度)와 같은 상대습도 100%의 포화공기가 될 것이나 실제 과정에서는 상대습도 95%에 가깝게 된다.

2-6 가습

가습에는 물로 가습하는 방법과 증기로 가습하는 방법이 있으며 물로 가습하는 경우는 공기세정기(에어워셔)에서와 같이 물의 일부가 증발하는 경우와 소량의 분무로 물이 모두 증발하는 경우로 나눌 수 있다. 또 물의 일부가 증발하는 경우에는 물이 재순환하는 경우와 일정한 온도의 물을 외부에서 공급하는 경우로 나눌 수 있다. 전량 공기의 가습에 사용되는 증기분무는 소량의 수분무와 같이 생각할 수 있다.

1) 순환수 가습

순환수에 의한 가습은 [그림 2-7]에서 보듯이 외부와 단열상태에서 내부에서 순환하는 물을 노즐로 분무하여 가습하는 방법이다.

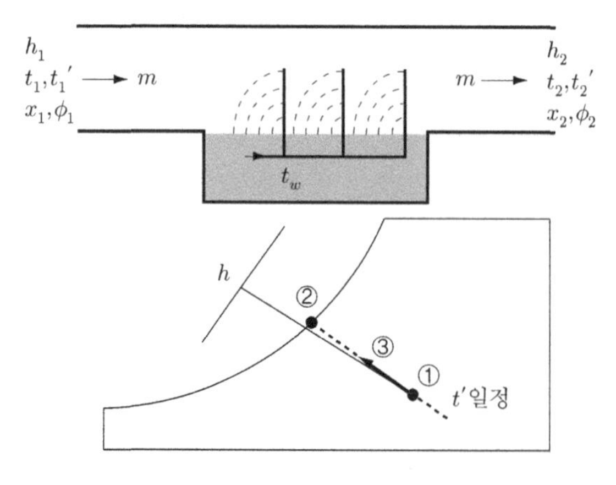

[그림 2-7] 순환수에 의한 가습

물이 공기온도보다 낮을 때 공기에서 물로 전달된 열은 물의 증발에 필요한 열로 사용된다. 전달된 열과 증발에 필요한 열이 일치하는 상태에 이르면 재순환하는 물의 온도는 평형상태에 이르게 된다. 이 평형상태의 수온을 공기의 열역학적 습구온도라고 한다. 따라서 공기가 분무 열을 통과할 때 온도는 내려가고 습도는 증가하나 습구온도는 변함이 없다. 열수가 충분히 많으면 공기온도가 수온인 습구온도와 같아지고 상대습도는 100%가 되는 포화상태에 이르게 된다. 이러한 가습 과정을 단열포화(斷熱飽和)라고 하며 습구온도가 일정한 과정이다.

$$t_1' = t_w = t_2', \quad t_2 = t_2', \quad \phi_2 = 100\% \tag{2.16}$$

그러나 실제 순환수 가습 과정은 열수가 유한하기 때문에 포화상태 ②에 이르지 못하고 그림에서 보듯이 습구온도 일정 선상의 한 점 ③까지 변화하게 된다. 이 상태를 분무수에 충분히 접하여 냉각된 ②상태의 포화공기와 분무수 사이를 그냥 통과한 원래상태 ①의 공기가 혼합된 것으로 볼 수 있다. 이때 통과한 공기의 전체 공기에 대한 질량비를 바이패스계수(bypass factor)라고 하며 BF로 나타낸다. 1-BF를 접촉계수(contact factor)라고 하며 CF로 나타낸다. BF와 온도 변화의 관계를 나타내면 다음과 같다.

$$\mathrm{BF} = \frac{t_3 - t_2}{t_1 - t_2} \quad \text{또는} \quad t_3 = \mathrm{BF} \times t_1 + (1 - \mathrm{BF}) \times t_2 \tag{2.17}$$

예제 2-5

덕트를 흐르는 공기(t=25℃, ϕ=45%)를 외부와 단열된 상태에서 내부 수조에 담긴 물을 다수의 노즐로 분무하여 가습한다. 충분한 시간이 흘렀을 때 물의 온도를 구하고, 이 과정에서 바이패스계수가 0.2일 때 출구공기의 온도와 상대습도를 구하여라.

풀이

재순환수에 의한 가습 과정이므로 물의 온도는 공기의 습구온도와 같다. $t_w = t_1' = 17.1$℃. 완전히 포화될 때 출구의 (건구)온도는 습구온도와 같으므로 $t_2 = 17.1$℃. 그러나 BF = 0.2이므로 실제 출구온도를 t_3라 할 때

$$t_3 = \mathrm{BF} \times t_1 + (1 - \mathrm{BF}) \times t_2 = 0.2 \times 25 + (1 - 0.2) \times 17.1 = 18.7℃$$

$t_3' = t_1' = 17.1$℃ 이므로 공기선도에서 $\phi_3 = 83\%$ ■

2) 다량의 물에 의한 가습

공기세정기로 외부에서 다량의 물을 노즐로 분무한 후 배출하는 가습 방법이다. 앞에서 설명한 재순환수와의 다른 점은 물을 외부에서 공급 및 회수한다는 점이다. 분무수와 공기 사이에는 열전달과 물질전달이 일어난다. 물이 공기보다 온도가 높으면 공기는 가열되고 낮으면 냉각된다. 물의 온도가 공기의 노점온도 이상이면 공기는 가습되나 그 이하이면 제습된다. 분무수의 열수가 충분히 많으면 출구 상태의 공기는 수온과 같은 상대습도 100%의 포화공기가 될 것이나 공기의 바이패스로 인하여 포화상태까지는 되지 못한다.

3) 소량의 물 또는 증기분무에 의한 가습

단열상태에서 소량의 물이나 증기를 분무하여 전량 가습에 사용할 경우 질량 및 에너지 보존식을 적용하면

$$mx_1 + L = mx_2 \tag{2.18a}$$

$$mh_1 + Lh_L = mh_2 \tag{2.18b}$$

여기서 L : 가습량 h_L : 분무수 또는 분무증기의 엔탈피

위의 두 식에서 이 과정에 대한 열수분비를 구하면

$$u = \frac{h_2 - h_1}{x_2 - x_1} = h_L \tag{2.19}$$

따라서 물이나 증기의 온도가 주어지면 그 엔탈피로부터 열수분비를 알 수 있기 때문에 공기선도 상에서 가습의 방향을 알 수 있으며 도시하면 [그림 2-8]과 같다. 물을 분무하는 경우에는 물의 온도가 높더라도 증발 과정에서 많은 열을 흡수하므로 공기온도는 내려간다. 그러나 증기를 분무하는 경우에는 이미 물은 증발상태이므로 잠열이 필요 없으며 온도차에 의한 현열 전달은 무시할 정도이다.

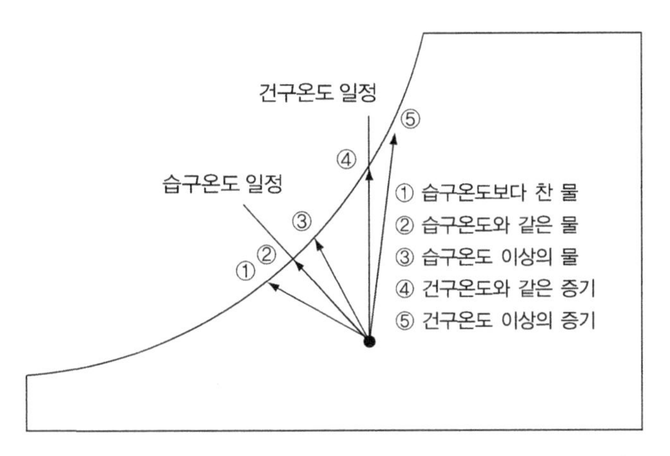

[그림 2-8] 증기분무 또는 소량의 수분무에 의한 가습 과정

예제 2-6

5,000 m^3/h의 유량의 온도 25℃, 습도 45%인 공기를 가습하려고 한다.
(a) 30℃ 온수를 15 kg/h의 비율로 분무하면 온도와 상대습도는 어떻게 되는가?
(b) 온수 대신 120℃ 증기를 같은 비율로 분무하면 어떻게 되는가?

풀이

25℃, 45% 공기의 $x_1 = 0.00891\,\mathrm{kg/kg'}$, $h_1 = 47.8\,\mathrm{kJ/kg'}$, $v_1 = 0.856\,\mathrm{m^3/kg'}$

$m = Q/v = 5000/0.856 = 5840\,\mathrm{kg/h}$

먼저 질량보존식에서 가습 후의 습도를 구한다.

$m(x_2 - x_1) = L$, $x_2 = x_1 + L/m = 0.00891 + 15/5850 = 0.0115\,\mathrm{kg/kg'}$

(a) 30℃의 물분무의 경우

- 에너지보존식을 이용한 방법

  $m(h_2 - h_1) = Lh_L$, $h_2 = h_1 + Lh_L/m$

  30℃ 온수의 엔탈피 $h_L = C_p t = 4.19 \times 30 = 126\,\mathrm{kJ/kg}$

  $\therefore h_2 = 47.8 + 15 \times 126/5840 = 48.1\,\mathrm{kJ/kg'}$

  식 (2.7)에서 $t_2 = (h_2 - 2501x_2)/(1.006 + 1.806x_2)$이므로

  $t_2 = (48.1 - 2501 \times 0.0115)/(1.006 + 1.806 \times 0.0115) = 18.8℃$

  $x_2 = 0.0115\,\mathrm{kg/kg'}$, $t_2 = 18.8℃$ 일 때 $\phi_2 = 85\%$

- 열수분비를 이용하는 방법

  열수분비 $u = \dfrac{h_2 - h_1}{x_2 - x_1} = h_L = 126\,\mathrm{kJ/kg}$

  따라서 상태점 ①(t_1, x_1)을 지나는 열수분비 $u = 126\,\mathrm{kJ/kg}$에 평행한 선이 $x_2 = 0.0115\,\mathrm{kg/kg'}$와 만나는 점에서 $t_2 = 18.8℃$, $\phi_2 = 85\%$

(b) 120℃ 증기분무의 경우

- 열수분비 사용

  $u = h_L = r + C_{pw}t = 2501 + 1.806 \times 120 = 2720\,\mathrm{kJ/kg}$ (120℃ 증기의 엔탈피)

  따라서 상태점 ①을 지나는 열수분비 $u = 2720$에 평행한 선이 $x_2 = 0.0115\,\mathrm{kg/kg'}$와 만나는 교점에서 $t_2 = 25.4℃$, $\phi_2 = 56\%$ ■

2-7 공기선도에서의 공기조화 프로세스

공기조화 프로세스를 공기선도에 표시하면 각 부분에서의 공기의 상태를 쉽게 파악할 수 있을 뿐 아니라 부하의 처리에 필요한 송풍량 및 각 장치의 용량을 쉽게 산정할 수 있다. 공기조화 프로세스에는 공조방식에 따라서 다양하지만 여기서는 냉방과 난방의 대표적인 예를 들기로 한다.

1) 냉방

냉방을 위한 공조방식 중에서 전공기식은 공조기에서 공기를 냉각 및 감습한 후 송풍덕트를 거쳐 취출구를 통하여 실내로 송풍하는 과정과 환기(環氣)덕트를 통하여 실내공기를 일부는 배기하고 나머지를 재순환시켜 신선한 외기와 혼합한 후 다시 공조기를 거쳐서 공급하는 과정으로 구성된다. 이 과정을 [그림 2-9]와 같이 표시할 수 있다.

실내상태 ①의 온습도는 설계조건에 의하여 결정된다. 실내로 송풍되는 공기량만큼 실내공기는 흡기구를 통하여 환기덕트로 나가서 일부는 배기덕트를 통하여 밖으로 배기되며 그 나머지는 공조기의 혼합실로 돌아간다. 또한 공조기에서는 상태 ②의 외기를 실내에서 필요한 만큼 받아들여 상태 ①의 환기와 혼합하여 상태 ③으로 만든 후 냉각코일에서 냉각 및 감습하여 상태 ④로 만든다. 상태 ④의 냉각코일 출구공기는 재열기가 있는 경우 재열된 후 송풍기와 송풍덕트를 거쳐 취출구를 통하여 실내로 공급된다. 상태 ⑤의 취출공기는 실내에서 취득하는 열부하를 흡수하여 실내상태 ①로 바뀐다.

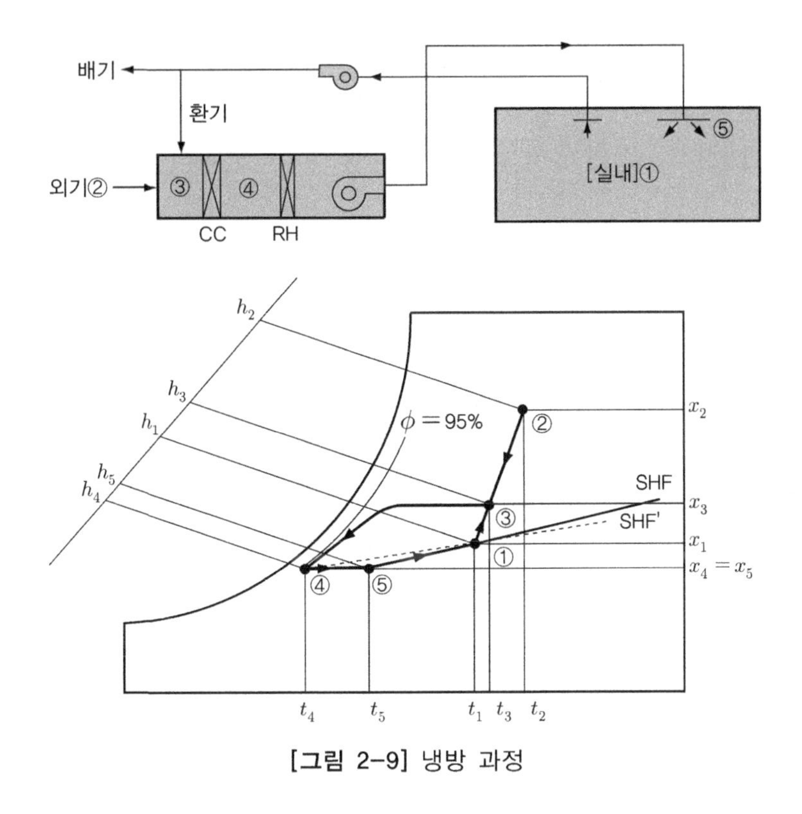

[그림 2-9] 냉방 과정

실내의 부하를 처리할 송풍량을 구하면

$$Q=\frac{q_s+q_l}{\rho(h_1-h_5)}=\frac{q_s}{\rho C_p(t_1-t_5)}=\frac{q_s}{1.2(t_1-t_5)} \tag{2.20}$$

여기서 Q : 송풍량, m^3/h q_s, q_l: 현열 및 잠열부하, kJ/h
ρ : 공기의 밀도, kg/m^3 C_p : 공기의 정압비열, kJ/kg℃

t_1-t_5를 취출온도차(吹出溫度差) Δt_d라고 하며 풍량과 현열부하로 나타내면

$$\Delta t_d=\frac{q_s}{\rho C_p Q}=\frac{q_s}{1.2Q} \tag{2.21}$$

취출온도차 Δt_d가 너무 크면 송풍량이 작아서 공기확산이 잘 안 되며 콜드드래프트가 생기고, 너무 작으면 송풍량이 많아 반송동력에 의한 에너지 소비가 커진다. Δt_d의 최대

허용치는 천장 높이와 취출구의 종류에 따라서 다르며 통상 냉방 시는 10℃, 난방 시는 도달거리를 고려하여 5℃로 한다. 재열기에 의한 가열, 송풍기 및 덕트에 의한 가열을 합한 상태변화 ④에서 ⑤까지의 과정을 재열 과정으로 통칭하면 재열부하 q_R은

$$q_R = \rho Q(h_5 - h_4) = \rho Q C_p (t_5 - t_4) \qquad (2.22)$$

필요 외기량을 Q_F라고 할 때 냉각코일 입구상태 ③의 엔탈피는

$$h_3 = \left(1 - \frac{Q_F}{Q}\right) \times h_1 + \frac{Q_F}{Q} \times h_2 \qquad (2.23)$$

또한 외기를 실내상태까지 냉각하는 데 필요한 외기부하 q_F는

$$q_F = \rho Q_F (h_2 - h_1) = \rho Q (h_3 - h_1) \qquad (2.24)$$

따라서 냉각코일에서 냉각부하 q_C는

$$q_C = \rho Q (h_3 - h_4) \qquad (2.25)$$

냉각코일의 부하는 실내부하와 외기부하 및 재열부하를 합한 것과 같으므로 다음 등식이 성립해야 한다.

$$q_C = q_s + q_l + q_F + q_R \qquad (2.26)$$

냉각코일의 냉각 및 감습 과정에서 상대습도는 약 95%로 일정하기 때문에 ④는 상대습도 95% 선상에 있고 취출공기 ⑤는 실내 상태점 ①을 통과하는 현열비에 평행한 직선상에 있어야 한다.

냉각코일의 출구상태 ④를 결정하는 데는 실내부하에 재열부하를 포함한 현열비 SHF′를 이용하는 것이 편리하다.

$$\mathrm{SHF}' = \frac{q_s'}{q_s' + q_l}, \quad q_s' = q_s + q_R \qquad (2.27)$$

실내상태 ①을 통과하면서 SHF′에 평행한 선과 상대습도 95% 선의 교점이 냉각코일 출구점 ④가 된다. 상태 ④에서 습도 일정선과 상태 ①을 통과하는 SHF 일정선의 교점이 취출공기의 상태점 ⑤가 된다. ①을 통과하면서 SHF′에 평행한 선과 포화선의 교점을 실내공기의 장치노점이라고 한다.

예제 2-7

실의 설계조건이 $t_1 = 26℃$, $\phi_1 = 50\%$이고, 외기는 $t_2 = 32℃$, $\phi_2 = 65\%$이며, 실의 현열부하 $q_s = 20000\,\mathrm{kJ/h}$, 잠열부하 $q_l = 2000\,\mathrm{kJ/h}$이다. 외기량과 환기량의 비는 1 : 4이며, 취출온도를 16℃로 할 때 다음을 구하여라.

(a) 송풍량
(b) SHF와 취출공기의 습도
(c) 혼합공기의 상태
(d) 냉각코일의 출구 상태와 코일부하
(e) 재열부하
(f) $q_C = q_s + q_l + q_F + q_R$ 등식 검토

풀이

공기선도에서 $x_1 = 0.0105\mathrm{kg/kg'}$, $x_2 = 0.020\,\mathrm{kg/kg'}$, $h_1 = 52.9\,\mathrm{kJ/kg'}$, $h_2 = 82.4\,\mathrm{kJ/kg'}$

(a) 송풍량 $m = q_s / C_p \Delta t = 20000/(1.02 \times 10) = 1960\,\mathrm{kg/h}$, $Q = m/\rho = 1960/1.2 = 1630\,\mathrm{m^3/h}$

(b) SHF $= q_s/(q_s + q_l) = 20000/(20000 + 2000) = 0.91$

①을 지나고 SHF = 0.91에 평행한 선과 $t_5 = 16℃$와 교점 $x_5 = 0.010\,\mathrm{kg/kg'}$

또는 $q_l = rm(x_1 - x_5)$에서 $x_5 = 0.0105 - 2000/(2501 \times 1960) = 0.010\,\mathrm{kg/kg'}$

(c) 혼합공기의 상태

공기선도에서 선분 $\overline{①②}$를 1 : 4로 내분한 점

$t_3 = (4 \times t_1 + t_2)/5 = 27.2℃$, $x_3 = (4 \times x_1 + x_2)/5 = (4 \times 0.0105 + 0.02)/5 = 0.0124\,\mathrm{kg/kg'}$,

$h_3 = 59.0\,\mathrm{kJ/kg'}$

(d) 냉각코일의 출구 상태와 코일부하 및 감습량

$x_4 = x_5 = 0.010\,\mathrm{kg/kg'}$, $\phi_4 = 95\%$ 공기선도에서 $t_4 = 14.0℃$, $h_4 = 39.3\,\mathrm{kJ/kg'}$

감습량 $L = m(x_3 - x_4) = 1960 \times (0.0124 - 0.010) = 4.70\,\mathrm{kg/h}$

$$q_C = m(h_3 - h_4) = 1960 \times (59.0 - 39.3) = 38600\,\mathrm{kJ/h}$$

또는 계산식

$q_C = mC_p(t_3 - t_4) + mr(x_3 - x_4) = 1960 \times 1.02 \times (27.2 - 14.0) + 2501 \times 4.7 = 38100\,\mathrm{kJ/h}$

(e) 재열부하

$q_R = m(h_5 - h_4) = 1960 \times (41.4 - 39.3) = 4100\,\mathrm{kJ/h}$

또는 계산식

$q_R = mC_p(t_5 - t_4) = 1960 \times 1.02 \times (16 - 14.0) = 4000\,\mathrm{kJ/h}$

(f) 외기부하 $q_F = m_F \times (h_2 - h_1)$, $m_F = m/5$에서

$q_F = 0.2 \times 1960 \times (82.4 - 52.9) = 11600\,\mathrm{kJ/h}$

$q_s + q_l + q_F + q_R = 20000 + 2000 + 11600 + 4100 = 37700\,\mathrm{kJ/h}$

$q_C = 38100\,\mathrm{kJ/h}$와 1.1% 오차로서 허용할 수 있는 오차 ■

2) 난방

전공기식 난방은 [그림 2-10]과 같이 도시할 수 있으며 냉방과 다른 점은 공조기에서 공기를 냉각하는 대신 가열 및 가습하는 것이다. 상태 ①은 실내조건, 상태 ②는 외기조건에 의하여 결정되고 환기량과 외기량의 비율에 의하여 상태 ③이 결정된다. 실내부하의 현열비에 따른 상태선과 취출온도차에 의하여 취출상태 ⑤가 정해지고 가습방법에 따라서 열수분비 u가 결정되면 u에 평행한 상태선과 상태 ③을 지나는 수평선의 교점이 가열 후의 상태 ④가 된다.

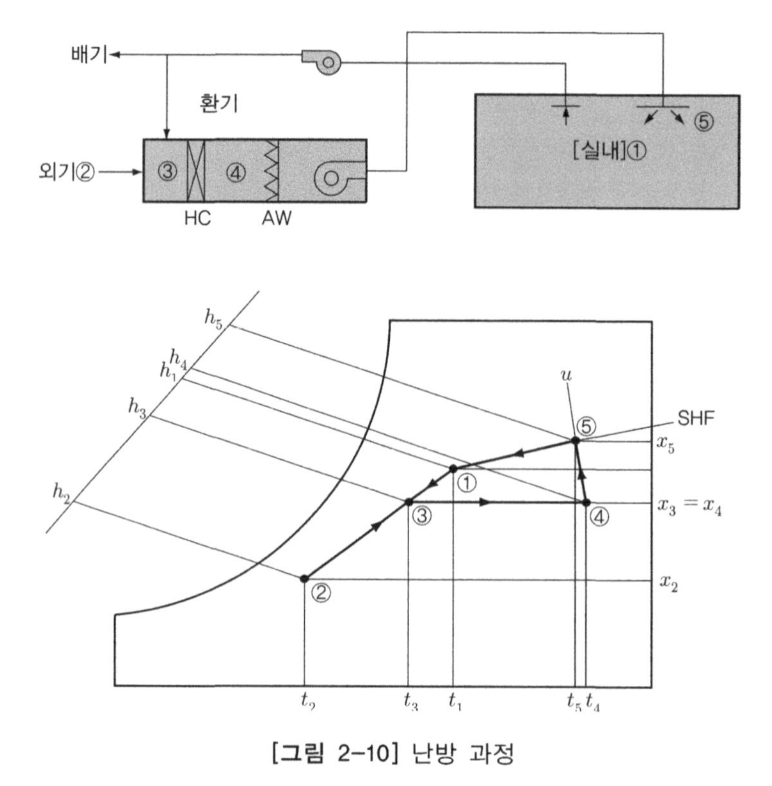

[그림 2-10] 난방 과정

이 경우 실내의 현열부하를 q_s, 잠열부하를 q_l이라고 하면 송풍량 Q는 냉방의 경우와 같이 다음 식으로 구할 수 있다.

$$Q = \frac{q_s + q_l}{\rho(h_5 - h_1)} = \frac{q_s}{\rho C_p(t_5 - t_1)} = \frac{q_s}{1.2(t_5 - t_1)} \tag{2.28}$$

가열코일에서 열부하 q_H는

$$q_H = \rho Q(h_4 - h_3) = \rho Q C_p(t_4 - t_3) = 1.2\, Q(t_4 - t_3) \tag{2.29}$$

가습기가 소량의 물 또는 증기분사에 의한다고 하면 가습량 L은

$$L = \rho Q(x_5 - x_4) \tag{2.30}$$

물분무의 경우는 증기분무에 비하여 열수분비가 낮으므로 상태 ④의 온도가 증기분무에 비하여 높아야 한다. 이 온도를 낮게 하고 가습 후 다시 가열하여도 목적하는 상태 ⑤에 이를 수 있다. 또 외기온도가 너무 낮아서 결로 발생 등의 문제가 생긴다면 외기만 먼저 가열한 후 혼합하는 방법도 있다.

예제 2-8

실의 설계조건이 $t_1 = 22℃$, $\phi_1 = 50\%$이고, 외기는 $t_2 = 1℃$, $\phi_2 = 50\%$이며, 실의 현열부하 $q_s = 900000\,\mathrm{kJ/h}$, 잠열부하 $q_l = 180000\,\mathrm{kJ/h}$이다. 전공기식 난방으로 공조기에서 가열 후에 가습은 20℃ 소량의 물분무에 의한다. 외기량과 환기량의 비는 1 : 3이며 취출온도를 32℃로 할 때 다음을 구하여라.

(a) 송풍량
(b) SHF와 취출공기의 습도
(c) 혼합공기의 상태
(d) 가열코일의 출구 상태
(e) 가열량과 가습량
(f) $q_H + Lh_L = q_s + q_l + q_F$ 등식 검토

풀이

(a) $m = \dfrac{q_s}{C_p(t_5 - t_1)} = \dfrac{900000}{1.02 \times (32 - 22)} = 88200\,\text{kg/h}$

$Q = m/\rho = 88200/1.2 = 73500\,\text{m}^3/\text{h}$

(b) $\text{SHF} = 900000/(900000 + 180000) = 0.83$

실내상태 ①을 지나면서 SHF = 0.83에 평행인 상태선이 $t_5 = 32℃$와 만나는 점의 습도는

$x_5 = 0.0090\,\text{kg/kg}'$

또는 잠열부하는 $q_l = mr(x_5 - x_1)$에서

$x_5 = x_1 + \dfrac{q_l}{mr} = 0.0082 + \dfrac{180000}{88200 \times 2501} = 0.0090\,\text{kg/kg}'$

(c) $t_3 = (3 \times t_1 + t_2)/4 = (3 \times 22 + 1)/4 = 16.75℃$, $x_3 = 0.0066\,\text{kg/kg}'$

(d) 취출상태를 지나는 열수분비 $u = h_L = 83.8\,\text{kJ/kg}'$ (20℃ 물의 엔탈피)에 평행인 선과

$x_4 = x_3 = 0.0066\,\text{kg/kg}'$의 교점 $t_4 = 38.0℃$

또 $\dfrac{h_5 - h_4}{x_5 - x_4} = u$에서 $h_4 = u(x_5 - x_4) + h_5 = 83.6 \times (0.0090 - 0.0066) + 55.1 = 55.3\,\text{kJ/kg}'$

$t_4 = (h_4 - rx_4)/C_p = (55.3 - 2501 \times 0.0066)/1.02 = 38.0℃$

(e) $q_H = mC_p(t_4 - t_3) = 88200 \times 1.02 \times (38.0 - 16.75) = 1911000\,\text{kJ/h} = 530.8\,\text{kW}$

$L = m(x_5 - x_4) = 88200 \times (0.0090 - 0.0066) = 212\,\text{kg/h}$

(f) 외기부하 $q_F = m_F(h_1 - h_2)$, $m_F = m/4$에서

$q_F = 88200/4 \times (42.9 - 4.5) = 847000\,\text{kJ/h} = 235\,\text{kW}$

$q_s + q_l + q_F = 900000 + 180000 + 847000 = 1927000\,\text{kJ/h}$

$q_H + L \times h_L = 1911000 + 212 \times 83.8 = 1929000\,\text{kJ/h}$

위의 값과 0.1% 오차로서 허용할수 있는 오차 ■

제3장 공기조화부하 계산

공기조화부하란 목적하는 실내의 온습도 조건을 유지하기 위한 열량을 말하며 가열할 경우를 난방부하, 냉각할 경우를 냉방부하라고 한다. 대개 건물 전체로 냉방이나 난방 중 하나의 부하가 존재하지만 경우에 따라서는 두 부하가 동시에 존재하는 경우도 있다. 공기조화부하 계산은 공기조화 설계의 기본이 되는 과정으로서 최대부하 계산법과 기간부하 계산법이 있다. 최대부하는 장치용량 산정의 바탕이 되며 기간부하는 연간 에너지소비량 또는 연료소비량 산정의 바탕이 된다. 이 장에서의 부하는 최대부하와 관련된 것이다.

3-1 설계조건

부하 계산을 위해서는 먼저 외기와 실내의 온습도 조건이 주어져야 한다.

❶ 외기조건

최대부하 계산을 위한 설계외기조건으로 흔히 TAC(technical advisory committee) 위험률(초과확률) 2.5%를 기준한 외기온도와 일사량을 사용한다. 위험률 2.5%의 외기온도란 여름철 냉방기간(6~9월)의 2.5%인 73시간이 그보다 높음을 뜻하고, 겨울철 난방기간(12~3월)에는 73시간이 그보다 낮음을 뜻한다. [표 3-1]은 지역별 설계 외기조건을 나타낸다. 외기조건이 겨울에는 시각별로 큰 차이가 없지만 여름철에는 차이가 크므로 [표 3-2]와 같은 시각별 외기온도 보정이 필요하다.

❷ 실내조건

공기조화를 위한 실내의 온습도조건은 실의 용도에 따라서 다르다. 보건용인 경우에는 인체의 쾌적조건을 충족시켜야 하며, 산업용인 경우에는 제품의 생산 공정이나 보존을 위한 최적 조건을 유지해야 한다.

[표 3-1] 설계 외기조건

지역	난방설계조건(TAC 2.5%)			냉방설계조건(TAC 2.5%)	
	건구온도, ℃	상대습도, %	풍속, m/s	건구온도, ℃	습구온도, ℃
춘천	-14.7	77	1.7	31.6	25.2
강릉	-7.9	42	3.7	31.6	25.1
서울	-11.3	63	2.8	31.2	25.5
인천	-10.4	58	4.6	30.1	25.0
수원	-12.4	70	1.7	31.2	25.5
서산	-9.6	78	2.6	31.1	25.8
청주	-12.1	76	1.9	32.5	25.8
대전	-10.3	71	1.7	32.2	25.5
포항	-6.4	41	3.2	32.5	26.0
대구	-7.6	61	3.1	33.3	25.8
전주	-8.7	72	1.1	32.4	25.8
울산	-7.0	70	3.1	32.2	26.8
광주	-6.6	70	2.6	31.8	26.0
부산	-5.3	46	4.8	30.7	26.2
목포	-4.7	75	5.1	31.0	29.0
제주	0.1	70	5.2	30.9	26.3
진주	-8.4	75	1.5	31.6	26.3

[표 3-2] 하절기 외기조건의 시각별 보정

시각	건구온도 보정, ℃	습구온도 보정, ℃	시각	건구온도 보정, ℃	습구온도 보정, ℃
오전 6:00	-6.3	-2.4	오후 2:00	0	0
7:00	-4.6	-1.8	3:00	0	0
8:00	-3.2	-1.1	4:00	-0.5	-0.2
9:00	-2.0	-0.8	5:00	-1.3	-0.4
10:00	-1.0	-0.4	6:00	-2.2	-0.7
11:00	-0.6	-0.2	7:00	-3.3	-1.1
정오	-0.3	-0.1	8:00	-4.0	-1.3
오후 1:00	0	0			

보건용 쾌적조건은 사람에 따라서 다르고 착의상태나 활동도 등의 영향을 많이 받으므로 열환경지표인 유효온도나 신유효온도 등을 고려한 쾌적조건 내에서 경제성, 에너지절약 등을 고려하여 설정한다. 실내온도는 벽에서 1 m 거리, 바닥으로부터 1.5 m(바닥난방인 경우는

0.75 m) 높이의 호흡선 온도를 말한다.

국토해양부가 공고한 실내 온습도 기준은 [표 3-3]과 같다. 통상 난방 시 습도는 40%를 적용하나 벽면 결로나 정전기를 방지하기 위한 조건으로 설정되는 경우도 있다. 실내외 온도차가 크고 열관류율이 높을수록 낮은 습도에서도 벽면 결로가 쉽게 일어나므로 가습 시 유의해야 한다. 병원 수술실에 40% 이상의 습도를 필요로 하는 것은 정전기의 대전을 방지하기 위함이다.

산업용 공기조화의 온습도조건은 약품, 식품, 필름, 전자, 정밀기계, 섬유 등의 공정에 따라서 다르다. 박물관 수장고나 도서관 서고는 해충을 방지하고 열화를 막기 위해 적절한 온습도를 유지해야 하며 벽체의 단열성을 높게 하여 그 변화가 심하지 않도록 해야 한다.

[표 3-3] 실내 온습도 기준(2010년 국토해양부 고시)

구분	난방	냉방	
	건구온도, ℃	건구온도, ℃	상대습도, %
공동주택	20~22	26~28	50~60
학교(교실)	20~22	26~28	50~60
병원(병실)	21~23	26~28	50~60
관람집회시설(객석)	20~22	26~28	50~60
숙박시설(객실)	20~24	26~28	50~60
판매시설	18~21	26~28	50~60
사무소	20~23	26~28	50~60
목욕장	26~29	26~29	50~75
수영장	27~30	27~30	50~70

3-2 부하의 종류

공기조화설비 부하의 종류는 [표 3-4]와 같이 냉방부하와 난방부하로 나눌 수 있고, 부하의 위치에 따라서 실내부하, 장치부하, 열원부하로 구분할 수 있다. 부하의 구성을 도시하면 [그림 3-1]과 같다.

[표 3-4] 부하의 종류

부하의 종류		내용	냉방		난방	
			현열	잠열	현열	잠열
실내부하	외피부하	전도열	○		○	
		복사열	○			
		침입외기	○	○	○	○
	내부부하	조명	○			
		인체	○	○		
		기기	○	○		
환기부하		도입외기	○	○	○	○
송풍기 및 덕트부하		송풍기	○			
		덕트	○			
재열부하		재열기	○			
펌프 및 배관		펌프	○			
		배관	○		○	

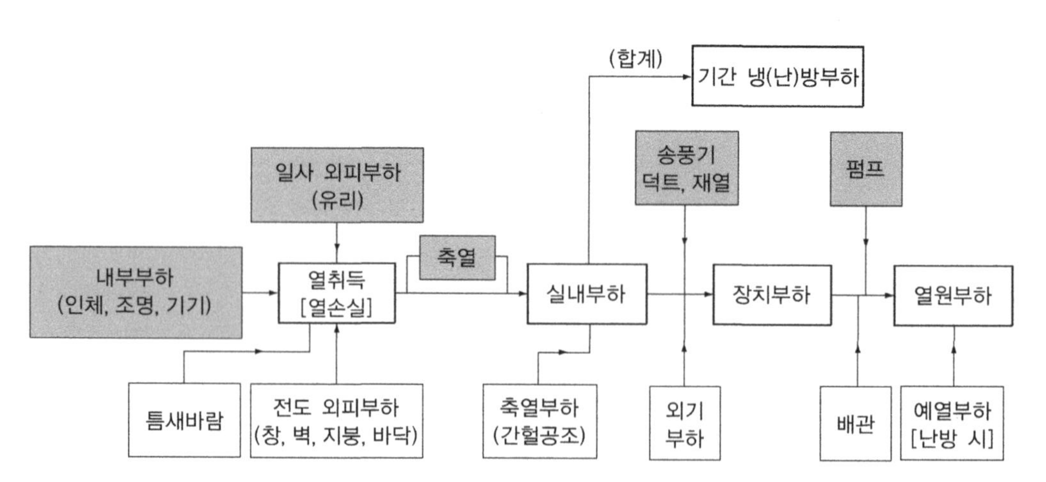

[그림 3-1] 부하의 구성(색칠 부분은 난방부하에서 무시)

❶ 실내부하

실내에서 처리해야 할 부하로서 창이나 벽 및 틈새를 통한 외피부하와 실내부에서 발생하는 부하가 있다. 냉방 시에는 외피를 통한 열취득과 내부의 재실자나 조명 등의 발생열에 의한 내부에서의 열취득을 합한 것이 실내부하이다. 난방 시에는 외피를 통한 열손실만 고려하며, 유리창을 통한 복사열 취득 및 실내부의 열 발생은 난방부하를 경감할 수 있으나 최대부하의 계산에는 일반적으로 고려하지 않는다. 그러나 오늘날 사무용 기기에 의한 열 발생이 크게 증가하고 있기 때문에 난방부하에서 이를 무시할 수 없는 경우가 있다.

❷ 장치부하

공조기나 방열기와 같은 장치에서 처리해야 할 부하를 말한다. 전공기식 냉방의 경우에는 공조기의 냉각코일에서 처리할 냉각 및 감습을 위한 부하로 실내부하에 환기부하, 재열부하, 송풍기 및 덕트부하를 합한 것과 같다. 환기부하란 외기를 실내 상태로 냉각(난방 시는 가열)하는 데 필요한 열부하를 말하며, 재열부하는 재열기에서 가열하는 열량을 말한다. 송풍기부하와 덕트에서의 열취득도 장치부하의 요소가 된다. 전공기식 난방의 경우 장치부하는 실내부하와 환기부하를 합한 것으로 산정한다. 난방 시 재열부하는 없으며, 단열된 덕트에서의 열손실은 송풍기에서 열취득과 거의 같은 것으로 간주하여 덕트 및 송풍기부하는 무시한다.

❸ 열원부하

냉동기나 보일러와 같은 열원 설비의 부하를 뜻한다. 냉각코일부하에 냉수의 반송과정에서 부가되는 펌프 및 배관의 열취득을 더하면 냉동기부하가 된다. 보일러부하는 코일부하에 배관손실 및 예열부하를 더한 것이며 펌프에서의 취득열은 무시한다. 급탕을 겸할 경우에는 급탕부하도 보일러부하에 포함해야 한다. 한편 수축열이나 빙축열과 같은 축열시스템을 갖는 경우에는 축열을 활용하는 만큼 열원기기 부하가 줄어든다.

3-3 냉방부하 계산

냉방부하란 실내온습도 조건을 유지하기 위해 제거해 주어야 할 열량을 말하며 여기에서는 최대 냉방부하를 뜻한다. 유리창을 통한 복사열이나 실내 재실자 및 기기에 의한 냉방부하에서 보듯이 취득열은 바닥, 내벽, 가구 등에 축열되어 시간지연이 있은 후 실내공기를 가열하여 냉방부하가 되므로 취득열이 바로 냉방부하가 되는 것은 아니다. 그러나 축열효과는 구조체의 열용량에 따라서 다르므로 여기서는 취득열을 부하로 보고 계산한다. 축열효과를 고려한 냉방부하는 3-5절에서 소개하였다.

1) 외벽 및 지붕을 통한 열부하 q_w

외벽을 통한 취득열은 대류와 복사에 의하여 외벽 면으로 전달된 열이 벽체를 통하여 전도된 후 다시 대류 및 복사에 의하여 실내로 전달된다.

외벽의 표면으로 복사 및 대류에 의한 열전달이 순전히 대류열전달에 의한다고 가정할 경우의 가상외기온도를 상당외기온도 또는 일사온도(sol-air temperature)라고 한다. 벽면에서 취득된 열은 복사 및 대류에 의하여 벽에 입사된 열량에서 방사된 열을 빼주어야 하므로 다음과 같이 표현할 수 있다.

$$q_o = h_o A(t_e - t_{so}) - \Delta q_r \qquad (3.1)$$

여기서 q_o : 외벽 면에서 취득된 열
h_o : 외부 벽에서 대류열전달계수
A : 벽체의 면적
t_e : 상당외기온도
t_{so} : 외벽 면 온도
Δq_r : 외벽에서 복사에 의한 주위로의 방사손실

방사손실을 무시할 수 있는 경우에 q_o는 흡수된 복사열과 대류에 의한 열을 합한 것과 같으므로

$$q_o / A = \alpha I + h_o(t_o - t_{so}) \qquad (3.2)$$

여기서 I : 전일사
α: 벽면의 일사 흡수율
t_o : 외기온도

식 (3.1)과 식 (3.2)에서 방사손실을 무시($\Delta q_r = 0$)하고 상당외기온도를 구하면 다음과 같다.

$$t_e = \frac{\alpha}{h_o} I + t_o \qquad (3.3)$$

벽체의 축열효과가 없다면 외벽 면에서 취득열이 곧 실내로 들어오는 취득열이 된다. 그러나 벽체의 축열효과에 의하여 열전달에 시간지연이 발생하므로 외벽 면 취득열과 실내 취득열은 다르다. 벽체를 통한 실내 취득열은 해석적으로 구할 수 있으나 편의상 상당온도차를 정의하여 다음 식으로 구한다.

$$q_w = KA\Delta t_e \tag{3.4}$$

여기서 q_w : 벽체를 통한 열취득
K : 벽체의 열관류율
Δt_e : 상당온도차(ETD; equivalent temperature difference)

상당온도차는 복사효과를 포함한 외부조건, 실내온도 및 벽체의 축열효과가 고려된 것이다. 열관류율은 벽의 구조와 재료에 따라서 다르며, 1장에서 소개한 바와 같이 여러 층으로 이루어진 벽의 경우 각 층의 단위면적당 열저항을 구하여 다음 식과 같이 계산할 수 있다.

$$K = \frac{1}{R_t} = \frac{1}{R_o + \sum R + R_i} \tag{3.5}$$

식에서 R_o, R_i는 각각 실외 및 실내에서의 표면열저항(대류열저항)을 나타내고 $\sum R$은 벽체 구성 재료의 열저항의 합을 나타낸다.

대류에 의한 표면열저항은 면의 방향이나 기류속도 등의 영향을 받으며 [표 3-5]와 같다. 벽체 중공(中空)층의 열저항은 공기의 유동이 없을 경우에는 전도뿐이므로 공기층의 두께에 비례하여 증가하나 유동이 일어나면 열대류에 의하여 열저항은 두께와 거의 무관하게 일정한 값을 갖는다([표 3-6] 참조). 대류는 수평공기층보다 수직공기층에서 쉽게 일어나며, 같은 조건이라면 기밀이 안 된 공기층에서 쉽게 일어난다.

[그림 3-2]와 [표 3-7]은 벽체의 구조에 따른 상당온도차를 나타낸 것이다. 알루미늄 커튼벽이나 ALC(기포경량콘크리트)판과 같이 중량이 작아 축열효과를 무시할 수 있는 경우라면 상당온도차는 상당외기온도와 실내온도의 차 $t_{so} - t_r$과 같고 지연시간은 없다. 그러나 벽의 중량이 클수록 축열용량이 증가하므로 열전달 지연시간이 증가하여 상당온도차의 최댓값이 나타나는 시각이 늦어지고 그 값은 작아진다.

단열재를 사용한 경우 그 위치에 따라서 전체 열관류율은 변화가 없을지라도 상당온도차는 영향을 받게 된다. 단열재를 벽의 외측에 적용한 외단열이 내측에 적용한 내단열에 비하여 외부열이 벽체에 축열되는 것을 차단함으로써 부하를 저감할 수 있다.

[표 3-5] 표면 열저항

건물 부위	실외표면열저항, m^2K/W		실내표면열저항, m^2K/W
	외기에 간접 면하는 경우	외기에 직접 면하는 경우	
거실외벽(측벽, 창, 문 포함)	0.11	0.043	0.11
최하층 거실바닥	0.15	0.043	0.086
최상층 거실 반자 또는 지붕	0.086	0.043	0.086
공동주택의 중간 바닥	–	–	0.086

[표 3-6] 중공층의 열저항

공기층의 종류	공기층 두께(d), cm	공기층 열저항, m^2K/W
공장생산된 기밀 제품	2 cm 이하	$0.086 \times d$
	2 cm 초과	0.17
현장시공 제품	1 cm 이하	$0.086 \times d$
	1 cm 초과	0.086
중공층에 방사율 0.5 이하의 반사체가 설치된 경우	반사체가 없는 경우의 1.5배	

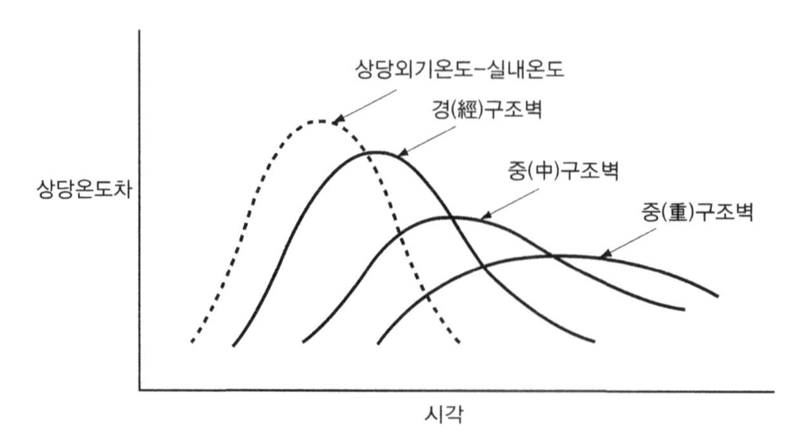

[그림 3-2] 벽체의 구조와 상당온도차

[표 3-7] 외벽 및 지붕의 상당온도차(북위 35.67°, 7월 23일, $t_r = 26$℃)

번호	벽의 구조	방위	시각										
			8	9	10	11	12	13	14	15	16	17	18
	외기온도-실내온도		3.3	4.9	5.9	6.5	6.8	7.2	7.2	7.5	6.8	5.8	4.7
I	일반콘크리트의 외벽두께 20 mm 이하 경량콘크리트의 외벽두께 20 mm 이하	H	18.6	25.5	30.9	34.2	35.5	35.5	32.6	28.6	22.8	15.9	8.7
		N	4.4	6.1	7.4	8.2	8.6	8.9	8.9	8.9	8.3	9.6	9.0
		NE	17.5	15.7	12.5	8.3	8.6	8.9	8.9	8.9	8.1	6.9	5.4
		E	22.7	22.3	19.4	14.6	8.7	8.9	8.9	8.9	8.1	6.9	5.4
		SE	17.1	19.3	19.3	17.3	13.6	9.1	8.9	8.9	8.1	6.9	5.4
		S	4.2	8.6	12.2	14.6	15.5	15.4	13.8	11.6	8.2	6.9	5.4
		SW	4.2	6.1	7.4	8.3	13.4	17.8	20.7	22.2	21.1	17.8	11.6
		W	4.2	6.1	7.4	8.3	8.6	15.0	20.7	25.0	26.7	24.8	17.8
		NW	4.2	6.1	7.4	8.3	8.6	8.9	13.3	18.4	21.3	21.5	16.7
II	목조벽, 지붕 일반콘크리트의 외벽두께 20~70 mm 경량콘크리트의 외벽두께 60~80 mm	H	10.7	17.6	24.1	29.3	32.8	34.4	34.2	32.1	28.4	23.0	16.6
		N	4.3	4.8	5.9	7.1	7.9	8.4	8.7	8.8	8.7	8.8	9.1
		NE	14.6	16.0	15.0	12.3	9.8	9.1	9.0	8.9	8.7	8.0	6.9
		E	17.6	20.8	21.1	18.8	14.6	10.9	9.6	9.1	8.8	8.0	6.9
		SE	11.8	15.8	18.1	18.4	16.7	13.6	10.7	9.5	8.9	8.1	7.0
		S	2.3	4.7	8.1	11.4	13.7	14.8	14.8	13.6	11.4	9.0	7.3
		SW	2.3	4.0	5.7	7.0	9.2	16.8	13.6	19.7	21.0	20.2	17.1
		W	2.3	4.0	5.7	7.0	7.9	14.7	10.0	19.6	23.5	25.1	23.1
		NW	2.3	4.0	5.7	7.0	7.9	9.9	8.4	13.4	17.3	20	19.7
III	II+단열층 일반콘크리트의 외벽두께 70~110 mm 경량콘크리트의 외벽두께 60~80 mm	H	6.4	11.6	17.5	23	27.6	30.7	32.3	32.1	30.3	26.9	22.0
		N	3.2	3.9	4.8	5.9	6.8	7.6	8.1	8.4	8.6	8.6	8.9
		NE	10.0	12.8	13.8	13.0	11.4	10.3	9.7	9.4	9.1	8.6	7.8
		E	11.7	16.0	18.3	18.5	16.6	13.7	11.8	10.6	9.8	9.0	8.1
		SE	7.5	11.4	14.5	16.3	16.4	15.0	12.9	11.3	10.2	9.3	8.2
		S	1.5	2.9	5.4	8.2	10.8	12.7	13.6	13.6	12.5	10.8	9.2
		SW	1.5	2.7	4.1	5.4	7.1	9.8	13.1	16.2	18.5	19.3	18.2
		W	1.5	2.7	4.1	5.4	6.6	8.0	11.1	15.1	19.1	21.9	22.5
		NW	1.5	2.7	4.1	5.4	6.6	7.4	8.5	10.7	13.9	16.8	18.2
IV	III+단열층 일반콘크리트의 외벽두께 110~160 mm 경량콘크리트의 외벽 두께 80~150 mm	H	4.9	8.5	12.8	17.3	21.4	24.8	27.2	28.4	28.2	26.6	23.7
		N	2.6	3.2	3.9	4.8	5.6	6.4	7.0	7.5	7.8	8.0	8.3
		NE	7.1	9.5	10.9	11.2	10.6	10.1	9.8	9.6	9.4	9.0	8.4
		E	8.3	11.7	14.2	15.3	14.9	13.6	12.4	11.6	10.9	10.1	9.3
		SE	5.4	8.3	11.0	12.9	13.8	13.6	12.6	11.7	11	10.2	9.3
		S	1.4	2.3	4.0	6.0	8.1	9.9	11.2	11.7	11.6	10.8	9.8
		SW	1.6	2.3	3.2	4.3	5.6	7.6	10.2	12.8	15	16.3	16.4
		W	1.7	2.4	3.2	4.3	5.3	6.5	8.7	11.8	15	17.7	19.1
		NW	1.6	2.3	3.2	4.3	5.2	6.1	7.0	8.8	11.2	13.6	15.2
V	IV+단열층 일반콘크리트의 외벽두께 160~230 mm 경량콘크리트의 외벽두께 150~210 mm	H	4.3	6.1	8.7	11.9	15.2	18.4	21.2	23.3	24.6	24.8	23.9
		N	2.4	2.8	3.2	3.8	4.5	5.1	5.7	6.3	6.7	7.1	7.4
		NE	4.7	6.5	8.1	9.0	9.4	9.4	9.4	9.3	9.2	9.1	8.8
		E	5.3	7.7	10.0	11.7	12.6	12.6	12.2	11.8	11.3	10.8	10.2
		SE	3.8	5.5	7.5	9.4	10.8	11.6	11.6	11.4	11.1	10.6	10.1
		S	1.8	2.1	2.9	4.1	5.6	7.1	8.4	9.5	10	10	9.7
		SW	2.3	2.5	2.9	3.5	4.3	5.5	7.2	9.1	11.1	12.8	13.8
		W	2.5	2.7	3.0	3.6	4.3	5.1	6.4	8.3	10.7	13.1	15.0
		NW	2.3	2.4	2.9	3.5	4.1	4.8	5.6	6.7	8.2	10.1	11.8
VI	V+단열층 일반콘크리트의 외벽두께 230~300 mm 경량콘크리트의 외벽두께 210~280 mm	H	6.0	6.7	8.0	9.9	12	14.3	16.6	18.5	20	20.9	21.1
		N	2.9	3.0	3.2	3.6	4.0	4.4	4.9	5.3	5.7	6.1	6.4
		NE	4.3	5.4	6.4	7.3	7.8	8.1	8.3	8.4	8.5	8.5	8.5
		E	4.9	6.2	7.7	9.1	10.0	10.5	10.7	10.7	10.6	10.4	10.1
		SE	4.0	4.9	6.1	7.3	8.5	9.3	9.8	10.0	10.0	9.9	9.7
		S	2.8	2.8	3.1	3.7	4.6	5.6	6.6	7.4	8.1	8.4	8.6
		SW	3.7	3.5	3.6	3.8	4.2	4.9	5.9	7.2	8.6	9.9	11.0
		W	4.1	3.9	3.9	4.1	4.4	4.8	5.6	6.7	8.3	10.0	11.5
		NW	3.6	3.4	3.5	3.7	4.1	4.5	5.0	5.6	6.7	7.9	9.2

[표 3-7]은 실내온도 t_r=26℃에 대한 값이기 때문에 실내 설계온도가 다른 경우에는 다음 식으로 보정한다.

$$\Delta t_e' = \Delta t_e - (t_r' - t_r) \qquad (3.6)$$

여기서 $\Delta t_e'$: 임의의 실온 t_r'에서 상당온도차

Δt_e : 기준 실온 t_r에서 상당온도차

t_r' : 임의의 실온

t_r : 기준 실온

지역에 따라서 기온과 복사열이 다르기 때문에 이 표의 지역과 외부조건이 크게 다른 곳에서는 그 오차를 보정해서 사용한다. [표 3-8]은 위도에 대한 보정값이다. 또 외벽 면의 복사열 흡수율도 열전달량에 상당한 영향을 미친다. [표 3-7]은 흡수율 α=0.7인 경우에 대한 것이므로 이와 크게 다른 경우에는 근사적으로 다음과 같이 보정할 수 있다.

$$\Delta t_e'' = \frac{\alpha}{0.7}(\Delta t_e - \Delta t_{e그늘}) + \Delta t_{e그늘} \qquad (3.7)$$

[표 3-8] 지역별 위도 차에 대한 상당온도차 보정값

지명	위도	보정값	지명	위도	보정값
서울	37.57	-0.5	대구	35.88	-0.1
인천	37.48	-0.5	부산	35.1	+0.1
수원	37.27	-0.4	울산	35.55	0
전주	35.82	0	목포	34.78	+0.6
광주	35.13	+0.1	제주	33.52	+0.8

예제 3-1

서울에 위치한 벽타입Ⅲ인 남서향 벽에 대하여 오후 5시의 상당온도차를 구하여라. 단, 실온은 27℃이고, 외벽 면의 흡수율은 0.4이다.

풀이

[표 3-7]에서 상당온도차 $\Delta t_e = 19.3℃$ 이고, 그늘진 북쪽 벽의 상당온도차 $\Delta_{e그늘} = 8.6℃$ 이다. 따라서 식 (3.7)에 의해 흡수율 보정을 하면

$$\Delta t_e'' = \frac{0.4}{0.7}(19.3 - 8.6) + 8.6 = 14.7℃$$

식 (3.6)에 의하여 실온 보정을 하면

$$\Delta t' = 14.7 - (27 - 26) = 13.7℃$$

다시 [표 3-8]에서 위도 보정을 하면

$$\Delta t = 13.7 - 0.5 = 13.2℃$$

■

2) 유리창을 통한 열부하 q_g

유리창은 벽과 달리 전도열뿐 아니라 복사열이 통과한다. 복사열에는 태양으로부터의 직접 복사인 직달일사(直達日射, direct radiation)와 하늘의 구름이나 먼지 등으로부터의 천공일사(天空日射)가 있으며 이 둘을 합하여 전일사(全日射, scattering radiation) 또는 일사라고 한다.

$$I = I_d + I_s \tag{3.8}$$

여기서 I : 전일사([표 3-9] 참조)

I_d : 직달일사

I_s : 천공일사

직달일사는 위도, 방향, 시각에 따라서 다르다. 천공일사는 산란일사라고도 하며 구름이나 먼지 등 하늘에서 방사뿐 아니라 지표면에서의 방사 및 반사된 복사열도 포함해야 한다. [표 3-9]는 주어진 위도와 날짜에 시각별 전일사의 표준값을 나타낸다. 그늘진 표면을 통한 전일사에 직달일사는 없고 오로지 천공일사만 있으므로 [표 3-9]의 시각별 최소 전일사량은 천공일사량과 같다고 할 수 있다. 천공일사량은 건물의 높이와 지표면의 조건에도 영향을 받을 수 있다.

[표 3-9] 창으로부터의 표준 일사량(위도 36°, 7월 23일), W/m²

방위	시각(태양시)														
	5	6	7	8	9	10	11	12	13	14	15	16	17	18	19
H	1.2	67	243	440	602	732	816	844	816	732	602	440	243	67	12
N	0	85	53	33	40	45	49	50	49	45	40	33	53	85	0
NE	0	341	447	406	277	117	49	50	49	45	40	33	24	14	0
E	0	374	554	573	506	363	159	50	49	45	40	33	24	14	0
SE	0	174	323	399	412	363	255	120	49	45	40	33	24	14	0
S	0	14	24	33	62	117	164	181	164	117	62	33	24	14	0
SW	0	14	24	33	40	45	49	120	255	363	412	399	323	174	0
W	0	14	24	33	40	45	49	50	159	363	506	573	554	374	0
NW	0	14	24	33	40	45	49	50	49	117	277	406	447	341	0

복사열은 유리면에서 일부가 반사되고 나머지 대부분은 유리를 투과하여 실내의 벽이나 물체에 흡수되어 실내부하로 된다. 또 일부는 유리에 흡수되어 유리창을 가열한 후 유리창의 표면에서 대류 및 복사의 형태로 실내로 전달된다. 유리창을 통한 열취득의 개념도는 [그림 3-3]과 같다.

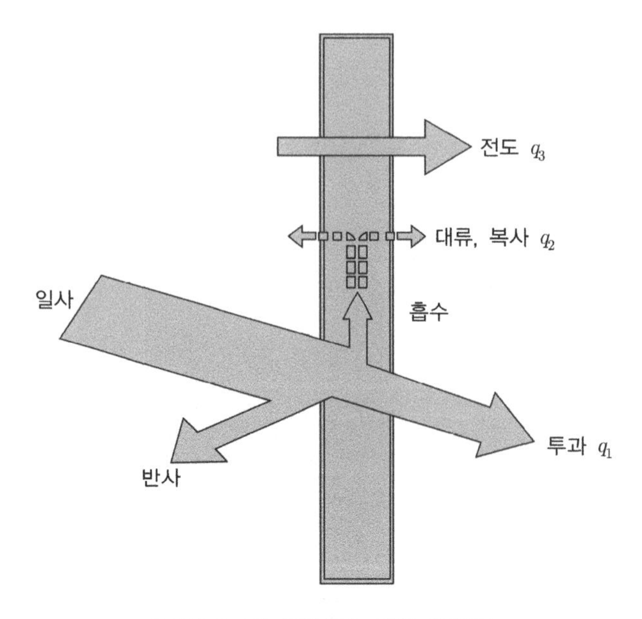

[그림 3-3] 유리창을 통한 열취득

흡열유리는 금속염이 포함되어 청색, 회색, 청동색 등으로 약하게 착색된 유리로서 일반유리보다 흡수율이 높고 투과율은 낮다. 한편 로이(low-E; low emissivity)유리는 방사율이 낮도록 특수 금속막으로 코팅한 유리를 말하며 적외선에 대한 흡수율이 낮고 반사율이 높은 유리이다. 로이유리는 하절기에는 태양광을 반사하고 동절기에는 실내에서 방사되는 적외선을 반사함으로써 냉방 및 난방부하를 저감할 수 있다.

❶ 일사부하 q_{gr}

일사부하 q_{gr}은 유리창을 통하여 투과된 복사열 q_1과 유리에 흡수된 후의 취득열 q_2를 합한 부하를 뜻하며 다음 식으로 구한다.

$$q_{gr} = K_s A_g I \tag{3.9}$$

여기서 K_s : 차폐계수([표 3-10] 참조)
A_g : 유리면적
I : 일사량

[표 3-10] 유리창의 차폐계수

종류	두께, mm	내부차폐 없음	밝은색 블라인드	중간색 블라인드
보통유리	3	1.0	0.53	0.64
	5	0.98	0.53	0.64
	6	0.97	0.53	0.64
	8	0.95	0.53	0.63
	12	0.92	0.53	0.62
흡열유리	3	0.86	0.53	0.61
	5	0.77	0.52	0.58
	6	0.73	0.51	0.56
	8	0.67	0.49	0.54
	12	0.57	0.47	0.49
보통+보통	3+3	0.91	0.52	0.61
	5+5	0.88	0.52	0.61
	6+6	0.86	0.53	0.61
	8+8	0.83	0.53	0.60
흡열+보통	3+3	0.74	0.45	0.52
	5+5	0.63	0.41	0.46
	6+6	0.58	0.39	0.44
	8+8	0.50	0.39	0.40

차폐계수는 유리창을 투과하여 실내로 들어오는 일사량의 비율을 말한다. 차폐계수는 유리의 성질과 유리창의 구조에 영향을 받으며 블라인드가 있는 경우는 블라인드에 의한 반사효과까지 포함한다. 차폐계수가 작을수록 냉방부하는 감소하지만 채광이 감소할 수 있으므로 적정한 값을 갖도록 해야 한다.

직달일사는 지붕, 측벽, 건물의 돌출물 등 외부 차양에 의하여 차단되므로 그 영향을 차폐계수에 포함해야 한다. 그러나 천공일사는 모든 방향에서 전달되므로 외부 차양의 영향을 받지 않는다고 본다. 남쪽에 창이 있으면 여름보다 태양고도가 낮은 가을에 일사열이 더 크므로 유리창 면적이 넓은 경우에는 가을철에 최대부하가 발생할 수 있는지 확인할 필요가 있다.

❷ 전도열부하 q_{gc}

유리창의 열전도에 의한 부하로서 유리창은 얇아서 축열효과를 무시할 수 있기 때문에 상당 온도차 대신 실제 온도차를 사용하여 다음 식으로 구할 수 있다.

$$q_{gc} = KA(t_o - t_r) \tag{3.10}$$

여기서 A : 유리창의 면적 K : 유리창의 열관류율([표 3-11] 참고)

[표 3-11] 창 및 문의 열관류율 K, W/m²K

				금속재				목재 플라스틱	
				열교차단제 미적용		열교차단제 적용			
공기층 두께, mm				6	12	6	12	6	12
창	복층유리			4.19	3.80	3.60	3.30	3.30	3.00
	복층유리(로이)			3.70	3.20	3.10	2.60	2.90	2.40
	복층유리(아르곤 주입)			4.00	3.70	3.37	3.20	3.10	2.90
	복층유리(로이, 아르곤 주입)			3.37	2.90	2.80	2.40	2.60	2.20
	삼중창(복층+단창)			3.37	3.20	2.90	2.60	2.60	2.40
	단창			6.6		6.10		5.30	
문	일반 문		20 mm 미만 단열	2.70		2.60		2.40	
			20 mm 이상 단열	1.80		1.70		1.60	
	유리문	단창문	유리 면적 50% 미만	4.20		4.00		3.70	
			유리 면적 50% 이상	5.50		5.20		4.70	
		복층 창문	유리 면적 50% 미만	3.20	3.10	3.00	2.90	2.70	2.60
			유리 면적 50% 이상	3.80	3.50	3.30	3.10	3.00	2.80

[주] 1매 유리의 두께 영향은 무시

실제 유리창의 경우는 유리의 열전도 저항보다 중공층 및 내부공기의 열저항이 더 크기 때문에 유리의 두께는 큰 영향을 미치지 않는다. 특히 창틀의 열저항이 전도열 취득에 미치는 영향이 매우 크므로, 금속재 창틀의 경우 창틀을 통한 열전도를 차단하는 열교(熱橋) 차단제를 적용하면 열관류율을 20% 가량 저감할 수 있다. 복층유리에 로이유리를 사용하거나 중공층에 열전도계수가 낮은 아르곤가스 등을 충전하면 단열성능을 높일 수 있다. 3중창 이상으로 하거나 중공층을 진공으로 하여 열관류율을 1.0 W/m^{2}K 이하로 한 유리창은 고단열창이라고 할 수 있다. 문을 통한 전도열 취득도 창을 통한 전도열 부하 계산과 같은 접근이 가능하다.

예제 3-2

전주(위도 36°)에서 정서향에 위치한 면적이 2 m^{2}인 유리창에 의한 오후 4시의 열취득을 구하여라. 창의 90%는 유리면이며 그 30%는 외부 차양장치에 의해 그늘져 있다. 창은 열교차단장치가 있는 금속재 틀에 아르곤 주입 복층로이유리로 구성되었으며, 공기층은 12 mm이다. 또 밝은색 블라인드를 사용할 때 이 창의 차폐계수는 0.40이며 실내 설계온도는 26℃로 한다. 만약 이 창이 열교차단제가 미적용된 보통 복층유리창이라면 부하는 어떻게 되는가?

풀이

외부차양에 의하여 직달일사의 30%는 가려지므로 일사량은

$$I = 0.7(I - I_s) + I_s = 0.7(573 - 33) + 33 = 411\ \mathrm{W/m^2}$$

따라서 일사부하는 식 (3.9)에 의하여 $q_{gr} = K_s A_g I = 0.4(2 \times 0.9)411 = 296\ \mathrm{W}$

전도열부하를 구하기 위해 열관류율을 [표 3-11]에서 구하면 $K = 2.4\ \mathrm{W/m^2K}$

외기온도는 [표 3-1]과 [표 3-2]에 의하여 $32.4 - 0.5 = 31.9$℃

따라서 창을 통한 전도열 취득은 $q_{gc} = KA(t_o - t_r) = 2.4(2)(31.9 - 26) = 28\ \mathrm{W}$

그러므로 유리창을 통한 총 열취득은 $q_g = q_{gr} + q_{gc} = 296 + 28 = 324\ \mathrm{W}$

보통유리복층의 경우 [표 3-10]에서 차폐계수 $K_s = 0.53$

[표 3-11]에서 열교차단제가 없는 금속재 창의 열관류율은 $K = 3.8\ \mathrm{W/m^2K}$ 이므로

$$q_{gr} = K_s A_g I = 0.53(2)(0.9)411 = 392\ \mathrm{W}$$

$$q_{gc} = K_g A_g (t_o - t_r) = 3.8(2)(32 - 26) = 46\ \mathrm{W}$$

따라서 $q_g = q_{gr} + q_{gc} = 392 + 46 = 438\ \mathrm{W}$

열취득이 35% 증가하는 것을 알 수 있다. ■

3) 내벽 및 천장에서의 열부하

내벽이나 칸막이에 의하여 공기조화를 하지 않는 인접 공간으로의 열전달은 정상상태로 볼 수 있으므로

$$q_{iw} = K_{iw} A_{iw} \Delta t \tag{3.11}$$

여기서 q_{iw} : 내벽을 통한 전도열전달　　K_{iw} : 내벽의 열관류율
A_{iw} : 내벽의 면적　　Δt : 실내온도와 인접실의 온도차

온도차 Δt는 실내온도 t_r과 외기온도 t_0 및 온도계수 f_r을 이용하여 다음과 같이 나타낼 수 있다.

$$\Delta t = f_r (t_o - t_r) \tag{3.12}$$

온도계수 f_r은 공조를 하지 않는 창고는 $f_r = 0.3$, 복도는 $f_r = 0.4$로 놓을 수 있다. 그러나 복도를 통하여 배기를 하는 경우는 $f_r = 0.1$까지 낮아질 수 있는 등 인접실의 상태에 따라서 다르다. 흙바닥이나 통풍이 안 되는 지상 바닥을 통한 냉방부하는 무시할 수 있으므로 $f_r = 0$으로 놓는다.

천장 공간이 크거나 조명열을 천장플레넘을 통하여 제거하는 경우에는 천장을 통한 부하를 구해야 한다. [그림 3-4]와 같이 천장 내로 방열된 조명열이나 외벽을 통하여 유입된 열의 일부는 천장을 통과하여 실내부하가 되고, 그 나머지는 슬래브를 통과하여 위층으로 전달되거나 환기와 함께 배출된다. 열평형에 의하여 천장 내의 평균온도를 구하면 다음과 같다.

$$t_c = t_r + \frac{q_W + q_L \rho_L}{K_C A_C + K_F A_F + \rho Cp Q_F} \tag{3.13}$$

여기서 t_c : 천장 내 온도　　t_r : 실온
q_W : 천장 내부의 외벽 열부하　　ρ_L : 조명장치의 열제거율
q_L : 조명에 의한 열취득　　K_C, K_F : 천장 및 바닥의 열관류율
A_C, A_F : 천장 및 바닥의 면적　　ρ, Cp : 공기의 밀도 및 정압비열
Q_F : 환기풍량

따라서 천장을 통하여 실내로 유입되는 열부하는

$$q_C = K_C A_C (t_c - t_r) \tag{3.14}$$

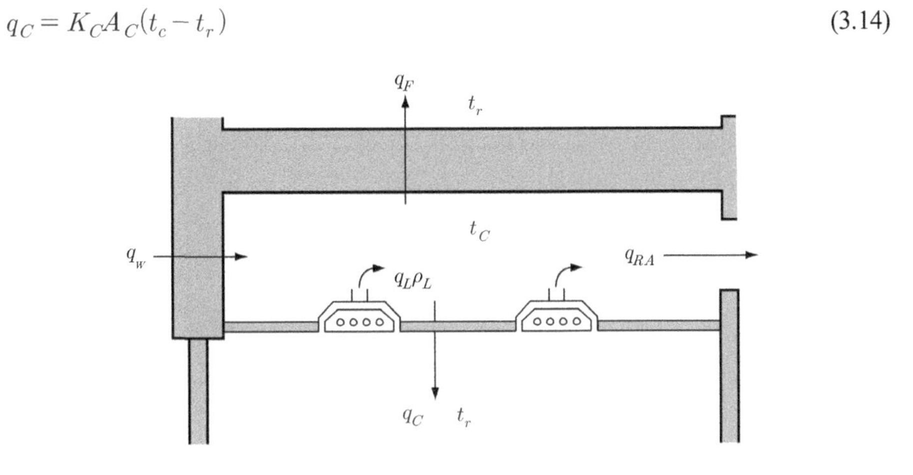

[그림 3-4] 천장내부의 열평형

4) 틈새바람에 의한 부하 q_i

창문 새시나 출입문의 틈새 및 개폐에 의하여 외기가 침입할 수 있으며 침입량은 틈새의 특성이나 길이 및 실내외의 압력차에 의존한다. 여름에는 겨울에 비하여 바깥바람이 약하기 때문에 틈새바람의 양도 감소하게 된다. 한편 환기를 목적으로 신선 외기를 송풍하는 경우에는 실내압력의 상승으로 인하여 틈새바람이 억제된다. 따라서 밀폐도가 높은 건물의 경우에는 틈새바람에 의한 냉방부하를 무시할 수 있다. 그러나 틈새가 많은 구조나 개폐형 창문이 많은 경우에는 틈새바람에 의한 냉방부하를 계산할 필요가 있다.

틈새바람의 양이 주어질 때 현열부하 q_{is}와 잠열부하 q_{il}은 다음과 같다.

$$q_{is} = \rho C_p Q_i (t_o - t_r) \tag{3.15a}$$

$$q_{il} = \rho r Q_i (x_o - x_r) \tag{3.15b}$$

여기서 q_{is}, q_{il} : 틈새바람에 의한 현열 및 잠열부하
Q_i : 틈새바람의 양
ρ, C_p, r : 공기의 밀도, 정압비열 및 물의 증발잠열
t_r, t_o : 실내 및 실외온도　　x_r, x_o : 실내 및 실외습도

틈새바람의 풍량을 계산하는 방법에는 틈새법, 면적법 및 환기횟수법이 있다. 틈새법은 창이나 문의 틈새 길이에 단위길이당 풍량([표 3-12] 참조)을 곱하여 계산한다. 면적법은 창이나 문의 면적에 단위면적당 풍량([표 3-13] 참조)을 곱하여 계산한다. 환기횟수법은 환기횟수에 실의 용적을 곱하여 틈새바람의 양을 구한다. 환기횟수란 시간당 틈새바람과 실의 용적의 비를 뜻하며 [표 3-14]는 알루미늄 새시창의 환기횟수를 나타낸 것이며, [표 3-15]는 출입문의 개폐에 의한 틈새바람의 양을 나타낸다.

[표 3-12] 창의 틈새길이당 틈새바람(틈새길이 1 m에 대한 kg/h)

창의 종류	틈새, mm	옥외 풍속, m/s				
		2	4	6	8	10
목재 상하식	1.6	1.0	2.0	3.8	5.5	7.8
	2.4	2.6	6.6	10.8	15.1	19.7
철재 상하식	–	1.9	4.6	7.3	11.0	13.4
강재 회전	1.6	5.3	11.2	17.3	23.6	30.2
철재 밀어내기	1.2	1.9	5.0	8.5	12.1	16.1

[표 3-13] 창의 면적당 틈새바람(옥외풍속 하계 3.5 m/s, 동계 7.0 m/s인 경우 창면적 1 m^2에 대한 kg/h)

명칭		소형 창(0.75×1.8 m)			대형 창(1.35×2.4 m)		
		바람막이 없음	바람막이 달림	기밀새시	바람막이 없음	바람막이 달림	기밀새시
하계	목재새시	2.6	1.6	1.3	1.7	1.1	0.8
	기밀성이 낮은 새시	7.3	2.3	3.7	4.7	1.4	2.3
	금속새시	4.9	2.2	2.5	3.1	1.3	1.6
동계	목재새시	5.2	3.1	2.5	3.2	2.0	2.0
	기밀성이 낮은 새시	14.6	4.6	7.3	9.2	2.9	16.3
	금속새시	9.7	4.2	4.9	6.1	2.6	11.0

[표 3-14] 알루미늄 새시창의 환기횟수

건축구조	환기횟수	
	난방 시	냉방 시
콘크리트조(대규모 건축)	0~0.2	0
콘크리트조(소규모 건축)	0.2~0.6	0.1~0.2
양식목조	0.3~0.6	0.1~0.3
일식목조	0.5~1.0	0.2~0.6
바람을 마주 받는 외기에 접한 입구가 있는 실	3~4	1~2
바람을 등진 외기에 접한 입구가 있는 실	1~2	0.5~1

[표 3-15] 하절기 입구 문의 개폐를 통한 틈새바람(실내인원 1인당 kg/h)

실명	회전식 (지름 1.8 m)	한쪽 열기 (지름 0.9 m)	실명	회전식 (지름 1.8 m)	한쪽 열기 (지름 0.9 m)
사무실	-	5.0	식당	8.4	10.2
사무실	-	7.2	레스토랑	4.1	5.0
소규모 백화점	13.2	16.2	피혁상점	5.5	7.2
은행	13.2	16.2	의류상점	4.1	5.0
병실	-	7.2	이발소	8.2	10.2
약국	11.4	14.4	담배소매점	40.8	60.0

5) 내부 발생열에 의한 부하

실내에서 인체, 조명 및 기타 기기의 발열에 의한 것으로서 축열효과를 무시하고 구한다.

❶ 인체로부터의 발생열

인체의 대사(代謝)작용에 의한 발생열은 피부에서 대류와 복사 및 호흡이나 땀을 통하여 방출되며, 땀이나 호흡을 통한 열에는 수분 증발을 통한 잠열을 포함한다. 전열량은 활동정도와 체중에 따라서 다르며 남자, 여자, 아이의 구성을 고려한 평균값은 [표 3-16]과 같다. 표에서 알 수 있듯이 같은 전열량에 대하여 현열과 잠열의 비는 온습도 및 기류에 따라서 다르며 주위 온도가 높을수록 잠열 비율이 크다. 인체에 의한 총 발열량은 다음 식으로 계산할 수 있다.

$$q_{ms} = Nh_s \tag{3.16a}$$

$$q_{ml} = Nh_l \tag{3.16b}$$

여기서 q_{ms}, q_{ml} : 인체의 발열에 의한 현열 및 잠열부하
N : 재실인원수
h_s, h_l : 1인당 발생 현열량 및 잠열량

[표 3-16] 인체에서 발생열량, W/인

작업상태	예	전열량	실온, ℃									
			28		27		26		24		21	
			SH	LH	SH	LH	SH	LH	SH	LH	SH	LH
정좌	극장	102	51	51	57	45	62	41	67	35	76	27
글쓰기, 앉아서 하는 경작업	학교	117	52	65	57	60	62	56	71	47	80	37
사무소, 경보행	사무실, 백화점	131	52	79	58	73	63	69	72	59	84	48
서고, 앉고, 경보행	은행	147	52	94	58	88	64	83	74	72	85	62
주로 착석상태, 식사	레스토랑	162	56	106	65	97	72	90	83	79	94	62
착석작업	공장의 경작업	220	56	164	65	155	72	148	86	134	107	113
보통의 댄스	댄스 홀	250	65	185	72	62	80	170	95	155	117	133
보행(4.8 km/h)	공장의 중작업	293	79	214	88	205	97	197	112	182	135	158
중노동	공장, 볼링장	424	131	293	136	288	141	284	154	271	178	247

❷ 조명과 각종 기기의 발열량

실내에 있는 조명기구나 각종 기기가 소비하는 전력은 열로 소산되거나 빛으로 방사되며 직접 또는 축열 과정을 거쳐 실내부하 요인이 된다.

조명기구의 경우 최대 소비전력에 사용률을 곱하면 평균 소비전력이 되며, 형광등의 경우는 안정기에 의한 소비전력도 포함해야 하므로 1.2배 한다. 단 조명장치가 천장 매립형이어서 발생열의 일부가 환기와 함께 제거될 경우에는 제거율만큼 감한다. 최근에는 LED 조명 보급 증가로 조명에 의한 발열량이 급격히 감소하는 추세이다.

$$q_{el} = f(1-\chi)W_l \quad \text{(백열등, LED등)} \tag{3.17a}$$

$$q_{el} = 1.2f(1-\chi)W_l \quad \text{(형광등)} \tag{3.17b}$$

여기서 q_{el} : 조명에 의한 현열부하
W_l : 조명설비의 최대 소비전력
f : 조명설비의 사용률
χ : 제거율

[표 3-17]은 조명용 전력의 개략치를 나타낸다. 표에서 조명전력은 형광등을 사용하는 경우이며 LED등의 경우는 훨씬 낮은 전력으로 가능하다.

[표 3-17] 실내조도와 조명용 전력의 개략치

건물	용도	조도, lx		조명전력, W/m^2	
		일반	고급	일반	고급
사무실, 빌딩	사무실	330~350	700~800	20~30	50~55
	은행영업실	750~850	1000~1500	60~70	70~100
강당, 극장	객석	100~150	150~200	10~15	15~20
	로비	150~200	200~250	10~15	20~25
상점	점내	300~400	800~1000	25~35	55~70
학교	교실	150~200	250~350	10~15	25~35
병원	병실	100~150	150~200	8~12	15~20
	진찰실	300~400	700~1000	25~35	50~70
호텔	객실	80~150	80~150	15~30	15~30
	로비	100~200	100~200	20~40	20~40
공장	작업장	150~250	300~450	10~20	25~40
주택	거실	200~250	250~350	15~30	25~35

천장 매립형 조명의 경우 백열등은 35~40%, 형광등은 20~35%의 열이 실내로 직접 들어오고 나머지는 천장 안으로 방열된 후 일부는 다시 실내로 전달되므로 실질적인 제거율은 15~25%이다.

조명열은 상당부분 벽체의 축열을 거쳐 실내부하가 되므로, 축열에 의한 시간지연을 고려하면 고려하지 않은 경우에 비하여 노출형의 경우는 0.85배, 매립형의 경우는 0.75배 정도로 낮게 잡을 수 있다.

사무용 정보기기의 경우에도 조명의 경우와 유사한 방법으로 냉방부하를 계산할 수 있다. 전동기에 의하여 구동되는 기기가 있을 경우에는 전동기의 정격출력의 합계에 부하율과 사용률을 곱한 것이 실제 출력이 된다. 또 모터가 실제 소비하는 전력은 여기에 모터효율을 나누어야 하므로 냉방부하는

$$q_{em} = \frac{P\psi_1\psi_2}{E_p} \tag{3.18}$$

여기서 q_{em} : 전동기에 의한 냉방부하　　P : 전동기의 정격출력
ψ_1, ψ_2 : 전동기의 부하율 및 사용률　　E_p : 전동기의 효율

모터가 분리되어 실외에 존재한다면 전동기효율을 나눌 필요가 없으며 모터만 실내에 있다면 위의 식에서 다시 $(1-E_p)$를 곱해야 한다. 조명기구와 마찬가지로 기기에서 발생한 열을 후드 등으로 배출하여 일부를 제거하도록 한 경우에는 제거율을 고려해야 한다. 전동기의 표준효율은 [표 3-18]과 같다.

[표 3-18] 전동기 용량별 표준효율

kW	0~0.4	0.5~3.7	5.5~15	20 이상
E_p	0.60	0.80	0.85	0.90

6) 환기부하 q_F

환기(換氣)는 실내공기의 질을 유지하기 위해 공급하는 신선한 외기를 말한다. 자연환기는 틈새바람과 같이 실내부하 요인이 된다. 자연환기로 부족한 경우에는 강제로 신선한 외기를 도입하여 공조기에서 조절한 후에 실내로 급기하므로 장치부하가 된다. 식 (3.15)와 마찬가지로 환기에 의한 현열부하 q_{Fs} 및 잠열부하 q_{Fl}은 다음과 같다.

$$q_{Fs} = \rho C_p Q_F (t_o - t_r) \quad (3.19a)$$

$$q_{Fl} = \rho r\, Q_F (x_o - x_r) \quad (3.19b)$$

여기서 q_{Fs}, q_{Fl} : 환기에 의한 현열부하 및 잠열부하
Q_F : 환기량

현열 또는 전열교환기를 사용하여 배기열을 환기로 회수할 경우에는 환기부하에 회수열을 감해야 한다. 필요 환기량은 실내공기 청정도의 허용기준과 오염물질의 배출량 및 실외공기의 청정도에 따라서 결정된다. 물질평형으로부터 필요 환기량은

$$Q_F = \frac{100M}{K_r - K_o} \quad (3.20)$$

여기서 Q_F : 필요 환기량　　　M : 1인당 오염물질 배출량
K_r, K_o : 오염물질의 실내 허용농도 및 실외 농도, %

재실자가 오염원인인 경우에는 오염도가 일반적으로 인간 활동의 정도를 나타내는 탄산가스의 배출량에 비례하므로, [표 3-19]와 같은 탄산가스 배출량을 기준으로 환기량을 구한다. 표는 남녀노소의 평균값으로 담배를 피우지 않는 경우이며 담배를 피우면 더 많은 환기가 필요하다. 실내의 탄산가스 농도의 허용한도는 0.1%(1000 ppm)이나 분진 청정도가 확보되어 있거나 공기여과기 및 청정기를 설비한 경우 또는 CO_2 농도 제어설비를 갖춘 경우에는 0.3%(평균 0.2%)까지 완화할 수 있다. 실외의 CO_2 농도는 특수한 지역을 제외하고 350 ppm으로 가정하여 환기량을 계산한다.

주거공간의 환기와 달리 화장실이나 주방, 기계실, 탈의실, 지하주차장 등은 악취, 열, 증기, 먼지, 배기가스 등을 제거하기 위해 환기가 필요하다. [표 3-20]은 일반적으로 필요한 환기횟수이다.

[표 3-19] 작업 정도별 탄산가스 배출량 및 필요 환기량

작업정도	CO_2 배출량, $m^3/h \cdot$인	필요 환기량, $m^3/h \cdot$인	
		CO_2 허용한도, 0.1%	CO_2 허용한도, 0.15%
취침	0.013	18.6	10.8
극히 가벼운 작업	0.017	24.3	14.2
가벼운 작업	0.030	43.0	25.0
중등작업	0.046	65.7	38.3
부거운 작업	0.074	106.0	61.7

[표 3-20] 부속실과 아파트의 환기량

실		환기횟수, 회/h
서고, 창고, 탈의실, 식품창고		5
라커룸, 갱의실		5~10
배선실		8
암실, 복사실, 인쇄실, 영사실, 샤워실		10
화장실		10~15
아파트	거실	36 m^3/h
	침실	18 m^3/h
	지하주차장	옥외 400 m^3/h대, 옥내 800 m^3/h대
	드레스룸	5

7) 덕트 및 송풍기의 부하

송풍 과정에서의 냉방부하에는 송풍기에 의한 발열 및 덕트를 통한 침투열이 있다. 이들 부하는 환기부하와 같이 실내부하에 더하여 공기조화기의 냉각코일에 가해지는 장치부하로 된다. 간략히 구할 때는 실내 현열부하의 10%로 계산하나 급기덕트가 짧을 경우에는 5%, 고속덕트와 같이 정압이 높은 경우에는 15%로 계산한다.

❶ 송풍기부하 q_b

송풍기에 의한 부하는 기기에 의한 실내부하의 계산과 같은 방식으로 구할 수 있다. 즉, 모터가 송풍기와 일체형으로 덕트 내부에 들어가 있는 경우에는 식 (3.18)과 같은 식으로 구할 수 있다. 모터가 분리되어 덕트 밖에 존재한다면 전동기효율을 나눌 필요가 없다.

❷ 덕트에 의한 열부하 q_d

덕트에 의한 열부하는 공기조화를 하지 않는 공간을 통과하는 덕트에서 공기의 누설 및 열취득에 의한 냉방부하를 말한다. 공기조화를 하는 공간에서는 누설 공기가 유효하게 사용되기 때문에 부하로 보지 않는다. 누설 정도는 덕트의 형상과 시공 정도 등의 영향을 받으며 평균적으로 송풍량의 5% 전후, 많을 경우는 10% 정도로 본다. 열취득은 덕트의 면적, 단열 정도, 온도차 및 유속에 따라서 다르며 실내 현열부하의 1~3% 범위에 있다.

8) 냉동기부하

냉동기부하는 공기조화기 코일에 가해지는 장치부하에 냉동기에서 냉각코일까지 냉수를 공급하는 과정에서 펌프 및 배관의 열취득을 더한 것이다. 또한 냉동기를 가동한 후 배관 및 장치에 축적되어 있던 열은 축열부하로 된다. 펌프, 배관 및 축열에 의한 부하는 장치부하의 2~3%로 볼 수 있다.

9) 냉방부하의 개략치

각 실의 용도와 구조, 위치 등에 따라서 냉방부하는 달라지며, 상세설계 이전에는 정확한 계산이 어렵지만 장비선정 등을 위해 개략적인 값이 필요할 때가 있다. [표 3-21]은 대표적인 경우의 바닥 면적당 냉방부하의 개략치를 요약한 것이다.

[표 3-21] 유효 바닥 면적당 실내 냉방부하

실의 종류				단위바닥면적당 냉방부하, W/m²	산출조건			
					환기횟수, 회/h	창면적/바닥면적, %	바닥면적 10m²당 재실자수	조명(형광등), W/m²
일반사무실 (햇빛이 닿지 않음)	창 없음	최상층		169	1	0	2	20
		중간층		116				
	북향	최상층		192	1	20	2	20
		중간층		140				
	서향	최상층		267	1	20	2	20
		중간층		198				
일반상점	사람의 출입이 많다			209	2	40	3	40
	사람의 출입이 적다			186	1			
호텔객실 병원병실	남향			140	1	20	1	20
	서향			198	4			
식당 (주방열 제외)	창이 좁다	환풍기 없음	남향	221	1	10	6	20
			서향	256				
		환풍기 있음	남향	302	4			
			서향	337				
	창이 넓다	환풍기 있음	남향	256	1	40	6	20
			서향	349				
		환풍기 있음	남향	233	1			
			서향	430				

3-4 난방부하 계산

난방부하는 냉방부하와 같은 방식으로 생각할 수 있으나 태양복사열, 내부발생열과 같이 열취득에 의하여 부하를 감하는 요인들은 최대 난방부하 계산에서는 일반적으로 고려하지 않는다. 또 최대 난방부하는 햇빛이 없는 추운 날을 대상으로 하므로 시각에 따라서 부하가 달라지지도 않는다. 따라서 난방부하는 외기와 접하는 창문, 외벽 및 지붕, 땅과 접한 바닥 및 지하실벽, 인접실과 접한 칸막이벽을 통한 열손실과 틈새바람에 의한 열손실 및 환기부하 등으로 구성된다.

1) 외벽, 지붕 및 유리창을 통한 열손실 q_t

복사열 취득을 무시하는 난방부하 계산에 유리창과 벽은 함께 다룰 수 있으며 열손실과 온도차는 각각

$$q_t = k_1 k_2 K_W A_W \Delta t \tag{3.21}$$

$$\Delta t = t_r - t_o + \Delta t_a \tag{3.22}$$

여기서, q_t : 외벽, 지붕 및 유리창을 통한 열손실
k_1 : 방위계수[표 3-23]
k_2: 천장높이에 의한 할증계수[표 3-24]
K_W: 열관류율
A_W: 전열면적
Δt : 내외온도차
t_r : 실내온도
t_o : 외기온도
Δt_a : 복사효과를 고려한 보정값

Δt_a는 표면에서 주위로 복사에 의한 열손실을 고려하기 위한 것으로서 [표 3-22]와 같다.

[표 3-22] 복사효과를 고려한 보정온도 Δt_a

외벽 및 창	3층 이하 또는 주위에 건물이 있는 9층 이하	$\Delta t_a = 0$
	주위에 건물이 없이 개방된 4~9층	2
	9층 이상	3
지붕	구배 5/10 이상	4
	구배 5/10 이하	6

방위계수는 방향에 따라서 바람의 세기가 다르므로 열관류율에 미치는 영향을 고려한 것이다. 설계자에 따라서 주 풍향에 노출된 방향에 15% 정도의 부하를 가산하는 경우가 있으며, 일반 건물의 외벽 및 지붕에 대한 방위계수는 [표 3-23]과 같다.

[표 3-23] 외벽 및 지붕의 방위계수 k_1

방향	남(S)	남동(SE), 남서(SW)	동(E), 서(W)	북동(NE), 북서(NW)	북(N)	지붕(H)
방위계수	1.0	1.05	1.1	1.15	1.2	1.2

난방 시 실내온도는 아래쪽보다 위쪽이 높으므로 천장이 높으면 열손실이 더 크며, 그 정도는 천장높이와 난방 방법에 따라 다르다. 이러한 천장높이를 고려한 할증계수가 k_2이며 [표 3-24]와 같다. 그러나 천장높이가 5 m 이하라면 그 영향은 5%를 넘지 않는다.

[표 3-24] 천장높이에 따른 난방부하 할증계수 k_2

	천장높이, m		
	5 이하	5~10	10 이상
벽 하부 수평 취출 대류난방	1.00~1.05	1.05~1.15	1.15~1.20
천장 취출 대류난방	1.00~1.05	1.05~1.10	1.10~1.20
자연대류난방	1.00	1.00~1.05	–
중간 높이에서 고온복사난방	1.00	1.00~1.05	1.05~1.10
바닥 복사난방	1.00	1.00	1.15~1.20
천장 저온복사난방	1.00	1.00~1.05	–
높은 위치 고온복사난방	1.00	1.00	1.00~1.05

2) 내부 칸막이벽을 통한 열손실 q_{iw}

인접실을 통한 열손실은 냉방부하의 경우와 같은 식으로

$$q_{iw} = KA\Delta t \tag{3.23}$$

여기서 q_{iw} : 내부 칸막이벽을 통한 열손실　　K : 벽의 열관류율
A : 벽의 면적　　Δt : 온도차

온도차는 실과 인접실의 온도차로써 냉방부하 계산의 경우와 같이 실내외 온도 및 온도차 계수이며 $\Delta t = (t_r - t_o) f_r$로 나타낸다. 또 온도차 계수 f_r은 인접실의 조건에 따라서 냉방의 경우와 같은 값으로 할 수 있다.

3) 지면에 접하는 바닥 및 지중 벽을 통한 열손실 q_t

바닥난방을 하지 않는 지중바닥 및 벽을 통한 열손실은

$$q_t = K_B A_B (t_r - t_g) \tag{3.24}$$

여기서 q_t : 지면에 접하는 바닥 및 지중벽을 통한 열손실
K_B : 벽이나 바닥의 열관류율
A_B : 벽 또는 바닥의 면적
t_r : 실내온도
t_g : 벽의 중앙 또는 바닥에 접한 지중온도([표 3-25] 참조)

지표면에 바닥이 접한 경우에는 열손실의 대부분이 지중보다 바닥의 둘레를 통하여 일어난다. 따라서 바닥을 통한 열손실은 단위 둘레길이당 평균 열손실계수를 구한 후 둘레길이와 온도차를 곱하여 구하며, 열손실계수는 난방기간과 구조 및 단열재의 사용에 따라 다르다.

[표 3-25] 난방 설계용 지역별 지중온도

지명	월평균 지표면온도		동결심도, cm	1월의 깊이에 따른 지중온도		
	최저	최고		0.5 m	2 m	3 m
춘천	-2.9	26.7	157	-5.3	2.8	5.5
서울	-2.5	27.0	77	-0.2	5.6	8.1
인천	-1.3	27.0	68	-1.0	6.0	8.3
수원	-1.5	26.7	117	-4.3	3.7	6.4
청주	-1.7	27.8	98	-3.2	4.7	7.4
대전	-0.7	27.2	87	-2.1	5.6	8.2
대구	-0.1	28.9	59	-0.7	6.9	9.4
전주	0.6	28.7	58	-0.6	6.7	9.2
광주	1.3	28.7	42	0.6	7.8	10.2
부산	3.0	28.4	7	2.8	9.1	11.2
제주	4.9	30.1	-	5.9	11.9	13.5
서귀포	6.5	29.3	-	5.8	11.6	13.4

4) 틈새바람에 의한 부하

틈새로 침입하는 외기량의 산정은 냉방부하에서와 같이 틈새법, 환기횟수법 및 면적법 등에 의하여 구할 수 있다. 풍량으로부터 난방부하의 계산은 냉방부하의 산정과 동일하나 실내조건이 엄격하지 않다면 잠열부하는 계산하지 않는다. 최근의 고층건물은 기밀성이 높아져서 틈새바람이 거의 없으나 겨울철에는 굴뚝효과(stack effect)에 의하여 현관 및 저층부의 출입문을 통해 많은 바람이 들어오므로 이를 충분히 고려해야 한다([표 3-26] 참조).

[표 3-26] 동절기 건물 입구 문의 개폐를 통한 틈새바람(문의 면적당 kg/h)

종류	1~2층 건물	건물고(3층 이상)		
		15 m	30 m	60 m
회전문	228	276	312	384
유리문	660	792	888	1092
목재문	288	336	384	480
소형공장 문	312	–	–	–
차고, 하역장 문	198	–	–	–

5) 외기부하

환기를 위해 도입하는 외기에 의한 부하는 냉방부하의 경우와 같은 방법으로 계산한다.

6) 장치부하 및 열원부하

실내부하에 외기부하를 합한 부하가 장치부하로 되며, 여기에 열원기기로부터 실내 방열기까지 열반송 과정의 배관손실과 예열에 소요되는 부하를 더하면 열원부하가 된다.

단열재를 사용하지 않던 과거에는 각각 10~20%에 달하는 배관손실과 예열손실을 고려하였다. 그러나 단열이 잘 된 배관에서의 열손실은 매우 작으므로 배관 및 예열부하는 점차 무시하는 추세이다.

연속난방으로 예열이 필요 없고 내부발열이 큰 경우에는 오히려 부하를 삭감하기도 하며, 백화점과 같이 조명발열이 30 W/m^2 이상인 경우는 그 50%를 감해서 열원용량을 결정해도 무방하다. 그러나 간헐난방의 경우에는 건물 내의 냉각된 공기나 구조체를 가열하기 위한 10% 정도의 예열부하를 고려한다.

3-5 실내의 축열효과를 고려한 냉방부하 계산

실내로 취득된 열 중에서 대류에 의한 취득은 직접 공기를 가열하므로 시간지연 없이 바로 제거해야 할 실내부하가 된다. 그러나 조명이나 일사에 의한 취득열과 같이 전도나 복사과정을 거치는 열은 실내의 물체에 축열되었다가 실내공기를 가열하여 냉방부하로 변환된다. 따라서 축열효과에 의하여 취득열과 냉방부하의 관계는 [그림 3-5]와 같다. 축열용량이 증가함에 따라서 부하 지연시간이 증가하며 최대부하의 크기는 감소한다. 이와 같이 축열효과를 고려하면 대부분 최대부하가 감소하며 보다 실제 상황에 부합된다고 할 수 있다. 축열효과를 도입한 냉방부하 계산에는 여러 가지 방법이 있으나 여기서는 벽체나 유리창을 통한 전도열전달과 관계된 CLTD, 유리창을 통한 복사열과 관련된 SCL, 조명이나 인체에 의한 내부부하와 관련된 CLF를 소개한다.

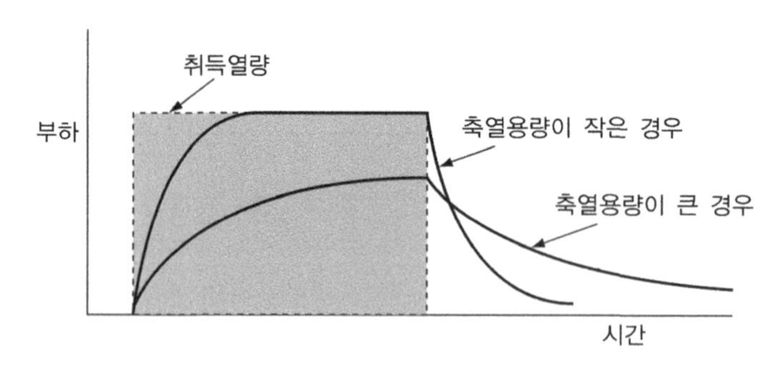

[그림 3-5] 취득열량과 부하의 관계

1) CLTD(cooling load temperature difference)

CLTD는 벽체, 지붕 및 유리창의 전도로 취득된 열의 실내 축열효과를 고려한 부하 계산을 위한 온도차로서 냉방부하 온도차라고 한다. 실내부의 축열효과를 무시하면 냉방부하 온도차는 상당온도차와 같다.

$$q_w = KA(\mathrm{CLTD}) \tag{3.25}$$

여기서 q_w : 벽체를 통한 냉방부하　　K : 벽체의 열관류율

A : 벽의 면적　　CLTD : 냉방부하 온도차

[표 3-27]은 벽의 축열용량을 18등분한 경우 CLTD의 예를 보여주는 것이다.

[표 3-27] 북위 36° 서쪽 외벽의 7월 기준 CLTD값

유형	시각(태양시)																							
	1	2	3	4	5	6	7	8	9	10	11	12	13	14	15	16	17	18	19	20	21	22	23	24
1	1	1	−1	−1	−1	−1	0	2	4	7	9	12	15	23	23	41	45	43	43	33	17	8	5	3
5	13	11	9	7	6	4	3	2	2	3	4	5	6	8	11	16	21	26	29	30	27	24	20	17
9	19	17	14	11	7	6	4	4	3	3	3	3	4	6	7	9	12	17	21	24	27	27	25	22
13	16	14	13	13	12	11	9	9	8	8	8	8	8	8	9	11	13	15	17	18	19	19	18	17
18	19	18	17	16	14	12	11	9	8	7	7	6	6	6	7	8	9	1	14	17	19	21	21	21

2) SCL(solar cooling load)

SCL은 일사냉방부하라고 하며, 유리창을 통하여 들어온 복사열에 의한 실내부하를 계산하기 위한 것이다. 일사부하를 복사성분과 대류성분으로 나눌 때 복사성분은 실내의 구조체에 축열된 후 냉방부하가 된다. 얇은 블라인드는 열용량이 매우 작기 때문에 축열을 고려할 필요가 없으나, 블라인드가 없거나 창의 비중이 큰 경우에는 실내로 들어온 많은 복사열이 구조체에 축열되므로 그 영향을 고려해야 한다.

$$q_g = K_s A_g (\mathrm{SCL}) \tag{3.26}$$

여기서 q_g : 유리창을 통한 냉방부하　　K_s : 차폐계수
A_g : 창면적　　SCL : 일사냉방부하

건물의 유형을 4종류로 구분한 경우 SCL의 예는 [표 3-28]과 같다.

[표 3-28] 북위 36° 서쪽 유리창의 7월 기준 SCL값

유형	시각(태양시)																							
	1	2	3	4	5	6	7	8	9	10	11	12	13	14	15	16	17	18	19	20	21	22	23	24
A	3	0	0	0	0	25	54	76	95	110	120	128	208	363	502	593	603	470	167	79	38	19	9	6
B	25	19	16	13	9	28	50	69	85	101	79	117	189	319	442	523	542	445	199	132	91	63	47	35
C	50	47	41	38	35	50	69	85	98	107	114	117	186	309	416	486	489	385	151	107	88	76	66	57
D	79	69	63	57	50	63	76	85	95	104	107	114	167	265	353	413	423	350	174	123	142	107	98	88

3) CLF(cooling load factor)

CLF는 냉방부하계수로서 인체, 조명기구 및 실내의 각종 기기로부터 발생된 열이 의복, 가구 및 기기 등에 축열된 후 냉방부하로 전환되는 비율을 말한다. 냉방부하는 열원의 발열량에 냉방부하계수를 곱하여 구한다.

$$q_i = q_{ig}(\mathrm{CLF}) \tag{3.27}$$

여기서 q_i : 내부열발생에 의한 냉방부하
q_{ig} : 열원의 발열량
CLF : 냉방부하계수

건물의 유형을 4종류로 구분한 CLF의 예를 보면 [표 3-29]와 같다. 축열용량이 큰 경우 점등 후 상당시간이 경과한 후에 최대부하가 나타난다. 따라서 동향의 외부존이라고 하면 실제 최대부하는 취득열보다 상당히 감소할 수 있다.

[표 3-29] 연속 점등시간이 12시간인 경우 조명에 의한 CLF값(×0.01)

유형	조명이 점등된 후의 경과시간																							
	1	2	3	4	5	6	7	8	9	10	11	12	13	14	15	16	17	18	19	20	21	22	23	24
A	86	93	96	97	97	98	98	98	98	98	98	98	14	7	4	3	3	2	2	2	2	2	2	2
B	76	86	91	93	95	95	96	96	97	97	97	97	24	14	9	7	5	5	4	4	3	3	3	3
C	74	82	86	88	90	91	92	92	93	94	94	95	26	18	14	12	10	9	8	8	7	6	6	6
D	70	75	79	81	83	85	87	88	89	90	91	92	30	25	21	19	17	15	13	12	11	10	9	8

예제 3-3

북위 36° 에 위치한 건물의 서쪽 외부존에 있는 실에서 오후 4시의 유리창에 의한 일사부하와 조명에 의한 내부부하를 축열을 고려하여 구하여라. 단 블라인드를 포함한 유리창의 면적은 2 m², 차폐계수는 0.7, 조명은 형광등이며, 8시부터 12시간 연속 점등하고, 소비전력은 200 W이다. SCL 및 CLF를 위한 축열 유형은 각각 B 및 C형으로 가정한다.

풀이

유리창의 경우 [표 3-28]에서 SCL= 523을 식 (3.26)에 대입하면

$$q_g = 0.7(2)(523) = 732\,\mathrm{W}$$

조명의 경우 [표 3-29] CLF= 0.92를 식 (3.27)에 대입하면

$$q_l = 200(0.92) = 184\,\mathrm{W}$$

최대부하는 유리창의 경우 $0.7(2)(573) = 802\,\mathrm{W}$, 조명의 경우 200 W이므로 축열을 고려한 경우보다 10% 가까이 큰 것을 알 수 있다. ■

예제 3-4

서울에 있는 [그림 E3-4]와 같은 사무실을 전공기식으로 냉난방을 할 때 부하를 구하여라. 건물의 층고는 3.3 m, 천장높이는 2.4 m이며 위층은 옥상, 인접실과 아래층은 공기조화를 하는 강의실, 복도는 실내온도와 외기온도의 중간으로 한다. 벽체면적 계산 시 외벽은 층고, 내벽은 천장고를 적용한다. 단, 실내부하에서 내부축열의 영향은 무시한다.

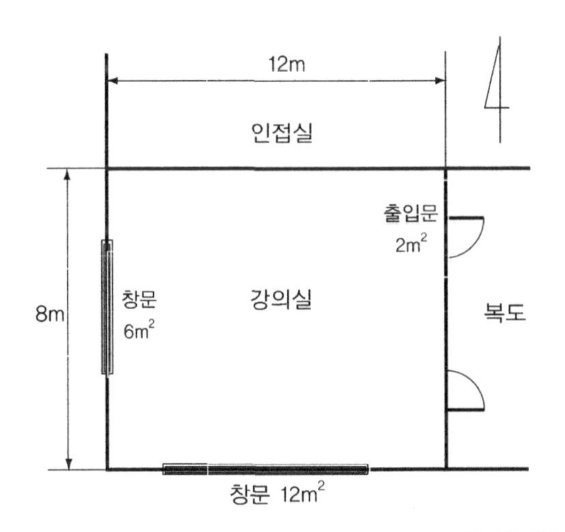

외벽 : IV번, K=1.5 W/m²℃, 흡수율 0.7
지붕 : IV번, K=1.0 W/m²℃, 흡수율 0.7
내벽 : K=2.3 W/m²℃
바닥 : K=2.0 W/m²℃
창문 : 열교차단제가 미적용된 공기층 6 mm에 두께 6 mm 복층유리(로이)이며 밝은색 블라인드 사용
출입문 : 금속재 20 mm 두께 단열(열교차단)
틈새바람 : 환기횟수 0.5회/h
재실자 : 40명, 환기량 30 m³/h인
조명기구 : 20 W 형광등 24개
〈실내조건〉
냉방 : 27℃, 50%　　난방 : 20℃, 40%

[그림 E3-4]

풀이

(냉방) 오후 4시에 부하가 최대로 된다고 가정하면, 냉방부하는 [표 E3-4a]와 같고 난방부하는 [표 E3-4b]와 같다.

[표 E3-4a] 냉방부하

시각	외기조건			실내설계조건		
7월 22일 오후4시	건구온도 31.2−0.5 = 30.7℃	습구온도 25.5−0.2 = 25.3℃	절대습도 0.0180 kg/kg'	건구온도 27℃	상대습도 50%	절대습도 0.0113 kg/kg'

냉방부하

항목			방위 등	위치 등	면적, m^2	일사량, W/m^2 또는 온도차, ℃	차폐계수 또는 열관류율, $W/m^2 \cdot ℃$	취득열량, W 현열	취득열량, W 잠열
실내부하	외피부하	복사	서	창	6	573	0.53	1822	
			남	창	12	33	0.53	210	
		전도	동	문	4	(30.7−27)/2=1.8	1.7	12	
				내벽	8×2.4−4=15.2	(30.7−27)/2=1.8	2.3	63	
			서	창	6	30.7−27=3.7	3.7	82	
				외벽	8×3.3−6=20.4	15−(27−26)−0.5=13.5	1.5	413	
			남	창	12	30.7−27=3.7	3.7	164	
				외벽	12×3.3−12=27.6	11.6−(27−26)−0.5=10.1	1.5	418	
			북	내벽	12×2.4=28.8	0	2.3	0	
			천장		12×8=96	28.2−(27−26)−0.5=26.7	1.0	2563	
			바닥		12×8=96	0	2.0	0	
		틈새바람	현열		1.2×1020×230* ×0.5/3600×(30.7−27)=145 W			145	
			잠열		1.2×2501000×230×0.5/3600×(0.0180−0.0113)=642 W				642
	내부부하	실내발열	인체	현열	40인×58 W/인=2320 W			2320	
				잠열	40인×73 W/인=2920 W				2920
			조명		1.2×20 W/개×24개=576 W			576	
	소계							8788	3562
외기			현열		1.2×1020×40×30/3600×(30.7−27)=1510 W			1510	
			잠열		1.2×2501000×40×30/3600×(0.0180−0.0113)=6703 W				6703
송풍기 및 덕트					실내 현열부하의 10%이므로 9248×0.1=925			925	
장치부하(냉각코일부하)								11223	10265
열원(냉동기)부하=1.03×냉각코일부하=1.03×(11223+10265)=22132								22132	

* 실내의 부피를 뜻함.(8×12×2.4m^3)

[표 E3-4b] 난방부하

<table>
<tr><th>시각</th><th colspan="3">외기조건</th><th colspan="3">실내설계조건</th></tr>
<tr><td>겨울</td><td>-11.3℃</td><td>63%</td><td>0.0009 kg/kg'</td><td>20℃</td><td>40%</td><td>0.00580kg/kg'</td></tr>
</table>

<table>
<tr><th colspan="11">난방부하</th></tr>
<tr><th colspan="3" rowspan="2">항목</th><th rowspan="2">방위등</th><th rowspan="2">위치등</th><th rowspan="2">면적, m^2</th><th rowspan="2">방향계수</th><th rowspan="2">온도차, ℃</th><th rowspan="2">열관류율, W/m^2 ℃</th><th colspan="2">손실열량, W</th></tr>
<tr><th>현열</th><th>잠열</th></tr>
<tr><td rowspan="12">실내부하</td><td rowspan="11">외피부하</td><td rowspan="9">전도</td><td rowspan="2">동</td><td>문</td><td>4</td><td>1.0</td><td>(20+11.3)/2=15.7</td><td>1.7</td><td>106</td><td></td></tr>
<tr><td>내벽</td><td>8×2.4−4=15.2</td><td>1.0</td><td>(20+11.3)/2=15.7</td><td>2.3</td><td>547</td><td></td></tr>
<tr><td rowspan="2">서</td><td>창</td><td>6</td><td>1.1</td><td>20+11.3=31.3</td><td>3.7</td><td>764</td><td></td></tr>
<tr><td>외벽</td><td>8×3.3−6=20.4</td><td>1.1</td><td>31.3</td><td>1.5</td><td>1054</td><td></td></tr>
<tr><td rowspan="2">남</td><td>창</td><td>12</td><td>1</td><td>31.3</td><td>3.7</td><td>1390</td><td></td></tr>
<tr><td>외벽</td><td>12×3.3−12=27.6</td><td>1</td><td>31.3</td><td>1.5</td><td>1296</td><td></td></tr>
<tr><td>북</td><td>내벽</td><td>12×2.4=28.8</td><td>1</td><td>0</td><td>2.3</td><td>0</td><td></td></tr>
<tr><td colspan="2">천장</td><td>12×8=96</td><td>1.2</td><td>31.3+6</td><td>1.0</td><td>4297</td><td></td></tr>
<tr><td colspan="2">바닥</td><td>12×8=96</td><td></td><td>0</td><td>2.0</td><td>0</td><td></td></tr>
<tr><td rowspan="2">틈새바람</td><td colspan="2">현열</td><td colspan="4">1.2×1020×230×0.5/3600×(20+11.3)=1224W</td><td>1226</td><td></td></tr>
<tr><td colspan="2">잠열</td><td colspan="4">1.2×2501000×230×0.5/3600×(0.0058−0.0009)=470W</td><td></td><td>470</td></tr>
<tr><td colspan="8">소계</td><td>10680</td><td>470</td></tr>
<tr><td colspan="3" rowspan="2">외기</td><td colspan="2">현열</td><td colspan="4">1.2×1020×40×30/3600×(20+11.3)=12770W</td><td>12770</td><td></td></tr>
<tr><td colspan="2">잠열</td><td colspan="4">1.2×2501000×40×30/3600×(0.0058−0.0009)=4902W</td><td></td><td>4902</td></tr>
<tr><td colspan="9">장치부하</td><td>23450</td><td>5372</td></tr>
</table>

■

제4장 공조설비 계획 및 방식

공조설비 계획은 건축물의 용도와 특성에 적합한 공조설비 시스템을 제안하는 것을 목표로 한다. 공기조화는 사람을 대상으로 하는 보건용과 물질을 대상으로 하는 산업용으로 나눌 수 있으며, 여기서는 주로 보건용 공조를 대상으로 한다.

4-1 설비계획

공조설비는 온도, 습도, 기류분포, 부유분진, 냄새, 세균, 유해가스, 소음 등의 실내환경을 목표하는 상태로 유지하기 위한 것이다. 이러한 환경조건을 유지하기 위한 건축비, 에너지소비량, 시스템의 공간구성, 방음·방진, 열원의 공급시스템 및 자동운전, 지구환경보전과 유지보수 등이 건물의 위치, 규모, 구조, 용도, 사용시간에 가장 적합하도록 계획해야 한다.

[표 4-1] 공조설비의 계획 및 설계업무의 단계별 내용과 성과품

구분	기본구상	기본계획	기본설계	실시설계
업무내용	· 위치와 주변조건 및 도시설비 파악 · 계획의 목표확립 · 사업비 설정 · 유사건물 조사	· 기상조건, 시설비정리 · 관련 법률사항 정리 · 장비용량 가결정 · 열원, 열회수, 반송방식 및 제어방식 검토 · 공조시스템 비교 검토 · 조닝	· 주요 장비의 용량, 수량 등 결정 · 주요기기의 배치 및 계통도 · 기계실, 공조실 평면도 · 공사비용 개략치 산정	· 모든 기기의 용량 및 크기 확정 · 기계실의 크기 및 위치 확정 · 기기 및 장비 배치 · 배관 및 덕트용 샤프트 확정 · 배관 및 덕트의 루트 확정 · 공사비 산출
성과품	· 기본구상서	· 기본계획서 · 기술검토서	· 설계도서 : 시방서, 개략 공사비, 설계설명서, 부하계산서, 장비선정서, 소방시설 계획서 등 · 설계도면 : 도면목록, 소방설비도, 장비일람표, 장비배치도, 계통도, 각 설비별 평면도, 옥외공동구 평면도, 저수조 및 고가수조 배치도, 각종 평면도 등	· 설계도서 : 공사비 예산서, 기기 시방서, 공사 시방서, 세부부하 계산서, 에너지 절감 계획, 방재 계획 등 · 설계도면 : 도면 목록, 배치도, 계통도, 평면도, 기계실 입체 배관도, 옥외 공동구, 상세도 등

공조설비는 열원장치, 열반송장치, 공기조화기(공조기), 터미널기구, 자동제어장치 등으로 구성된다. 계획 및 설계 과정은 일반적으로 기본구상, 기본계획(기획설계) 및 기본설계, 실시설계의 단계로 진행되며 각 단계별 업무내용과 성과품을 요약하면 [표 4-1]과 같다.

1) 계획 시 고려사항

건축물의 용도, 각 실의 사용 목적과 방법, 건축물의 등급, 공사예산 등을 건축주와 협의하여 결정한다. 또 목표로 하는 환경조건, 건물운용계획, 공조운전시간, 재실인원, 기기 등에 대하여도 충분한 협의가 있어야 한다. 특히 공조방식, 기계실 배치, 배관이나 덕트경로 등의 결정은 건축계획과 부합되어야 한다.

다음으로는 현장조사를 통하여 기후조건과 전력, 급·배수, 가스 등 사회기반시설의 여건을 파악하고 주변의 건물현황도 조사하여 상호작용을 고려하여야 한다. 또 본 건물과 유사한 건물의 공조설비를 조사하여 계획에 참고한다. 건축법을 비롯한 관련법규 및 조례를 조사 확인하여 법적인 하자가 발생하지 않도록 한다. 그밖에도 경제성이나 유지관리성능 등을 고려한다.

2) 조닝

건물 또는 각 실의 열부하 특성, 실내환경 조건 및 사용시간에 따라서 공조계통을 분리하여 구역별 공조를 하는 것이 조닝(zoning)이다. 조닝의 목적은 각 실의 온습도조건을 적절히 유지하고 합리적인 시스템의 적용 및 에너지소비량을 최소화하기 위한 것이다.

조닝에는 부하 특성에 따라서 [그림 4-1]과 같이 내주부와 외주부로 나누는 것이 가장 일반적이다. 외부 존은 시각과 계절에 따라서 부하가 변하지만 내부 존의 부하는 연중 거의 일정한 냉방부하가 발생하므로 각 존별로 공조설비를 다르게 하여 효율적으로 환경변화에 대응할 수 있도록 한다.

사무실의 경우 실의 용도에 따라서 임원실, 사무실, 회의실, 복리후생실, 식당 및 주방, 로비, 전산실 등으로 조닝할 수 있다. 임원실은 덕트를 통한 소리관통(cross talk)의 방지 등 방음을 고려하고, 회의실은 충분한 환기, 예열 또는 예냉이 필요하다. 용도가 다른 실들이 혼재된 복리후생실은 개별제어가 가능해야 하며, 주방은 부압(負壓)을 유지할 필요가 있다. 로비는 연돌효과에 의한 외기침입이 많고 상하 온도차가 심하여 동절기 거주역의 공조방식에 유의해야 하며, 유리창 주변의 콜드드래프트 방지를 위한 대책이 필요하다. 전산실은 연간 냉방부하가 발생하는 존이므로 외기냉방의 활용을 고려해야 한다.

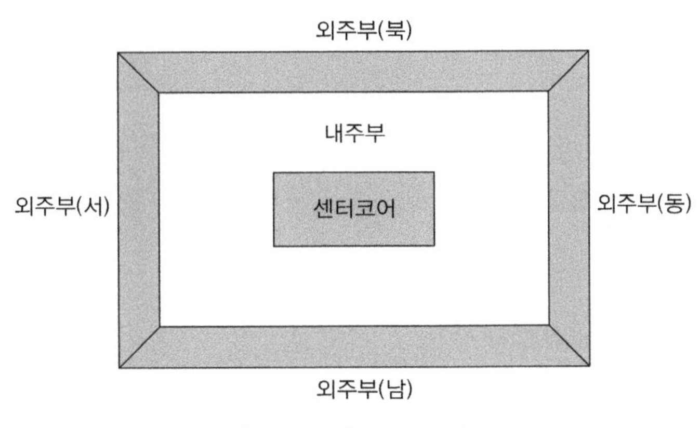

[그림 4-1] 조닝의 예

3) 공조 스페이스

설계 초기단계에는 공간을 위한 충분한 정보를 얻지 못하기 때문에 경험에 기초하여 개략적인 설계를 한다. 기계실은 열원과 공조방식에 따라 다르나 일반적으로 면적은 건물 전체 면적의 3~5%, 층고는 5~7 m 정도로 정한다.

기계실은 유지보수, 안전 및 증축을 고려하여 장비를 배치하고 장비 반입구와 여유공간을 둔다. 냉동기, 공기조화기와 같은 대형기기는 벽체와의 거리 및 상호간의 거리를 1.5 m 이상 확보하여 유지보수에 지장이 없도록 해야 하며, 배관교체 등이 필요한 경우에는 이를 위한 공간을 배려해야 한다.

기계실, 공조실, 냉각탑 및 송풍실의 위치는 열매(熱媒)의 반송동력, 외기나 오염공기의 흐름, 통풍 정도, 유효공간, 보의 구조 등을 고려하여 정하고 필요에 따라서 분산 배치한다. 또 배관이나 덕트 및 엘리베이터를 위한 건물을 수직으로 관통하는 샤프트(shaft)의 공간은 유지보수 및 증개축을 고려하여 계획해야 한다.

덕트가 각 층의 각 실로 가는 통로는 대체로 천장이므로 공간이 충분해야 한다. 천장에서 슬래브(slab)까지가 아니라 보까지의 공간이 덕트의 세로 간격으로 활용되는 점에 유의해야 하며, 주어진 공간에 맞추어 덕트의 가로세로의 비(aspect ratio)를 조정하여 탄력적으로 하되 4 : 1 이하가 바람직하다.

12인텔리전트빌딩에서는 배선공간을 위해 억세스플로어를 설치하는데, 이 공간을 설비공간으로 활용한 바닥취출방식 공기조화를 할 경우에는 플로어가 바닥에서 200~300 mm 정도의 간격을 갖는 것이 바람직하다.

4) 에너지절약

건물에너지는 냉난방과 급탕 및 조명용으로 사용하며 절반 이상을 냉난방으로 사용한다. 에너지절약 방안으로는 [표 4-2]와 같은 부하절감, 에너지절약 및 축열로 나누어 생각할 수 있다.

[표 4-2] 건축설비의 에너지절약 방안

구분	부하절감	에너지절약	축열
내용	자연에너지 활용 - 태양열 이용 - 지하공간 활용 일사차폐 - 수평루버, 수직 루버, 전동 루버 - 유리코팅 필름 - 블라인드 고성능 단열 - 슈퍼단열 - 이중외피(double skin) 시스템 - 고효율 단열창(2중, 3중 유리) 열 제거형 조명 녹색지붕(green roof) 녹색벽(gren wall)	자연에너지 활용 - 자연환기 및 외기냉방 - 풍력, 지열, 태양열 이용 - 태양광전지 재활용 - 우수, 중수, 공업용수 활용 열회수 - 현열/전열교환기에 의한 폐열회수 - 열펌프 이용 고효율 기기 및 장치 - 고효율기기 선정 - LED(light emitting diode) 조명 이용 - 연료전지 - 거주역공조 - 고효율환기 시스템 - 변유량, 변풍량 방식 이용 - 대온도차를 이용 효율적 제어·관리 - 부하 변화에 효율적인 대응 (대수 제어, 회전수 제어) - 최적 외기량 제어 - 최적 조명제어 - 최적 온습도 제어 - 전체 에너지관리 시스템	빙축열 수축열 융해물질

에너지절약형 설비 요소에는 연료전지, 이중외피, 삼중(진공)유리 고성능 창호, 신소재에 의한 고성능 단열재, LED조명, 태양광전지, 태양열이용, 전열교환기, 하이브리드(태양전지+풍력)전지, 지중덕트 등이 있다.

고단열 창호, 외단열 벽체, 일사 차폐(루버, 유리 코팅, 블라인드 등),이중외피, 배열회수형 환기와 같은 부하억제와 에너지손실을 최소화하기 위한 시스템을 패시브(passive) 시스템이라고 한다. 또 태양에너지, 신재생에너지, 제어장치 등을 통하여 화석연료소비를 최소화한 시스템을 액티브(active) 시스템이라고 한다. 패시브 시스템만으로 기존 건물의 에너지 소비를 70%까지 절감할 수 있으나 그 이상은 신재생에너지와 고효율설비 시스템 등 액티브 시스템을 병용할 때 가능하다.

에너지소비를 최소화한 주택의 개념도는 [그림 4-2]와 같다. 이 주택은 천연가스를 수소로 개질하여 발전하고 폐열은 난방과 온수공급에 활용할 수 있는 연료전지를 사용함으로써 기존 주택에 비하여 80% 이상 에너지를 절감할 수 있다. 태양광 및 풍력발전으로 전기를 생산하고 잉여전기는 판매한다. 지중덕트를 통하여 외기를 도입하며, 진공단열유리로 열손실을 최소화하고 전열교환기를 통하여 냉난방열의 85%를 회수한다.

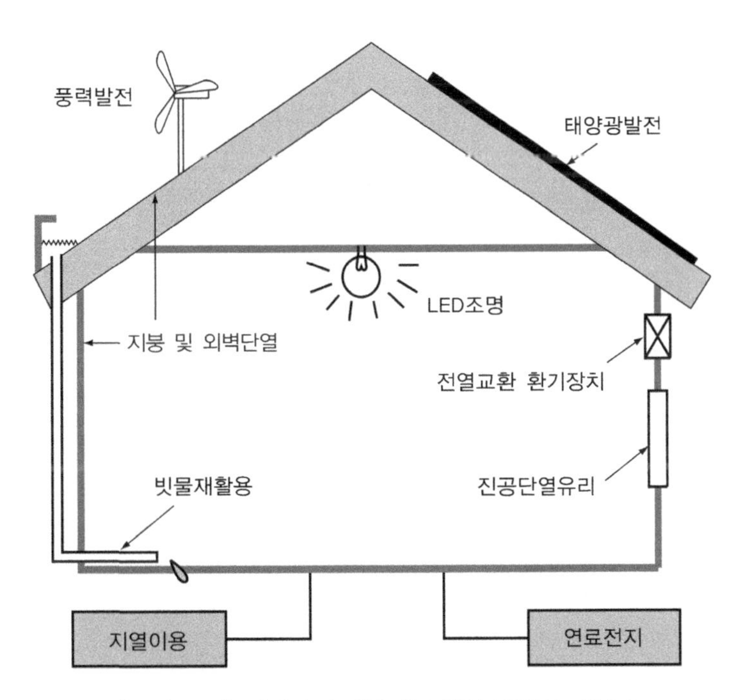

[그림 4-2] 에너지 소비를 최소화한 주택의 개념도

5) 인텔리전트빌딩 시스템

최근 사무실의 작업 형태는 시간과 공간을 초월한 사이버공간을 통해 이루어진다. 이러한 추세에 따라 정보서비스, 사무자동화 및 빌딩자동화를 갖춘 인텔리전트빌딩 시스템을 필요로 한다. 인텔리전트빌딩으로 공조설비에 요구되는 온습도, 청정도, 풍속, 소음 등이 고도의 쾌적성을 갖추어야 하며, 시스템의 고장이나 오동작이 일어나지 않는 시스템의 높은 신뢰성이 필요하다. 전체적인 환경은 중앙에서 제어하되, 작업자의 국부적인 환경을 위한 개별제어가 가능한 편리성을 갖추어야 한다. 이 밖에도 변화에 적응할 수 있는 유연성과 에너지 절약과 공간의 활용도를 높여 효율성을 제고하여야 한다.

6) 경제성 평가

건축설비는 사용연수에 따라서 효율 저하 및 고장에 의한 물리적 노후화와 기술혁신 및 수요자의 요구수준 고급화에 따른 사회적 노후화를 겪게 된다. 따라서 건축설비는 단순 기능회복을 위한 보수 및 새로운 기능 획득을 위한 갱신 비용이 발생한다. 설비가 사용불능이 되는 사용연수를 내용연수라고 하며, 가장 경제적으로 사용할 수 있는 사용연수를 경제수명이라고 한다.

공조설비의 경제성은 초기투자비, 갱신비 및 유지관리비에 금리와 물가를 고려하여 평가한다. 초기투자비는 건물의 용도나 규모 등에 따라 다르며 개략적으로 종합건설비의 15~25% 정도가 소요된다. 유지관리비에는 고정비와 운전비가 있으며 운전비에는 소모품비, 전력비, 연료비 및 인건비 등이 있다.

경제성 평가에는 투입된 비용의 회수 기간인 회수년(回收年, pay back period), 생애주기비용인 LCC(life cycle cost) 등이 있다. LCC는 설비의 수명이 다할 때까지 소요되는 초기투자비와 유지관리비 및 갱신과 폐기비용을 합한 비용이다. 연평균비용을 평균연가라고 하며 초기투자비의 평균연가는 다음 식으로 구할 수 있다.

$$M = C_0 \frac{i(1+i)^n}{(1+i)^n - 1} \tag{4.1}$$

여기서 M : 초기투자비의 평균연가

C_0 : 초기투자비

i : 실질이자율$=\dfrac{1+j}{1+k}-1$ (j : 자본의 이율, k : 일반물가 상승률)

n : 사용연수

사용연수에 따라서 초기투자비의 평균연가는 감소하고 설비의 노후화로 유지관리비의 평균연가는 증가한다. 따라서 LCC 평균연가가 최소로 되는 사용연수가 경제수명이며, LCC 평균연가는 [그림 4-3]과 같은 개형을 나타낼 수 있다. 갱신의 검토시점 이후에 발생하는 기존설비와 갱신설비를 합한 LCC를 산출하여 그 평균연가가 최소가 되는 시기가 최적 갱신 시점이다.

[그림 4-4]는 대규모 건물의 LCC 추정치의 구성비이며 에너지 비용이 가장 크다.

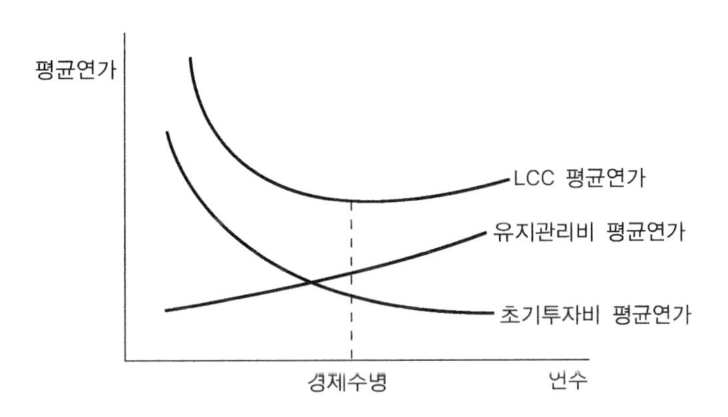

[그림 4-3] 평균연가와 경제수명

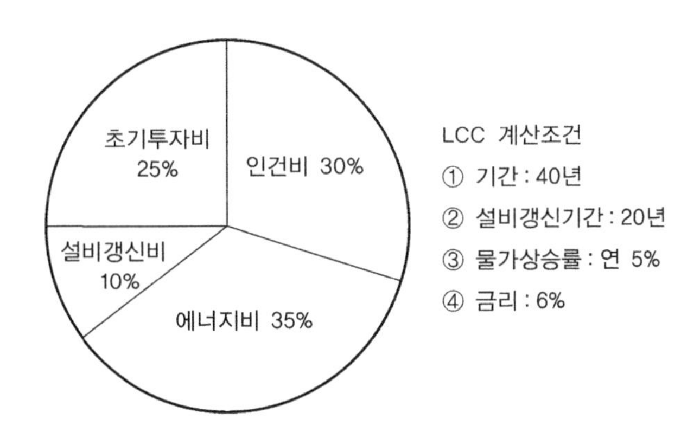

[그림 4-4] 대규모 건물의 40년간 LCC 추정치의 구성비

[표 4-3] 친환경건축물 인증 평가항목

부문	범주	평가항목
1. 토지이용	생태적 가치	기존 대지의 생태학적 가치
	토지이용	건폐율
	인접대지 영향	일조권 간섭방지
	거주환경의 조성	커뮤니티센터 및 시설계획, 보행자 전용도로, 외부보행자 전용도로
2. 교통	교통부하저감	대중교통에의 근접성, 단지 내 자전거보관소 및 자전거 도로 설치, 초고속정보통신설비의 수준, 도시중심 및 지역중심과 단지중심 간 거리
3. 에너지	에너지소비	에너지소비량
	에너지절약	대체에너지 이용, 조명에너지절약
4. 재료 및 자원	자원절약	라이프사이클 변화를 고려한 평면의 개발, 환경친화적 공법 및 신기술 적용, 화장실 소비재 절약
	폐기물최소화	생활용 가구재 사용 억제
	생활폐기물분리수거	분리수거, 음식물쓰레기 저감
	자원 재활용	친환경인증제품의 사용, 기존건축물의 재사용, 부산물 재활용
5. 수자원	수순환체계 구축	우수부하 절감대책
	수자원절약	상수절감, 우수이용, 중수도설치
6. 대기오염	지구온난화방지	이산화탄소 배출저감, 오존층 보호
7. 유지관리	체계적인 현장관리	환경을 고려한 현장관리
	효율적인 건물관리	운영/유지관리 문서 및 지침
	효율적인 세대관리	사용자 메뉴얼
8. 생태환경	대지 내 녹지공간 조성	연계된 녹지축 조성, 녹지공간률, 인공환경녹화
	생물서식공간 조성	수생비오톱 조성, 육생비오톱 조성
	자연자원의 활용	표토재활용
9. 실내환경	공기환경	유해물질 저함유자재 사용, 환기설계의 정도, 자연환기 설계도입 및 쾌적한 실내공기환경조성
	온열환경	자동온도조절장치
	음환경	바닥충격음 차단성능, 경계벽 차음성능, 급·배수소음 차단, 외부소음 차단성능
	수질환경	급수배관의 위생성
	쾌적한 실내환경조성	쾌적한 공간제공
	빛환경	일조확보
	노약자에 대한 배려	노약자, 장애자 배려 설계

최근에는 LCC 분석 외에도 에너지 절약과 지구온난화 방지 관점에서 설비를 평가하기도 한다. 건물의 건설, 운전 및 폐기 시까지 소요되는 에너지를 LCE(생애주기 에너지),

발생되는 탄산가스 양을 $LCCO_2$(생애주기 이산화탄소)라고 한다.

7) 그린빌딩

종래에는 건축환경 위주의 공조설비를 하였으나 이제는 지구환경까지 고려하여 에너지 절약과 더불어 환경부하를 최소화할 수 있는 설비계획을 세워야 한다.

그린빌딩(green building)이란 에너지절약, 환경보전 및 자원절약을 목표로 자연친화적으로 설계, 건설하고 유지관리한 후 건물의 수명이 끝나서 해체될 때까지도 환경에 대한 피해를 작게 하려고 계획한 건축물을 말한다. 그린빌딩은 친환경(environmentally friendly) 건물, 지속가능(sustainable) 건물, 생태(ecological) 건물 등으로 불린다. 따라서 그린빌딩은 에너지 부하의 저감, 설비의 효율향상, 환경친화형 재료 활용, 폐자재 및 폐기물의 재사용 및 처리기술 등을 필요로 한다. 최근 그린홈이란 용어도 사용하고 있는데 이는 태양광, 지열, 연료전지 등 신재생에너지를 이용하여 집안 주거생활에 필요한 에너지를 자급하고 탄소배출을 제로로 하는 주택을 말한다.

그린빌딩을 위해서는 에너지절약형 설비와 더불어 환경친화적인 자재의 사용과 폐기물 처리, 차음, 생태환경조성 등이 필요하며, 냉난방, 환기, 조명부문에서 탄소배출량을 최소화하는 것이 필요하다. 친환경건축물의 인증을 위한 평가항목은 [표 4-3]과 같다.

8) 초고층건물의 공조설비

초고층 건물의 공조설비 계획 시 고려할 사항으로는 상층부의 기압 저하와 풍속 및 풍압 증가, 일사 및 대기복사 증가, 건물 기밀도의 강화, 창문 개폐 불가, 연돌효과 및 냉난방 운전시간 증가 등이 있다. 따라서 초고층 건물에서 냉방부하는 증가하고 자연환기는 어려우므로 에너지를 절약할 수 있고 확실한 환기가 이루어질 수 있는 설비계획이 필요하다. 또 엘리베이터 수가 증가하여 코어면적을 많이 차지하므로 공조실 및 수직덕트의 공간은 최소화하고 층고를 절감할 수 있어야 한다. 일반적으로 하나의 기계실로 5~6개 층 정도를 담당하도록 중앙 집중형으로 존을 나누며 용도, 부하특성, 소음, 진동, 방재 등을 고려하여 존별 설비계획을 수립한다. 부하의 동적 시뮬레이션으로 정확한 부하특성과 개구부의 영향을 고려한 연돌효과를 파악하고, 시스템별 설비 소요면적, 초기 투자비 및 동력비의 계산으로 경제성을 비교분석해야 한다.

이 밖에 초고층건물에 많이 사용하는 비내력 경량 벽체인 커튼월(curtain wall)의 단열성능이 부족하면 겨울철에 콜드드래프트가 발생하므로 이를 억제하기 위한 대책이 필요하다.

9) BIM 기술

종래에 공조설비의 설계에 있어서 컴퓨터의 활용은 부하 계산을 포함한 각종 계산과 2차원 기반의 도면 작성에 활용되었다. 그러나 최근 3차원 기반의 정보체계 내에 모든 정보를 저장하고 다양한 형태로 분석 관리할 수 있는 BIM(building information modelling) 기술이 개발되고 있다. BIM은 개념설계 단계에서부터 전 수명주기 동안 정보를 효율적으로 관리하고 활용할 수 있는 다양한 장점을 갖고 있다.

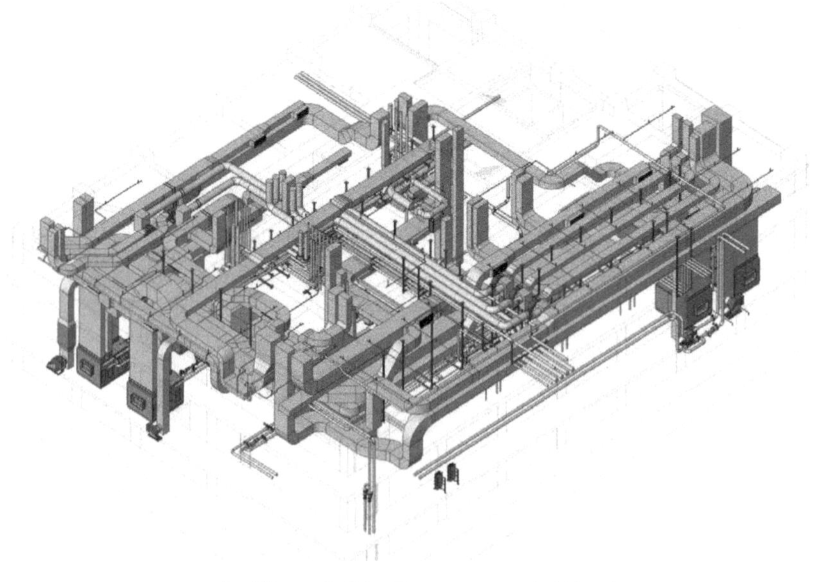

[그림 4-5] 공조덕트 BIM 도면작성 예

4-2 공기조화 방식

공조설비는 쾌적성, 에너지절약, 환경영향, 정보화 등의 요구사항의 변화와 기술발전에 따라서 다양한 방식이 개발되었다. 공조 방식을 열의 분배방법에 따라서 분류하면 [표

4-4]와 같이 중앙방식과 개별방식으로 나눌 수 있고, 열을 반송하는 열매에 따라서 분류하면 전공기 방식, 전수 방식, 수공기병용 방식 및 냉매 방식이 있다.

[표 4-4] 공기조화 방식

열분배 방식	열매의 종류	적용 예
중앙 방식	전공기 방식	단일덕트 방식(정풍량 방식, 변풍량 방식) 이중덕트 방식 멀티존유닛 방식
	전수 방식	팬코일유닛 방식
	수공기병용 방식	팬코일유닛 덕트병용 방식 각층유닛 방식 유인유닛 방식 복사패널 덕트병용 방식
개별 방식	냉매 방식	패키지유닛 방식 시스템에어컨

1) 중앙 방식과 개별 방식

중앙 방식은 중앙기계실에서 조화된 공기나 냉온수를 각 실이나 구역에 공급하는 방식이다. 열공급을 위한 덕트나 배관스페이스를 필요로 하지만, 열원기기가 중앙기계실에 집중되어 있어서 유지관리가 편하므로 대규모 건물에 적합하다. 대체로 전공기 방식, 전수 방식 및 수공기병용 방식은 중앙 방식으로 한다.

개별 방식은 중앙기계실이 없이 각 실이나 층 또는 각 구역에 공기조화 유닛을 분산 설치하는 방식을 말하며, 개별제어 및 국소운전을 할 수 있으므로 에너지절약적인 운전이 가능한 방식이다. 그러나 열원장치의 소음진동 문제가 발생하기 쉽고, 유닛이 분산되어 유지관리가 어렵다.

2) 전공기 방식

전공기 방식은 [그림 4-6]과 같이 공기조화기에서 온습도를 조정하여 덕트를 통하여 공기를 실내로 송풍하는 방식으로 실내의 온습도 유지 및 기류분포의 제어가 용이하다. 또한 외기냉방이 가능할 뿐 아니라 환기를 병행할 수 있으며 실내 청정도 유지 및 폐열회수도 쉽게 할 수 있는 장점이 있다. 그러나 공조실 및 덕트를 위한 스페이스가 커지고 반송동력이 큰 단점이 있다.

전공기 방식은 자연환기가 어려운 건물의 내부 존, 청정도가 요구되는 병원, 재실인원이 많은 극장, 배기풍량이 많은 식당이나 연구소 등에 적합하다. 전공기 방식에는 정풍량 단일덕트 방식, 변풍량 단일덕트 방식, 이중덕트 방식 등이 있다.

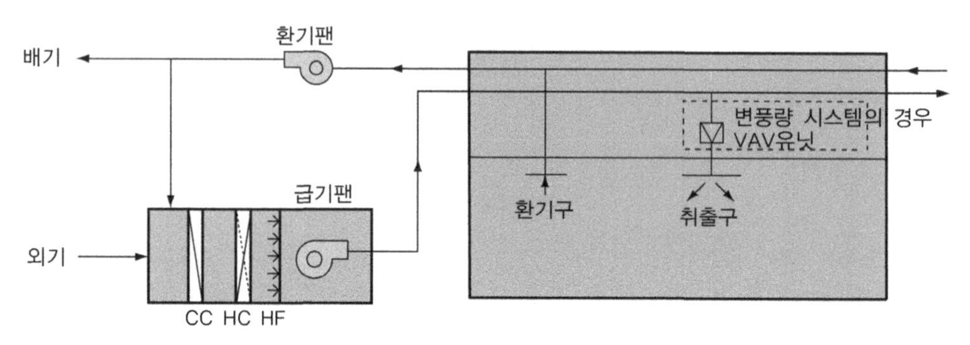

CC: Cooling coil, HC: Heating coil, HF: Humidifier 약자

[그림 4-6] 전공기 방식

❶ 정풍량 단일덕트 방식

공기조화기에서 온습도가 조절된 공기를 덕트에 의하여 풍량을 일정하게 각 실로 송풍하는 방식을 말한다. 온습도는 조절되지만 풍량은 일정하기 때문에 정풍량 방식 또는 CAV(constant air volume) 방식이라고 한다.

송풍온도는 대표되는 실 또는 환기 덕트 내에 설치된 서모스탯(thermostat)에 의해 제어하며, 공조기에서 코일을 통과하는 유체의 유량제어와 코일 통과 공기를 바이패스시키는 방법이 있다. 실별 제어, 부분 부하 운전 및 정지가 되지 않으므로 존별 또는 실별 부하변화가 큰 경우에는 터미널 재열(再熱) 등의 방법이 필요하다.

CAV 방식은 부하특성이 거의 비슷한 존에서 질 높은 공조가 가능하며 설비비가 낮고 유지보수가 용이하다. 그러나 송풍량이 최대부하에 맞추어져 있으므로 덕트공간과 반송동력이 크다. 이 방식은 단일 사용 구획이 큰 건물이나 항온, 항습, 무진, 무소음 등 고도의 환경제어가 필요한 실 및 클린룸, 수술실, 방송스튜디오 등에 적용된다.

❷ 변풍량 단일덕트 방식

변풍량유닛과 제어장치를 갖추어 실내온도에 따라서 급기량을 제어하도록 한 방식으로서 VAV(variable air volume) 방식이라고도 한다. 이 방식은 취출온도를 일정하게 하고 각 실의 송풍량을 조절하여 부하변화에 대응함으로써 에너지 절감이 가능하게 한 방식이다. 변풍량유닛을 위한 추가비용이 발생하나 주 덕트에서 20~30%의 최대 풍량 저감이 가능하므로 공조기 및 주 덕트의 용량을 축소할 수 있으며, 배기를 통한 열손실 감소와 팬동력을 절약할 수 있다. 이 방식은 대규모 사무소의 내부 존이나 인텔리전트빌딩, 점포 등 연간 냉방부하가 발생하는 공간에 적합하다.

변풍량유닛은 소음을 발생하고 풍량이 작을 때 공기확산 성능저하와 콜드드래프트가 발생할 수 있으므로 최소 풍량에서 환기 및 실내습도 유지가 가능하게 하며 급기팬 및 환기팬은 최소 풍량에서 서징이 발생하지 않도록 해야 한다.

VAV유닛에는 댐퍼 개폐에 의한 교축형, 일부의 급기를 바이패스시키는 바이패스형 및 천장 내의 2차 공기를 유인하여 실내로 급기하는 유인형으로 구분할 수 있다. 변풍량 방식에서 송풍기 및 환풍기의 풍량은 [그림 4-7]과 같이 말단덕트 내 정압신호 또는 VAV유닛의 신호에 의하여 베인, 스크롤댐퍼 또는 인버터에 의하여 제어한다.

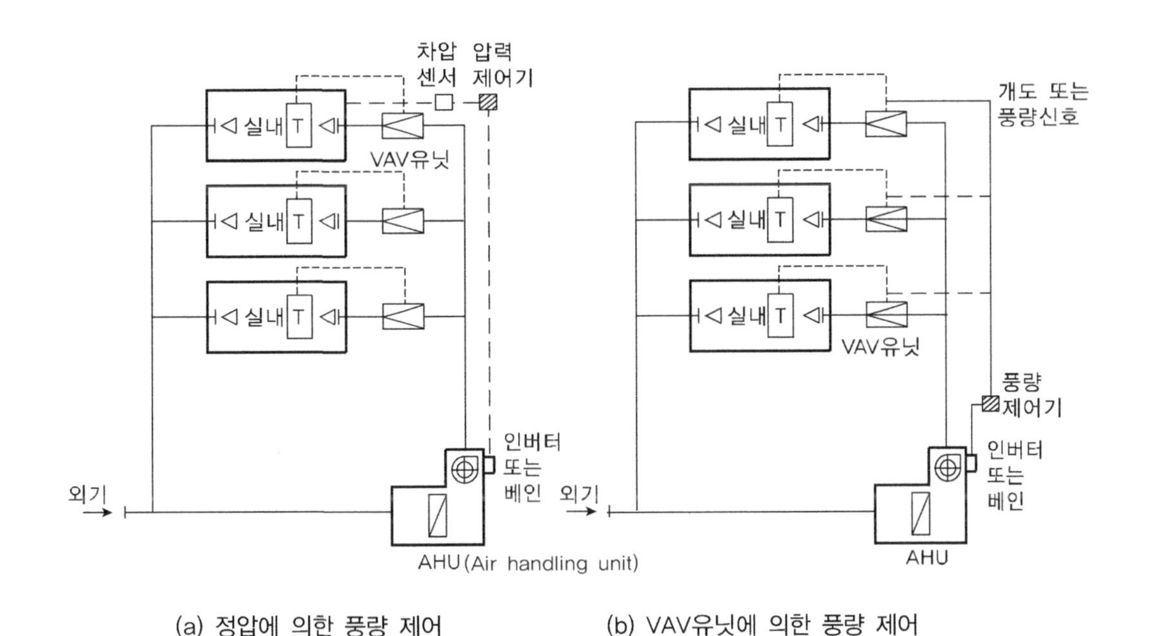

[그림 4-7] 변풍량 방식의 제어

❸ 이중덕트 및 멀티존유닛 방식

이중덕트 방식은 [그림 4-8]과 같이 냉풍덕트와 온풍덕트를 통하여 각각 송풍된 공기를 혼합 유닛에서 실온에 맞도록 혼합한 후 실로 송풍하는 방식이다. 냉난방을 동시에 할 수 있고 개별제어가 가능하며 일정한 풍량의 공급으로 최상의 실내공기환경을 유지할 수 있다. 그러나 덕트 소요공간과 설비비가 크며 송풍동력이 크고 운전비가 높다. 또 혼합유닛이 필요하고 혼합에 의한 에너지 낭비가 발생하게 되므로 최근에는 거의 사용하지 않는다.

멀티존유닛 방식은 존별로 혼합유닛을 두고 냉풍과 온풍을 혼합한 후 각 실에서는 단일덕트 방식을 취한다. 이중덕트 방식에 비하여 설비비는 다소 적게 드나 역시 에너지의 비효율성으로 인하여 거의 사용하지 않는다.

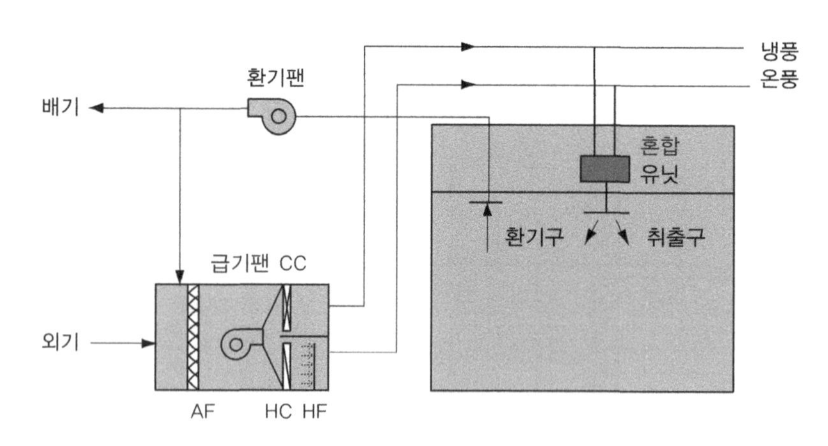

[그림 4-8] 이중덕트 방식

❹ 바닥취출 방식

이 방식은 [그림 4-9]와 같이 송풍된 공기가 이중바닥 내부의 공간인 억세스플로어(access floor)를 통하여 바닥면에 설치한 바닥취출구에서 실내로 유입되는 방식으로 환기는 천장을 통하여 이루어진다. 이 방식은 저속치환식과 같이 치환형(displacement) 방식에 속한다. 치환방식은 종래의 전공기 방식이 천장에서 취출된 공기가 실내공기와 혼합되면서 거주역에 도달하는 혼합형인데 반하여 취출공기가 실내공기를 치환하는 방식으로 거주역에 도달하므로 국소방식에 가깝다.

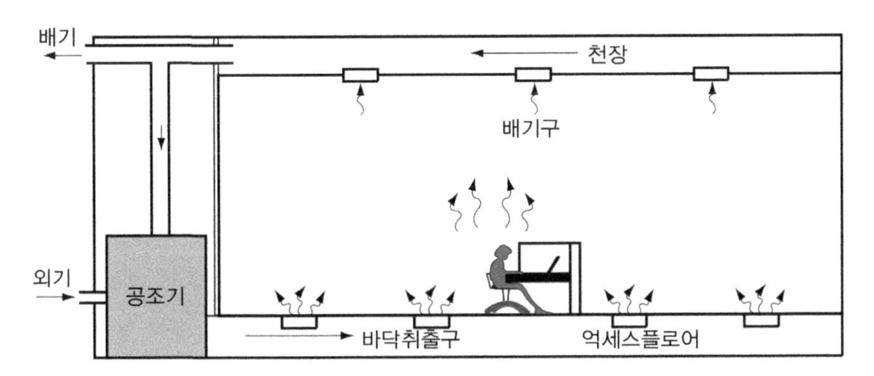

[그림 4-9] 바닥취출 방식 공기조화

각 층에 공조기를 설치하고 기계실의 위치는 외기도입을 위해 외벽 근처나 급기덕트의 축소를 위해 거주구역 근처에 배치하는 것이 바람직하다. 취출구에 따른 풍량의 편차를 줄이기 위해 송풍공기를 가압함으로써 모든 취출구의 압력차를 균일하게 하는 가압식과 각 취출구에 팬을 설치하여 강제 송풍하는 등압식이 있다. 가압식의 경우 급기거리는 18 m 이하로 제약된다.

바닥취출 방식은 바닥공간을 사무용 기기 등의 케이블 배선 및 공조용 공간과 겸할 수 있기 때문에 급기덕트가 필요 없으므로 건물 층고를 줄일 수 있다. 또 취출구의 위치 변경이 쉽고, 개개인의 취향에 따라 풍량과 풍향을 조정할 수 있으며, 실내의 분진, 악취, 담배연기의 제거효과가 탁월하다. 천장취출 방식에 비하여 냉방 시 급기온도를 2~4℃ 높게 하고 난방 시 2~3℃ 낮게 할 수 있으며 국소공조 방식이므로 에너지 절약이 가능하다. 그러나 바닥공간의 축열용량이 크면 축열에 의한 부하증가가 있을 수 있다. 또 취출온도와 실내온도의 차이가 8℃ 이상이 되면 콜드드래프트가 유발될 수 있으며, 바닥 분진의 부상 및 소음발생도 유의해야 한다.

대형 공연장의 경우 의자 아래에 바닥취출구를 설치하면 관람자의 쾌적감을 높일 수 있으며. 사무실에서 사무기기를 취출구와 겸하면 개인별 쾌감도가 극대화된다.

❺ 저속치환 방식

[그림 4-10]과 같이 취출구는 벽의 하단에, 흡입구는 천장에 있는 공조 방식이다. 이는 취출공기를 측면에서 거주역으로 피스톤과 같이 수평으로 밀어 넣으면 실내공기는 수직방

향으로 온도성층화가 이루어지면서 배출되는 치환 방식이다. 실내부의 열과 오염공기는 인체 또는 오염원 주변의 자연대류에 의한 상승기류를 타고 배기된다. 거주역 중심의 공조 방식이므로 공기 질을 높일 수 있으며 약 20%의 에너지절약이 가능하다. 그러나 취출구가 거주역에 가까우므로 콜드드래프트가 일어나지 않도록 0.8 m/s 이하의 풍속과 실내온도와 온도차가 2~5℃ 이내의 급기온도로 송풍해야 하며, 수직방향의 온도구배가 3℃/m 이내로 되어야 한다. 천장이 높거나 높은 청정도의 공기 질을 필요로 하는 공간에 적합하나 풍량 산정과 조정이 정확해야 하고 취출구에서 공기흐름이 균일하며 실내부에 공기흐름을 방해하는 구조물이 없어야 한다.

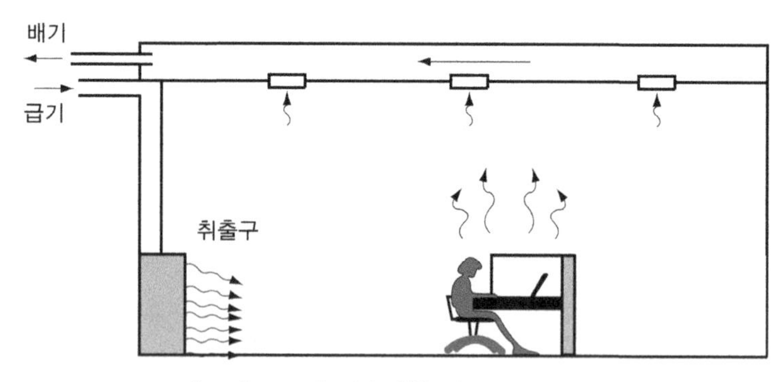

[그림 4-10] 저속치환 방식 공기조화

3) 전수 방식

[그림 4-11]과 같이 냉수나 온수를 실내의 유닛으로 공급하고 여기서 실내공기를 냉각 또는 가열하는 방식이다. 수 방식은 냉방 시에는 공기 중 수증기를 코일에서 응축시키면 어느 정도 감습이 가능하나 난방 시에는 가열만 할 수 있기 때문에 습도조절이 불가능하다. 또 외기 도입을 못하므로 공기의 청정도 유지 및 충분한 환기를 할 수 없으며, 실내 수배관은 누수의 우려도 있다. 그러나 수 방식은 물이 공기에 비해 부피가 작아 반송동력이 작고 천장고를 낮출 수 있으며 유닛의 개별제어가 가능하다.

수 방식은 자연환기가 가능한 건물의 외주부나 재실자가 적은 사무실, 여관 등에서 사용되며, 대표적인 수 방식으로 팬코일유닛 방식이 있다.

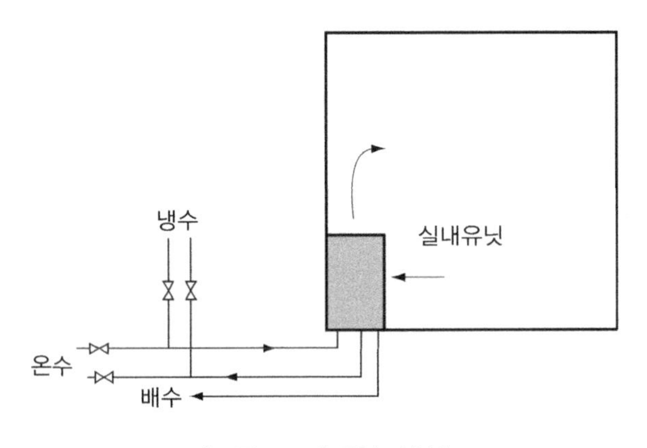

[그림 4-11] 전수 방식

팬코일유닛 방식은 FCU(fan coil unit) 방식이라고도 하며, [그림 4-12]와 같이 전동기 직결 소형송풍기, 냉온수 코일 및 필터로 구성된다. 유닛을 각 실의 천장, 벽 또는 바닥에 설치하고 중앙기계실로부터 5~9℃ 정도의 냉수(약 12℃의 취출온도차) 또는 35~60℃ 정도의 온수를 공급하여 실내공기를 냉각 또는 가열하는 방식이다. 실내환경의 악화 방지와 에너지절약을 위해서 과냉·과열이 발생하지 않도록 공급온도의 제어가 바람직하다.

전열을 위해 통상 구리관에 알루미늄핀을 붙인 2~3열의 코일이 사용되며, 송풍기는 높은 정압을 필요로 하지 않기 때문에 다익송풍기를 1~4개 장착하고 속도제어로 풍량을 조절함으로써 방열량을 제어한다. 팬코일유닛은 소음 대책상 취출풍속을 낮추므로 콜드드래프트가 발생하거나 실내공기 분포가 악화되기 쉬우므로 유닛의 배치에 유의해야 한다.

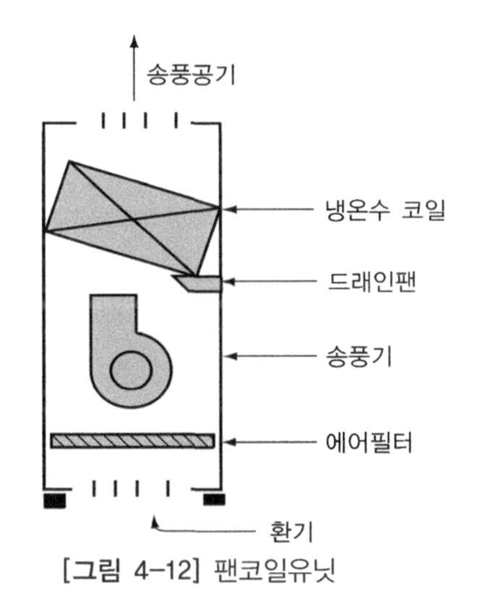

[그림 4-12] 팬코일유닛

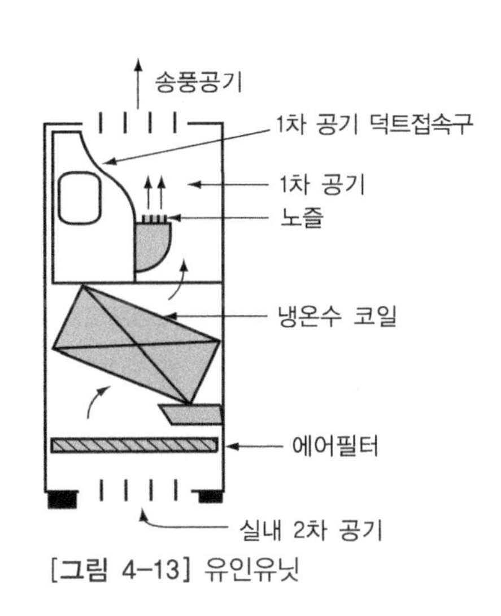

[그림 4-13] 유인유닛

4) 수공기병용 방식

공기 방식과 수 방식을 병용한 방식이다. 부하의 변화가 작고 환기를 필요로 하는 내주부는 공기식으로 처리하고, 부하의 변화가 크고 동절기 콜드드래프트의 위험이 있는 외주부는 전수방식인 팬코일유닛으로 처리하는 팬코일유닛 덕트병용 방식을 가장 널리 사용한다. 각 층에 별도의 공기조화기를 설치하고 냉온수는 중앙기계실에서 공급하는 각층 유닛 방식, 냉온수유닛에 신선한 1차 공기를 유인해 들여 환기를 겸하는 유인유닛 방식, 냉온수를 사용한 복사패널과 공기식 덕트를 병용한 복사패널 덕트병용 방식이 모두 수공기병용 방식에 속한다.

유인유닛 방식은 중앙의 기계실에 있는 공조기와 각 실에 설치된 유인유닛으로 구성된 방식이다. [그림 4-13]과 같이 기계실의 공조기는 환기에 필요한 1차 공기만을 덕트를 통하여 유인유닛의 노즐로 공급하고 실내공기인 2차 공기는 유인유닛의 냉온수코일 및 필터를 통하여 재순환시킨다. 2차 공기의 순환이 노즐을 통하여 분출되는 1차 공기의 유인작용에 의하므로 유인유닛이라고 하며 별도의 송풍기는 없다. 유인유닛 방식은 환기기능을 갖춘 팬코일유닛 방식과 같다고 할 수 있으므로 대규모 건물의 외주부에 적합하고 온습도제어와 연간공조가 가능한 장점이 있다. 또 고속덕트를 사용하면 단일덕트 방식에 비해 덕트공간을 크게 줄일 수 있다. 그러나 분출공기의 도달거리가 짧으므로 실내공기의 분포가 불량하고 고청정도의 공기처리가 불가능하며 유지관리가 어려운 단점이 있다.

5) 냉매 방식

이 방식은 패키지유닛, 룸에어컨 및 시스템에어컨과 같이 냉매가 직접 열교환기를 통하여 냉방 또는 난방을 하는 방식이다.

❶ 패키지유닛

패키지유닛이란 냉동기와 공기조화기를 분리하지 않고 냉동기, 송풍기, 필터, 가습기, 자동제어기기를 하나의 시스템으로 공장 생산한 것이다. 패키지유닛은 열원기기를 위한 기계실이 필요 없고 설치와 조립이 간편하며 유닛별 단독운전과 제어가 가능한 장점이 있다. 그러나 습도, 청정도 및 기류제어가 곤란하고 외기냉방이 어려우며 소음진동 문제가 발생하기 쉽고 수명이 짧은 단점이 있다.

패키지유닛은 증발기와 팬으로 구성된 유닛과 응축기와 팬으로 구성된 유닛으로 이루어지며, 압축기는 증발기 쪽 또는 응축기 쪽에 포함될 수 있으나 소음문제를 고려한다. 두 유닛의 분리 여부에 따라 [그림 4-14]와 같이 일체형과 분리(split)형으로 나뉜다. [그림 4-14(a)]는 일체형으로 실내유닛을 구성하고 냉각탑을 옥외에 설치한 일체형의 경우이고, [그림 4-14(b)]는 실내유닛과 실외유닛으로 나눈 분리형의 경우이다.

패키지유닛은 사용목적에 따라서 냉방전용형과 히트펌프형으로 나눌 수 있으며, 난방을 위한 별도의 보일러 설비를 갖는 경우도 있다. 실외기의 열수수 매체에 따라서 수냉(수열원)식과 공냉(공기열원)식 등으로 분류할 수 있다. 실내기용 송풍기는 다익송풍기, 실외기용은 프로펠러팬이 주로 사용된다.

분리형은 실내외기가 1 : 1로 분리된 경우와 실외기 1대에 다수의 실내기가 설치된 멀티형이 있다. 냉매관의 길이가 길거나 높이차가 크면 그만큼 능력이 떨어지므로 길이는 100 m, 높이차는 약 50 m 이내로 한다. 멀티형은 부하변동에 따라서 냉매량의 순환을 제어할 수 있어야 한다.

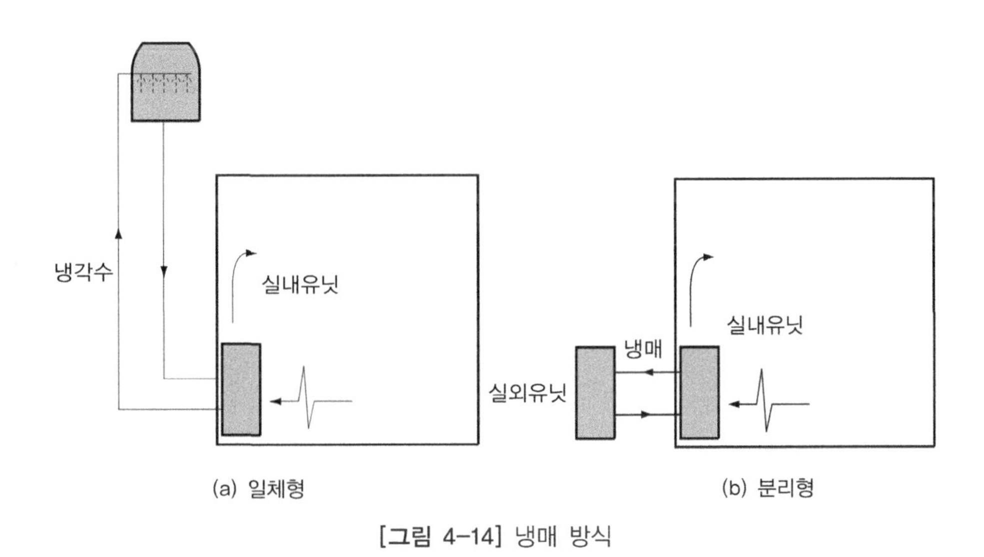

[그림 4-14] 냉매 방식

❷ 시스템에어컨

최근 멀티형 패키지유닛 방식인 시스템에어컨의 보급이 크게 늘어나고 있으며, 대부분 냉난방을 겸한 히트펌프형으로 GHP(gas engine driven heat pump)와 EHP(electric heat pump)가 있다. GHP시스템은 가스(LNG, LPG) 엔진으로 압축기를 구동하는 방식이며, EHP시스템은 전기모터로 압축기를 구동하는 방식이다. 시스템에어컨은 수배관과 같은 별도 배관이 없어 누수 및 동파의 위험이 없고 공조실 및 기계실이 불필요하다. 실내기는 천장형으로 설치하여 건물 활용도를 극대화할 수 있으며 실별 제어 및 보수가 가능한 장점이 있다. GHP시스템은 엔진의 냉각수와 폐가스의 열을 회수하면 에너지를 절약할 수 있고 외기온이 낮은 지역에서는 제상(defrost)에 활용할 수 있다. 또 엔진의 회전수 제어가 용이하여 부하변화에 대한 적응성이 좋다. 그러나 가스시설을 필요로 하며 엔진소음에 대한 대책이 필요하다. EHP시스템은 GHP에 비하여 유지관리가 수월하나 대용량일 경우 수전설비가 필요하며 소비전력이 피크전력 상승에 기여하는 문제점이 있다.

6) 저온공조 방식

저온공조는 열매의 공급온도를 저온으로 함으로써 순환유량을 작게 한 공조 방식으로 대온도차 방식이라고도 한다. 냉수 및 공기의 입출구 온도는 [표 4-5]와 같이 대온도차 방식이 일반 방식보다 크기 때문에 유량이 감소하게 되어 배관지름의 감소 및 펌프나 송풍기의 용량과 동력의 감소를 가져온다. 팬의 반송동력은 30~40% 절감이 가능하다.

따라서 저온공조 방식은 설비비 및 운전비를 절감할 수 있으며 덕트 치수의 축소로 건물의 층고를 낮출 수 있다. 또 저온공기는 습도가 낮으므로 실내의 쾌적성을 높일 수 있는 이점도 있다. 그러나 취출온도의 저하로 인한 콜드드래프트가 발생할 수 있으므로 실내공기와 충분히 혼합한 후 거주역에 도달하게 해야 한다. 덕트의 보온을 통하여 열손실이나 결로를 억제할 필요가 있으나 취출공기의 노점온도가 낮기 때문에 일반공조보다 결로에 더 취약하지는 않다. 냉방열원으로 빙축열을 이용하면 에너지 비용을 더욱 절감할 수 있는 시너지효과를 가져올 수 있다.

[표 4-5] 일반 방식과 대온도차 방식

구분		입구온도, ℃	출구온도, ℃	온도차, ℃
냉각코일	일반 방식	7	12	5
	대온도차 방식	1~4	13~14	10~12
취출공기	일반 방식	26	13~15	11~13
	대온도차 방식	26	4~10	16~22

저온공조 방식은 인텔리전트빌딩과 같이 내부발열이 커서 일반 방식으로는 상당히 큰 송풍량을 사용해야 하는 경우나 백화점과 같이 잠열부하가 큰 경우에 적합하고 천장고가 낮은 기존 건물의 개보수에도 적합하다.

저온공조를 위한 취출유닛에는 [그림 4-15]와 같은 것들이 있으며, 필터부착유닛은 저온의 1차 공기를 유인노즐에서 분사하여 0.5~1.2배의 실내공기를 유인하고 혼합슬롯에서 혼합한 후 공급하도록 한 장치이다. 팬부착유닛(FPU: Fan-powered unit)은 혼합 성능은 좋으나 별도 팬의 사용으로 추가적인 에너지 소비가 따른다.

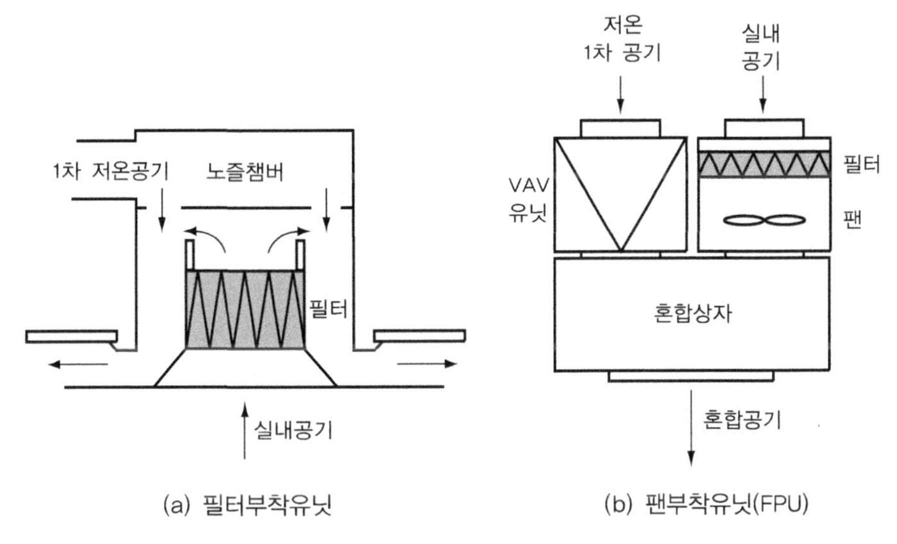

[그림 4-15] 저온공조 방식

7) 외기냉방(outdoor air conditioning)

실내부하가 큰 건물의 경우 중간기나 동절기에도 냉방부하가 발생하며, 이때 환기(return air)보다 온도가 더 낮은 외기를 사용하여 부하의 일부 또는 전체를 담당하게 할 수 있다. 따라서 외기냉방은 에너지절약형 공조방식이며 외기냉방과 외기냉수냉방으로 나눌 수 있다.

외기냉방의 외기 도입량의 결정은 외기의 건구온도를 기준으로 하는 방법과 엔탈피를 기준으로 하는 방법이 있다. 엔탈피에 의한 방법은 외기댐퍼와 환기댐퍼에서 각각 건구온도와 습구온도를 동시에 측정하여 외기의 엔탈피가 환기의 엔탈피보다 높으면 최소한의 외기를 도입하고 낮으면 보다 많은 외기를 도입하여 장치부하를 저감하는 방식이다. 외기의 오염도가 큰 경우에는 필터 부담이 상당히 커질 수 있다.

외기냉수 냉방은 외기에서 얻는 냉수의 온도가 AHU나 FCU를 나오는 냉수온도보다 낮은 경우 적용하게 되며 냉각탑의 냉각수를 사용하는 직접식과 별도의 열교환기로 냉수를 만들어 사용하는 간접식이 있다. 직접식은 바이패스장치로 냉동기를 우회한 냉각수를 직접 사용하는 방식으로서 냉각수가 대기 중에 노출되므로 여과장치 등으로 수질오염에 대한 대비가 필요하다. 간접식은 별도의 밀폐식 열교환기로 얻은 냉수를 사용하며 수질오염 문제가 없다.

8) 외기처리 전용시스템(DOAS; dedicated outdoor air system)

실내공기질 유지를 위한 외기를 별도 시스템으로 잠열부하를 처리하여 실내에 공급하고 현열부하는 VAV시스템, FCU 또는 복사패널로 처리하도록 한 방식이다. 기존 전공기 방식의 경우 풍량이 감소하면 외기량도 감소하므로 환기가 부족해지는 단점이 있으나 이 방식을 적용하면 부하 변화와 관계없이 항상 쾌적한 실내공기 질을 유지할 수 있으며 건축적으로 타 분야와 통합이 용이하고 개보수 또는 신축에 유리하다. 또 외기는 열교환기로 최대한 폐열을 회수하고 외기용 공조기에서 잠열만 처리하므로 에너지 효율을 높일 수 있다. [그림 4-16]은 현열부하는 변풍량 방식으로 처리하는 DOAS시스템의 개념도를 나타낸다.

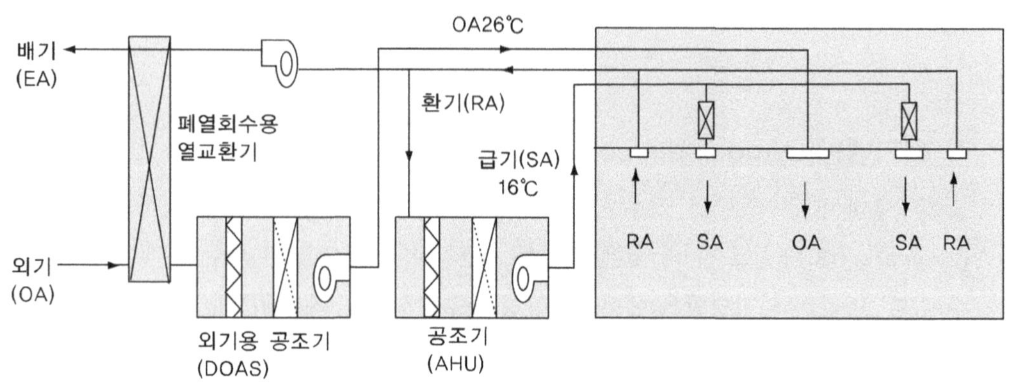

EA: Exhausting air, OA: Outdoor air, SA: Supplying air, RA: Returning air

[그림 4-16] 외기처리 전용시스템

4-3 난방 방식

공기조화 설비가 온습도는 물론 실내공기의 청정도와 기류까지 조절하는 것임에 비하여 난방 설비는 대개 온도만을 위한 경우가 많다.

난방 방식은 각 실 단위로 독립적인 난방을 하는 개별난방과 중앙에서 증기, 온수, 온풍을 만든 후 각 실로 공급하여 난방하는 중앙난방으로 나눌 수 있다. 중앙난방은 다시 방열기로 실내공기를 직접 가열하는 직접난방과 온풍을 공급하는 간접난방으로 나눌 수 있다.

직접난방에는 열전달방법에서 대류열전달을 주로 이용하는 대류난방과 복사열이 주가 되는 복사난방이 있다. 또 방열기로 열을 반송하는 열매에 따라서 증기난방, 온수난방 및 온풍난방으로 분류한다. 난방방법에 따른 장단점을 비교하면 [표 4-6]과 같다.

[표 4-6] 난방 방식에 따른 장단점

	장점	단점
증기 난방	① 증기의 증발(또는 응축) 온도가 높고 잠열량이 커서 방열면적 및 배관이 작다. ② 시설비가 저렴하다. ③ 장치 보유수량이 적으므로 가열시간이 짧다. ④ 난방 중지 시 동결파손의 위험도가 낮다.	① 방열온도가 높아서 실내의 위치별 온도차가 크므로 쾌감도가 낮다. ② 고압보일러의 경우에는 자격이 있는 운전자가 필요하고 취급이 어렵다. ③ 방열량 조절이 곤란하므로 on-off 제어만 가능하다. ④ 방열기 표면에 접촉하면 화상을 입을 위험이 있다. ⑤ 환수관에 고온부식이 발생하기 쉽다. ⑥ 증기관에서는 스팀해머가 일어날 수 있다. ⑦ 먼지의 비산이 잘 일어나므로 병원과 같은 고도의 청정도를 요하는 곳에는 부적합하다.
온수 난방	① 온도 및 유량 조절이 용이하다. ② 방열온도를 낮게 하여 쾌적감을 높일 수 있다. ③ 증기난방에 비하여 저온에서 작동하므로 손실열이 적고 연료소비량이 적다. ④ 보일러의 취급이 용이하고 안전하다.	① 방열온도가 낮고 유량이 많아 배관 및 방열기의 용량이 커지므로 설비비가 비싸다. ② 열용량이 크므로 증기에 비하여 예열시간이 길다. ③ 운전중지 시 동파의 위험이 있다.
복사 난방	① 실내의 수직방향 온도분포를 균일하게 할 수 있어 쾌감도가 높다. ② 방열기가 필요치 않으므로 바닥면의 이용도가 높다. ③ 실내온도가 낮으므로 방의 개방에 의한 열손실이 적다. ④ 대류에 의한 먼지의 비산이 없다.	① 패널의 축열량이 크므로 응답이 느리다. ② 설비비가 높고 유지보수가 어렵다. ③ 패널 이면으로의 열손실을 막기 위한 단열층이 필요하다.

1) 증기난방

증기난방은 [그림 4-17]과 같이 보일러에서 발생된 증기를 배관을 통해 각 실에 설치된 방열기로 보내고 증기가 응축되면서 잠열을 방출하여 난방하는 방식이다. 방열기에서 응축수만 환수관으로 들어가고 증기는 증기트랩에 의하여 차단된다.

증기는 온수에 비하여 온도 제어가 어렵고 트랩 누설, 고온 환수관 및 농축된 보일러수의 블로다운 등으로 온수난방에 비하여 열손실이 크다. 작동온도가 고온이고 증기 및 공기가 혼재할 수 있으므로 온수난방에 비하여 배관부식이 발생하기 쉽다. 증기압력이 높을수록 밀도가 높아 배관이 가늘게 되나 응축온도가 높아서 쾌감도가 낮아진다.

증기난방은 증기압력 및 응축수 환수방법에 따라 [표 4-7]과 같이 분류할 수 있다.

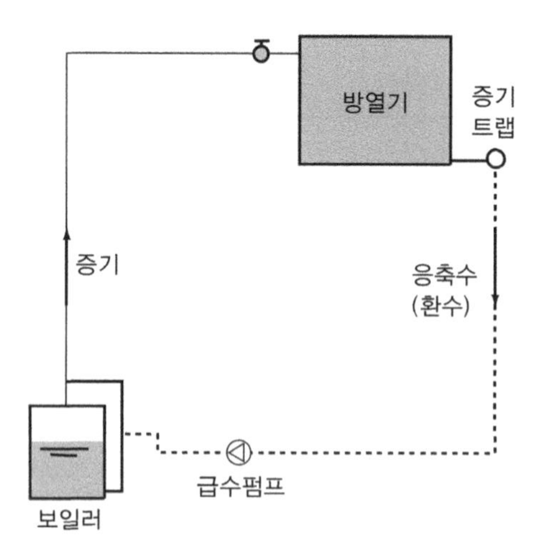

[그림 4-17] 증기난방 계통도

[표 4-7] 증기난방의 분류

분류 구분	종류
사용 증기압력(게이지압력)	고압식(100 kPa 이상) 저압식(0~100 kPa) 진공식(진공압 200 mmHg 정도)
응축수 환수 방법	중력환수식 기계환수식 진공환수식

❶ 중력환수식

증기와 물의 밀도차에 의한 자연순환력을 이용한 방법으로 방열기 위치가 보일러보다 충분히 높은 소규모의 저압증기설비에 사용 가능하나 현재는 거의 쓰이지 않는다. 중력환수식에는 [그림 4-18]과 같이 환수 수평주관이 보일러 수면보다 위에 있는 건식 환수법과 그 아래에 있는 습식 환수법이 있다. 건식으로 하면 공기나 증기가 응축수에 섞이게 되어 관지름이 커지게 되고 관말에 트랩을 설치해야 한다. 습식은 응축수만 흐르므로 관말트랩이 필요 없고 관이 가늘어도 된다. 보일러 수위선에서 증기관 말단까지의 높이 ΔH는 관로의 손실수두보다 400 mm 이상 커야 한다.

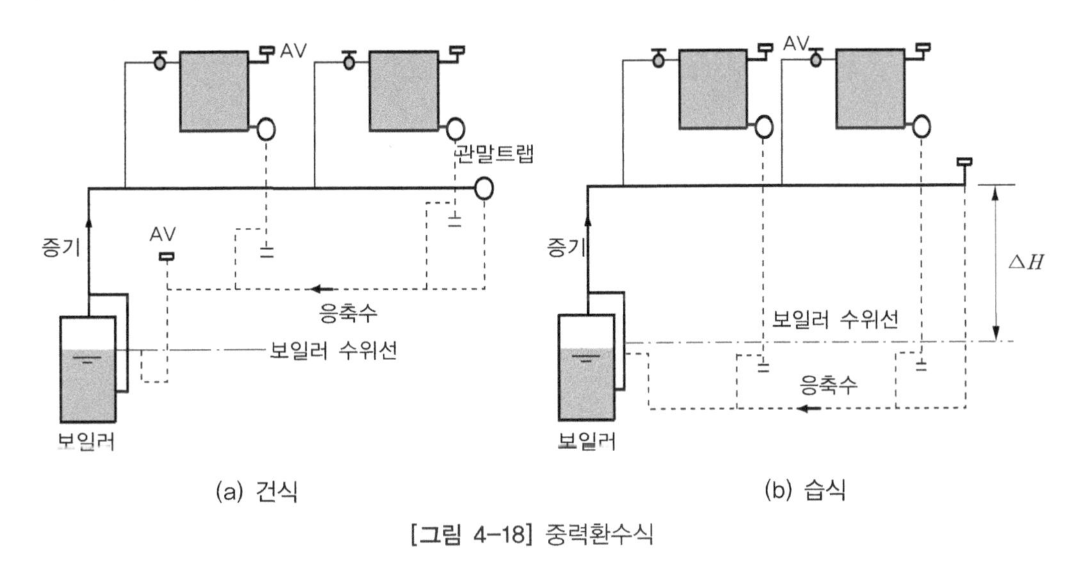

[그림 4-18] 중력환수식

❷ 기계환수식

[그림 4-19(a)]와 같이 응축수 탱크에 모인 물을 응축수 펌프로 보일러에 압송하는 방법이다. 응축수 탱크 위치는 가장 낮은 방열기보다 더 낮은 위치에 있어야 하며 대기압 이상을 유지해야 한다. 응축수에 포함된 공기는 응축수 탱크에서 배출한다.

❸ 진공환수식

[그림 4-19(b)]와 같이 진공펌프를 환수주관 말단의 보일러 바로 앞에 설치하여 환수관(진공도 100~200 mmHg 정도)의 공기를 포함한 응축수를 압축하여 공기는 배출하고 물만

보일러로 보내는 방식이다. 순환력이 가장 좋은 방법으로서 보일러와 방열기의 위치에 제한을 받지 않고 압력 조절로 방열량도 광범위하게 제어할 수 있다. 그러나 별도의 진공펌프가 필요하고 운전이 어렵기 때문에 현재는 거의 사용되지 않는다.

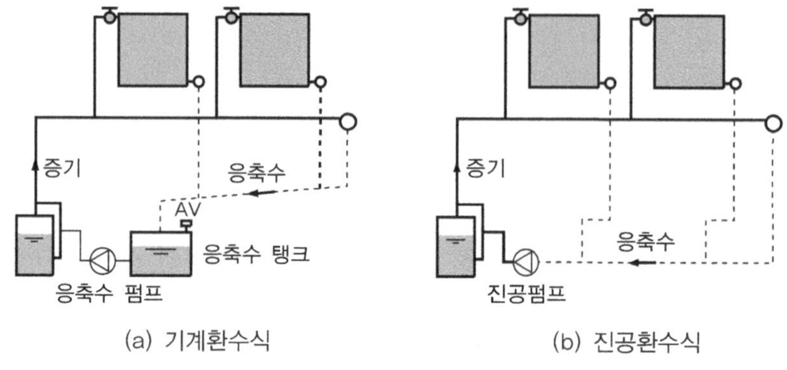

[그림 4-19] 기계 및 진공환수식

2) 온수난방

온수난방은 보일러나 열교환기에서 온수를 방열기에 보내어 온수가 식을 때 방출되는 현열을 이용한 난방 방식이다. [그림 4-20]과 같이 방열기에서 식은 온수는 환수관을 통하여 자연순환력 또는 순환펌프에 의하여 보일러로 환수된 후 다시 가열되어 순환을 반복한다.

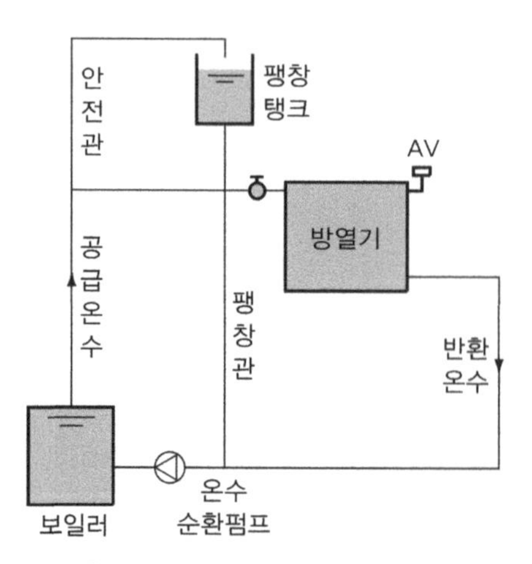

[그림 4-20] 온수난방 계통도

[표 4-8] 온수난방 방식의 분류

분류 구분	종류
온수온도	고온수(130~180℃) 중온수(80~120℃) 저온수(80℃ 미만)
순환방식	중력식, 강제식
배관방식	단관식, 복관식
공급방식	상향식, 하향식

온수난방은 [표 4-8]과 같이 온수온도, 순환방식, 배관방식 및 공급방식에 따라 분류할 수 있다. 온수난방은 증기난방에 비하여 온도 조절이 용이하고, 방열 온도가 낮기 때문에 쾌적성이 좋고, 열손실이 적으며, 보일러의 취급이 간단하며, 배관 내 산소함유량을 줄일 수 있으므로 부식방지에 유리하다. 그러나 방열기와 배관이 크므로 설비비가 더 들고 보유수량이 많아서 예열시간이 길고 예열부하가 크다. 또 혹한지에서는 동결의 위험이 크다.

고온수 방식은 물을 가압하여 고온으로 가열하여 공급하는 방식으로 방열면적 및 배관 지름을 줄일 수 있으나 쾌감도가 낮고 위험하므로 공장이나 기타 특별한 용도로 쓰인다. 이에 비하여 저온수 방식은 압력이 낮아서 개방형 팽창탱크를 사용할 수 있고 취급이 간단하며 쾌감도가 높아서 주택, 일반 건물, 소규모 아파트단지 등에서 널리 쓰이고 있다. 지역난방의 경우는 고온수 또는 중온수를 저온수로 변환시켜 사용한다.

온수의 순환을 위해 밀도차를 이용한 중력환수 방식은 충분한 순환력을 얻을 수 없기 때문에 소규모 건축물 이외에는 거의 사용하지 않는다. 강제순환방식은 온수순환이 확실하며 배관이 가늘어도 되므로 광범위하게 사용된다.

온수난방은 온수공급방식에 따라서 [그림 4-21]과 같이 상향식과 하향식으로 나눌 수 있다. 상향식 공급은 보일러에서 나온 온수를 상향 공급관에 분기시켜 각 방열기에 연결하는 방식이다. 방열기마다 공기빼기밸브를 달아야 하며 자연순환력이 낮으므로 중력식에서는 쓰기 어렵다. 하향식 공급은 공급주관을 천장에 배관하고 하향 공급관에 방열기를 연결한 방식이다. 또 온수의 공급관과 환수관을 동일 관으로 하는 단관식과 별도의 관으로 하는 복관식으로 나눌 수 있다. 단관식으로 하면 방열기가 보일러에서 멀어질수록 온수온도가 저하되며 상류 측 방열기의 사용상태에 따라서 하류 측 방열기가 크게 영향을 받는 단점이 있다. 따라서 대부분 복관식을 사용하나 단관식은 설비비가 싸므로 일반 주택에서 한정적으로 사용된다.

방열기 입구와 출구의 온수 온도차를 온도강하라고 하며 온도강하가 클수록 온수 유량은 감소하고 자연 순환력은 증가한다. 따라서 배관이 가늘어도 되고 펌프 동력도 줄일 수 있으나 방열면 평균온도가 낮아지므로 방열면적이 커야 된다. 따라서 중력순환식에서는 15~20℃, 강제순환식에서는 7~15℃로 한다([표 4-9] 참조).

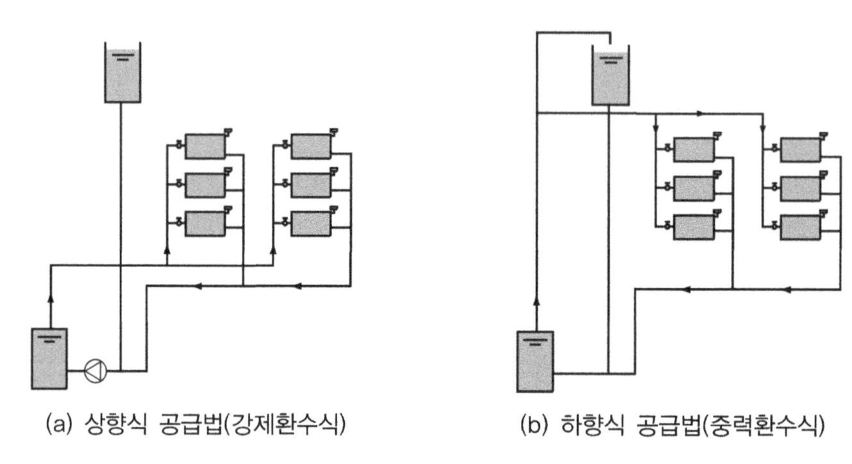

[그림 4-21] 온수공급방법

[표 4-9] 온수 온도와 온도 강하

순환방식	온수 온도, ℃		온도 강하, ℃
	방열기 입구	방열기 출구	
중력식	60~90 (평균 85)	40~75 (평균 65)	15~20
기계식	77~100 (평균 85)	60~93 (평균 70)	7~15

3) 온풍난방

온풍난방은 가열된 공기를 직접 또는 덕트를 통하여 실내에 공급하여 난방하는 간접난방 방식으로서 일반적으로 온풍기에 의한 난방을 뜻한다. 이 방식은 가열과 더불어 가습 및 환기를 병행할 수 있으며 예열시간이 짧으므로 학교, 체육관, 공장 등에 적합하다. 또 소요 설치면적이 작고, 설치가 용이하며, 설비비가 저렴하다. 그러나 송풍기에 의한 전력소비가 크고, 외기를 도입하면 연료비가 증가하게 된다. 복사열이 없이 오직 대류열에 의한 난방이므로 공기 온도가 높아야 하고 높이에 따른 온도차가 크므로 에너지 손실이 크고 쾌감도가 떨어진다. 또 송풍기 소음에 대한 대책이 필요하고 배기가스 온도가 높기 때문에 화재의 위험성이 있다.

4) 복사난방

복사난방은 주로 복사열을 이용한 난방방법으로 방열면의 온도가 150℃ 이하이면 패널난방, 그 이상이면 적외선 난방이라고 한다. 패널로부터 열전달의 50% 이상이 복사될 때를 복사패널이라 하며 온돌은 바닥 복사패널이라고 할 수 있다. 일반적으로 패널표면온도는 바닥패널은 최고 30℃, 천장패널은 43℃, 벽패널은 설치장소에 따라서 40~60℃로 한다.

[그림 4-22]에서 보듯이 패널에 의한 복사열전달은 공기를 가열하지 않고 균일하게 전달되므로 수직방향의 온도차가 거의 없으나 대류열전달에 의한 경우에는 위로 갈수록 온도가 크게 상승하는 것을 알 수 있다. 따라서 복사난방은 대류난방에서 야기되는 두열족한(頭熱足寒) 현상과 같은 불쾌감이 없이 쾌감도 높은 난방을 할 수 있다. 바닥패널의 경우 재실자의 체감온도는 실내공기온도와 벽면의 평균온도인 평균복사온도(MRT)에 가깝기 때문에 실내공기온도가 낮아도 쾌적하다.

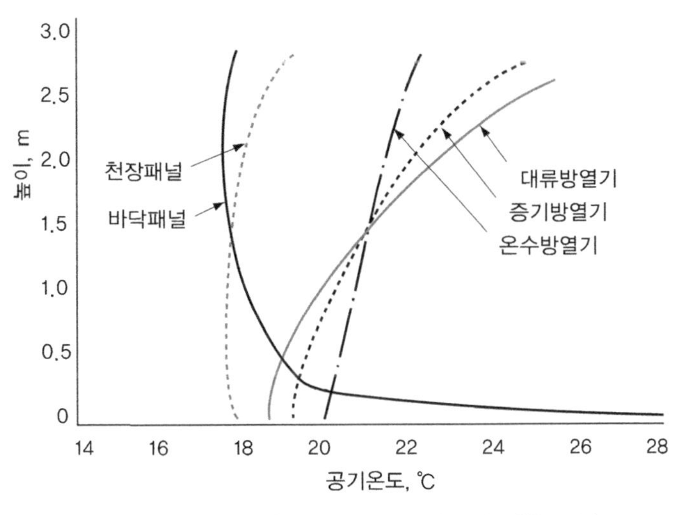

[그림 4-22] 난방 방식에 따른 수직온도 분포

복사난방은 복사의 직진성을 이용한 국소가열이 가능하므로 국소난방에 적합하다. 천장이 높거나 공간이 큰 경우 대류열전달에 의하면 가열된 공기가 천장으로 몰려 열손실이 매우 크다. 그러나 표면온도가 150℃에 가까운 고온패널을 이용하여 복사난방을 하면 재실자에게 쾌적한 난방감을 제공할 수 있으며 이를 고온 복사난방이라고 한다. 가스나 전기에 의한 적외선 난방은 그 표면온도가 800~1,000℃이며 공장이나 개방공간의 난방에 적합하다.

복사난방과 같은 원리로 복사냉방도 가능하며 [그림 4-23]과 같이 외기처리 전용시스템과 함께 복사냉난방 시스템을 구성할 수 있다. 복사냉방은 전공기 방식에 비하여 실내 온도가 높아도 되며 천장고를 줄일 수 있다. 물을 열매체로 사용함으로써 수송에너지 절감이 가능하고 물의 축열능력으로 피크부하를 낮출 수 있는 장점이 있다. 그러나 복사냉방의 경우 전열면의 온도가 실내공기의 노점온도 이하로 되면 결로 문제가 발생할 수 있으므로 습도가 높은 지역에서는 패널냉방의 사용은 어렵다.

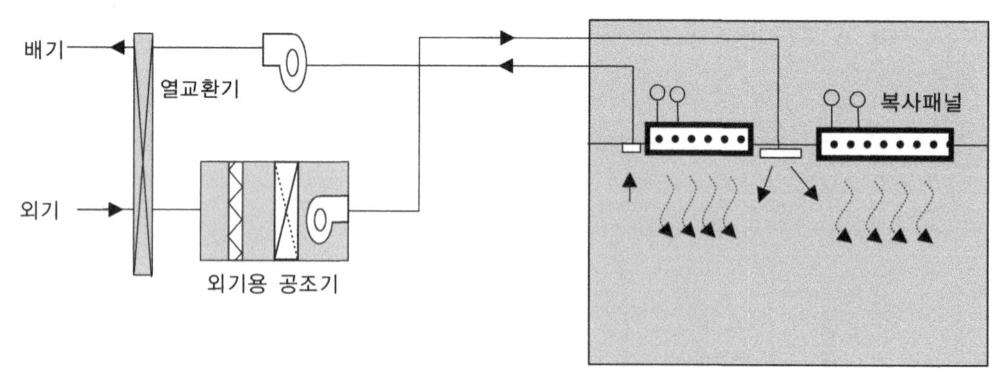

[그림 4-23] 복사냉난방 시스템 개념도

4-4 환기 방식

실내의 공기가 냄새, 유해가스, 분진 및 열에 의해 오염되는 것을 막고 원하는 수준의 공기질을 유지하기 위해서는 오염물질을 배출하고 신선한 공기를 공급받을 수 있는 환기 설비가 필요하다. 전공기식이나 수공기병용식 공기조화가 이루어지는 공간은 공기조화 시스템에 환기가 포함되어 있다. 그러나 난방만 하거나 FCU 방식, 히트펌프 방식 및 복사냉난방 방식을 사용하는 경우는 일반적으로 별도의 환기시스템이 필요하다. 환기 방식은 자연적인 통풍력에 의존하는 자연환기와 기계의 힘을 이용한 기계환기로 분류할 수 있다.

1) 자연환기

자연환기는 실내외에 압력차가 발생할 때 틈새나 개구부의 바람에 의해 환기되며, 이때 압력차는 바람이나 굴뚝효과에 의하여 발생한다. 풍압은 바람이 벽에 부딪칠 때 속도를 잃으면서 동압이 정압으로 변환되어 나타나는 압력이며, 다음 식으로 표현할 수 있다.

$$P_v = C_p \frac{\rho_o V^2}{2} \tag{4.2}$$

여기서 P_v : 풍압 ρ_o : 대기의 공기밀도
V : 풍속 C_p : 압력계수

압력계수는 면에 대한 바람의 방향에 따라 다르며 대표적인 값은 [표 4-10]과 같다.

난방 시 실내외의 온도차에 의한 통풍작용을 굴뚝효과라 한다. 건물의 아래쪽에서는 내부의 압력이 외부보다 더 낮으므로 밖에서 안으로, 위쪽에서는 더 높으므로 안에서 밖으로 공기가 이동하며, 중간 부분은 바람이 없는 중성대(neutral pressure level)가 된다. 압력분포는 건물 내부의 구조, 계단, 엘리베이터 샤프트, 덕트 및 급배기 설비, 출입문의 영향을 받으므로 중성대는 건물높이의 0.3~0.7배 사이에 있다.

여름에는 겨울과 연돌효과가 반대로 되나 냉방 시 실내외의 밀도차가 난방 시보다 작으므로 굴뚝효과는 그만큼 약하게 된다.

[표 4-10] 평균 압력계수

위치	90° 방향	45° 방향
	→ ■	→ ◆
전면(풍상 측)	+0.8	+0.5
측면	−0.4	−
이면(풍하 측)	−0.4	−0.5
평면지붕	−0.5	−0.5

[그림 4-24]와 같이 외벽에 개구부가 있는 온도가 일정한 실에서 굴뚝효과에 의한 통풍력은 식 (4.3)과 같으며, 바람과 연돌효과가 결합될 때의 압력분포의 개략도는 [그림 4-25]와 같다.

$$P_s = (\rho_0 - \rho_r)g(h - h_{NPL}) = \rho_0(1 - T_o/T_r)g(h - h_{NPL}) \quad (4.3)$$

여기서 P_s: 통풍력 　　　　　ρ_r, ρ_o: 실내 및 실외의 밀도
T_r, T_o: 실내 및 실외의 온도 　　h: 높이
h_{NPL}: 중성대 높이

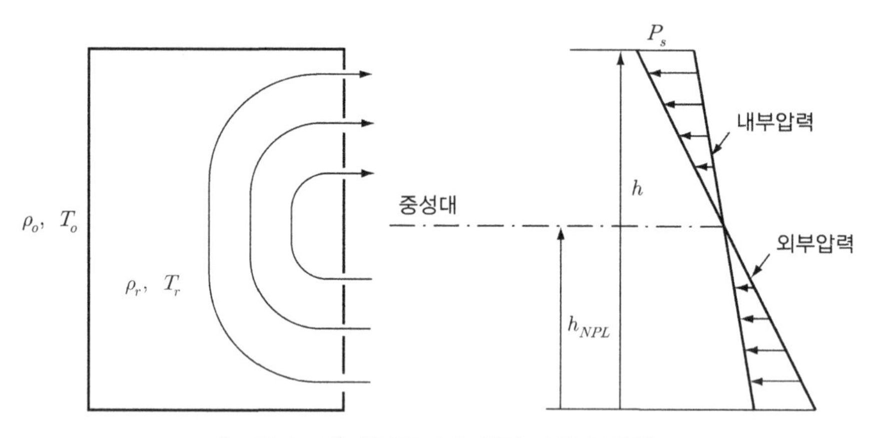

[그림 4-24] 굴뚝효과에 의한 자연 통풍력

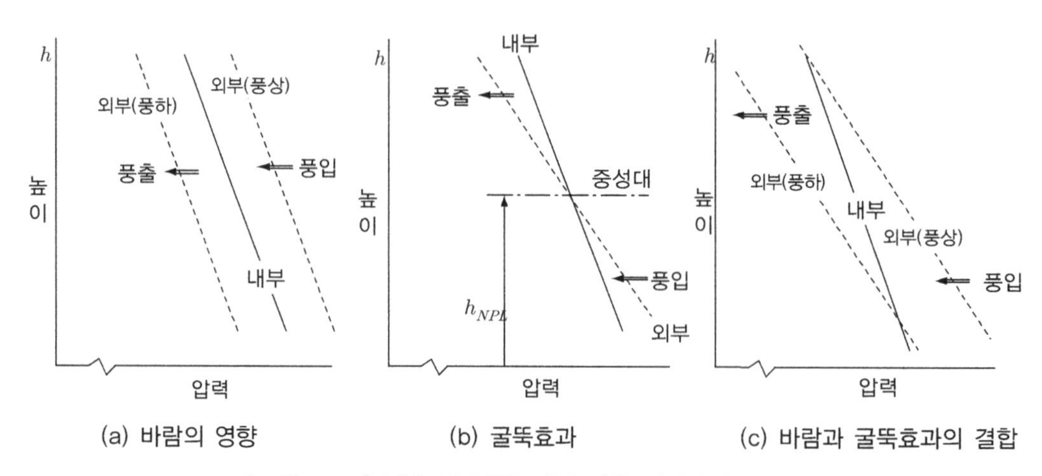

(a) 바람의 영향 　(b) 굴뚝효과 　(c) 바람과 굴뚝효과의 결합

[그림 4-25] 난방 시 건물높이에 따른 내외압력의 분포

굴뚝효과를 방지하기 위해서는 회전문, 이중문 및 에어커튼을 설치하고 이중문의 중간에 강제대류 컨벡터를 설치하기도 한다. 또 계단이나 샤프트, 엘리베이터와 같은 수직 통로를 통한 굴뚝효과 발생을 유의해야 한다.

자연환기 방식은 별도의 에너지를 소비하지 않기 때문에 널리 활용되지만 환기량의 변화가 많고 제어가 되지 않으므로 일정한 환기가 필요한 경우에는 사용할 수 없다.

2) 기계환기

기계환기는 자연환기가 불충분하거나 외기상태와 관계없이 신뢰성 있는 환기가 필요할 때 적용한다. 또 재실자의 요구와 오염 정도에 따라 환기율을 조정할 수 있으며 폐열회수를 병행할 수 있는 장점이 있다. 강제급기를 하는 경우는 실내의 압력을 높이는 효과를 가져오며, 배풍기로 강제배기를 하면 실내의 압력을 낮추는 효과가 있다. 기계환기에는 [그림 4-26]과 같이 급배기 방식에 따라 세 종류로 분류한다.

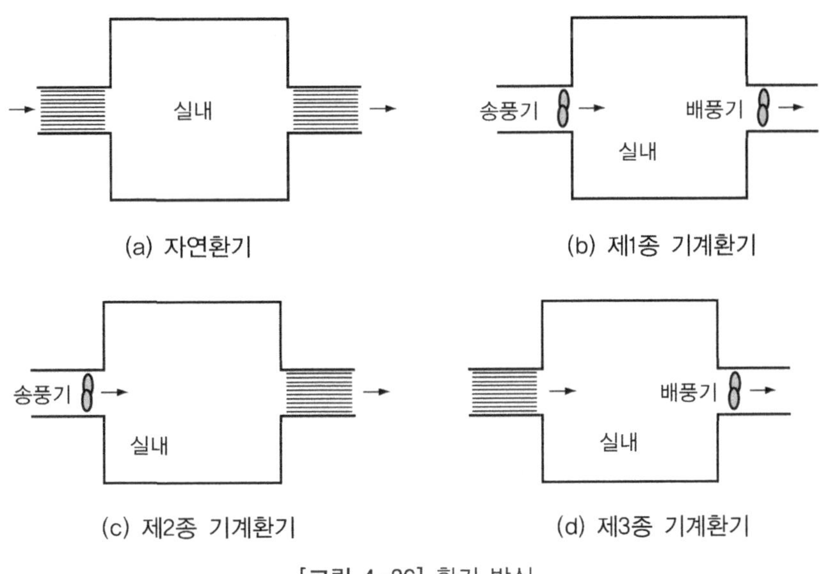

[그림 4-26] 환기 방식

❶ 제1종 환기

급기와 배기를 모두 기계식으로 하는 방식이다. 이 방법은 인접실에 영향을 안 미치는 독립된 환기로 수술실, 보일러실, 주방 등과 같이 오염도가 높거나 자연환기가 어려운 경우에 적용한다. 일반적으로 외기를 정화하기 위한 에어필터를 필요로 한다.

❷ 제2종 환기

급기만 기계식으로 하고 자연배기를 하는 방식이다. 이 방식은 실내압력을 정압으로 유지하므로 인접실에서 오염물질이 유입될 위험이 없다. 수술실, 무균실 및 발전기실 등에 적합하나 인접실로 오염물질이 확산될 위험이 있어서 적용에는 한계가 있다.

❸ 제3종 환기

배기만 기계식으로 하고 자연급기를 하는 방식이다. 이 방식은 실내압력을 부압으로 유지하기 때문에 인접실로 오염물질이 확산될 위험이 없으므로 주방이나 화장실에 주로 적용된다. 외기를 직접 도입하는 경우에는 자연통풍을 위한 급기 통로의 확보가 중요하다.

3) 환기장치

환기를 돕기 위한 장치로는 통풍지붕, 환기통, 덕트, 후드 등이 있다. 아파트의 경우 공동 배기덕트를 설치하고 옥상 배기구에는 배풍기로 비의 침입과 바람에 의한 역류를 방지하기 위한 루프벤틸레이터(roof ventilator)를 설치한다.

후드는 오염원 근처에 설치하여 오염물질의 확산을 방지하면서 최소의 배기량으로 환기 효과를 극대화하기 위한 장치다. 후드와 같은 환기장치를 국소 환기장치라고 하며, 배기량에 대하여 충분한 급기량과 경로의 확보가 필요하다. 후드는 개방형과 밀폐형으로 나눌 수 있는데, [그림 4-27]과 같은 주방용 후드는 개방형이고 화학실험실용 드래프트 챔버(draft chamber)는 밀폐형이다. 오염물질이 배기덕트 내에 부착하지 않기 위해서는 덕트 내 풍속이 가스 및 연기의 경우는 10 m/s 전후, 분진의 경우는 15~20 m/s가 되어야 한다.

에어커튼(air curtain)은 [그림 4-28]과 같이 분출기류로 실내외 공기의 혼합을 차단하는 장치이다. 분출풍속은 옥외 설치는 10~15 m/s, 옥내 설치는 5~10 m/s 범위로 한다.

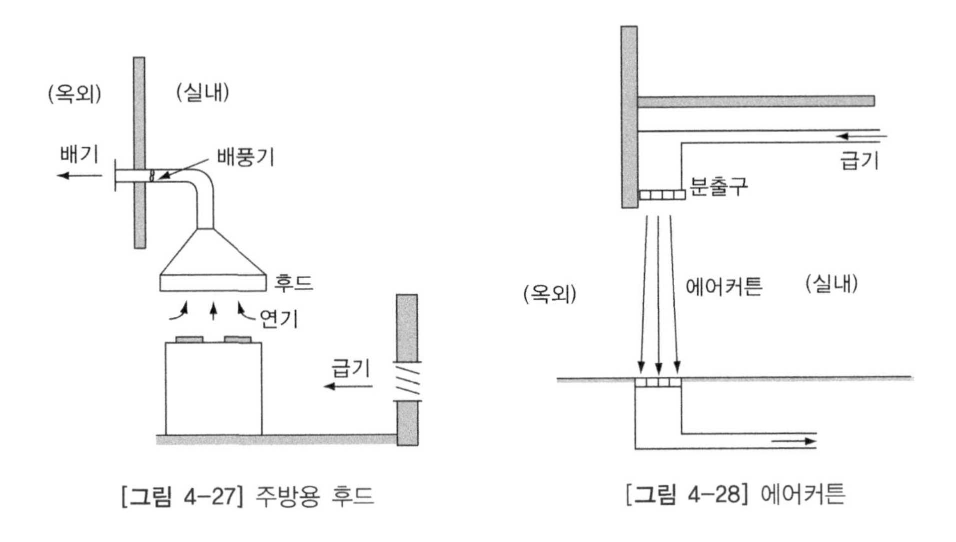

[그림 4-27] 주방용 후드

[그림 4-28] 에어커튼

4) 폐열회수환기

최근 폐열회수형 기계환기가 널리 사용되고 있다. 이것은 배기로 방출되는 폐열을 외기로 회수하여 실내에 공급하는 에너지 재활용시스템이다. 폐열회수형 열교환기의 채용은 에너지절약과 열원기기 용량감소 효과를 얻을 수 있으며, 일반적으로 전자보다 후자에 의한 효과가 더 크다.

전열교환기는 배기의 현열뿐 아니라 잠열을 외기로 회수하여 환기에 의한 열손실을 최소화하도록 한 방법이다. 전열교환기에는 열교환 소자, 필터 및 팬이 내장되어 있으며 급기 및 배기덕트를 사용하면 한 개의 전열교환기로 여러 실의 환기를 처리할 수 있다.

폐열회수 환기유닛을 분류하면 [표 4-10]과 같다.

[표 4-10] 폐열회수 환기유닛

분류 방법	종류
설치위치	벽부착형, 바닥설치형, 천장매립형
열교환 범위	현열교환형, 전열교환형
열교환 방식	판형, 로터리형, 히트파이프형, 런어라운드루프

제5장 열원 및 기기

이 장에서는 기계설비에 관련된 열원과 주요 기기를 다룬다. 열원에는 냉열원으로 증기압축식과 흡수식 냉동기가 있으며, 온열원에는 보일러가 있다. 그 외의 열원으로 히트펌프, 지역냉난방, 연료전지 및 태양열시스템과 축열시스템 등이 있다. 중요 기기로서 냉각탑, 공조기, 공기여과기, 가습기, 방열기 및 열교환기를 다루었다. 열원과 기기의 종류에 따른 특성과 성능의 이해는 설비시스템의 설계에 기본이 된다고 할 수 있다.

5-1 열원 방식

1) 분류

열원 방식은 냉방 및 난방에 필요한 증기, 온수, 냉수 등과 같은 열원을 제조하기 위한 기기나 시스템으로 [표 5-1]과 같이 일반 열원과 특수 열원방식으로 분류할 수 있다.

대부분 일반 열원이 쓰이나 최근 에너지절약과 환경문제를 고려한 특수열원의 사용이 늘어나는 추세다. 열회수 및 축열 방식이나 태양열 및 지열은 타 열원 방식과 병용되는 경우가 많다.

[표 5-1] 열원 방식의 분류

일반열원 방식	특수열원 방식
압축식 냉동기+보일러 흡수식 냉동기+보일러 흡수식 냉온수기 히트펌프	열회수 방식, 축열 방식 태양열 이용방식, 지열 이용방식 열병합 방식, 연료전지 방식 지역 냉난방 방식

2) 열원장치의 계획

열원설비를 계획할 때는 먼저 에너지 및 환경관련 법규를 따라야 한다. 건물의 용도와 규모에 따라 사용연료나 축열 및 특수열원의 적용을 규정하는 경우가 있기 때문이다. 아울러 경제성, 안전성 및 신뢰성을 고려해야 한다. 즉, 열원장치는 설비비 및 유지보수비가 낮고 소요 공간이나 면적이 작으면서 효율이 좋아야 하며 전부하시뿐 아니라 부분 부하 시에도 운전효율이 높아야 한다. 또 장치는 취급이 용이하고 안전하며 배기가스, 소음·진동 등 환경문제가 없어야 하며 중단 없는 안정적인 열 공급이 이루어져야 한다.

5-2 냉열원

냉열원 장치는 증기압축식 냉동기와 흡수식 냉동기로 나눌 수 있다. 증기압축식 냉동기는 압축기, 응축기 및 증발기로 구성되며, 압축기의 종류에 따라 [표 5-2]와 같이 왕복동식, 터보식, 회전식으로 나눌 수 있다. 흡수식 냉동기는 발생기가 한 개인 단효용식과 두 개인 이중효용식이 있으며, 열원에 따라 직화식과 증기식이 있다. 흡수식 냉동기는 냉수를 생산하는 냉열원뿐 아니라 온수를 생산하는 온열원을 겸할 수 있는데, 이를 냉온수기라 한다. 공기조화용 흡수식 냉동기는 대부분 냉온수기이다.

[표 5-2] 냉동기의 종류

종류				용량(RT)	COP	
					2차 에너지	1차 에너지
증기 압축식	냉방용	왕복동식	R-22, R-134a	20~40	3.2	1.1
		스크루식	R-22, R-134a	30~1,200	4.3	1.5
		터보식	R-134a	100~10,000	5.3	1.8
	히트 펌프용	터보식(열회수식)	R-123	100~10,000	3.6/3.4	1.2/1.1
		왕복동식(공기열원)	R-22	20~120	3.0/3.5	1.1/1.8
		스크루식(공기열원)	R-134a	60~1,000	3.7/4.1	1.3/1.7
흡수식	단효용			20~800	0.56	0.50
	이중효용			50~3000	1.45	1.25
	가스연소 냉온수기			20~1,600	1.1	1.0

주) 냉수온도 7/12℃, 냉각수온도 32℃, 히트펌프 온수온도 40/45℃, 히트펌프의 COP는 (냉방 시)/(난방 시)

냉열원장치의 냉각 능력은 냉동톤으로 표시하는 경우가 많으며 1냉동톤(RT)은 24시간 동안 물 1톤을 얼음으로 만들 수 있는 능력을 말한다. 따라서 1 RT = 3320 kcal/h = 3.86 kW이며 이를 CGS 냉동톤이라고도 한다. 한편 미국에서는 물 2000 lb의 응고와 관련된 USRT를 사용하고 있으며 1 USRT = 12000 BTU/h = 3.52 kW이다.

1) 냉매

증기압축식 냉동기의 냉매로서 구비조건을 요약하면 다음과 같다.

① 증발압력이 대기압보다 높고 응축압력이 낮을 것
② 소요동력이 작을 것
③ 증발잠열이 크고 액체의 비열이 작을 것
④ 임계온도가 높고 응고온도는 낮을 것
⑤ 압축기 입구에서 비체적이 작고 점도가 낮고 열전도계수는 높을 것
⑥ 화학적으로 안정되고 열분해, 금속과 반응, 윤활유 열화 등이 일어나지 않을 것
⑦ 인화성 및 폭발성이 없고 무해하며 자극성이 없을 것
⑧ 가격이 싸고 구입이 쉬울 것
⑨ 누설이 잘 안 되고 누설 감지가 쉬울 것
⑩ 오존층 파괴 및 지구온난화에 영향을 주지 않을 것

냉매는 할로카본, 탄화수소, 유기화합물, 무기화합물 중 하나이며 할로카본은 메테인 및 에테인의 수소가 불소(F), 염소(Cl) 또는 브롬(Br)과 같은 할로겐원자로 치환된 화합물이다. 할로카본 중 불화탄소(CFC)계가 냉매로 가장 널리 사용되었지만 오존층을 파괴하기 때문에 사용이 금지되고 잠정적으로 염소가 적은 R-22와 같은 HCFC계열 냉매로 대체됐다. 그러나 HCFC계열 역시 오존층 파괴 물질이기 때문에 2020년 이후에는 사용이 금지되므로 염소원자를 갖지 않는 HFC계열 및 기타 냉매로 대체해야 한다. 현재 사용 중이거나 사용 가능성이 큰 냉매 현황은 [표 5-3]과 같다.

[표 5-3] 냉매의 종류

종류	조성	적용온도	ODP	GWP	대기압하 비등점, ℃	50℃에서 증기압, bar
(HCFC)						
R-22	$CHClF_2$	고,중,저	0.05	1500	-41	19.4
(HFC)						
R-134a	CF_3CH_2F	고,중	0	1300	-26	13.2
R-404A	R-143a/125/134a	저		2360	-47	23.0
R-407C	R-32/125/134a	고		1525	-44	19.8
R-410A	R-32/125	고		1725	-51	30.5
R-32 혼합물	R-32+HFCs	저		1770~2280	-46 ~ -48	21~23
R-125 혼합물	R-125+HFCs	고,중,저		1830~3300	-43 ~ -48	18~25
(HC)						
R-290	C_3H_8	고,중	0	3	-42	17.1
R-1270	CH_3H_6	저		3	-48	20.6
R-600a	C_4H_{10}	중		3	-12	6.8
R-290 혼합물	R-290+HCs	고,저,중		3	-30 ~ -48	10~18
(기타)						
R-717	NH_3	저(중,고)	0	0	-43	20.3
R-744	CO_2	고,중,저		1	-57	(임계온도 31℃)

주) 고 : +10℃~-5℃, 중 : -5℃~-25℃, 저 : -25℃~-40℃

HFC계열 냉매는 HCFC계열 냉매보다 냉동 성능이 다소 떨어지지만 R-134a는 R-22 대체냉매로 널리 활용되고 있다. R-134a는 R-22에 비하여 비체적이 커서 다소 큰 압축기를 필요로 하지만 배관이 짧은 스크루 압축기에 적합하며 응축온도가 높은 자동차용에도 적합하다. 혼합냉매인 R-407C도 R-22 대체냉매로 유럽에서 널리 사용하고 있다. R-410A는 사이클 성능은 낮으나 열전달 성능이 우수하여 실제 R-22보다 성능계수가 더 우수하므로 사용이 증가하고 있으며, 특히 직접팽창식에 적합하다. 또 R-410A는 저온용으로 상용화되고 있다.

HFC계열 냉매의 ODP는 0이지만 GWP가 높은 온실가스이기 때문에 자동차용 등으로는 사용이 규제되는 추세에 있다. 대체냉매로 온실가스가 아닌 탄화수소(HC)계열 냉매가 주목받고 있다. 프로테인인 R-290은 대체냉매로 사용이 늘어나고 있으며, 가연성으로 인하여 밀폐형 냉동시스템에서 활용도가 증가할 것이다.

탄산가스인 R-744는 잠열이 크고 열전도가 잘 되며 작동범위에서 밀도가 높기 때문에 소형 압축기로 대용량 냉각이 가능하다. 그러나 작동압력이 높으며 임계압력이 낮기 때문에 고온에서 응축압력이 초임계압이 될 경우 냉동 성능이 크게 저하된다는 문제가 있다.

암모니아 냉매인 R-717은 우수한 열역학적 성능에도 불구하고 유독성과 가연성 및 동파이프를 사용할 수 없는 단점 때문에 산업용으로만 사용되어 왔다. 그러나 누출탐지기술의 발달과 공기보다 가벼운 암모니아 기체의 성질을 이용하여 높은 곳에 설치하면 안전하기 때문에 공조용으로 활용될 수 있다.

2) 압축식 냉동기

압축식 냉동기의 심장에 해당한다고 할 수 있는 압축기는 냉매가스의 체적을 점차 줄여 가면서 압축하는 용적식과 고속으로 회전하는 임펠러에 의한 원심력을 이용하는 원심식으로 분류할 수 있다. 용적식은 다시 왕복동식과 회전식이 있고, 회전식에는 로터리식과 스크롤식 및 스크루식이 있다. 용적식은 압축비가 높은 경우에 적합하고, 원심식은 용량이 큰 경우에 적합하다. 응축기에서의 냉각방법에는 수냉식과 공랭식이 있는데 원심식과 같이 용량이 큰 냉동기에는 주로 수냉식을 사용한다. 공기조화용 압축식 냉동기시스템의 구성과 일반적인 작동 온도는 [그림 5-1]과 같다.

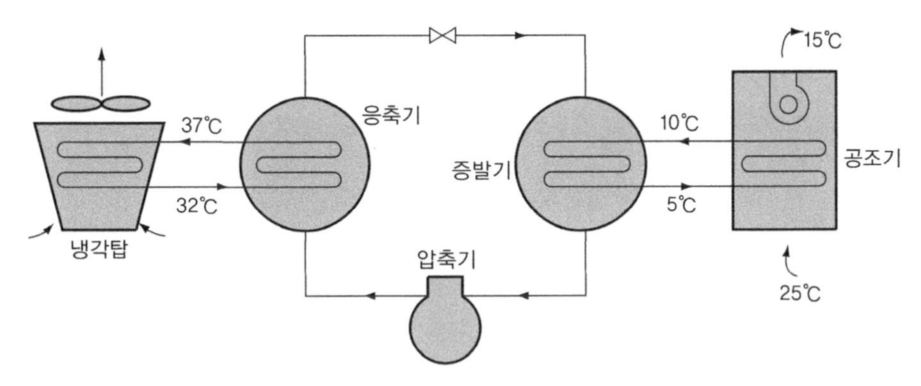

[그림 5-1] 공기조화용 압축식 냉동시스템과 작동 온도

❶ 왕복동식

왕복동식은 피스톤과 실린더 및 입출구 밸브로 구성된 압축기로 가장 널리 사용된다. 용량에 따라서 실린더가 하나인 단기통과 여러 개인 다기통이 있으며, 냉각 방법에는 공랭식과 수냉식이 있다. 오늘날 대부분의 소형 왕복동 압축기는 윤활유의 누출을 방지하기 위해 구동모터와 함께 케이싱에 넣은 밀폐형(hermetic type)이다. 왕복동식은 서징의 염려가 없이 압축비를 높일 수 있으므로 중소규모 건물의 패키지 에어컨용으로 가장 널리 사용되나 100 USRT 이상이 되면 설비비 면에서 원심식보다 불리할 수 있다.

❷ 회전식

회전식 압축기에는 로터리(rotary)형이라고도 하는 베인(vane)형, 스크롤(scroll)형 및 스크루(screw)형이 있다([그림 5-2] 참조). 회전식은 효율이 높고 고속회전이 가능하므로 왕복동식을 대체하는 추세이다. 전밀폐형 소형 로터리 베인 압축기는 진동이 매우 작아서 가정용 냉장고 및 공기조화기에 많이 사용되고, 스크롤형은 효율이 높아 소형 패키지 에어컨이나 자동차 에어컨용으로 많이 이용된다. 스크루형은 소형이지만 비교적 대용량에 적합하고, 용량 제어성이 좋고 유지보수가 쉬운 편이어서 압축비가 높은 공기열원 히트펌프에 주로 사용된다.

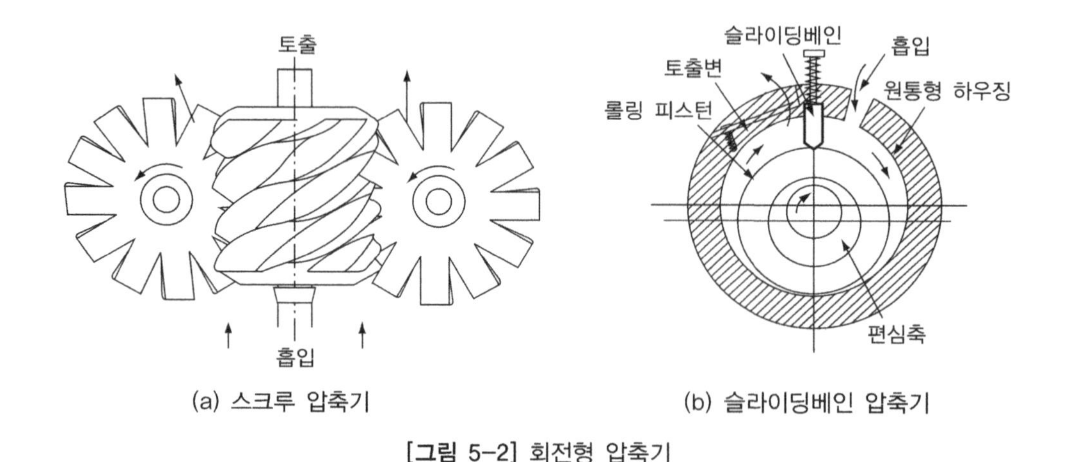

(a) 스크루 압축기　　(b) 슬라이딩베인 압축기

[그림 5-2] 회전형 압축기

❸ 원심식

터보냉동기라고도 하며 임펠러의 고속회전으로 대용량의 압축이 가능하기 때문에 200 USRT 이상의 대규모 건물의 공조용에 사용된다. 냉매로는 저압냉매(R-134a, R-123, R-22 등)를 사용함으로써 고압가스 안전관리법의 적용을 받지 않으면서 환경규제에 대응하고 있다. 부하변동에 대한 추종성이 좋으나 저부하 시 서징현상을 일으킨다. 전기에너지를 직접 사용하기 때문에 심야에너지 활용을 위해 빙축열이나 수축열 방식을 겸하는 경우가 많으며 소음이 큰 편이다.

[그림 5-3] R-134a용 고효율 터보냉동기

3) 흡수식 냉동기

흡수식 냉동기는 저압의 냉매증기를 기체상태로 압축하는 대신 흡수액으로 흡수하여 액체상태에서 압축한 후 가열하여 고압의 증기로 재생하는 방식이다. 따라서 흡수식 냉동기는 압축기 대신 흡수기와 발생기 및 용액펌프가 있으며 기본 사이클인 단효용 흡수식 냉동기시스템은 [그림 5-4]와 같이 구성된다.

흡수식 냉동기는 전기를 거의 사용하지 않고 가스나 증기를 사용하기 때문에 수전설비가 필요 없고 전력수급에 기여할 수 있으므로 중대형 건물의 냉난방용으로 널리 사용된다. 또 흡수식 냉동기는 터보냉동기에 비하여 부분 부하 특성이 좋고 회전부분이 적어서 진동 및 소음이 매우 낮은 장점이 있다.

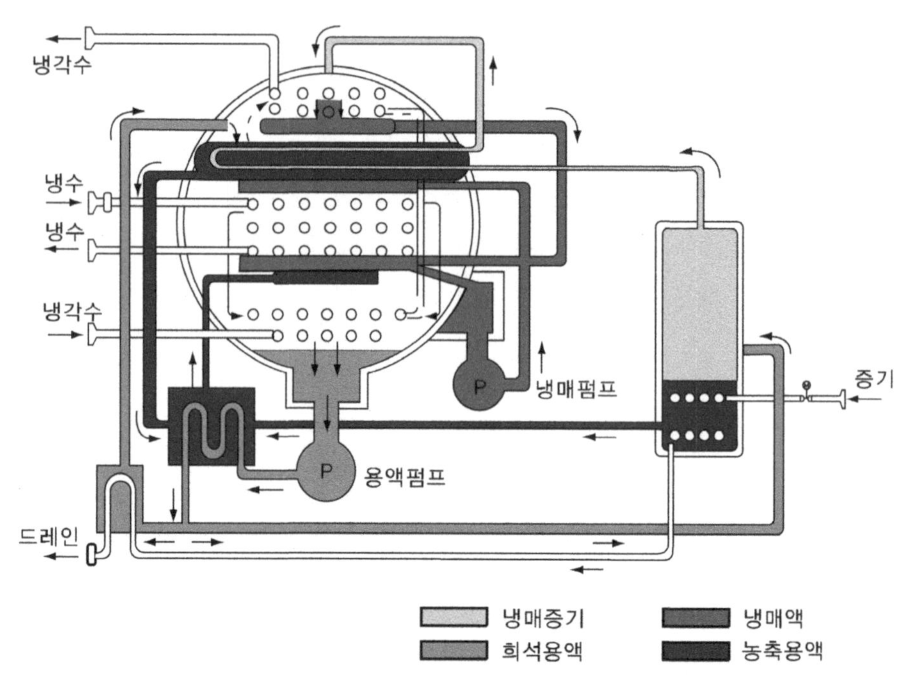

[그림 5-4] 단효용 흡수식 냉동기 개념도

그러나 흡수식 냉동기는 설치면적 및 중량이 크고 냉각수 펌프나 냉각탑 용량이 크며 예냉 시간이 긴 단점이 있다. 또 [표 5-2]에서 알 수 있듯이 증기압축식에 비하여 COP가 낮기 때문에 에너지 효율이 낮으며 탄소 배출문제도 고려되어야 한다.

대부분의 흡수식 냉동기는 물을 냉매로 리튬브로마이드(LiBr) 수용액을 흡수제로 하여 공기조화용에 사용되고 있다. 암모니아를 냉매로 하고 물을 흡수제로 할 수도 있으나 암모니아의 폭발성과 독성으로 인하여 거의 사용되지 않고 있다. 리튬브로마이드 수용액은 냉각온도가 너무 낮으면 재결정의 위험이 있고 강한 부식성이 있으므로 누출되지 않도록 해야 한다. 사용 열원으로는 증기, 온수 또는 가스나 석유의 연소열이 있으며 직접 연소열을 사용하는 경우를 직화식이라고 한다. 그 외에도 폐열이나 태양열을 사용할 수 있다.

❶ 단효용 흡수식 냉동기

[그림 5-4]와 같이 1개의 발생기를 갖는 흡수식 냉동기를 말하며, 온수(80~150℃)나 저압 증기(150~200 kPa)를 열원으로 한다. 증발기는 진공에서 7℃ 정도의 냉수를 만들어

냉방용으로 공급한다. 성능계수가 이중효용식에 비해 크게 낮아 제한적으로 사용된다. 그러나 80~95℃의 저온수를 열원으로 하는 저온수 흡수식 냉동기는 태양열이나 폐열 및 열병합발전설비에 적합하므로 에너지절약기기 및 대단위 지역냉난방기기로 활용이 확대될 것이다.

❷ 이중효용 흡수식 냉동기

열원의 온도가 높은 경우 [그림 5-5]와 같이 고온발생기에서 생산된 냉매증기의 응축잠열의 일부를 저온발생기의 열원으로 회수하여 성능을 높이도록 한 것을 이중효용식이라고 한다. 열원으로 800 kPa 정도의 고압증기나 190℃ 정도의 고온수를 사용하므로 고압보일러가 있는 시설에 적합하며 연소장치를 일체화하여 가스나 경유를 직접 사용하는 직화식으로 많이 사용된다. 이중효용식은 단효용식에 비해 성능계수가 훨씬 높고 운전비가 저렴하여 터보냉동기의 대체 기종 및 냉온수기로 널리 사용된다.

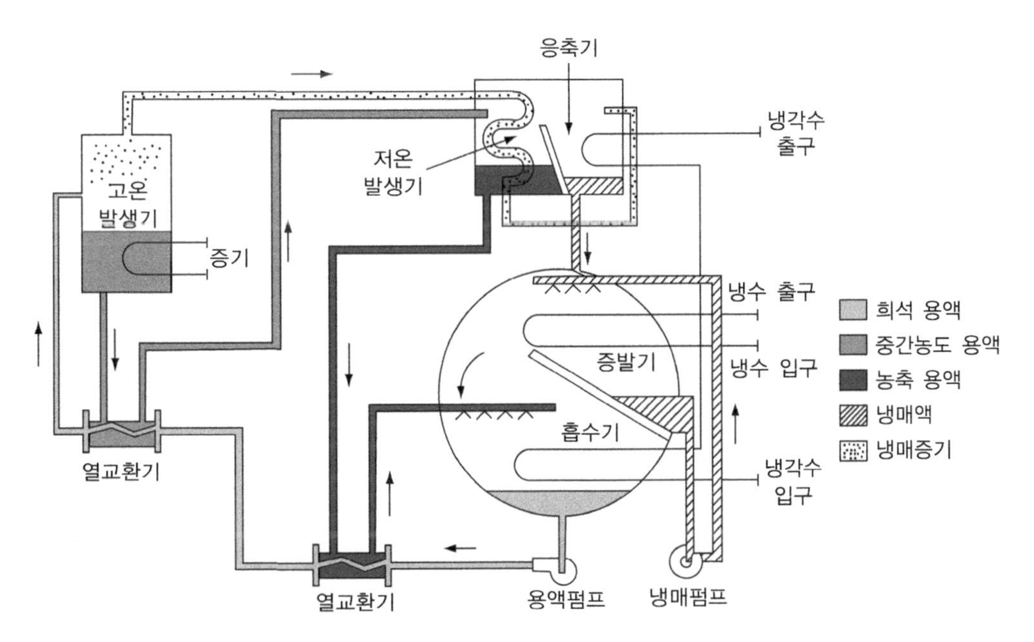

[그림 5-5] 이중효용 흡수식 냉동기 개념도

❸ 냉온수기

흡수식 냉동기로서 냉난방을 겸하는 경우를 냉온수기라고 한다. 대부분 이중효용식이며 냉수 생산 온도가 6~7℃보다 더 낮으면 설비가 과대해진다.

흡수식 냉동기가 온수기로 작동하는 방법에는 발생기에 온수 제조용 열교환기를 설치하여 직접 온수를 생산하거나 증발기를 발생기와 연결하여 응축기로 작동시켜 냉수 대신 온수를 만들 수 있다.

4) 제습냉방기

제습냉방기는 습도가 높은 고온의 공기를 제습제(desiccant)를 이용하여 건조한 공기로 만든 후 공기세정기를 통과시키면 저온 건조 공기가 되는 원리를 이용한 냉방기이다. 수증기를 흡착한 제습제는 가열하면 수증기가 방출되고 재생된다. 제습제에는 실리카겔(silica gel), 제올라이트(zeolite) 등의 고체 제습제와 LiCl(lithium cloride) 등 액체 제습제가 있다. 고체 제습제를 사용하는 경우 제습기는 회전하는 로터(rotor)형으로 일부에서는 흡착/제습이 일어나고 다른 한편에서는 가열에 의하여 탈착/재생이 일어난다([그림 5-6] 참조). 제습된 공기는 고온 건조하므로 현열 냉각 및 증발식 냉각으로 냉각 및 가습되어 냉방에 사용된다.

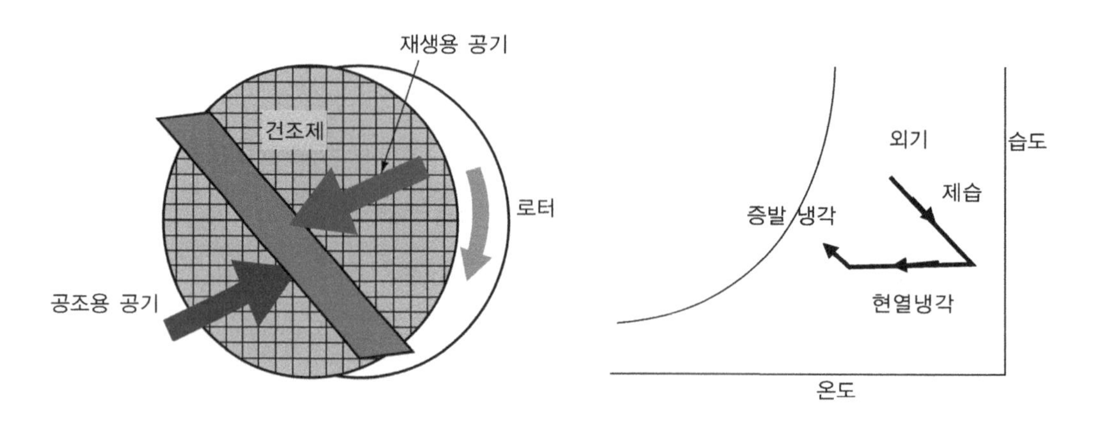

[그림 5-6] 제습로터와 공기의 상태변화

제습냉방기는 전기를 거의 사용하지 않으며, CFC와 같은 냉매를 사용하지 않는다. 개방형으로 누설문제가 없으며, 구조가 간단하고 소용량에 적합하다. COP는 0.4~0.6 정도로 낮지만 60℃ 정도의 낮은 온도에서 재생가능하므로 일반 평판형 태양열 집열판을 사용할 수 있기 때문에 태양열 냉방으로는 흡수식 냉동기보다 더 유리할 수 있다. 제습냉방은 잠열부하가 큰 경우에 효과적이며 미국, 독일, 일본 등에서 공조용으로 활용되고 있다. 그러나 제습냉방기는 부피가 크고 가격이 비싸서 아직 국내에서는 상용화되지 않고 있다.

5-3 온열원

온열원에는 보일러나 전열기뿐 아니라 히트펌프, 냉온수기, 각종 설비의 배기열, 태양열, 지열 등이 있다.

1) 보일러

❶ 보일러의 종류

보일러는 물을 가열하여 증기(또는 고온수)를 만드는 장치로 구조, 용도, 사용연료 등에 따라서 분류할 수 있다. 구조에 따라서 분류하면 원통보일러, 수관보일러, 관류보일러 등이 있다.

원통보일러는 부피가 크고 열효율이 낮으며 응답이 느리므로 [그림 5-7(a)]와 같은 노통연관보일러 외에는 거의 사용되지 않는다. 노통연관보일러는 응답이 빠르고 효율이 좋으며 패키지 형태로 이동이 가능하고, 가격도 싼 편이므로 공조용으로 널리 사용된다. 그러나 구조상 1 MPa 이상의 고압이나 10 t/h 이상의 대용량에는 부적합하다.

수관보일러는 자연순환식, 강제순환식 및 복사보일러로 분류하며 [그림 5-7(b)]는 강제순환식 수관보일러의 구조를 보인 것이다. 드럼에서 강수관을 따라 내려간 물은 수냉노벽을 구성한 수관을 따라 상승하면서 증발하여 드럼으로 들어가고, 증기는 과열기를 거쳐 발전이나 산업용으로 이용된다. 배기열은 공기예열기 및 절탄기로 회수된다. 강제순환식은 자연순환식에 비하여 수관이 가늘고 배치가 자유롭기 때문에 소형으로 된다.

관류보일러는 드럼이 없이 수관만으로 구성된 강제순환식 수관보일러로 초임계압보일러인 벤손(Benson)보일러와 기수분리기를 갖추어 초임계압과 아임계압에서 대용량으로 사용되는 술저(Sulzer)보일러가 있다. 소형관류보일러는 1 MPa 이하의 저압용으로 기수분리기에서 분리된 열수는 가열관으로 되돌아오지만 그 비율이 50% 이하(순환비 2 이상)인 수관보일러이다. 관류보일러는 증발량에 대한 보유수량이 적기 때문에 기동이 빠르고 보일러 효율이 높으나 순환불균형 및 스케일에 의하여 수관이 과열되지 않도록 설계·운전되어야 하며 철저한 보일러수의 관리가 필요하다. 관류보일러는 주로 산업용으로 사용되나, 소형관류보일러는 응답이 빠르고 설치면적이 작고 자격증 없이도 운전이 가능하기 때문에 난방용 및 가열용으로 널리 사용된다.

기타 보일러에는 간접가열보일러, 응축잠열을 회수하는 콘덴싱보일러, 특수연료보일러(유동층 연소보일러, 목재보일러 등), 특수열매체보일러(다우섬 보일러 등), 폐열보일러, 전기보일러 등이 있다. 간접가열보일러에는 면허소지자가 없이도 운전할 수 있는 진공식 온수보일러와 무압식 온수보일러가 있다. 진공식은 보일러 내부의 압력을 대기압 이하의 진공으로 유지하여 85℃ 이하의 온수를 공급하며, 무압식은 대기압 정도가 보일러에 작용한다.

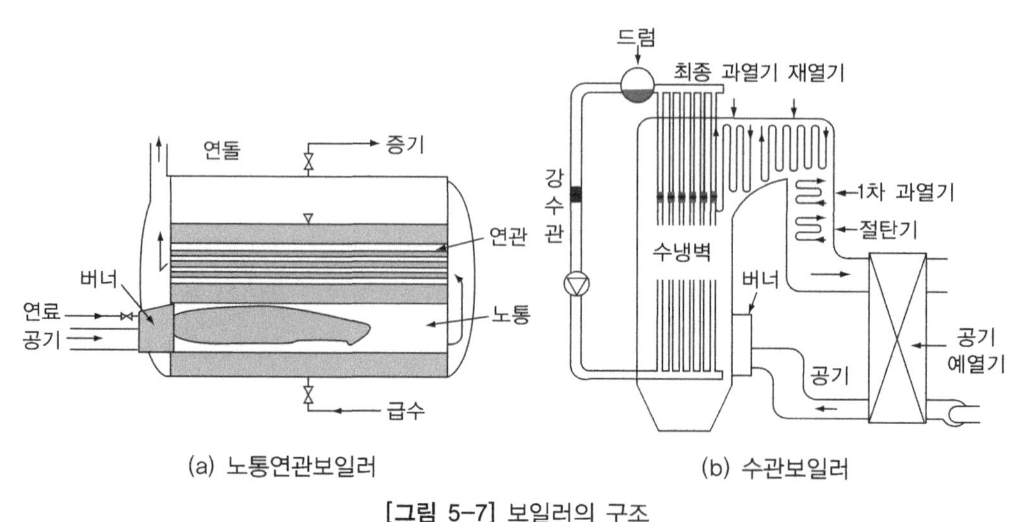

(a) 노통연관보일러 (b) 수관보일러

[그림 5-7] 보일러의 구조

❷ 보일러의 용량

보일러의 정격 용량은 최대 연속부하에서 증기발생률로 나타낸다. 증기발생에 소요되는 열량은

$$q = G_a(h_2 - h_1) \tag{5.1}$$

여기서 q : 보일러에 전달된 열량
G_a : 시간당 증기발생량
h_1, h_2 : 급수 및 발생증기의 엔탈피

증발량은 같은 보일러라도 발생증기의 온도와 압력에 따라서 다르므로 용량을 비교할 때는 동일한 조건에서의 증발량을 사용할 필요가 있으며, 이를 상당증발량 또는 기준증발량이라고 한다. 즉, 상당증발량은 실제 증기발생에 사용된 열량으로 대기압 하에서 100℃의 포화수를 포화증기로 만들 경우의 발생증기량을 나타낸다.

$$G_e = \frac{G_a(h_2 - h_1)}{h_{fg}} \tag{5.2}$$

여기서 G_e : 상당증발량
h_{fg} : 100℃에서 물의 증발열(h_{fg}= 2257 kJ/kg)

❸ 보일러 효율

보일러에 전달된 열량과 연료가 완전연소될 때 발생하는 열량의 비로 정의한다.

$$\eta_B = \frac{G_a(h_2 - h_1)}{G_f H_l} \times 100 \ (\%) \tag{5.3}$$

여기서 η_B : 보일러 효율
G_f : 연료 소모량
H_l : 연료의 저발열량

연료의 발열량에는 연소 생성물인 H_2O가 액체인 물로 배출될 경우에는 고발열량, 기체인 수증기로 배출될 경우는 저발열량이라고 하며, 수증기의 응축잠열만큼 고발열량이 저발열량보다 높다. 일반적으로 보일러 효율에 저발열량을 사용하므로 수증기의 응축잠열까지 회수하는 콘덴싱보일러는 효율이 매우 높아지며 수소분이 많은 연료를 사용하는 경우는 100% 이상의 효율을 얻을 수 있다.

보일러도 저부하 운전의 경우에는 효율이 크게 저하될 수 있다. 기동 손실, 빈번한 on-off에 의한 퍼지(purge) 손실, 통풍손실이 저부하 운전 시에 증가하기 때문이다. 이 경우 응답이 매우 빠른 소형관류보일러를 여러 대 설치하여 대수제어로 부하변화에 대응하면 큰 에너지 절약효과를 얻을 수 있다.

예제 5-1

증기보일러에 30℃의 물을 공급하여 150℃의 포화증기를 2,000 kg/h 비율로 생산한다. 연료는 저 발열량 50,000 kJ/Nm^{3}인 도시가스이며 연료소비율이 128 Nm^3/h라면 이 보일러의 효율은 얼마인가?

풀이

$G_a = 2000\,\text{kg/h}$, $h_1 = C_p \times t_1 = 4.19 \times 30 = 126\,\text{kJ/kg}$, $h_2 = 2{,}750\,\text{kJ/kg}$(150℃의 포화증기의 엔탈피), $G_f = 128\,\text{Nm}^3/\text{h}$, $H_l = 50{,}000\,\text{kJ/Nm}^3$을 식 (5.3)에 대입하면

$\eta_B = [2{,}000(2{,}750 - 126)/(128 \times 50{,}000)] \times 100 = 82\%$ ■

❹ 난방용 보일러의 부하

난방용 보일러의 정격부하는 상용부하에 축열부하를 더한 것이다. 상용부하란 난방용 방열기의 부하와 급탕부하를 합한 것에 배관계통에서의 손실을 더한 부하를 말한다. 배관손실은 방열기 및 급탕부하의 최대 15~20%, 축열부하는 여기에 다시 15~25%를 고려하므로 증기보일러의 정격부하는 방열기 및 급탕부하의 약 1.35배, 온수보일러는 약 1.15배로 한다.

❺ 연료와 연소장치

보일러용 연료에는 석탄을 중심으로 한 고체연료, 경유나 중유와 같은 액체연료 및 기체연료가 있다. 고체 및 액체연료([표 5-4] 참조)는 SO_x나 분진을 발생함으로써 환경문제를 야기하기 때문에 대도시를 중심으로 한 인구밀집지역에서는 기체연료를 주로 사용한다. 주요 기체연료에는 프로페인가스를 중심으로 한 LPG(액화석유가스)와 도시가스로 공급되는 메테인가스를 중심으로 한 LNG(액화천연가스)가 있다.

액체용 연료의 연소를 위한 버너에는 무화(霧化; atomizing)방법에 따라서 회전식(로터리), 유압식, 고압기류식 등이 있다. 기체연료용 버너는 노즐로 연료를 공기 중으로 분사하여 연소시키는 확산형 버너와 미리 공기와 연료를 혼합한 후 다공관과 금속섬유매트에서 연소시키는 예혼합형 버너로 구분할 수 있다. 기체연료는 SO_x나 분진이 거의 발생하지 않는 청정연료이므로 NO_x 발생만 제어하면 되며, 이를 저NO_x 버너라고 한다. 저녹스 버너는 산소농도와 연소온도를 낮게 하기 위한 연소온도 제어, 배기가스의 재순환, 다단연소 등을 단독 또는 조합하여 설계한 것이다.

연료가 완전연소 되기 위해서는 화학방정식에 의한 이론공기량 이상의 과잉공기가 필요하다. 공기가 부족하면 불완전연소가 되며 공기가 과다하면 열손실이 커지고 NO_x 발생이 많아질 수 있다. 따라서 연료에 따라서 적절한 과잉공기를 공급해야 한다.

원활한 연소와 연소가스의 배출을 위해서는 굴뚝(연돌, stack)을 포함한 통풍설비가 필요하다. 굴뚝만으로 자연통풍이 부족할 때는 팬을 사용하여 압입통풍, 흡입통풍 및 평형통풍과 같은 강제통풍설비를 갖추어야 한다. 굴뚝은 통풍력을 얻기 위해서 뿐 아니라 오염물질을 확산, 희석시키기 위해 충분한 높이를 필요로 하며, 겨울철 결로 발생도 고려해야 한다.

[표 5-4] 액체 연료의 조성 및 발열량의 일례

연료종류	비중	조성, %(wt)						발열량, kJ/kg	
	15/4℃	탄소	수소	황	질소	산소	기타	고위	저위
고급휘발유	0.751	85.02	12.27	0.002	–	2.7	–	46976	43836
경유(0.05%)	0.835	85.40	14.37	0.004	–	–	0.08	45795	42948
경유(1.0%)	0.845	85.00	14.02	0.77	–	–	0.08	45628	42823
실내등유	0.797	88.50	13.47	0.002	–	–	0.02	46348	43459
보일러등유	0.829	85.51	14.40	0.068	–	–	0.02	45854	43003
B-A유(0.5%)	0.909	86.40	12.40	0.42	700	0.5	0.20	44640	42044
B-C유(0.5%)	0.937	86.30	12.22	0.43	1900	0.5	0.35	44305	41650
B-C유(1.0%)	0.944	85.00	12.98	0.84	2500	0.5	0.42	44070	41558
B-C유(4.0%)	0.961	84.60	11.25	2.89	2500	0.5	0.50	43882	41340

❻ 보일러의 수처리

수처리는 보일러의 장해 및 사고를 예방할 뿐 아니라 양호한 열전달로 보일러의 효율 저하를 막는 데 필요하다. 보일러수 중의 고형물이 전열면에서 석출하여 부착하면 관석

(scale)을 생성하게 되고 이는 열전달 방해와 관의 팽출 파손의 원인이 된다. 특히 실리카 농도가 높은 급수는 경질 스케일 부착의 원인이 된다. 현탁물이 보일러 저부에 침강하면 슬러지를 형성하고 부식의 원인이 된다. 보일러 관벽에 관통공(貫通孔)까지 나게 하는 점식(點植, pitting)은 용존산소가 주원인이며 pH 저하와 Cl^- 농도 증가에 의하여 촉진된다. 거품이나 미세액적이 증발과정에서 증기에 동반하는 현상을 캐리오버(carry over)라고 하며 실리카의 기화가 원인인 경우도 있다. 캐리오버는 스케일 생성의 원인이 되므로 억제되어야 한다.

보일러의 수처리는 보일러의 내처리와 외처리 및 블로다운(blow down)의 시행 등으로 나눌 수 있다. 외처리는 이온교환수지법을 이용하여 경수를 연화시키는 방법이고, 내처리는 청관(淸管)제 등의 약제를 사용하여 수질을 유지하는 방법이다. 또 블로다운은 농축된 보일러수를 간헐적 또는 연속적으로 배출하여 기계적으로 보일러수의 수질을 유지하는 방법이다.

❼ 폐열회수장치

보일러의 연도를 통하여 배출되는 폐열을 회수하여 유효하게 활용하는 방안으로는 절탄기와 공기예열기가 있다. 절탄기(節炭機, economizer)는 급수예열용으로서 열회수뿐 아니라 온도차에 의한 열응력을 완화하고, 공기예열기는 연소효율과 전열효율을 높여 보일러효율을 높이는 효과가 있다. 그러나 이들 장치에 의한 유동저항은 통풍을 저해하고 연소온도의 상승으로 NO_x 발생이 증가될 수 있다. 특히 배기온도저하로 표면결로에 의한 저온부식을 일으키므로 공기예열기를 지난 배기가스 온도는 150℃ 이하로 되지 않도록 한다.

공기예열기에는 관형 공기예열기와 회전축열식 공기예열기가 있으며 산업용에는 주로 관형예열기가 사용된다. 회전형은 가동 전에 미리 회전시켜 국부적인 과열을 방지해야 하고 전열을 좋게 하기 위해 자주 청소해야 한다. 최근에는 가스연료용 보일러에 핀튜브형 열교환기나 히트파이프식 열교환기가 적용되고 있다.

콘덴싱보일러는 배기 중 수증기의 잠열을 회수하는 보일러라고 할 수 있으며 응축수에 의한 부식 문제를 고려하여야 한다.

그밖에 블로다운에 의한 열손실도 크므로 급수예열용 등으로 회수한다. 특히 블로다운을 시행하는 경우에는 플래시탱크로 저압증기와 응축수를 분리한 후 별도로 회수하면 많은 열량을 회수할 수 있다.

❽ 공해저감장치

보일러에서 발생하여 대기로 방출되는 공해물질로는 질소산화물(NO_x), 미연탄화수소와 일산화탄소, 입자상물질, 황산화물(SO_x) 등이 있다. NO_x는 탈질장치로 저감하나 화학반응성이 낮기 때문에 저NO_x 버너 등으로 연소과정에서 발생을 억제하지 않으면 저감이 어렵다. SO_x는 유동층 연소 등으로 처리하거나 배연탈황장치에 의하여 제거할 수 있다.

입자상 물질은 집진장치에 의하여 처리하며 건식, 습식 및 정전식으로 나눌 수 있다. 건식에는 중력식, 관성식, 사이클론(cyclon)식으로 불리는 원심식 및 백필터(bag filter)식이 있으며, 백필터 방식은 집진효율이 99% 이상이나 설비비가 많이 들고 압력손실이 100~200 mmAq로 비교적 크기 때문에 운전비가 많이 들고 함수율이 높은 가스나 고온(200℃ 이상) 가스에는 부적합하다. 습식은 물방울의 세정작용을 이용하여 분진을 제거하는 방식으로 스크러버(scrubber)식, 벤튜리 스크러버식 및 충전탑식이 있다. 습식은 구조가 간단하고 조작이 용이하나 배출수 처리 문제로 운전비가 많이 들고 부식문제가 발생할 수 있으므로 소각처리 시설에는 사용할 수 없다. 정전식은 고압 직류 전원으로 집진극과 방전극 사이에 코로나 방전을 일으켜 입자에 전하를 부여하고 집진극에서 포집하는 장치이다. 집진효율이 우수하고 압력손실이 20 mmAq 이하로 낮으며 운전비도 적게 들므로 산업계에서 널리 사용된다.

2) 히트펌프

대부분의 히트펌프는 냉동기에 냉매의 흐름방향을 밸브로 조절하여 증발기와 응축기 기능을 교체함으로써 냉난방을 겸할 수 있도록 한 것이다.

히트펌프의 열원으로는 공기, 물, 지열, 태양열, 폐열 등이 있다. 공기열원은 가장 쉽게 사용할 수 있으나 공기의 열전달 성능이 낮으므로 열교환기가 커지고 기온이 영하로 내려갈 때 성에가 발생하면 성능계수가 크게 저하될 수 있다. 제상(defrost) 방법에는 고온가스 통과, 전열기에 의한 가열 및 온수분무 등이 있으나 압축기 출구 측 고온가스를 증발기를 통하게 하는 고온가스 통과가 가장 널리 사용된다. 수열원으로는 지하수, 호수, 공업용수, 온천수, 폐수 등이 있다. 물은 공기에 비해 열용량이 크고 열전달 성능이 좋기 때문에 열교환기가 작아지며 성능계수를 크게 할 수 있다. 지하수의 경우 온도변화가 작으며 여름에는 냉각용으로 사용할 수 있기 때문에 설비비나 운전비 면에서 가장 유리하다.

지열을 사용한 지열원 히트펌프의 시스템은 [그림 5-8]과 같다. 이 경우는 집열관의 지하 매설을 위한 설비비가 높고 지질에 따라 열용량이 다르므로 그 예측 및 보수가 어려운 단점이 있다. 태양열을 열원으로 사용하는 히트펌프의 경우는 직접 온수를 공급하는 경우에 비해 집열온도를 낮출 수 있기 때문에 집열효율을 높일 수 있으나 일사량의 변화가 큰 것이 문제이다.

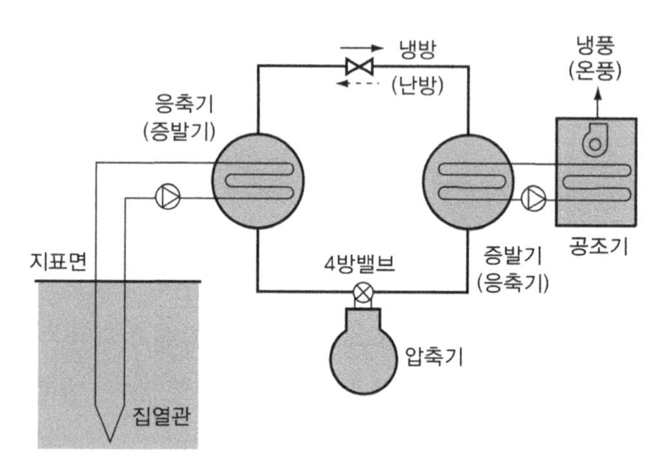

[그림 5-8] 지열원 히트펌프 시스템

3) 열병합발전과 지역냉난방

열병합발전(co-generation) 시스템은 하나의 에너지원으로부터 전력생산과 함께 열을 이용함으로써 기존 방식에 비하여 30~40%의 에너지절약 효과를 거둘 수 있는 종합에너지(total energy) 시스템을 말한다. 운전 방식에는 열주도 전기종속형과 전기주도 열종속형이 있다.

[그림 5-9]는 가스엔진 열병합발전 시스템을 나타낸 것이다. 가스엔진으로 전력을 생산함과 동시에 냉각수로 온수를 생산하고 단효용 흡수식 냉동기를 구동하여 냉수를 생산한다. 또한 고온의 배기가스는 이중효용식 냉온수기를 구동하여 냉수 및 온수를 생산한다.

에너지소비 집중 지역에 열병합발전 설비를 중심으로 전용보일러, 자원회수시설 등 에너지 생산 및 이용효율을 극대화한 설비를 집단에너지시설이라고 한다. 집단에너지시설은 열발생설비(보일러, 터빈/발전기, 소각로 등), 열펌프, 연료전지, 냉동설비, 열교환기, 축열조 등으로 구성된다.

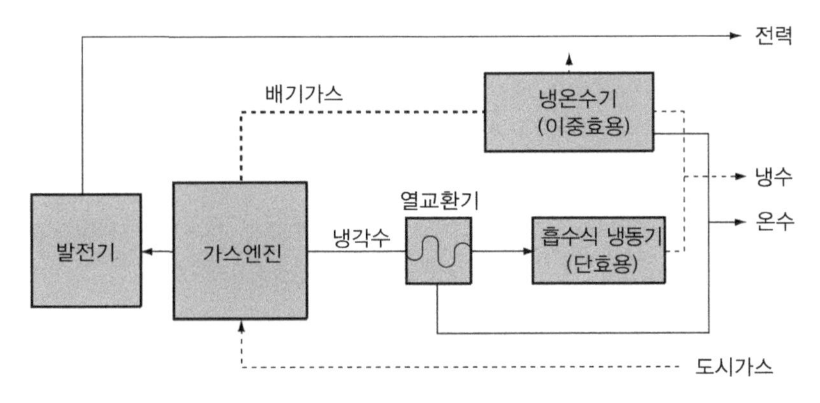

[그림 5-9] 가스엔진 열병합 발전 시스템

지역냉난방이란 에너지 소비밀도가 높은 대도시 지역의 중앙 열원설비에서 생산된 열을 수용가에게 공급하여 난방 또는 냉방에 활용하도록 하는 방식이다. 지역냉난방은 열병합 발전이나 집단에너지설비와 같은 열원설비와 열수송관과 순환펌프 등으로 구성된 열수송 시설 및 사용자의 관리에 속하는 열사용설비로 구성된다. [그림 5-10]은 지역냉난방의 개념도이다. 열원설비에서 수용가까지 열공급은 사용목적, 배관 및 펌프동력을 고려하여 고온수(100~230℃), 저온수(100℃ 미만), 증기를 사용할 수 있으며 우리나라는 대략 115~120℃의 중온수를 사용한다.

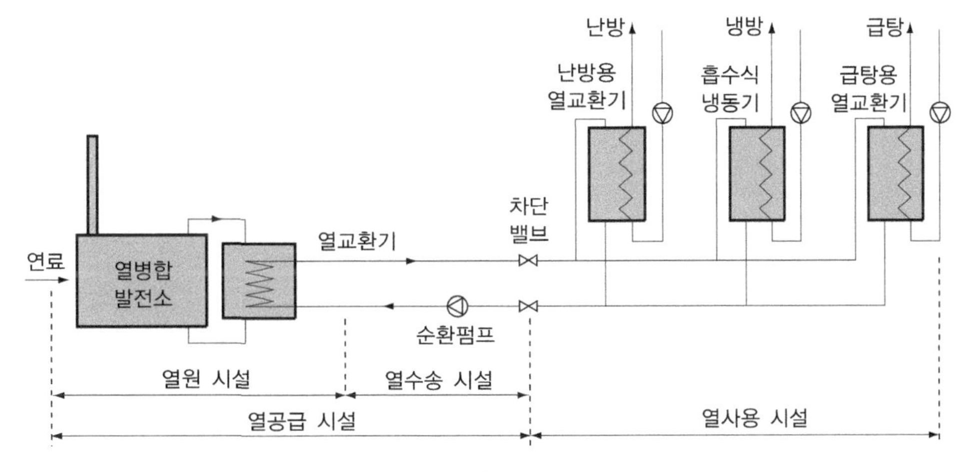

[그림 5-10] 지역냉난방

수용가의 공조기 및 단말기에 열을 공급하는 방법에는 직접식, 간접식 및 혼합식이 있다. 직접식은 온도조절 없이 공급열을 직접 사용하는 방법을 말하며 간접식은 열교환기나 배관혼합으로 온도를 낮추어서 사용하는 방법을 말한다. 혼합식은 공조기는 직접식, 단말기는 간접식을 사용하는 방법이다. 지역냉방의 경우 직접식은 열원설비에서 냉수를 생산하여 직접 공급하는 방법이며, 간접식은 온수를 공급하고 수용가에서 중온수 흡수식 냉동기 또는 제습식 냉방기를 사용하여 냉방하는 방법이다.

지역냉난방은 열원설비의 집중으로 인하여 에너지 절약, 환경공해의 최소화, 안전도 향상, 인건비 절약으로 경제적인 운영, 기계실 및 굴뚝에 소요되는 건축면적의 유효이용, 건축공사비 절약 등의 장점이 있다. 단점은 저부하 시 경제성 악화, 높은 초기 투자비 등이 있다.

4) 연료전지

연료전지는 공기극(환원극)에는 산소가, 연료극(산화극)에는 수소 또는 탄화수소계(메탄, 메탄올 등)의 연료가 공급되어 물의 전기분해 역반응으로 전기화학반응이 진행되어 전기, 열, 물이 발생하는 장치이다. 연료전지는 기존 발전시스템에 비하여 에너지를 절약하면서 온실가스와 대기오염물질을 배출하지 않는 신에너지로 다음과 같은 장점을 갖는다.

① 높은 발전효율 : 40~60%(기존 시스템의 25~35%)
② 친환경 : CO_2, NO_x, SO_x, 소음 등 극소
③ 배열회수에 의한 열병합발전 또는 온수/냉난방 가능
④ 다양한 연료 사용 : 도시가스, 수소, 바이오가스, 매립가스 등
⑤ 95% 이상의 높은 가동률
⑥ 맞춤형 분산발전시스템 구성 및 백업전원 기능수행 가능

연료전지는 공기극과 연료극 사이에서 전기화학반응을 일으키는 전해질의 종류에 따라서 구분할 수 있으며 상용화에 접근한 대표적인 연료전지는 [표 5-5]와 같다.

[표 5-5] 연료전지의 종류

	PEMFC	SOFC	MCFC	PAFC
전해질	고분자전해질막 (polymer electrolyte membrane)	고체산화물 (solid oxide)	용융탄산염 (molten carbonate)	인산 (phosporic acid)
작동온도, ℃	〈100	700~1000	650	200
연료	도시가스	도시가스, LPG	도시가스, LPG, 석탄	도시가스, LPG
출력범위, kW	1~1,000	1,000~10,000	1,000~10,000	100~5,000
주요용도	주택, 자동차	대규모발전	대규모발전	분산발전

건물용으로 보급되고 있는 연료전지에는 고분자전해질막 연료전지(PEMFC)와 고체산화물 연료전지(SOFC)가 있다. 연료전지를 열병합발전시스템으로 사용할 경우 발전효율 35%와 열효율 45%의 총 80% 이상의 효율을 얻을 수 있다. 80℃ 정도의 저온에서 작동하는 출력 1 kW 정도의 PEMFC가 주로 보급되고 있으며 시스템의 구성도는 [그림 5-11]과 같다. 도시가스는 개질(改質) 과정을 거쳐 수소가스로 연료전지에 공급되며, 발생된 전기는 직류이므로 인버터(inverter)를 거쳐 교류로 변환시킨 후 사용하고 나머지는 판매한다. 연료전지에서 발생된 열은 회수하여 개질과정에 사용하거나 축열한 후 난방 및 급탕용 온수로 사용한다.

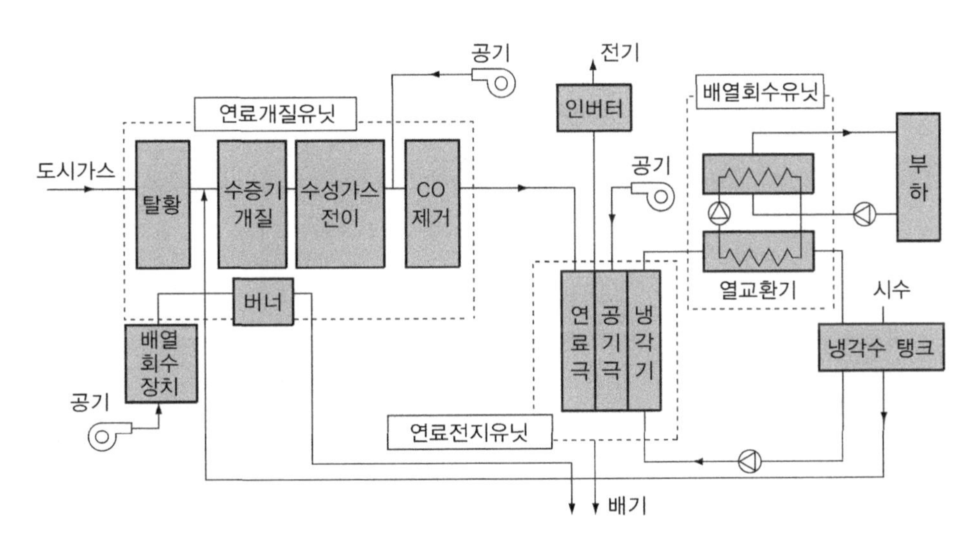

[그림 5-11] 연료전지 열병합발전시스템

건물용 연료전지는 도시가스를 사용하며, 건물의 보일러실이나 베란다에 설치가 가능하나 내구성이 낮고 가격이 비싼 문제점이 있다.

5) 태양열시스템

태양열시스템은 집열부, 축열부 및 이용부를 모두 갖춘 시스템을 말한다. 구성부 사이의 열전달을 위해 자연 순환력에만 의존할 경우는 자연형, 펌프나 송풍기 등의 외부 에너지를 사용하는 경우는 설비형, 자연형에 약간의 기계적 방법을 사용한 경우는 혼합형 시스템이라고 한다.

[그림 5-12]는 설비형 태양열시스템의 예를 보여준다. 태양열시스템은 집열량의 변화가 심하고 부하변화도 크기 때문에 축열조가 있어야 하며 보조 보일러와 이를 자동으로 조절할 제어장치가 필요하다. 보조열원의 용량은 부하와 동일하게 하여 태양열을 활용할 수 없는 경우를 대비해야 한다. 집열판의 흡열매체에는 부동액(프로필렌글리콜 용액 30%)과 공기가 있으며 액체식은 물, 공기식은 자갈 등을 사용하여 축열한다. 태양열시스템은 작동 및 조절이 용이하고 시설비가 작아야 한다.

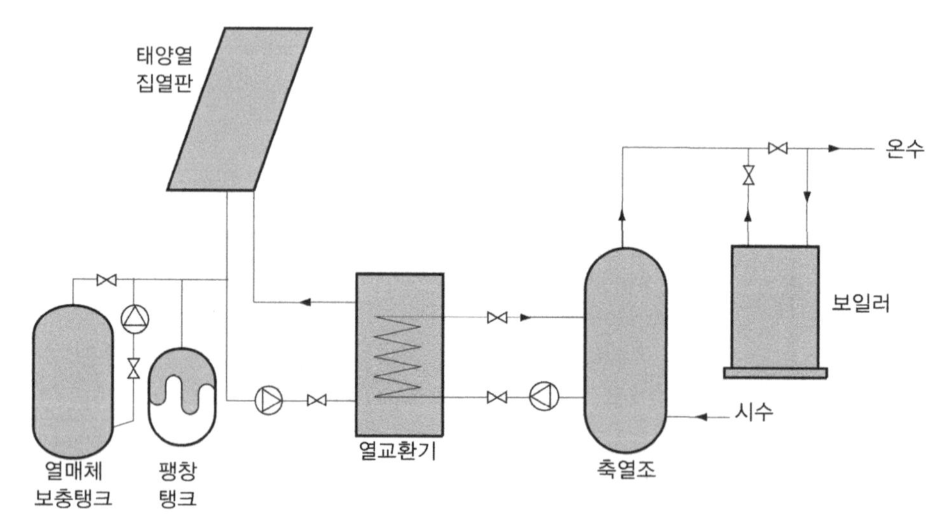

[그림 5-12] 태양열시스템

집열기는 평판(flat plate)형, 진공관형, 집중형으로 나눌 수 있다. 집열기는 유리의 투과율과 집열면에서 흡수율이 높고 주위로 복사 및 대류에 의한 열손실이 낮을수록 집열효율이 높다. 집열온도가 높을수록 열손실이 크므로 집열효율이 저하한다. 진공관형은 [그림 5-13]과 같이 대류열손실을 최소화한 집열기로 히트파이프를 사용하며 집열온도가 높은 경우 평판형에 비하여 집열효율을 높일 수 있다. 집열온도는 열 이용온도에 따라서 결정되며 급탕의 경우 45~60℃, 난방의 경우는 60~80℃, 흡수식 냉방에는 85~95℃의 온수가 필요하다.

집열기 외에 축열조를 포함한 태양열시스템 전체의 열효율을 시스템효율이라고 하며 실제로 이용한 열량으로 평가한 효율을 이용효율이라고 한다. 일반적으로 태양열의 시스템효율은 50% 정도이며 이용률이 큰 기숙사, 요양시설 및 목욕탕의 급탕용으로 사용할 때 40% 이상의 이용효율을 보인다.

여름철에 태양에너지의 공급량은 크나 수요는 떨어지므로 시스템의 과열방지 대책이 필요하다. 과열방지는 차양이나 냉각용 팬으로 집열을 억제하거나 저장된 열을 버리는 방법밖에 없음을 유의해야 한다. 따라서 태양열 의존율을 40~70%로 하는 것이 적절하며 난방을 목적으로 하는 경우에는 의존율을 보다 낮게 하는 것이 바람직하다. 태양열시스템은 동파나 과열에 의하여 파손될 위험이 상존하므로 정기적인 점검이 필요하다.

여름철 냉방을 위한 흡수식 냉동기 방식은 진공관형 집열기로 88℃ 이상의 온수를 만들어 단효용 흡수식 냉동기를 구동하여 7℃ 정도의 냉수를 생산하고 공조기나 FCU의 냉열원으로 사용한다. 냉방을 위한 집열기 면적은 약 13 m^2/USRT이며 여름철 이용률을 높일 수 있다. 그러나 아직은 성능계수가 낮고 초기비용이 많이 들기 때문에 상용화에는 어려움이 있다. 태양열을 이용한 제습냉방도 기술적으로는 가능하나 아직 기존 냉방시스템에 비해 고가이고 부피가 상대적으로 큰 것이 문제이다. 제습냉방은 60℃ 정도 열원으로 작동 가능하므로 평판형 집열기를 사용할 수 있다.

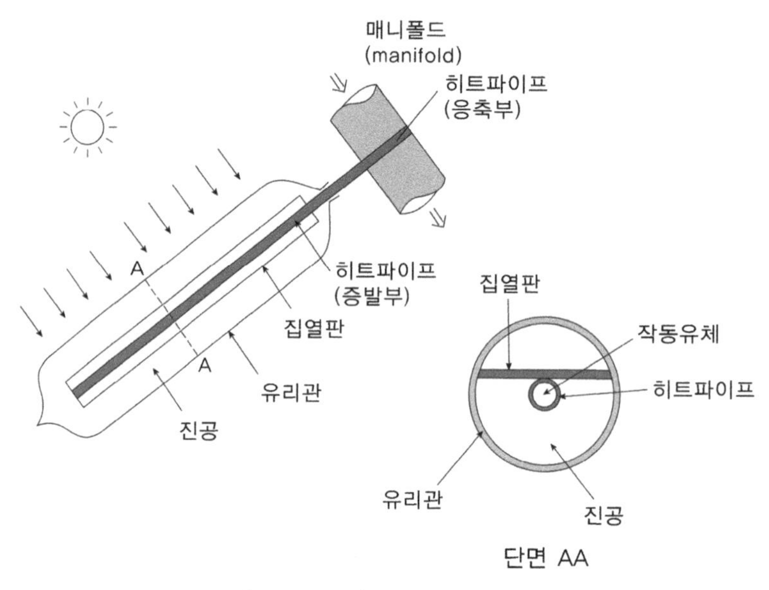

[그림 5-13] 진공관형 집열기

6) 지열

지열에너지는 지속가능하고 재생 가능한 열원으로서 연중 온도변화가 거의 없는 특성이 있다. 지하로 내려갈수록 지온이 상승되며 그 증가율인 지온경사(geothermal gradient)는 약 25~30℃/km이다. 건물에서 이용하는 지열은 지하 50~500 m에서 확보할 수 있는 12~25℃의 열로서 냉난방용으로 사용한다. 지열원 히트펌프는 보통 공기열원 히트펌프에서 발생하는 겨울철 COP 저하와 제상문제가 없이 연중 냉난방을 에너지 절약형으로 운전할 수 있다. 또 노출 기기가 없으며 사용 냉매량도 적은 장점이 있다. 그러나 지중열교환기 매설을 포함한 시스템의 초기 설치비용이 기존 냉난방 설비에 비해 과다하다는 것이 단점이다. 초기 투자비를 제외하면 다른 대체 에너지원에 비해 냉난방열원으로 경쟁력이 있으며 설치 장소에 구애를 적게 받으므로 적용 사례가 늘어나는 추세이다.

지열원 히트펌프의 경우 겨울철 난방 시 지중온도는 평균 12℃ 정도의 열원에서 부동액(순환유체)이 지중열교환기를 순환하여 히트펌프로 유입되는 온도인 EWT(entering water temperature)는 일반적으로 9℃이며 히트펌프 출구온도는 5℃ 정도이다. 한편 여름철 냉방 시 지중온도는 평균 17℃, EWT는 약 20℃, 출구온도는 23~25℃이다.

지중열교환기는 수직형, 수평형, 지표수형, 지하수형 및 말뚝형으로 구분할 수 있다.

이 중 지하수형 지중열교환기는 개방형으로서 지하수와 직접 열교환을 하므로 가장 효율이 높으나 지하수 환경에 영향을 미치는 것이 문제점이라고 할 수 있다. 그 외의 열교환기는 열매를 파이프 내부로 순환시키는 폐쇄형에 속하며 흔히 이용되는 말뚝형 열교환기인 시추공(bore hole) 열교환기는 땅속에 파이프를 삽입하고 그 속에 전열관을 내장하며 전열관과 파이프 사이의 공간에는 시멘트나 실리카와 같은 전도성 재료인 그라우트(grout)로 채운 것이다. 파이프는 고밀도 폴리에틸렌 파이프가 이용되며 전열관 내를 흐르는 열매체는 지중 환경에 무해하고 점도가 낮으며 열전달 능력이 우수한 에탄올/물, 에틸렌글리콜/물 또는 프로필렌글리콜/물이 주로 사용된다. 시추공은 초기 시공비 및 설치공간이 필요하므로 건설 구조물을 지중열교환기로 활용하는 방안이 시도되고 있으며 이를 말뚝형 지중열교환기 또는 에너지 파일(energy pile)이라고 한다.

지열 이용에 축열식을 도입하면 초기 지중 열교환기 시설 용량을 40~50% 줄이고 심야전력의 사용으로 운전비를 크게 낮출 수 있다.

5-4 축열시스템

1) 개요

축열시스템은 부하가 없거나 낮을 때 에너지를 저장하였다가 부하가 있거나 높을 때 활용하는 시스템을 말한다. 축열에는 온열축열과 냉열축열이 있으며 축열 정도에 따라서 전부하축열(full storage)과 부분부하축열(partial storage)로 나눌 수 있다.

[그림 5-14]는 부하의 60%를 축열하는 부분부하 축열 방식을 나타내며 피크부하 대비 열원기기(히트펌프)의 부하를 40%로 낮춰 운전할 수 있음을 보여준다. 이와 같이 축열시스템에 의하면 전력부하의 불균형을 해소하여 발전 및 송전효율을 제고하고, 열원장치의 용량을 낮출 수 있다. 또 전부하 운전으로 설비의 운전효율을 높일 수 있으며, 값 싼 에너지 활용으로 에너지 비용을 절약할 수 있고, 부하변동이나 열원고장 시 대처가 용이하다. 그러나 축열조 및 설비를 위한 별도의 공간이 필요하고, 축열조에서 열손실이 발생하며, 개방 수조식인 경우 반송동력이 증가하고 배관부식이 촉진된다.

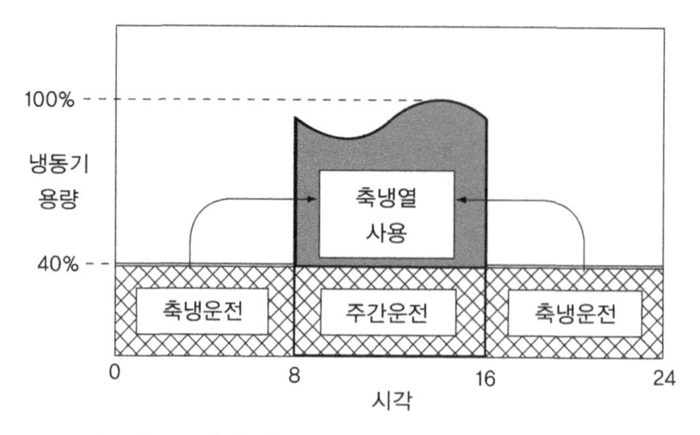

[그림 5-14] 축냉시스템의 운전과 냉동기부하

냉열축열은 현열에 의한 수축열시스템과 잠열에 의한 빙축열시스템으로 나눌 수 있다. 현열 축열에만 의존하는 수축열방식이 빙축열방식에 비하여 5배 이상의 공간을 필요로 한다. 그러나 수축열 방식은 축열온도가 4.5℃로 0℃ 이하인 빙축열 방식보다 높기 때문에 냉동기의 COP를 높게 운전할 수 있으므로 운전비용은 20% 정도 낮아진다. 따라서 축열용량이 10,000 RTh 이상이면 수축열방식이 더 경제적이다. 또 수축열 방식은 온열과 냉열의 축열을 겸할 수 있고 저수는 소화용수를 겸할 수 있는 이점이 있다.

축열조는 내압을 지탱하고 누설이나 부식이 일어나지 않고 열손실(하루 1~5% 정도)을 최소화할 단열성능이 있어야 한다. 재료로 강철, 콘크리트 및 플라스틱을 사용할 수 있으나 강철과 콘크리트를 널리 사용한다.

2) 수축열 방식

수축열 방식에는 축열조의 물이 혼합되어 균일온도로 축열되는 혼합형과 수직방향으로 온도가 층을 이루는 온도성층(stratification)형이 있으나 최근에는 대부분 축열성능이 우수한 온도성층형을 사용한다. 냉수와 온수가 혼합되지 않도록 축열조의 깊이는 가급적 깊고 급수 및 배수 시에 교란이 최소화되도록 해야 한다. 또 급·배수구의 위치는 사수(死水, dead water)를 최소화할 수 있도록 해야 한다. 축열조에는 단독식과 다조식이 있으나 다조식은 구조가 복잡할 뿐 아니라 제어도 어려우며 열손실도 크다.

[그림 5-15]는 단독 온도성층형 축열조의 개념도를 나타낸다. 냉동기에서 냉각된 냉수가

축열조의 바닥으로 유입되고 상부의 뜨거운 물은 냉동기로 보내진다. 냉수와 온수의 경계에는 온도가 급변하는 변온층(thermocline)이 형성되면서 축열조는 서서히 냉수로 채워진다. 부하가 발생하면 바닥에서 냉수를 빼내어 냉방에 사용하고 가열된 물은 축열조 상부로 보낸다. 온수와 냉수가 혼합되지 않고 사수(死水) 없이 균일하게 성층화되는 것이 중요하다.

수축열 방식은 빙축열방식과 같은 부동액을 필요로 하지 않으므로 환경친화적이라고 할 수 있으나 물의 오염을 막고 수질유지를 위한 수처리가 필요하다.

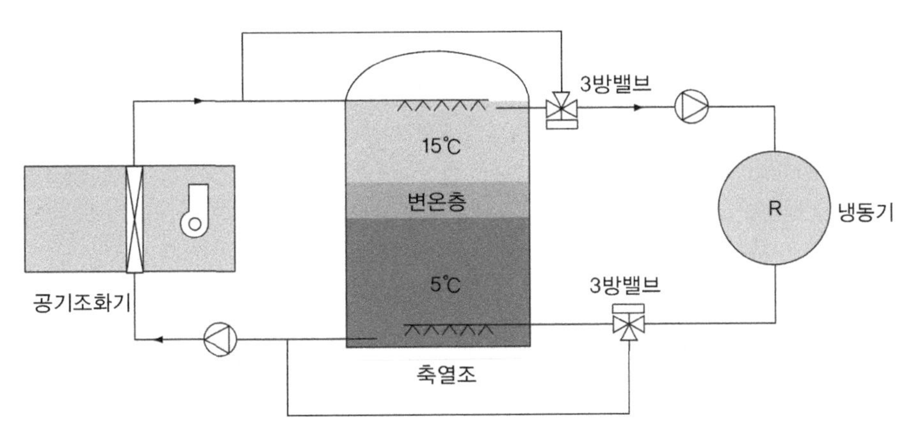

[그림 5-15] 수축열시스템

3) 빙축열 방식

빙축열 방식은 얼음을 만들어 저장하고 필요 시 녹여서 냉방하는 방식으로 제빙에는 냉매 또는 브라인, 해빙에는 물 또는 브라인을 사용한다. [그림 5-16]은 빙축열시스템을 나타내며 브라인(주로 에틸렌글리콜)이 순환하면서 상변화 물질(주로 물)을 제빙 또는 해빙한다.

빙축열방식은 수축열 방식에 비하여 대온도차 저온공조에 적합하며 축열조가 작은 것이 장점이다. 축열조의 총체적 대비 얼음의 체적을 얼음충전율(IPF; ice packing factor)이라고 하며, IPF가 높을수록 총체적을 줄일 수 있으나 너무 크면 전열성능이 저하된다. 한편 빙축열 방식은 제빙을 위해서 증발기 온도가 빙점 이하로 낮아야 하기 때문에 물을 냉매로 하는 흡수식냉동기를 사용할 수 없고 수축열 방식에 비하여 냉동기의 COP가 낮은 것이 단점이다. 증발기의 온도 저하를 작게 하려면 제빙 및 해빙 과정에서 열전달이 잘 되어야 하므로 얼음의 부피를 작게 하여 표면적을 넓게 하는 것이 효과적이다.

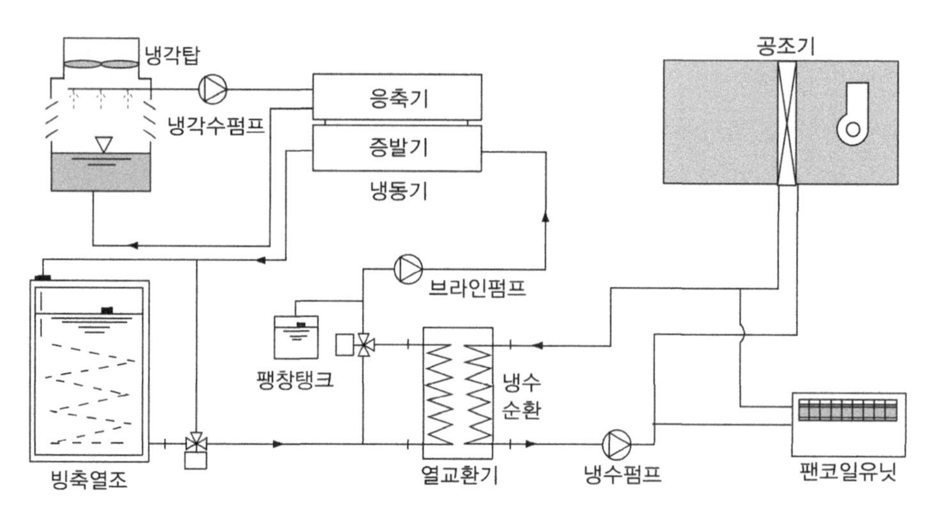

[그림 5-16] 빙축열시스템

제빙방법에는 축열조 내의 얼음이 정지상태로 있는 정적(static)방법과 이동되는 동적(dynamic)방법으로 분류할 수 있으며, 그 특성을 요약하면 [표 5-5]와 같다.

[표 5-5] 빙축열 방식과 특징

종류		특징
정적 제빙	관외착빙형 (ice on coil)	·관 내부의 브라인으로 외부의 물을 제빙 및 해빙 ·관 외부의 물이 부하 측으로 개방회로
	관내착빙형 (ice in coil)	·관 외부의 브라인으로 내부의 물을 제빙 및 해빙 ·관 내부의 물이 부하 측으로 밀폐회로 ·관외착빙형보다 전열저항이 커서 제빙효율이 낮음. 관막힘의 위험이 있음
	캡슐형 (capsule)	·브라인으로 캡슐 내의 물(또는 상변화 물질)을 제빙 및 해빙 ·브라인이 부하 측으로 개방회로 ·전열성능이 좋고 얼음충전율이 높으며 브라인의 유동저항이 낮고 대형화가 용이
동적 제빙	빙박리형 (ice-harvester)	·간헐적인 분무수로 관에 착빙된 두께 5 mm 정도의 얼음 편을 냉매가스 역순환으로 분리시켜 축열조 하부에 저장 ·물로 해빙하며 부하 측으로 개방회로 ·정적 제빙방식에 비하여 열저항이 감소하므로 제빙 및 해빙효율이 향상됨 ·분무수를 위한 추가 동력 소요
	아이스슬러리형 (ice slurry)	·물에 브라인(주로 에틸렌글리콜)을 혼합한 상태에서 물만 얼려 슬러리 형상의 얼음으로 축열 ·아이스슬러리가 부하 측으로 개방회로 ·열저항이 작아 제빙 및 해빙효율이 좋으나 빙점 저하로 COP 감소

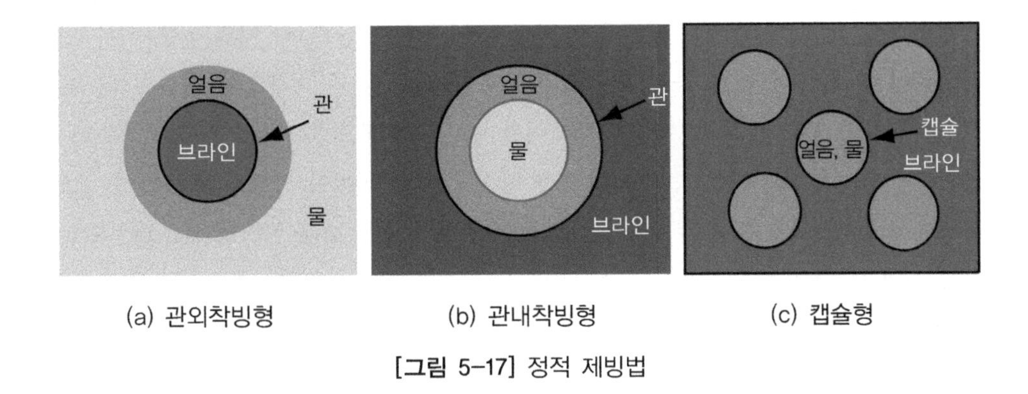

(a) 관외착빙형 (b) 관내착빙형 (c) 캡슐형

[그림 5-17] 정적 제빙법

정적 제빙은 [그림 5-17]과 같이 물과 제빙용 브라인이 관으로 분리되어 물이 관외부에서 어는 관외착빙형, 관내부에서 어는 관내착빙형, 캡슐 속에서 얼게 하는 캡슐형 등이 있다. 정적 방식은 얼음이 얼면서 그 두께가 증가하면 전도열저항의 증가로 전열성능이 저하된다. 제빙성능을 유지하기 위해 브라인의 온도를 낮추려면 증발기 온도를 낮추어야 하므로 냉동기의 COP가 저하하게 된다. 캡슐형은 관착빙형에 비하여 얼음부피를 작게 함으로써 전열면적을 크게 하고 얼음충전율을 높일 수 있다. 따라서 열저항 감소로 COP가 개선되고 브라인의 유로가 넓으므로 유동저항이 감소되는 장점이 있다.

동적 제빙은 입자가 작은 얼음을 만들어 축열하는 방식으로서 빙박리형과 아이스슬러리형이 있다. 이 방식은 정적 방식에 비하여 얼음의 두께 증가에 의한 제빙성능 저하를 막을 수 있고 얼음 입자가 작으면 상대적으로 표면적이 넓어지므로 해빙성능도 향상된다. 그러나 IPF가 너무 높으면 얼음입자가 뭉쳐서 해빙이 어렵게 되고 관 폐색을 야기할 수 있다.

동적 제빙인 빙박리형은 관외 착빙방식에 간헐적으로 냉매가스를 역순환시켜 두께 5 mm 정도의 얼음을 분리시켜 축열조 하부에 저장하였다가 물로 녹여 그 물을 열교환기로 순환시켜 냉수를 생산한다.

아이스슬러리형(ice slurry)은 물에 브라인으로 에틸렌글리콜을 섞어 슬러리형상으로 물만 얼게 한 것이다. 아이스슬러리가 저장된 축냉조에서 열교환으로 냉수를 생산하는 시스템과 아이스슬러리를 부하 측까지 순환하게 하는 직접순환 시스템이 있다. 후자가 잠열수송에 따른 관경 축소, 수송동력 감소 등의 이점이 있으나 얼음에 의한 관폐색 등 유동에 문제가 발생할 수 있다. IPF가 20~25%인 아이스슬러리는 냉수와 같이 유동하면서도 냉수의 5~6배 냉각능력을 갖는다.

빙축열시스템의 설계에는 제빙효율, 펌프 소요동력, 브라인의 처리와 환경문제 등을 고려하여야 한다. 축열조에 물이 채워질 때보다 온도가 낮은 브라인이 채워질 때 열손실이 더 크며, 부하 측의 열매가 개방회로를 이룰 때 밀폐회로일 때보다 더 큰 펌프동력을 필요로 한다. 제빙용 냉동기는 증발기 온도가 빙점 이하로 낮아야 하므로 왕복동식, 스크롤식, 수크루식 등 압축비가 높은 증기압축식을 사용하거나 암모니아를 냉매로 한 흡수식냉동기를 사용할 수 있다.

예제 5-2

수축열 방식은 15℃의 물을 5℃의 물로 냉각하여 저장한다. 그러나 빙축열 방식은 같은 온도의 물을 0℃의 얼음으로 만들어 저장하며 IPF = 55%로 한다. 각 방식에 대하여 1000 MJ의 축열을 위해서 필요한 축열조의 부피는 얼마인가? 단, 축열조의 온도는 균일한 것으로 가정한다.

풀이

수축열의 경우: $q=\rho C_p Q\Delta t$에서

$$Q=\frac{q}{\rho C_p \Delta t}=\frac{1000000}{1000\times 4.2\times(15-5)}=23.8\,\mathrm{m}^3$$

빙축열의 경우: $q=Q[\rho_i(h_{if}+C_p\Delta t)\times IPF+\rho_w C_p \Delta t(1-IPF)]$에서

$$Q=q/[\rho_i(h_{if}+C_p\Delta t)\times IPF+\rho_w C_p\Delta t(1-IPF)]$$

$$=\frac{1000000}{911\times(333+4.2\times(15-0))\times 0.55+1000\times 4.2\times(15-0)\times(1-0.55)}$$

$$=4.4\,\mathrm{m}^3$$

■

5-5 냉각탑

용량이 큰 냉동기는 대개 전열 성능이 좋은 수냉식으로써 응축기에서 가열된 냉각수는 냉각탑에서 공기 중으로 열을 방출하고 다시 응축기로 돌아와 냉각작용을 반복한다.

냉각탑에는 냉각수와 공기가 접촉하는 개방식과 접촉하지 않는 밀폐식이 있다. 전열 성능이 좋은 개방식이 널리 사용되나 아황산가스와 같은 오염물질이 녹아들어 기기의 부식이 촉진되므로 밀폐식으로 하는 경우가 늘어나고 있다.

1) 개방식 냉각탑

개방식은 송풍 방식에 따라서 흡입식과 압송식, 공기흐름에 따라서 대향류형과 직교류형, 충전재(充塡材)의 유무에 따라서 필름형과 비말(飛沫)형 등으로 나눌 수 있다. [그림 5-18]은 충전형 흡입식으로 탑이 높은 대향류형과 탑이 낮고 점유면적이 큰 직교류형을 도시한 것이다. 대향류형이 직교류형에 비하여 전열성능이 좋고 가격이 싸나 펌프 및 송풍동력과 소음이 크고 비산수량이 많으며 보수점검이 어렵다. 물은 상부에서 낙하하며 공기와 접촉하는데 접촉면적을 크게 하고 접촉 시간을 길게 하기 위하여 염화비닐(PVC) 등의 충전재를 넣게 된다. 물방울의 비산을 막기 위해 엘리미네이터(eliminator)를 설치하며 탑의 꼭대기에 설치한 송풍기에 의하여 흡입식 강제송풍을 한다. 냉각탑은 통풍이 잘 되고 소음이나 비산 물방울 문제가 없는 곳에 설치해야 한다.

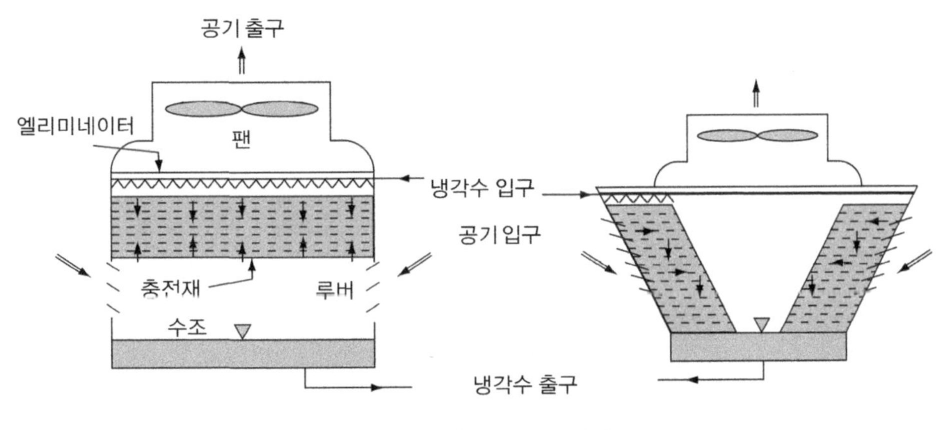

[그림 5-18] 개방형 냉각탑

2) 성능

냉각수는 물 1%의 증발로 약 6℃가 냉각되므로 물의 증발성능이 냉각탑의 성능이라고 할 수 있다. 수온과 공기의 습구온도 차가 클수록 증발이 촉진되며 냉각탑 출구의 냉각수 수온과 공기 습구온도의 차이를 어프로치(approach)라고 한다. 대향류형의 경우 어프로치를 0으로까지 만들 수 있으나 어프로치가 작을수록 충전물의 용량 증가로 송풍 동력이 커지게 되므로 대개 5℃ 내외로 설계한다.

냉각탑에서 방출열량은 증기압축식 냉동기의 경우는 냉동열량의 1.2~1.3배, 흡수식 냉동기의 경우는 냉동열량의 약 2.5배이다. 흔히 냉각탑의 용량은 냉각톤 CRT로 표시한다. 1 CRT는 4.5 kW를 뜻하며, 증기압축 냉동기의 경우 1 RT의 냉동효과를 내는 데 필요한 냉각열량에 가깝다.

3) 유지관리

개방식 냉각탑의 유지관리에 고려할 사항은 소음진동, 수질관리 및 백연 등이 있다.

냉각탑에서 발생한 소음과 진동이 건물 내로 전달되거나 인근에 전파되어 환경문제를 야기할 수 있으므로 설계 및 시공단계에서부터 대비가 필요하다. 주요 소음원으로는 송풍기, 살포수, 루버 등이 있다.

공기와 접촉으로 오염된 냉각수가 증발에 의하여 농축되면 배관에 스케일이 생겨 전열성능을 떨어뜨리고 부식을 일으키게 된다. 또 냉각수에 미생물 및 세균이 번식하여 점착성 슬라임(slime)이 충전제나 배관에 쌓이면 물의 순환을 방해하기도 한다. 그밖에 냉각수에는 레지오넬라균이 서식할 수 있다. 따라서 적정 수준의 수질관리가 필요한데, 보충수 공급으로 농축도를 낮추는 방법과 약재를 주입하는 방법이 있다.

수질유지를 위해 냉각수의 일부를 계속 교체해야 할 뿐 아니라 증발 또는 비산(飛散) 손실에 의한 감소분을 계속 보충해야 한다. 일반적으로 전체 순환수량의 1% 정도의 농축된 물을 방류(blow out)하고 약 2% 정도의 보충수를 공급한다.

냉각탑의 습도가 높은 배기가 찬 공기와 만나면 수증기가 응축하여 흰 연기 같은 백연(白煙, plume)이 발생한다. 백연은 그 자체로 유해한 물질은 아니지만 시야를 가릴 수 있고 화재로 오인되기도 하므로 민원의 대상이 될 수 있다. 백연은 출구공기 온도가 노점온도 이상이 되도록 흡입구나 배출구에서 가열하면 방지할 수 있다. 또 겨울철에는 냉각수에 의한 동파문제가 발생할 수 있으므로 전기 히터 등으로 동파방지 대책을 세워야 한다.

5-6 공기조화기

공기를 여과, 가열, 냉각, 감습, 가습하여 송풍하는 기기를 공기조화기 또는 공조기라고 한다. 한 대의 공기조화기로 여러 실에 조화된 공기를 덕트를 통하여 공급하는 중앙식과 각 실에 한 대 또는 여러 대의 공기조화기가 배치되어 직접 실내로 송풍하는 개별식으로 나눌 수 있다. 전자의 대표적인 것이 에어핸들링유닛(AHU)이고, 후자의 대표적인 것이 팬코일유닛(FCU)이다. [그림 5-19]는 공기여과기, 공기냉각기, 공기가열기, 공기가습기 및 송풍기로 구성된 일반적인 AHU이다. 공조기의 각 구성요소는, 허용 공간과 에너지 절약을 고려하여 천장이 낮은 경우는 그림과 같이 수평으로 배치하나 천장이 높고 바닥이 좁은 경우는 수직 및 복합형으로도 배치할 수 있다. 환기를 외기와 혼합 후에 배기하면 송풍동력은 커지나 배기열의 회수효과가 있으며, 배기열 회수를 위하여 전열교환기를 내장한 경우도 있다.

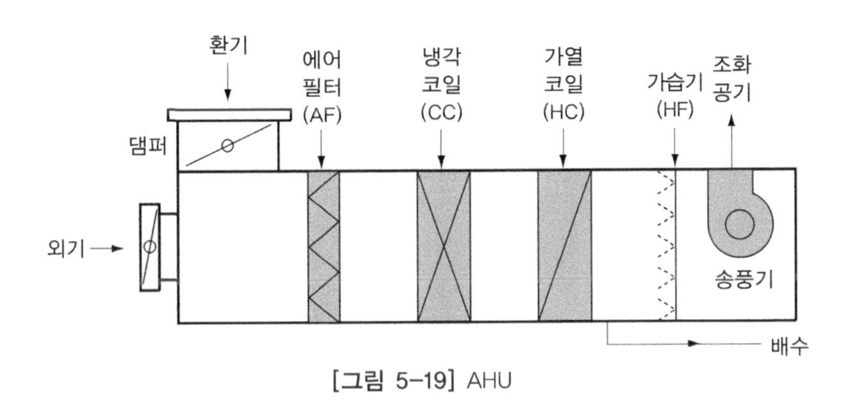

[그림 5-19] AHU

에어필터로는 건식유닛형 필터가 많이 사용되며 여제로는 유리섬유, 폴리에틸렌폼, 부직포 등이 있다.

공기냉각기 및 공기가열기는 냉수나 온수가 관 내부를 순환하는 코일식 열교환기로 냉매가 직접 순환하는 경우를 직접팽창식 코일이라고 한다. 대개 코일의 외부에 평판이나 나선형 핀을 부착한 핀코일(fin coil)이 사용되며, 통상 냉온수 코일은 4~8열, 증기코일은 2열로 하고 냉수 온도는 5~7℃, 온수는 40~80℃ 정도로 공급한다.

공기가습기는 증기분무 또는 수분무 방식을 사용한다. 공기세정기(air washer)로 냉각, 가열 및 가습이 가능하지만 누수와 부식 등 유지관리의 어려움, 복잡한 배관과 펌프동력 증가 등으로 거의 사용하지 않는다.

냉각코일의 응축수나 수분무 가습기의 물방울 비산을 막기 위해서 엘리미네이터를 설치한다. 냉각코일 및 가습기 하부에는 응축수의 배수를 위한 드레인팬 및 트랩을 포함한 배수장치를 한다. 응축수 배관은 간접배수가 되도록 한다.

송풍기로는 주로 시로코팬이 사용되나 고정압에는 익형팬, 풍량이 큰 경우는 축류팬 등이 사용된다. 전면풍속 2.5 m/s 정도로 설계하며 압력손실은 냉각코일에서 120 Pa, 가열코일에서 25 Pa, 엘리미네이터에서 60 Pa, 에어필터에서 100 Pa 정도이다.

5-7 공기여과기

공기 중 오염물질에는 유해가스, 분진 및 세균류가 있다. 가스상 물질은 공기세정기에 의한 흡수, 활성탄 등에 의한 흡착, 연소 또는 촉매에 의한 산화 등의 방법으로 여과한다. 분진입자의 지름은 다양하게 분포하며 입자지름 0.3 μm 이하의 입자는 영구적인 부유상태를 유지한다.

공기여과기(air filter)는 공기 중의 먼지나 유해가스를 제거하기 위한 장치로서 포집률은 다음 식으로 정의된다.

$$\eta = \left(1 - \frac{C_2}{C_1}\right) \times 100 \tag{5.4}$$

여기서 η : 포집률

C_1, C_2 : 여과기 통과 전후의 공기 속 먼지농도

포집률은 입자지름이 크고 유속이 느릴수록 좋아지며, 입자지름이 작을수록 풍속의 영향이 커진다.

포집률 측정에는 중량법, 비색법 및 계수법이 있다. 중량법은 포집된 먼지의 중량을 측정하여 농도를 구하는 방법으로 저성능 필터에 적용된다. 비색(比色)법은 비색계에 의한 광학적인 측정방법을 사용하며 중성능 전치필터(prefilter)에 적용된다. 계수법은 통상 DOP(dioctyl phtalate)법으로 불리고 있으며 광산란식 입자계수기에 의한 입자수를 측정하여 고성능 필터의 포집률을 구하는 데 사용한다.

❶ 유닛형 필터

틀에 필터를 고정한 것을 말하며 건식과 습식으로 나눌 수 있는데 공조용으로는 대부분

건식이 사용된다. 미세섬유를 사용하면 미세한 분진까지 포집이 가능하며 포집률이 크면 유동저항도 커진다.

❷ 백필터

백(bag) 모형의 여과포를 사용한 필터로 면유속이 매우 낮으므로 집진효율이 우수하다. 입자의 지름이 0.2 μm 이상이면 98% 이상, 지름이 1 μm 이상이면 거의 100% 포집이 가능하다.

❸ 롤형 필터

롤(roll) 상태의 여과재를 풀어 내리면서 사용하는 필터로 포집률은 높지 않지만 유지관리가 쉬워 일반공조용으로 널리 사용된다.

❹ HEPA 및 ULPA 필터

입자지름 0.3 μm 입자의 포집률이 DOP법으로 99.97% 이상, 압력손실이 25.4 mmAq 이하인 필터를 HEPA필터(high efficiency particle air filter)라고 한다. 또한 포집이 가장 어렵다고 알려진 입자지름 0.1μm 입자의 포집률 99.995% 이상, 압력손실 25.4 mmAq 이하인 필터를 ULPA필터(ultra low penetration air filter)라고 한다. 이러한 고성능 필터는 클린룸, 바이오클린룸이나 방사성물질을 취급하는 시설에 사용한다. 고성능 필터의 수명을 연장하기 위해서는 큰 입자는 전치필터나 중간필터를 사용하여 처리하고 고성능필터는 미세입자만 포집하는 데 사용한다.

❺ 전기집진기

집진효율이 높고 0.1~0.01 μm의 미세한 먼지와 세균까지 제거할 수 있으므로 정밀기계공장 및 고급빌딩에서 사용한다. [그림 5-20]과 같이 전리부에 10~12 kV의 전압을 가하여 코로나 방전으로 먼지를 양전하로 대전하고 집진부의 음극판에 5~6 kV의 전압을 가하여 집진한다.

집진부의 극판 간격은 7~8 mm, 길이는 500 mm 정도, 풍속은 2 m/s 전후로 하며 집진효율은 90% 전후이다. 먼지가 쌓이면 집진성능이 저하되고 재비산될 수 있으므로 주기적으로 세정하여 제거한다. 집진부에 전압을 가하지 않고 방전극에서 유도된 고전압을 유전극에 축전하는 방식이 있으며 극판 간에 스파크가 일어나지 않으므로 간격을 좁힐 수 있어 소형화가 가능하다. 집진부의 먼지를 세정하는 대신 하단에 롤형([그림 5-20] 참조) 또는 백형 집진기를 병용한 방식이 있으며 집진부에 쌓인 먼지가 재발진하여 필터에서 포집되는 방식으로서 재발진 입자는 입자의 지름이 크므로 집진효율이 높고 압력저항도 낮다. 이 방식은 고전압을 취급하므로 물방울이나 우수가 침입하지 않도록 유의해야 한다.

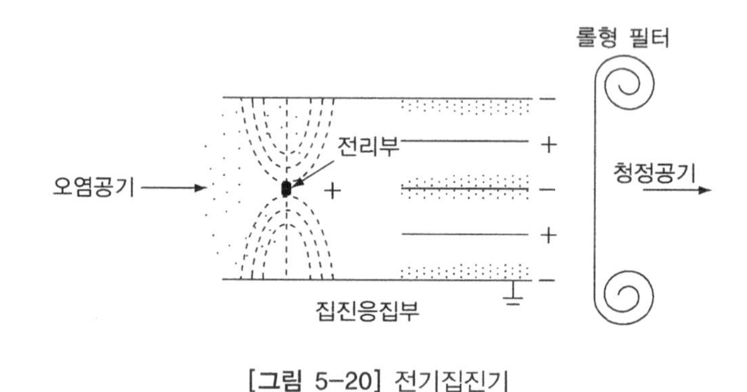

[그림 5-20] 전기집진기

5-8 공기가습기와 제습기

1) 가습기

가습기는 물분무식, 증기식 및 기화식으로 나눌 수 있다.

물입자가 직접 공기 중에서 증발하는 물분무식은 물속의 경도성분, 세균 등이 공기 중에 비산 및 유리창 표면 등에 퇴적하여 오염문제가 발생할 수 있다. 그러나 증기식 및 기화식은 증기상태로 가습이 되므로 공기와 주변이 오염될 위험이 적다. 물분무식일 때는 물이 증발열을 빼앗으므로 공기온도가 내려가나 증기식에서는 가습이 되어도 공기온도는 큰 영향을 받지 않는다.

❶ 물분무식

물분무식에는 미세한 물입자를 공기 중에 분사하여 가습하는 방법으로서 노즐식, 초음파식, 원심식 등이 있다.

노즐식 물분무 방식은 작은 지름의 노즐로 물을 분무하여 20~30%가 증발하여 가습이 이루어지며 비산 및 낙하하는 물을 처리할 엘리미네이터(eliminator)와 드레인팬이 필요하다.

물분무식인 초음파 가습기는 초음파 진동자와 팬에 의하여 미세한 액적을 분무하여 가습하는 방식이다. 고압수 분무보다 고가이고 용량도 작으나 저온 가습으로 거의 전량 가습되므로 가습효율이 좋다. 그러나 진동자에 물때나 곰팡이 등이 부착되고 물방울에 잔류한 백분(白粉)이 실내 면에 퇴적되므로 유지관리가 어렵다.

원심식 물분무가습기는 고속 회전원반에 의하여 액막이 파괴되어 생성된 액적을 지름이 큰 것은 엘리미네니터로 걸러주고 미세입자만 공기와 함께 분무하여 가습한다. 소요동력이 작으면서 가습효율이 좋은 편이나 수중 잔류물과 공기 중 먼지 등의 오염물 처리가 필요하다.

❷ 증기식

증기식에는 노즐식 가습기, 팬형 가습기 등이 있다. 노즐식 증기분사방식은 가습효율이 100%에 가깝고 오염이 없으며 제어성이 좋으나 일부 증기는 응축되므로 회수해야 한다.

팬형 가습기는 팬에 담긴 물을 가열 증발시켜 가습하는 방식이다. 이 방식은 물-공기 접촉 면적이 작으므로 가습량이 적으며 응답이 느리다. 백분 등의 증발 잔유물이 용기를 부식시키므로 급수처리가 필요하다.

❸ 기화식

기화식은 세정식, 모세관식과 같이 공기와의 접촉으로 물을 기화시켜 가습하는 방식이다. 습도가 높으면 가습효율이 저하된다. 가습잔유물이 가습기나 수조에 남으므로 정기적인 청소가 필요하다.

2) 제습기

일반적으로 냉각코일을 사용하여 노점온도 이하로 냉각 제습한다. 그 외에 염화트리에틸렌글리콜 같은 액상흡수제에 의한 흡수식, 실리카겔이나 활성알루미나와 같은 다공성 건조제에 의한 흡착식이 있다. 흡착식에 의한 제습기를 데시칸트(decicant) 제습기라고 한다. 흡수식이나 흡착식의 경우 제습과정에서 발열에 의한 공기의 온도 상승이 따른다. 발열량은 응축열보다 크며 흡착의 경우 응축열의 1.5~2배 정도가 된다. 수분을 흡수한 흡수액이나 흡착물질은 가열하여 수분을 증발시킨 후 다시 활용한다.

5-9 방열기

방열기에는 자연대류형 방열기와 강제대류형 방열기가 있다.

1) 자연대류형 방열기

자연대류형 방열기(radiator)는 실내공기를 가열하는 난방용 기기로서 재료 및 형태에 따라서 [표 5-8]과 같이 분류할 수 있다. 방열기의 종류에 따라서 허용 압력과 온도 및 방열 능력이 정해진다.

주철방열기는 단위방열기를 조합한 구조로 온수 또는 증기용 방열기로서 내구성이 높아서 널리 사용되었다. 그러나 최근에는 부피, 중량, 가격 등에서 유리한 강재 또는 알루미늄을 사용한 핀방열기 및 판형방열기가 주로 사용되고 있다([그림 5-21] 참조).

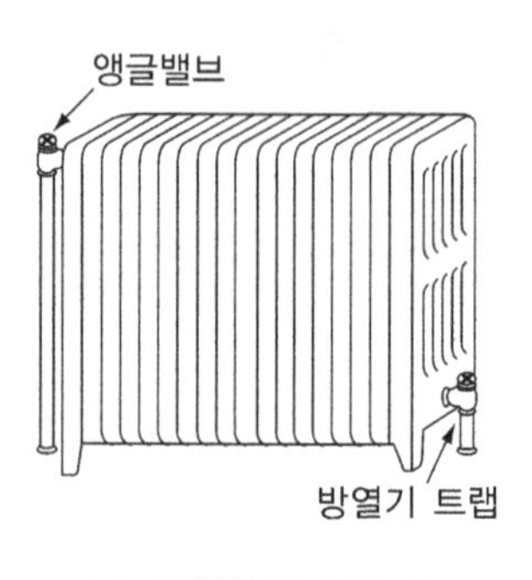

(a) 주철방열기(증기)

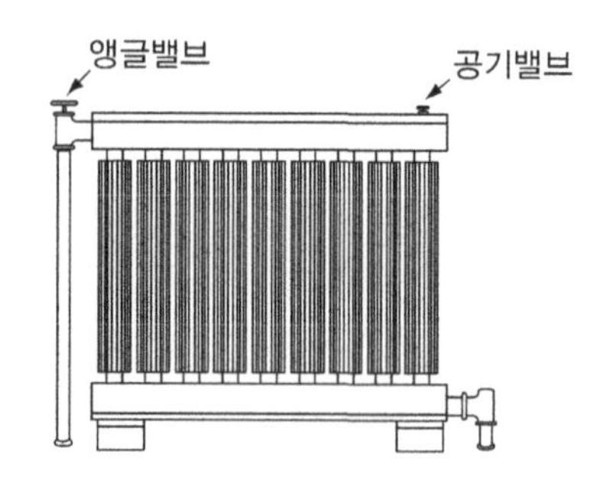

(b) 알루미늄 핀방열기(온수)

[그림 5-21] 방열기

[표 5-8] 방열기의 종류

구분	재료	형태
종류	주철방열기 강판방열기 알루미늄방열기 기타	평판형방열기 핀방열기 원통형방열기

컨벡터(convector)는 케이싱에 핀이 장착된 가열 엘리멘트를 내장한 방열기로 팬이 없는 자연 대류형에서는 80~90%가 대류열에 의하여 방열된다. 팬으로 강제대류를 일으키는 경우는 팬컨백터라고도 하며 95% 이상이 대류열에 의한 것이다.

컨벡터와 동일한 원리의 방열기지만 높이가 낮아 창문 아래로 길게 설치된 방열기를 베이스보드히터(base board heater)라고 한다. 이것은 겨울철 콜드드래프트 및 유리창의 결로 방지에 큰 효과가 있다.

2) 강제대류형 방열기

팬컨벡터는 송풍기를 설치한 컨벡터로서 팬코일유닛(FCU)과 유사하지만 후자가 냉난방 겸용인 반면에 전자는 난방 전용이다. 유닛히터(unit heater)는 천장이 높거나 수평거리가 민 공간의 난방을 위해 가열기와 팬을 일체화시킨 방열기로서 에너지는 절약되나 소음이 있으므로 정숙한 환경에는 적용할 수 없다.

3) 방열 능력

방열기는 대류 및 복사에 의하여 방열하며 그 열량은 방열기 표면온도뿐 아니라 공기온도 및 주위 벽면온도의 영향을 받는다. 방열기의 방열량은 열매의 온도가 높을수록 실내온도가 낮을수록 크다. 따라서 방열성능을 표준화하여 상당방열면적(EDR; equivalent direct radiation)으로 나타내는 경우가 많다. 상당방열면적 $1\,m^2$는 표준 조건하에서 [표 5-9]와 같은 방열능력을 갖는다. 그러나 표준조건과 다른 경우에는 다음과 같은 보정이 필요하다.

$$q = C \times EDR \times q_0 \tag{5.5}$$

여기서 q : 방열량　　q_0 : 표준방열량　　C : 보정계수

[표 5-9] 방열기의 표준 방열량

열매	표준방열량 q_0, W/m²	표준조건	
		열매온도, ℃	실내온도, ℃
증기	755.8	102	18.5
온수	523.3	80	18.5

보정계수는

$$C=\left(\frac{t_s-t_r}{83.5}\right)^n \quad (증기) \tag{5.6a}$$

$$C=\left(\frac{t_w-t_r}{61.5}\right)^n \quad (온수) \tag{5.6b}$$

여기서 t_s : 증기온도　　t_w : 온수 평균온도
t_r : 실내온도　　n : 방열기의 종류에 따른 지수([표 5-10])

[표 5-10] 방열기의 종류에 따른 지수 n

	주철 방열기	컨벡터	베이스보드 컨벡터	핀 달린 관	판형방열기
미국	1.3	1.5	1.4	–	–
독일	1.3	1.25~1.45	–	1.25	1.25

예제 5-3

증기난방 설비에서 방열기의 상당방열면적이 2400 m²이고, 급탕량이 120 L/min일 때 보일러의 정격부하를 구하여라. 단, 급수의 온도는 5℃이고 급탕온도는 60℃이며 방열기는 표준조건에서 운전된다.

풀이

난방부하와 급탕부하를 합한 부하는

$$q=q_1+q_2=EDR\times 0.756+\frac{\rho VC_p(t_2-t_1)}{60}$$
$$=2400\times 0.756+\frac{120\times 4.19\times(60-5)}{60}$$
$$=227\,\mathrm{kW}=2.28\,\mathrm{MW}$$

따라서 정격부하는 $1.35\times 2.27=3.06\,\mathrm{kW}$ (158쪽 참고) ■

5-10 열교환기

모든 설비에서 효율적인 열전달은 설비용적 축소 및 에너지절약에 기여하므로 열교환기의 성능은 기계설비시스템의 설계에 있어서 매우 중요한 고려사항이 된다.

❶ 핀-관 열교환기

핀-코일 열교환기라고도 하며 [그림 5-22]와 같이 관의 내부에는 증기, 온수, 냉수 또는 냉매가 유동하며 외부의 공기를 가열 또는 냉각하는 열교환기이다.

외부의 공기는 열전도계수가 낮고 유속이 느려 열저항이 크므로 전열면적을 확대하기 위한 핀(fin)을 장착한다. 외부 핀에는 평판핀, 웨이브핀, 슬릿핀, 루버핀 등이 있으며 관 내면의 형상은 평활관, 미세핀관, 평판관 등이 있다.

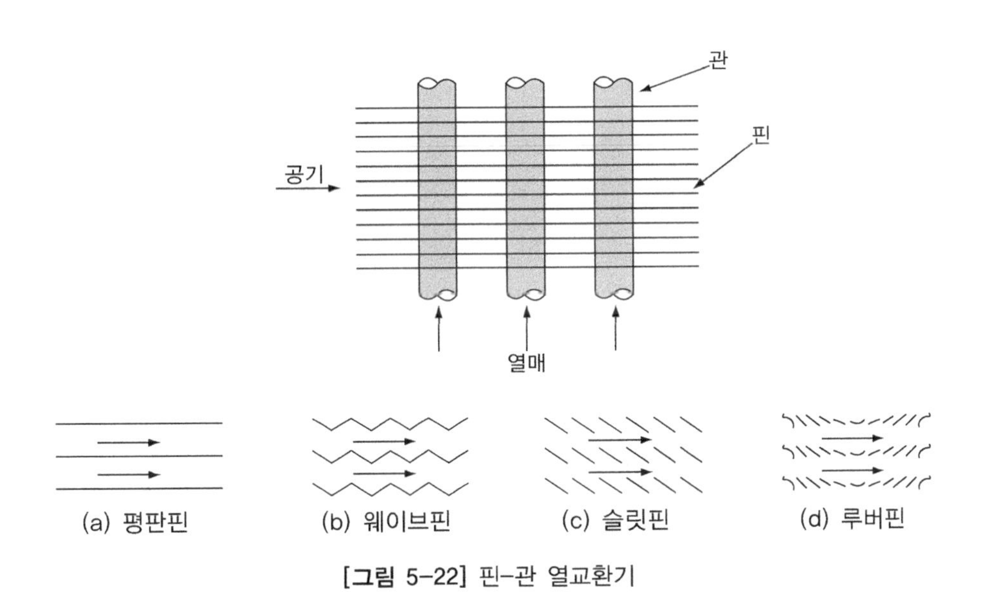

[그림 5-22] 핀-관 열교환기

❷ 원통다관식(shell and tube) 열교환기

[그림 5-23]과 같이 원통과 많은 관으로 구성되며 온수가열기, 칠러(chiller), 대용량 냉동기의 응축기 및 증발기 등으로 사용된다.

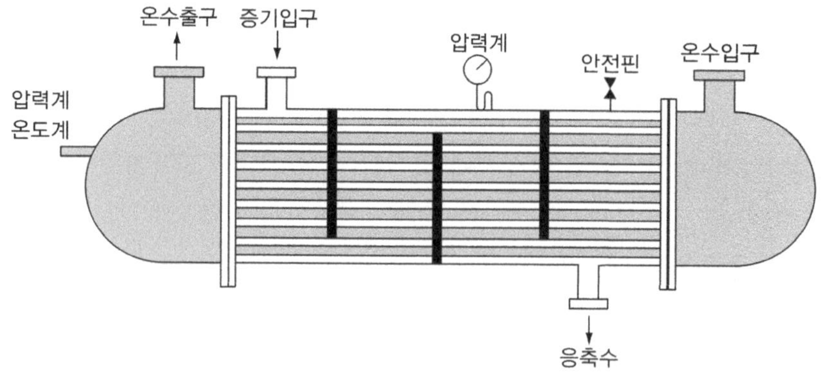

[그림 5-23] 원통다관식 열교환기

❸ 판형 열교환기

판형 열교환기는 [그림 5-24]와 같이 여러 개의 판과 판을 둘러싸는 가스켓 및 상하부 물통로 노치로 구성된다.

판을 경계로 고온 유체와 저온 유체가 교차하여 유동하면서 열교환을 하는 전열면적이 매우 큰 구조를 갖는 고성능 열교환기이다. 판형 열교환기는 산업용으로 널리 활용되고 있으며 공조용으로는 물 대 물 열교환기로 사용된다. 가스켓과 플레이트의 조합에 따라서 내압, 내온성능이 다르며 가스켓의 수명이 짧은 편이다.

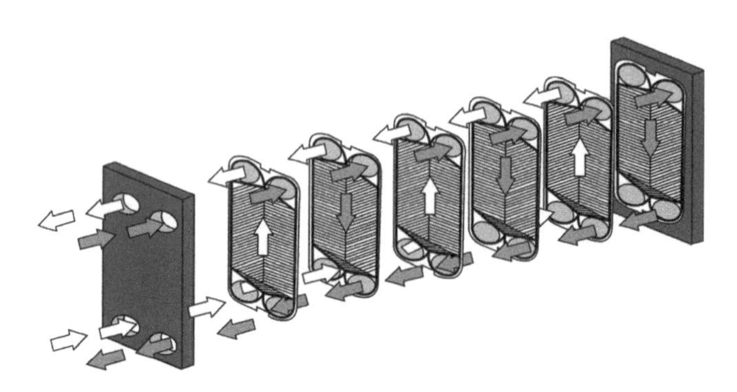
[그림 5-24] 판형 열교환기

❹ 전열교환기

폐열회수용 공기 대 공기 열교환기로 현열뿐 아니라 공기 중 수증기(잠열)까지 전달되도록 한 것이다. 전열교환기에는 [그림 5-25]와 같이 회전형과 고정형이 있다.

회전형은 하니컴(honey comb)형 로터에 흡수제를 침투시켜 외기와 배기 측을 회전하면서 축열된 현열 및 잠열을 전달한다.

고정형은 0.1 mm 이하의 얇은 여재를 사이에 둔 직교류형 열교환기로서 환기용으로 널리 사용되고 있다. 여제는 누설에 대한 차폐성이 크면서도 수증기의 투과를 위한 투습성이 좋아야 한다. 또 여제는 습표면에 세균 서식을 막을 수 있는 항균성이 있어야 하고 별도의 필터를 장착하더라도 오염되기 때문에 정기적인 교체가 필요하다.

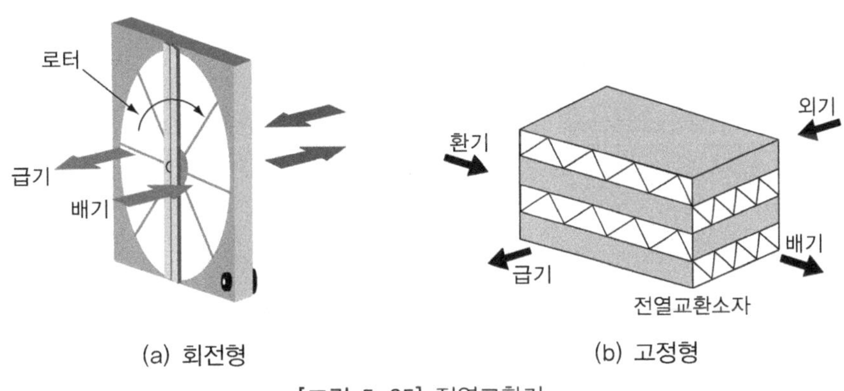

(a) 회전형 (b) 고정형

[그림 5-25] 전열교환기

❺ 히트파이프

히트파이프(heat pipe)는 [그림 5-26]과 같이 별도의 동력 없이 열매의 순환과 상변화를 통한 고성능 열전달 기구이다.

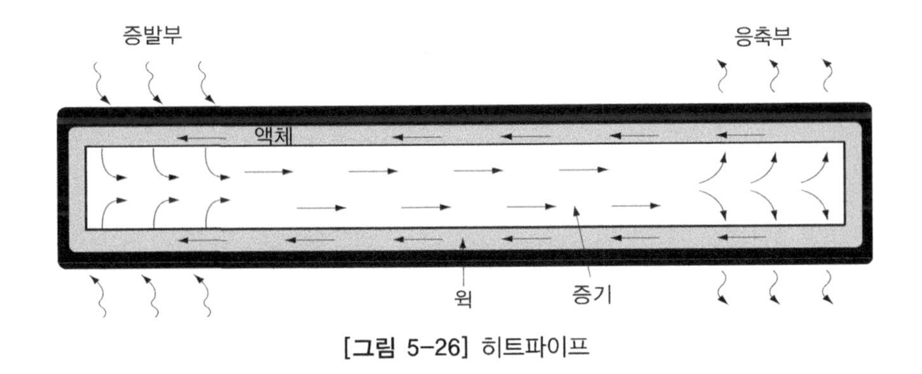

[그림 5-26] 히트파이프

가열부에서 증발한 작동유체가 응축부에서 방열하고 응축된 후 윅(wick)의 모세관 작용에 의하여 다시 증발부로 돌아와서 계속적인 작동을 하게 된다. 파이프 내의 증기와 윅 내의 물이 평형을 이루는 포화상태에 있으므로 파이프 내부의 온도가 거의 일정하다. 상온에서는 프레온, 메탄올, 암모니아, 물 등이 작동유체로 사용되고, 122 K 이하의 극저온에는 수소, 네온, 질소 등이, 628 K 이상의 고온에는 수은, 세슘, 나트륨 등의 액체 금속이 사용된다. 모세관력에 의하지 않고 원심력, 정전기력 등에 의한 히트파이프가 있으며 윅 없이 중력으로만 물순환이 일어나는 경우는 열사이펀(heat syphon)이라고 한다.

히트파이프는 기계설비에서 태양열 집열기, 지열이용장치, 배열회수 열교환기 등에 활용되고, 전자회로의 냉각 등에 활용된다.

제6장 배관설비

기계설비는 냉온수나 증기를 위한 배관설비를 갖게 된다. 배관시스템의 설계는 배관, 펌프 및 각종 부속기기류를 적절히 선정하여 목적하는 기능을 수행하도록 해야 한다. 이 장에서는 공조설비에 관련된 배관을 대상으로 하며 [그림 6-1]은 공조설비의 수배관 계통도의 예를 보여주고 있다. 급·배수 및 위생설비에 관련된 배관은 8장에서 다룬다.

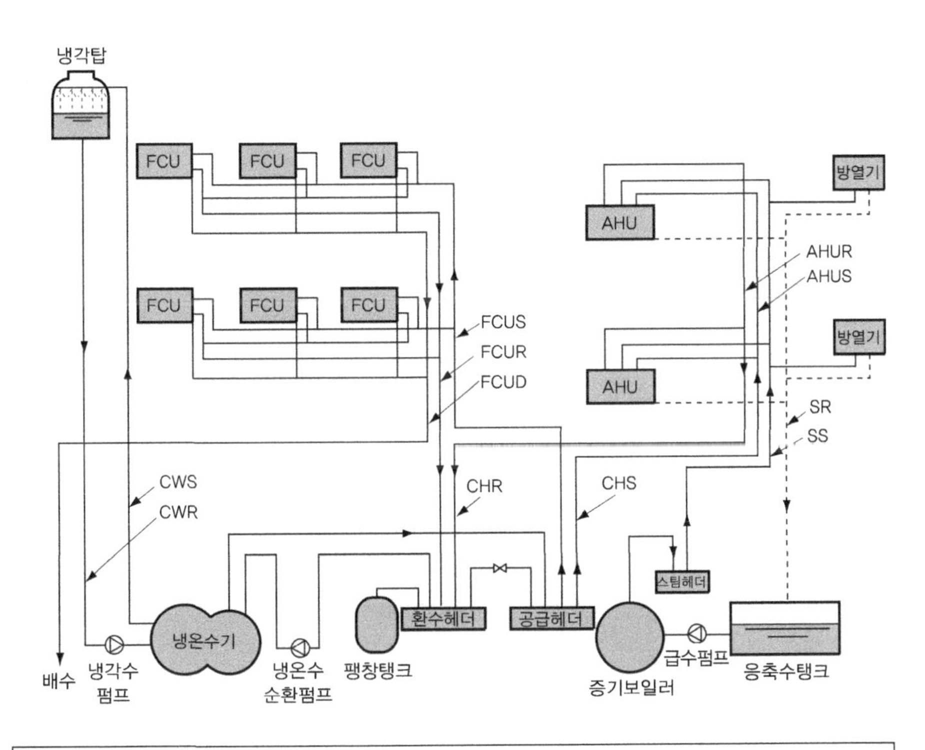

CWS, CWR: 냉각수 급수 및 환수, CHS, CHR: 냉온수 급수 및 환수, AHUS, AHUR: 공조기 급수 및 환수
FCUS, FCUR, FCUD: 팬코일유닛 급수, 환수 및 배수, SS, SR: 증기 공급 및 응축수 환수

[그림 6-1] 수배관 계통도

6-1 기초사항

1) 배관손실

❶ 마찰손실

직관부에서 단위길이당 관마찰손실은 유체의 점성과 유속 및 관의 지름과 거칠기에 의해 결정되며, [그림 1-6]의 관마찰계수를 이용하여 구할 수 있으나 편의상 다음 식을 사용한다.

$$Q_w = 1.67\,CD^{2.63}(R/1000)^{0.54} \times 10^4 \tag{6.1}$$

여기서 Q_w: 유량, L/min
C: 관의 종류와 온도에 따른 유속계수([표 6-1] 참조)
D: 관의 안지름, m
R: 압력강하, mmAq/m

마찰손실을 선도로 도시하여 놓은 것이 유량선도이며, [그림 6-2]는 상온에서의 탄소강관(C=100)에 대한 것이다.

[표 6-1] 상온에서 유속계수 C

관 종류		**C**
새로운 관	황동관, 동관, 연관	140
	강관, 주철관	130
낡은 관	황동관, 동관, 연관	130
	주철관, 강관	100
경질 염화비닐관		130
도관		110

❷ 국부손실

단면적이 변함없는 곡관부, 분기부, 합류부, 기타 밸브 등에서의 국부손실은

$$\Delta p_l = K\frac{\rho V^2}{2} \quad \text{또는} \quad H_l = K\frac{V^2}{2g} \tag{6.2}$$

여기서 Δp_l : 압력손실 H_l : 손실수두 K : 손실계수

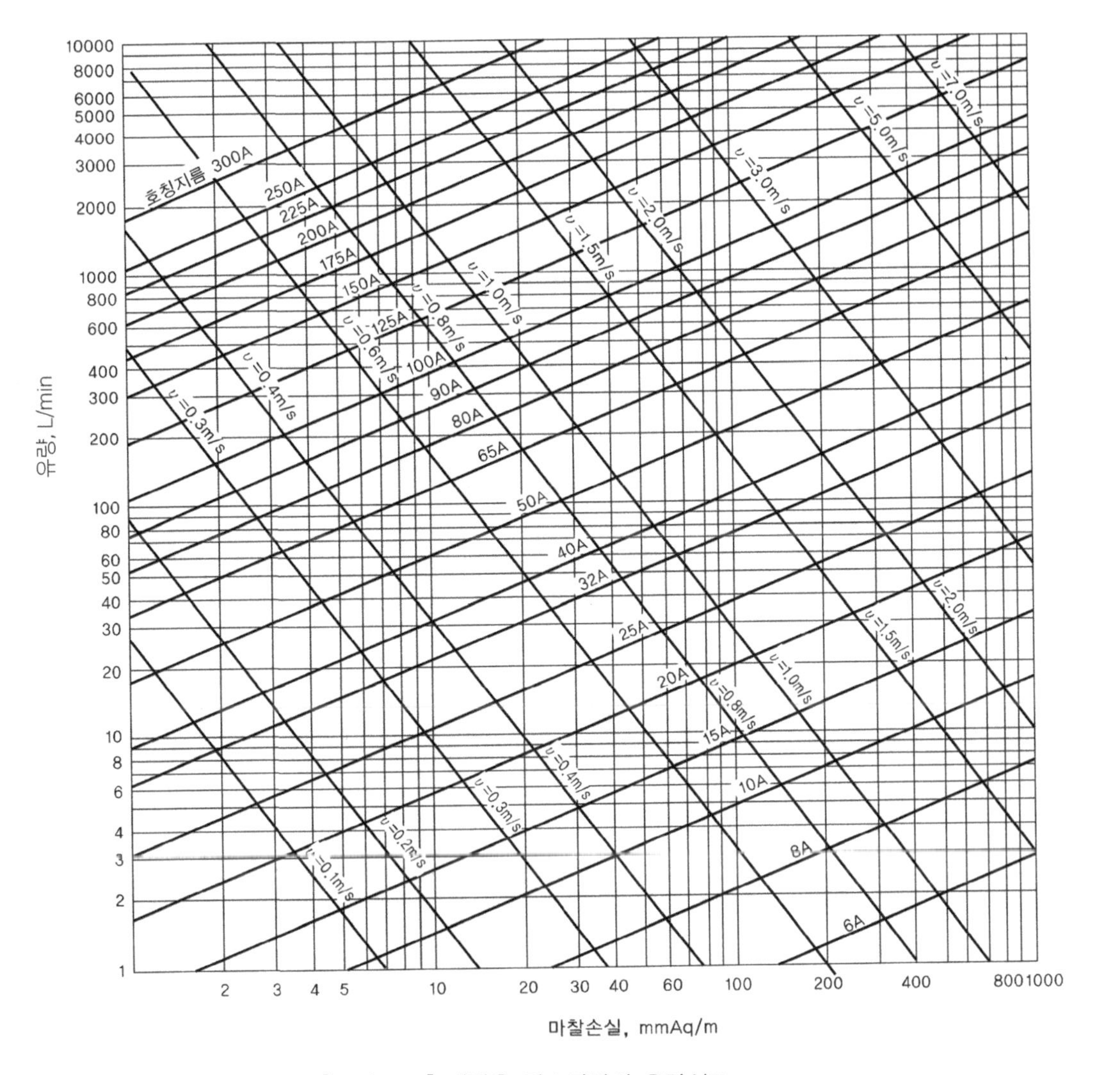

[그림 6-2] 배관용 탄소강관의 유량선도

단면적이 변화하는 경우는

$$\Delta p_l = K\frac{\rho(V_1 - V_2)^2}{2} \quad \text{또는} \quad H_l = K\frac{(V_1 - V_2)^2}{2g} \tag{6.3}$$

여기서 V_1, V_2 : 입출구의 평균유속

경우에 따라서 국부손실을 상당길이(equivalent length) L_e로 표시하는 것이 편리하다. 상당길이는 국부손실과 같은 손실을 가져오는 동일 지름의 직관의 길이로서 $L_e = K_d/f$와 같으며, 상당길이를 이용하여 전 관로를 한 개의 직관으로 간주하면 다음 식에 의하여 손쉽게 관로 전체의 수두손실 H_l을 구할 수 있다.

$$H_l = f\frac{L+\sum L_e}{D}\frac{V^2}{2g} \tag{6.4}$$

[표 6-2]는 90°엘보의 상당길이를 나타내며, [표 6-3]은 배관부품 및 부속품의 동일 저항을 갖는 엘보의 수인 상당엘보수를 나타낸다.

[표 6-2] 90° 엘보의 상당길이, m

지름, DN \ 유속, m/s	0.33	0.67	1.00	1.34	1.67	2.00	2.35	2.67	3.00	3.33
15	0.4	0.4	0.5	0.5	0.5	0.5	0.5	0.5	0.5	0.5
20	0.5	0.6	0.6	0.6	0.7	0.7	0.7	0.7	0.7	0.8
25	0.7	0.8	0.8	0.8	0.9	0.9	0.9	0.9	0.9	0.9
32	0.9	1.0	1.1	1.1	1.2	1.2	1.2	1.3	1.3	1.3
40	1.1	1.2	1.3	1.3	1.4	1.4	1.5	1.5	1.5	1.5
50	1.4	1.5	1.6	1.7	1.8	1.8	1.9	1.9	1.9	1.9
65	1.6	1.8	1.9	2.0	2.1	2.2	2.2	2.3	2.3	2.4
80	2.0	2.3	2.5	2.5	2.6	2.7	2.8	2.8	2.9	2.9
100	2.6	2.9	3.1	3.2	3.4	3.4	3.6	3.6	3.7	3.8
125	3.2	3.6	3.8	4.0	4.1	4.3	4.4	4.5	4.5	4.6
150	3.7	4.2	4.5	4.6	4.8	5.0	5.1	5.2	5.3	5.4
200	4.7	5.3	5.6	5.8	6.0	6.2	6.4	6.5	6.7	6.8
250	5.7	6.3	6.8	7.1	7.4	7.6	7.8	8.0	8.1	8.2
300	6.8	7.6	8.0	8.4	8.8	9.0	9.2	9.4	9.6	9.8

[표 6-3] 기타 기기 및 부속품의 상당엘보수

품명	상당엘보수	
	강관	동관
90°엘보	1.0	1.0
45°엘보	0.7	0.7
90°엘보(long radius)	0.5	0.5
90°용접관	0.5	0.5
축소관	0.4	0.4
방열기용 앵글밸브	2.0	3.0
라디에이터, 컨벡터	3.0	4.0
보일러, 히터	3.0	4.0
게이트밸브	0.5	0.7
글로브밸브	12.0	17.0

2) 배관지름과 유속

배관지름이 작을수록 설비비는 감소하나 유속의 증가로 펌프동력이 증가한다. 따라서 설비비와 운전비를 고려하여 배관지름을 결정해야 하며, 공조배관의 경우 단위길이당 마찰손실은 통상 10~100 mmAq/m로 한다. 또한 유속이 지나치게 빨라지면 소음 및 침식 문제가 발생하게 된다. 소음방지를 위해 DN 50 이하에서는 유속을 1.2 m/s 이하로 하며 50mm 이상이면 마찰손실을 40 mmAq/m 이하로 한다. 관지름이 DN 150 이상인 실내 배관의 경우는 유속을 2.0 m/s 이하로 한다. 강관의 침식방지를 위한 최대유속은 [표 6-4]와 같으며 동관은 최대 1.5 m/s로 한다.

[표 6-4] 강관의 침식방지를 위한 최대유속

연간 운전시간, h	유속, m/s
1500	3.6
2000	3.45
3000	3.3
4000	3.0
6000	2.7
8000	2.4

3) 공기빼기 및 배수

공기의 물에 대한 용해도는 온도가 낮을수록, 압력이 높을수록 높으므로 물이 가열되거나 압력이 낮아지면 용해되어 있던 공기가 기포로 나오게 된다. 기포는 열전달과 유동을 저해하며 소음과 부식의 원인이 된다. 또한 증기관에서 응축수의 배수가 원활하지 못하면 증기해머가 발생한다.

따라서 배관에 공기가 체류하지 않으며 응축수는 완전 배수가 가능하도록 [표 6-5]와 같이 적당한 구배를 준다. 순구배는 하향구배, 역구배는 상향구배를 뜻한다. 배관에 공기가 차는 현상인 에어록(air lock)이 일어나지 않도록 ㄷ자형 배관은 피하도록 한다. 배관 도중의 스톱밸브나 글로브밸브 등에는 공기가 체류하기 쉬우므로 슬루스밸브를 사용하는 것이 바람직하며, 관의 지름이 다른 관을 연결할 때는 부싱을 사용하지 않고 편심 리듀서(감속기)를 사용한다. 공기의 제거는 팽창탱크를 이용하거나 공기빼기밸브에 의한다.

순환수에 혼입된 공기를 제거하기 위한 장치를 기수분리기라 하며 감속식, 와류식 및 충전식이 있다. 감속식은 유로 단면적을 증가시켜 유속을 0.5m/s 이하로 낮추면 부유공기가 순환수를 따라 이동하지 못하고 배출되도록 한 것이다. 와류식은 용기 내에 와류를 발생시켜 중심부의 압력을 낮게 하여 공기를 제거하는 장치이다. 기수분리기는 온수배관에서 압력이 낮은 배관 상승부의 최상단, 펌프 흡입측 및 바이패스관에 설치한다.

또한 이물질을 제거하기 위한 스트레이너를 필요한 곳에 설치하고, 관의 끝단이나 최하부에는 흙탕물 처리 및 소제를 위해 배수밸브, 소제구, 흙탕물 고임관 등을 설치한다.

[표 6-5] 배관의 기울기

구분	온수난방	증기난방		
		증기관(순구배)	증기관(역구배)	환수관(순구배)
기울기	1/200	1/200~1/300	1/50~1/150	1/200~1/300

4) 안전장치 및 유지관리

배관 내의 압력이 과도하게 상승할 때는 유체를 방출하여 압력을 떨어뜨릴 수 있도록 안전밸브나 릴리프밸브를 설치한다. 온도변화에 의한 신축을 흡수하지 않으면 배관은 구조물에 무리를 가하고 변형 및 파괴를 일으킬 수 있으므로 이를 흡수할 수 있는 신축이음이 필요하며, 벽이나 바닥을 관통할 때는 슬리브를 넣고 그 속을 통하게 한다. 또한 물은 가열할 때 부피가 늘어나므로 이를 흡수하기 위해 팽창탱크를 설치한다.

또한 갑작스럽게 펌프를 정지시키거나 밸브를 조작하면 수격현상이 나타나 소음·진동, 수주분리 등이 일어날 수 있으므로 유속을 너무 높지 않게 하고 수격방지기 등을 설치한다. 표면이 부식되거나 결로 발생 및 동파 위험이 있을 때는 보온 및 피복해야 한다. 대개 배관의 수명은 건축물의 수명보다 짧으므로 갱신을 고려하여 설계한다. 배관의 교체를 위한 공간을 확보하며 관통부에는 슬리브를 넣는다.

5) 개방회로와 밀폐회로

수배관은 관로가 폐회로를 구성하는 밀폐회로와 대기로 개방된 부분을 갖는 개방회로로 나눌 수 있다.

냉각탑을 갖는 냉각수회로와 같이 개방회로에서는 물이 공기와 접촉하여 오염 및 산소가 용해되기 때문에 배관계통에 저항의 증대와 부식 문제가 발생할 수 있으므로 순환수의 철저한 수처리 및 보급수의 공급이 필요하다. 밀폐회로에는 온도변화에 의한 물의 부피변화를 흡수하고 적정 압력의 유지를 위해 팽창탱크가 필요하며, 물에서 발생한 불응축성 가스를 배출하기 위한 공기빼기밸브의 설치가 필요하다.

개방회로의 경우 실양정은 개방단 사이의 높이차가 되므로, 그 차이가 클수록 펌프의 양정이 증가하게 된다. 밀폐회로의 경우 실양정은 0이므로 배관의 높이에 관계없이 펌프의 양정은 배관의 손실수두만으로 정해진다. 따라서 개방회로의 경우 펌프 정지 시 배관이나 펌프에서 물이 빠지지 않고 만수상태를 유지해야 하며, 그렇지 않으면 재시동이 어렵다.

6) 압력 유지

배관계통의 내부 압력은 일정하게 유지할 필요가 있다. 수온에 대한 포화압력 이상으로 내부 압력을 유지하지 않으면 비등이나 국부적인 프레시 현상으로 수격현상이나 공동현상이 발생한다. 내부 압력이 진공으로 되면 공기가 유입될 수 있고 용해된 공기는 배출될 수 있다. 반송압력이 높아지면 계통 내의 각종 기기의 운전압력의 상승으로 초기투자비 및 운전비의 상승을 초래할 수 있다. 따라서 배관 내의 최소유지압력과 최대허용압력의 설정은 신중히 결정해야 하며 일반적으로 팽창탱크를 이용하여 설정한다.

6-2 펌프

1) 종류

펌프는 유체를 이송하는 기계로 작동 원리에 따라서 분류하면 [표 6-6]과 같이 터보형, 용적형 및 특수형이 있다. 터보형은 임펠러의 회전에 의하여 전달된 운동에너지를 벌루트(volute) 및 디퓨저에서 정압에너지로 변환하는 방식이고 용적형은 유체를 밀폐시켜 압축하는 방식이다.

대부분의 펌프는 터보형이며 이를 다시 분류하면 원심형(遠心型), 사류형(斜流型) 및 축류형(軸流型)으로 나눌 수 있다. [그림 6-3]과 같이 원심펌프에서 안내깃(가이드베인 또는 디퓨저베인)이 있는 펌프를 터빈펌프 또는 디퓨저펌프, 안내깃이 없는 펌프를 벌루트펌프라고 한다. 저양정에는 벌루트펌프, 고양정에는 터빈펌프를 사용한다. 왕복동식은 유량과 압력이 맥동하므로 고속운전에 부적당하고 펌프가 커지는 단점이 있으므로 점차 원심펌프로 대체되고 있다. 회전식은 점도가 높은 기름 같은 특수 유체를 위한 소형 펌프로 사용된다.

[표 6-6] 펌프의 분류

대분류	중분류	소분류
터보형	원심형	디퓨저형, 벌루트형
	축류형	축류
	사류형	디퓨저형, 벌루트형
용적형	왕복형	피스톤, 플런저, 다이어프램
	회전형	기어, 베인, 나사, 캠, 스크류
특수형		와류, 제트, 수격, 전자, 진공

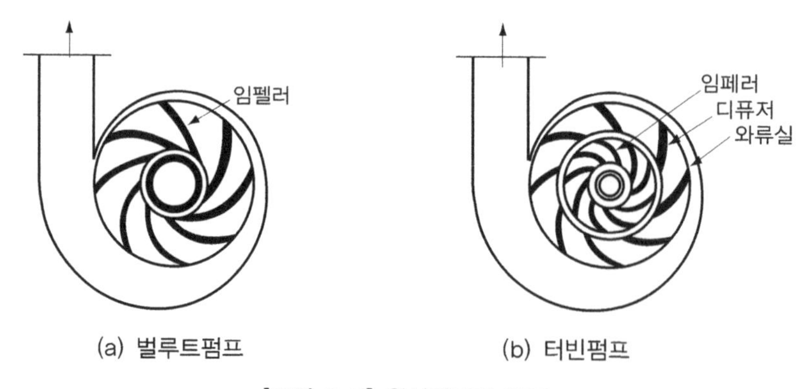

(a) 벌루트펌프 (b) 터빈펌프

[그림 6-3] 원심펌프의 구조

2) 양정과 축동력

펌프가 [그림 6-4]와 같이 흡상높이 H_{as}인 아래쪽 수조에서 토출높이 H_{ad}인 위쪽 수조로 양수를 할 때 아래쪽 수면에서 위쪽 수면까지 베르누이 방정식을 적용하면 다음과 같이 펌프의 양정 H를 표시할 수 있다.

$$H = \frac{p_2 - p_1}{\rho g} + \frac{w_2^2 - w_1^2}{2g} + z_2 - z_1 + H_f = H_p + H_w + H_a + H_f \tag{6.5}$$

여기서 $H_p = \frac{p_2 - p_1}{\rho g}$: 압력수두

$H_w = \frac{w_2^2 - w_1^2}{2g}$: 속도수두

$H_a = z_2 - z_1 = H_{as} + H_{ad}$: 실양정(정수두) = 흡입(흡상) 측 실양정 + 토출 측 실양정

$H_f = H_{fs} + H_{fd}$: 손실수두 = 흡입 측 손실수두 + 토출 측 손실수두

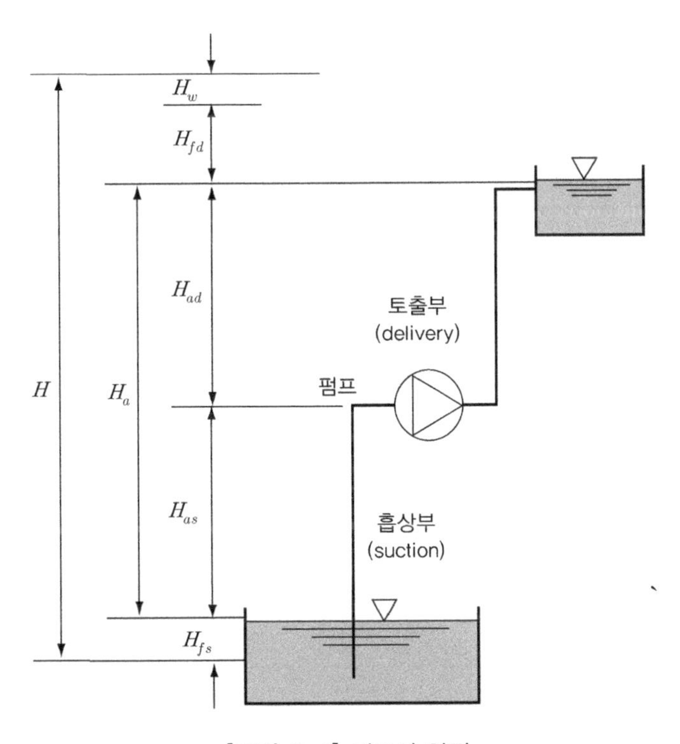

[그림 6-4] 펌프의 양정

펌프에 의해 유체에 전달해야 할 동력인 수동력은 식 (1.27)에 의하여 구할 수 있다. 펌프의 축으로 들어가는 동력이 모두 유체의 압축에 사용되는 것이 아니므로 수동력에서 펌프효율을 나눈 값이 축동력이 된다.

$$L = \frac{QH}{6120\eta_p} \tag{6.6}$$

여기서 L : 펌프 축동력, kW
Q : 유량, L/min(LPM)
H : 펌프 전양정, m
η_p : 펌프효율

펌프효율은 출력이 낮을수록 저하되며 대략치는 [표 6-7]과 같다. 전동기(motor)로 펌프를 구동할 때는 전동기의 입력에 전동기효율을 곱한 전동기 출력이 펌프 축동력이 되므로 축동력을 다시 전동기 효율로 나누면 전동기 입력이 된다.

[표 6-7] 펌프효율

모터출력, kW	0.4 이하	0.75~3.7	5.5~15	20 이상
펌프효율, η_p	0.6	0.8	0.85	0.9

예제 6-1

펌프로 액면이 지하 4 m에 있는 수조의 물을 액면 높이가 지상 5 m인 압력탱크까지 유량 3000 L/min으로 양수하고자 한다. 압력탱크의 압력수두는 계기압으로 20 m, 관로의 전손실수두가 5 m인 경우 펌프의 실양정과 (전)양정을 구하고 펌프효율이 80%일 경우 펌프의 축동력을 구하여라.

풀이

실양정은 흡입 측과 토출 측 실양정을 합하여 $H_a = 4 + 5 = 9\,\text{m}$

전양정 $H = H_p + H_a + H_f = 20 + 9 + 5 = 34\,\text{m}$

펌프의 축동력 $L = QH/(6120\eta_p) = 3000 \times 34/(6120 \times 0.8) = 21\,\text{kW}$ ■

3) 펌프의 특성곡선

일정한 회전수에 대하여 펌프의 토출유량 Q를 가로축으로 하여 세로축에 양정 H, 효율 η_p, 축동력 L의 변화를 나타낸 것을 특성곡선이라고 한다. 특성곡선은 펌프의 종류와 크기에 따라 다르며 [그림 6-5]는 원심펌프 특성곡선의 개형이다. 유량이 증가할수록 양정은 일반적으로 감소하고 효율은 증가하다가 최고점에 이른 후 감소하며, 축동력은 계속 증가하는 경향을 보인다. 유량이 0일 때의 양정을 차단양정이라고 하며, 차단양정이 최고양정보다 낮은 특성곡선을 산고(山高)곡선이라고 한다. 펌프효율이 최대로 되는 유량을 규정(規定)유량 Q_n이라고 하며 그때의 양정을 규정양정(normal head) H_n이라고 한다. 가능한 한 펌프가 규정유량과 규정양정에서 운전되도록 해야 한다.

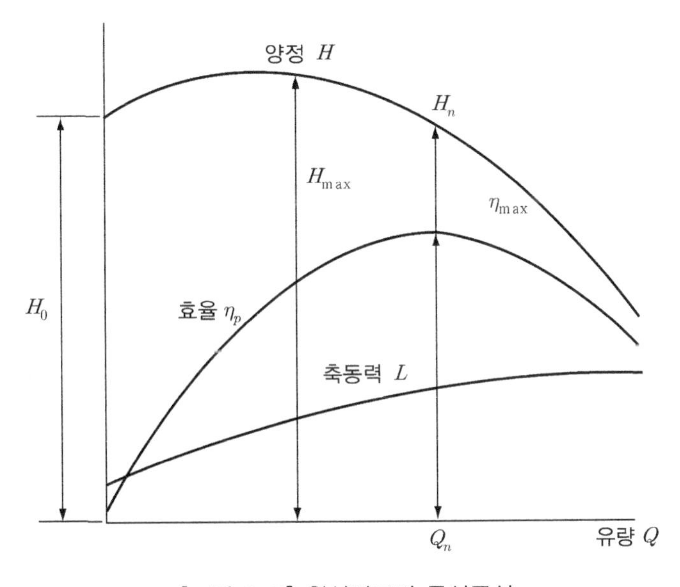

[그림 6-5] 원심펌프의 특성곡선

4) 배관계통의 저항곡선과 펌프의 운전점

배관시스템에서 유량은 배관의 저항곡선과 펌프의 특성곡선에 의하여 결정된다. 펌프의 필요 양정은 배관의 정수두와 손실수두를 합한 전수두와 같다. 그런데 정수두는 유량에 관계없이 일정하고 손실수두는 대략 유속의 제곱에 비례하므로, 저항곡선은 밸브의 개폐에 따라서 [그림 6-6]과 같은 변화를 보인다. E 점은 정수두로서 밸브의 개도에 관계없이 일정하며, 밸브를 전개할 때 저항이 최소이므로 저항곡선은 가장 완만하게 증가하는 특성을 나타낸다. 펌프의 양정곡선과 배관의 저항곡선이 만나는 D점으로 운전점이 결정되며 그때의 유량이 운전유량이다. 밸브를 조금씩 잠그면 저항이 증가하므로 저항곡선의 기울기가 커지며 운전점은 D-C-B로 이동하고 운전유량은 Q_D-Q_B-Q_C로 감소한다.

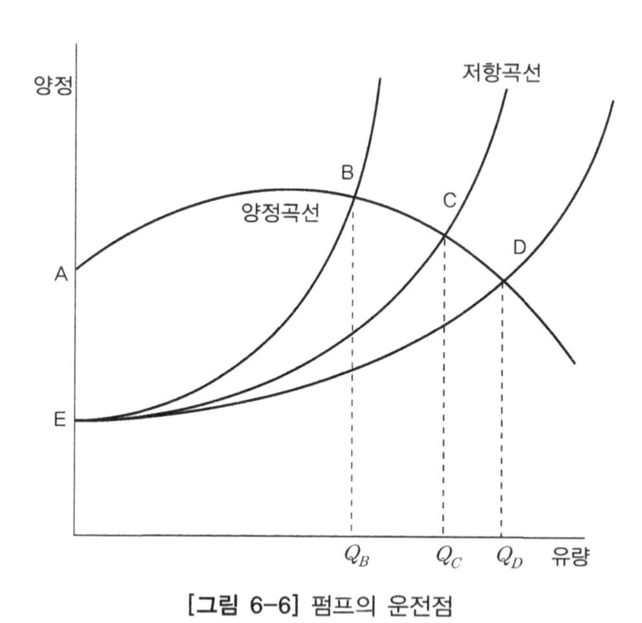

[그림 6-6] 펌프의 운전점

5) 펌프의 상사법칙

전술한 펌프의 특성곡선은 펌프의 회전수가 일정한 경우에 대한 것이다. 동일한 펌프에서도 회전수가 증가하면 유량 Q는 회전수 N에 비례하고, 양정 H는 그 제곱에 비례하며, 축동력 L은 그 세제곱에 비례한다. 또 동일한 형상의 펌프인 경우 회전수가 같더라도 날개지름이 커지면 유량은 지름의 3승, 양정은 지름의 2승, 축동력은 지름의 5승에 비례하여 증가한다. 따라서 동일 형상의 터보형 펌프에서 회전수 N과 날개지름 D의 영향을 다음과 같이 나타낼 수 있으며 이를 터보형 펌프의 상사법칙이라고 한다.

$$\frac{Q_1}{Q_2}=\left(\frac{D_1}{D_2}\right)^3\left(\frac{N_1}{N_2}\right)^1 \quad \frac{H_1}{H_2}=\left(\frac{D_1}{D_2}\right)^2\left(\frac{N_1}{N_2}\right)^2 \quad \frac{L_1}{L_2}=\left(\frac{D_1}{D_2}\right)^5\left(\frac{N_1}{N_2}\right)^3 \tag{6.7}$$

예제 6-2

양정 55 m, 유량 2500 L/min, 극수 $p=4$인 3상 유도전동기에 의해서 구동되는 원심펌프를 그대로 전원 주파수가 $f=60$ Hz인 곳으로부터 $f=50$ Hz인 곳으로 이설하여 운전한다고 보면 유량과 소요동력은 어떻게 변하는가? 단, 운전특성은 모두 상사이며 펌프효율은 73%로 일정하다고 가정한다.

풀이

전동기의 동기속도는 $N=120f/p$로 구할 수 있으며 부하가 걸리면 2~5%의 미끄럼(slip)이 일어나지만 이를 무시하면 펌프회전수는 $f=60\,\text{Hz}$, $f=50\,\text{Hz}$에서 각각

$N_{60}=120(60)/4=1800\,\text{rpm}$, $N_{50}=120(50)/4=1500\,\text{rpm}$

$f=60\,\text{Hz}$에서 축동력은 $L_{60}=2500(55)/(6120\times0.73)=31\,\text{kW}$

따라서 $f=50\,\text{Hz}$일 때 유량과 축동력은 상사법칙에 의하여

$Q_{50}=Q_{60}(N_{50}/N_{60})=2500(1500/1800)=2100\,\text{L/min}$

$L_{50}=L_{60}(N_{50}/N_{60})^3=31(1500/1800)^3=18\,\text{kW}$ ■

6) 직렬 및 병렬운전

펌프 두 대를 직렬운전하면 동일 유량에 대하여 총 양정은 각 펌프의 양정을 합한 것과 같고, 병렬운전하면 동일 양정에 대하여 총 유량은 각 펌프의 유량을 합한 것과 같다. 그러나 시스템의 저항곡선은 변함없다. 따라서 [그림 6-7]과 같이 변화된 특성곡선과 변함없는 시스템의 저항곡선의 교점이 운전점이 된다. 그림에서 단독 운전 시 Q_A이던 운전유량이 같은 펌프 두 대를 직렬운전하면 Q_B, 병렬운전하면 Q_C로 변하는 것을 알 수 있다. 유량과 양정이 증가하기는 하나 2배까지는 되지 않는 것을 알 수 있다.

특성곡선이 산고형인 경우 단독운전에서는 서징이 일어나지 않더라도 병렬운전에 의하여 운전점이 서징영역으로 바뀌어 맥동운전이 될 수 있으므로 유의해야 한다.

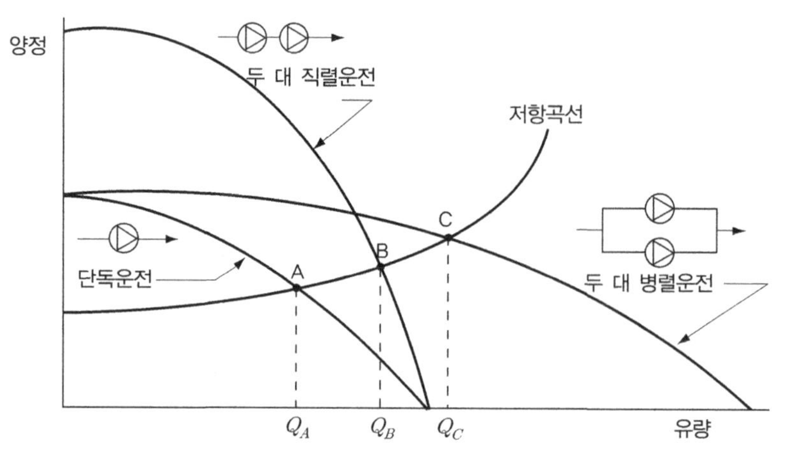

[그림 6-7] 펌프의 직렬 및 병렬운전

7) 공동현상과 유효흡입양정

공동현상(空洞現像, cavitation)은 압력이 낮은 곳에서 기포가 발생하여 압력이 높은 곳에서 소멸하는 현상을 말한다. 기포는 물의 정압이 물의 포화압력 이하로 될 때 발생하므로, 정압이 낮거나 수온이 높은 곳에서 공동현상이 발생하게 된다. 펌프의 경우 정압이 가장 낮은 회전날개의 이면에서 주로 공동현상이 발생한다. 공동현상으로 기포가 소멸할 때 금속성 타격음을 동반한 소음진동을 유발하며 양정과 효율을 저하시키고 깃을 침식하며 운전불능을 초래하기도 한다.

펌프 흡입구에서 물의 증기압을 초과하는 압력수두를 유효흡입양정(available net positive suction head)이라고 하며 다음 식으로 표현할 수 있다.

$$NPSH_{av} = \frac{P_a}{\rho g} - (H_{as} + H_{fs}) - \frac{P_v}{\rho g} \tag{6.8}$$

여기서 $NPSH_{av}$: 유효흡입양정 　　P_a : 대기압
H_{as} : 흡상양정(흡상+, 압상 −) 　　H_{fs}: 흡입관의 손실수두
P_v : 유체의 온도에 상당하는 포화증기압력

유효흡입양정은 정압력과 증기압의 차로 정의하는 것이 아니라 전압력과의 차이로 정의하고 있다. 공동현상은 주로 펌프의 깃에서 발생하므로 공동현상이 발생하지 않기 위해서

는 펌프의 입구에서는 보다 높은 유효흡입양정을 필요로 하며 이를 필요유효흡입양정 $NPSH_{re}$이라고 한다. 즉, 필요 유효흡입양정은 펌프에서 공동현상이 나타나지 않기 위한 최소한의 유효흡입양정을 말한다. 유량이 증가하면 배관의 손실수두의 증가로 유효흡입양정은 감소하고, 펌프 내를 흐르는 유체의 속도수두의 증가로 필요 유효흡입양정은 증가하게 된다. 공동현상이 일어나지 않으려면 유효흡입양정이 필요유효흡입양정보다 커야하며 통상 30% 여유를 주어 다음의 식 (6.9)의 조건을 만족해야 한다.

$$NPSH_{av} \geq 1.3NPSH_{re} \tag{6.9}$$

공동현상을 막기 위해서는 펌프의 설치 높이를 낮게 하며 입형 펌프의 경우에는 회전차를 수중에 완전히 잠기게 한다. 또한 펌프의 회전수를 작게 하고 양흡입 펌프를 사용하는 것이 바람직하다. 수온이 높거나 용해 기체를 다량 포함한 물 또는 고지대의 물을 양수할 때 공동현상 발생에 유의해야 한다.

예제 6-3

펌프의 필요유효흡입양정이 $NPSH_{re}=5.0\,\text{m}$, 흡입 측 유속 $V=1.2\,\text{m/s}$, 손실수두 $H_{sf}=1.5\,\text{m}$, 수온이 10℃($\rho=1000\,\text{kg/m}^3$, $p_v=1.2\,\text{kPa}$)일 때 흡상 실양정은 최대 얼마까지 가능한가?

풀이

$NPSH_{av} \geq 1.3NPSH_{re}$에서

$$\frac{p_a}{\rho g}-H_{as}-H_{sf}-\frac{p_v}{\rho g} \geq 1.3NPSH_{re}$$

따라서 최대 흡상 실양정 $H_{as,\max}$는

$$H_{as,\max}=\frac{p_a}{\rho g}-\frac{p_v}{\rho g}-H_{sf}-1.3NPSH_{re}$$
$$=(101300-1200)/(1000\times 9.8)-1.5-1.3\times 5.0=2.2\,\text{m}$$

■

8) 서징현상

외부에서 아무 영향이 없는데도 펌프나 송풍기의 유량이 0.1~10 Hz의 주기로 변동하며 한숨을 쉬는 듯 불안정한 상태가 지속되는 현상을 서징(surging)이라고 한다. 서징은 펌프

의 양정곡선이 산고형인 경우에 발생한다.

[그림 6-8]과 같이 토출관에 배수밸브가 달린 수조가 있을 때 유량에 따라 양정이 상승하는 구간에서 펌프의 운전을 생각해보자. 유량이 증가하면 저수조의 수위가 상승하므로 양정이 증가한다. 양정이 증가하면 유량이 감소하나 토출유량보다 많다면 수위가 상승하여 마침내 양정이 최고점 B까지 상승한다. 여기서 수위가 더 높아지면 운전점은 C로 바뀌어 유량은 극히 적어진다. 따라서 수위가 내려가게 되며 유량은 서서히 증가하여 양정곡선을 따라서 점 D에 도달한다. 여기서 더 수위가 내려가면 운전점은 A로 도약하며 유량이 급격히 증가한다. 다시 수위가 높아지면서 위의 과정을 반복하게 된다.

따라서 펌프가 최고 양정 좌측에서 운전되지 않도록 유량을 크게 해야 서징을 막을 수 있다. 서징은 배관 중에 물탱크나 공기탱크가 있을 때 발생하기 쉽다. 또 펌프의 유량 조절 밸브가 탱크 뒤쪽에 있을 때 서징이 잘 일어나므로 펌프 송출구 직후에 설치하도록 한다.

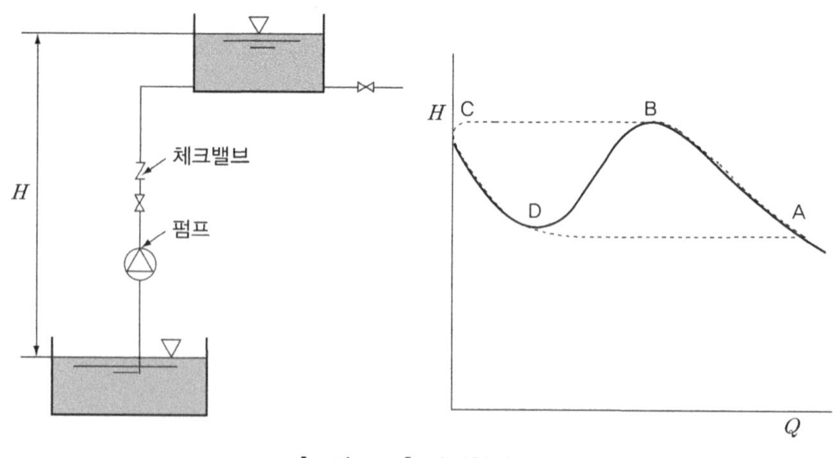

[그림 6-8] 서징현상

9) 수격현상

펌프가 갑자기 정지하면 토출 측에서 유체는 관성에 의하여 유동이 계속되므로 압력이 낮아지며 나중에 역류를 하게 된다. 역류가 일어날 때 갑자기 체크밸브가 닫히면 수격현상이 나타난다. 수격작용으로 인하여 강한 소음진동이 발생할 뿐 아니라 압력이 낮을 때 물이 증발하여 공동(空洞)부분이 발생하고 수류(水流)가 단절되어 수주분리(水柱分離)가 일어나기도 하며 역류가 일어날 때 증기가 다시 액화하여 이상고압현상이 일어날 수 있다.

펌프에 의한 수격현상을 억제하기 위해서는 다음과 같은 방법이 있다.

① 펌프 토출구 가까이에 급폐 체크밸브를 설치하여 스프링이나 추 등에 의해 역류가 시작되기 전에 닫히도록 한다. 스윙형 체크밸브는 역류 시작 후에 밸브가 폐쇄되므로 큰 수격압이 발생한다.
② 역류가 발생할 때 완폐(緩閉) 체크밸브인 스모렌스키밸브나 데시포트 등에 의하여 밸브의 폐쇄가 서서히 일어나게 한다.
③ 펌프에 플라이 휠(fly wheel)을 설치하여 펌프의 속도가 급격히 변화하는 것을 막는다.
④ 자동압력조절밸브나 서지탱크(surge tank)를 펌프 가까이 설치한다.
⑤ 밸브는 펌프 송출구 가까이 설치하고 적절히 제어한다.

10) 펌프의 설치 및 운전

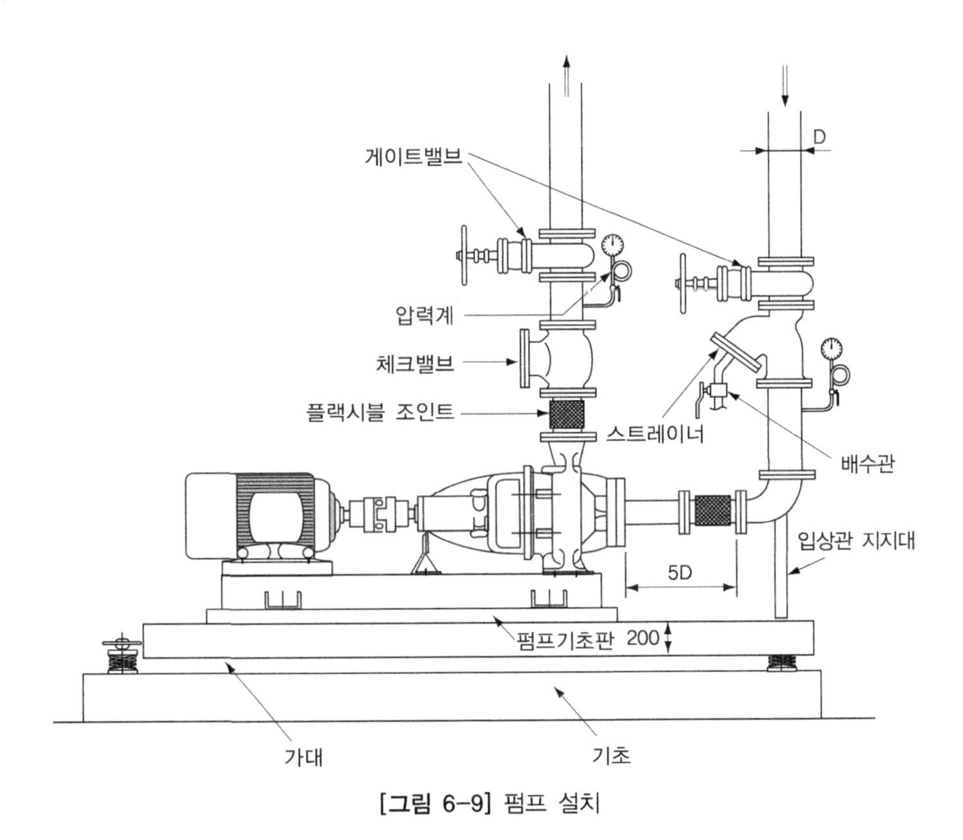

[그림 6-9] 펌프 설치

펌프의 설치 위치는 가능한 한 수면의 위치보다 낮고 흡입배관의 길이는 짧게 해야 공동현상을 억제할 수 있다. 또한 펌프는 기동되기 전에 물이 차 있어야 하므로 흡상의 경우에는 흡입관 끝에 풋밸브(foot valve)를 설치하여 펌프에서 물이 빠지지 않도록 해야 한다. 흡입구에서 와류가 형성되면 공기가 펌프로 유입될 위험이 있으므로 입구 유속이 1 m/s 이하가 되게 하여 와류의 생성을 막는다.

진동과 소음 제어를 위해 펌프가 설치되는 베드의 무게는 펌프와 모터의 총 무게의 1.5~3배 이상이 되도록 하고, 베드와 기초 사이에는 코르크나 방진고무 또는 스프링을 설치한다. 또한 펌프의 입출구에는 플렉시블조인트(또는 플렉시블코넥터)를 설치하여 팽창과 수축에 대응하고 진동의 전달을 억제한다([그림 6-9] 참조).

6-3 냉온수배관

냉온수배관은 [그림 6-1]에서 보듯이 냉동기와 보일러를 포함한 1차 측과 FCU, 방열기 등의 부하유닛을 갖는 2차 측으로 구성하며, 그 접점에는 공급 및 환수헤더가 있다. 냉온수배관은 앞에서 설명한 일반 사항이 적용되므로 여기서는 배관방법과 유량제어만 다룬다.

1) 배관방법

❶ 주 배관수에 의한 배관 방식

유닛에서의 주 배관수에 의하여 배관 방식을 분류하면 [그림 6-10]과 같이 4종류가 있다.

단관식은 하나의 관으로 공급관과 환수관을 겸하는 경우이며 유닛의 거리가 멀수록 방열량 또는 냉각열량이 감소하는 문제가 발생한다. 2관식은 동일 관으로 냉난방을 겸하되 공급관과 환수관을 분리하는 방식으로 가장 널리 사용된다. 3관식은 공급관은 냉온수관을 별도로 하고 환수관은 겸용으로 하는 경우이며 동일 존에 냉방과 난방 수요가 동시에 발생할 때 사용하나 에너지 효율 면에서 바람직하지 않다. 4관식은 환수관도 냉수용과 온수용을 별도로 하는 배관 방식으로 에너지 효율 면에서는 좋으나 공사비와 설치공간 면에서 불리하다.

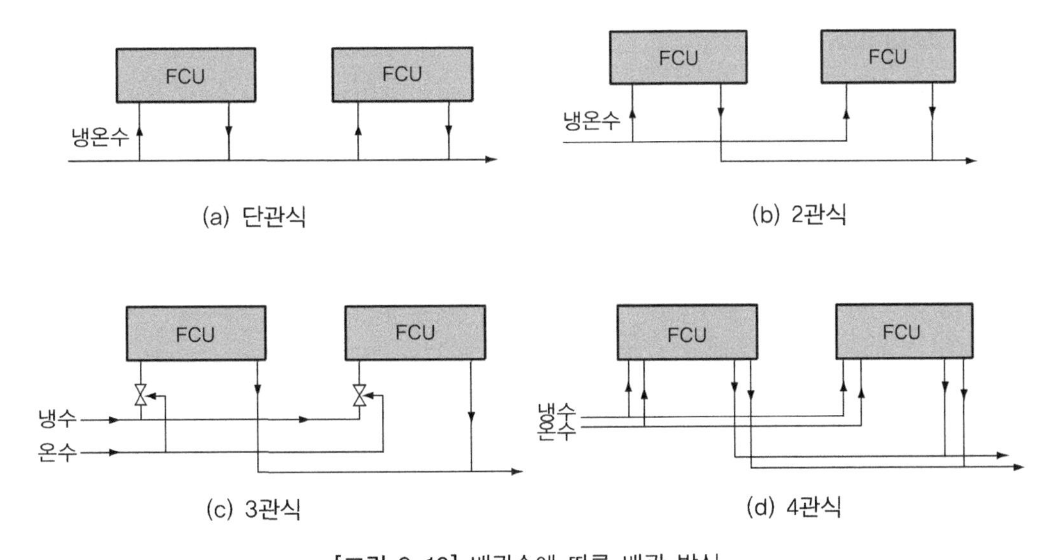

[그림 6-10] 배관수에 따른 배관 방식

❷ 직접환수 및 역환수 방식

하나의 주관에 다수의 유닛이 직렬 연결될 때 열원에서 각 유닛까지의 회로 길이가 다르면 저항이 달라서 유량 불균형이 생긴다. 직접환수 방식은 [그림 6-11(a)]와 같이 유닛이 가까울수록 회로의 길이가 짧아지기 때문에 많은 유량이 공급된다. 반면에 역환수 방식은 [그림 6-11(b)]와 같이 환수관의 길이가 길어지는 난점이 있지만 각 유닛에 대한 배관 길이가 같아서 균등한 유량이 흐르게 된다. 직접환수식이라도 유닛의 저항이 관로저항보다 훨씬 큰 경우에는 유량의 분배가 양호하다.

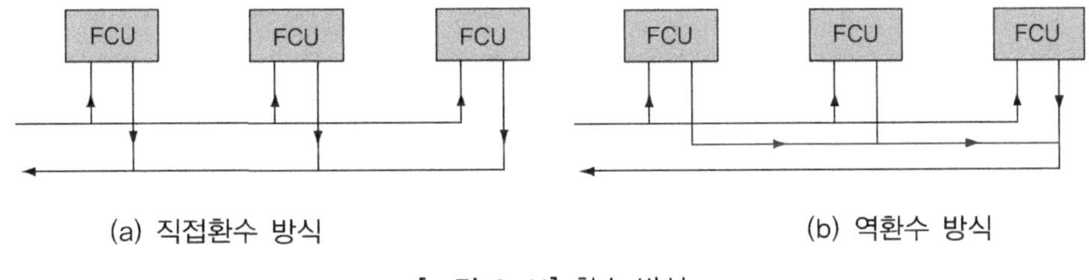

[그림 6-11] 환수 방식

2) 유량제어

유닛의 부하가 변화하는 경우 유닛의 방열량을 제어해야 하며, 2차 측의 물순환량이 변함없는 경우를 정유량 방식, 변하는 경우를 변유량 방식이라고 한다.

❶ 정유량 방식

정유량 방식에는 유닛의 유량을 일정하게 하고, 부하에 따라 온도를 조절하는 방법과 유닛의 통과 유량을 조절하는 방식이 있다. [그림 6-12(a)]는 각 유닛에 바이패스관과 3방향(3-way) 밸브를 설치하여 일정 유량의 물을 공급하고 여분의 물은 바이패스시키는 방식으로서 1펌프회로 정유량 방식이다. 각 존별로 부하특성이 달라서 유량제어가 어려운 경우는 [그림 6-12(b)]와 같이 2차 측에 존별로 별도의 펌프를 설치하여 유량을 조절하는 1차-2차 펌프회로 방식이 있다. 이와 같은 정유량 방식은 여분의 물이 순환함으로써 에너지를 낭비하는 단점이 있다.

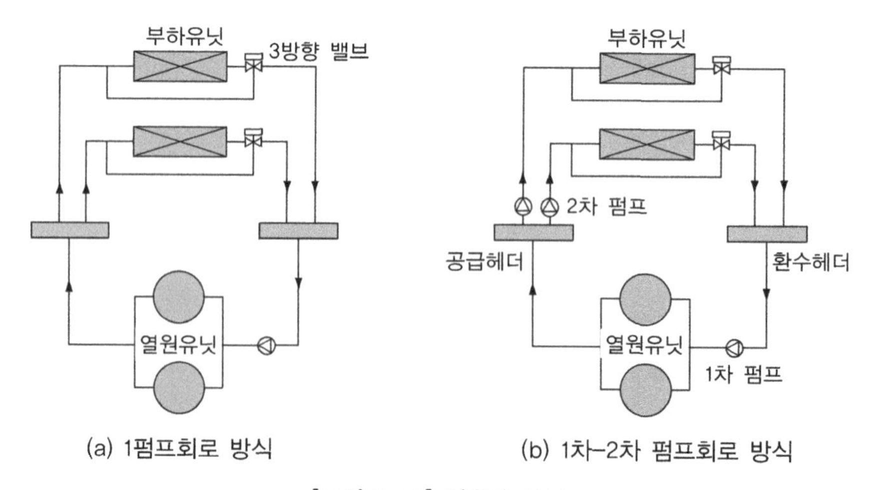

[그림 6-12] 정유량 방식

❷ 변유량 방식

변유량 방식은 부하에 따라 2차 측 유량을 조절하는 방식으로 펌프의 회전수 제어나 대수제어 및 2방향 밸브 제어방식이 있다. [그림 6-13]은 1차-2차 펌프회로 방식에서 2방향 밸브제어, 펌프 대수제어 및 회전수 제어에 의한 변유량 방식을 보여주고 있다.

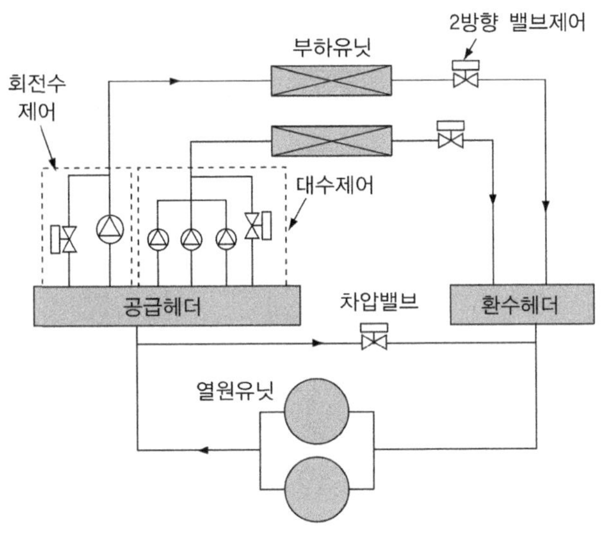

[그림 6-13] 변유량 방식

변유량 방식에서 1차 측 유량이 한계치 이하로 감소하지 않도록 차압밸브제어를 통해 바이패스되게 한다. 유량이 너무 적으면 냉동기는 결빙, 보일러는 과열될 수 있기 때문이다. 열원기기의 부하조절이 어렵거나 저부하 효율이 나쁜 경우에는 대수제어가 바람직하다.

6-4 고온수배관

고온수란 100~230℃의 물을 말하며 물의 증발을 막기 위한 가압장치가 필요하다. 가압 방법으로는 물의 위치수두를 이용한 정수두가압방식, 밀폐식 팽창탱크를 고압증기로 가압하는 증기가압 방식, 펌프가압 방식, 압축된 질소가스를 이용한 가스가압 방식 등이 있다.

난방용 방열기 온도는 120℃를 넘지 않도록 하므로 대부분 고온수를 직접 사용할 수 없다. 고온수 공급 쪽인 1차 측과 저온수 수요 쪽인 2차 측이 접속하는 서브스테이션(substation)에서 온도를 조절하는 방법에는 [그림 6-14]에 보인 바와 같이 배관혼합(bleed-in) 방식과 열교환기 방식이 있다.

고온수 배관은 고온에서 재질의 변화나 변형 등이 일어나지 않아야 하며 수온의 성층화로 인한 배관의 변형이 일어나지 않도록 평균유속을 1.5 m/s 전후로 한다. 마찰손실은 20~100 mmAq/m 정도가 일반적이나 지역난방의 경우 배관설비와 펌프동력을 고려하면 10~30 mmAq/m가 적합하다. 배관기울기는 1/200 이상으로 하며 공기빼기밸브를 설치하고 최저부에서는 배수하며 팽창이음은 루우프형이나 벨로우즈형으로 한다.

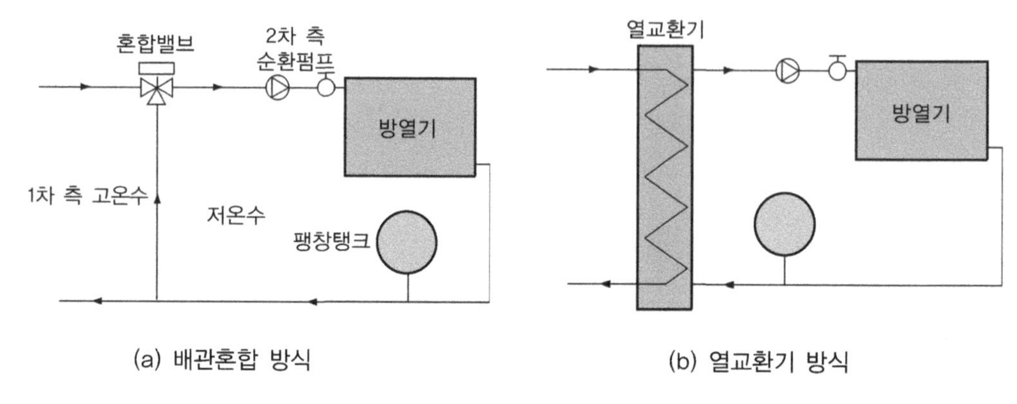

(a) 배관혼합 방식 (b) 열교환기 방식

[그림 6-14] 고온수 배관 접속방법

6-5 냉각수배관

냉각수배관 방법도 냉온수배관과 유사하나 냉온수배관이 밀폐회로인 반면 냉각수 배관은 일반적으로 개방회로인 점을 고려할 필요가 있다. 개방식의 경우 운전을 중단해도 배관은 만수상태에 있어야 하므로 [그림 6-15(a)]와 같이 냉각수펌프는 냉각탑 하부에 있어야 한다. 그러나 냉각탑의 위치가 냉동기보다 아래에 있는 경우는 [그림 6-15(b)]와 같이 사이펀작용에 의한 물빠짐을 막아야 한다. 사이펀방지기(진공방지기)를 설치하거나 펌프의 토출측에는 체크밸브를 설치하여 물이 흡입 측으로 역류하지 않게 한다. 또는 냉각탑 입구 측에 전동밸브를 설치하고 냉각수펌프와 연동시켜 펌프가 정지하기 전에 밸브를 폐쇄시킨다.

여러 대의 냉각탑을 병렬 배치할 때는 냉각탑의 수위가 동일하도록 연통관(連通管)으로 연결한다. 겨울철에 냉각탑을 가동할 경우 동결에 대비하여 개방식의 경우는 수조 내에 전기가열기를 설치하고 밀폐식은 부동액을 사용한다. 또한 수조에 이물질이 혼입되지 않도록 냉각수 흡입 측에는 스트레이너를 설치한다.

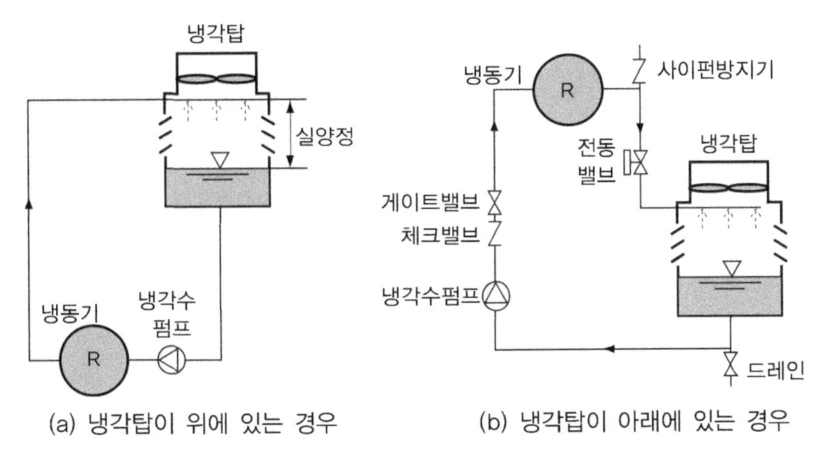

[그림 6-15] 냉각탑의 배관

6-6 증기배관

공조설비에서 증기배관은 주로 증기난방설비에 적용된다. 방열기에서 증기를 응축하면 응축수를 환수하는데 하나의 관에서 증기가 위로, 응축수는 아래로 흐르는 방식을 단관식, 환수관과 증기관을 별도의 관으로 한 것을 복관식이라고 하며 대부분 복관식을 사용한다.

방열기를 입상관에 연결하면 상향급기식, 입하관에 연결하면 하향급기식이라고 한다. 상향급기식은 증기와 응축수가 반대로 유동하기 때문에 관지름이 커야 하나 배관이 짧은 반면 하향식은 그 반대로 관지름은 작아지나 배관이 길어진다.

방열기 내의 증기압력은 보일러에서 공급하는 증기압력의 1/2 이상이 되도록 권장하며 대개 2/3 정도로 한다. 배관 100 m당 허용압력강하 R은 다음 식으로 구한다.

$$R = \frac{100\,\Delta P}{L + L'} \tag{6.10}$$

여기서 R : 배관의 100 m당 압력강하
ΔP : 배관 전체의 허용 총 압력강하
L : 보일러로부터 가장 먼 방열기까지의 거리, m
L' : 국부저항의 상당길이, m

국부저항의 상당길이는 [표 6-8]과 같고 일반건물에서 $L' = L$, 대규모 난방설비에서 $L' = (0.2 \sim 0.5)L$ 정도이다.

[표 6-8] 국부저항 상당길이

종류 \ 관지름, DN	15	20	25	32	40	50	65	80	100	125	150	200	250	300	350
표준엘보	0.4	0.5	0.7	0.9	1.1	1.3	1.5	1.9	2.7	3.3	4	5.2	6.4	8.2	9.1
T	0.9	1.2	1.5	1.8	2.1	2.4	3.4	4.0	5.5	6.7	8.2	11	14	16	19
게이트밸브(전개)	0.1	0.1	0.2	0.2	0.2	0.3	0.3	0.4	0.6	0.7	0.9	1.1	1.4	1.7	2
글로브밸브(전개)	4	5	7	9	10	14	16	20	28	34	41	55	70	82	94
앵글밸브(전개)	2	3	4	5	6	7	8	10	14	17	20	28	34	40	46

[표 6-9] 역구배관 및 수직배관에서 증기의 허용 최대속도, m/s

관지름, DN	20	25	32	40	50	65	80	100
역구배관(기울기 1/100)	6.6	7.5	8.7	8.7	8.7	−	−	−
수직배관	9.1	10.3	12.2	13.5	16.0	18.3	19.2	21.9

[표 6-10] 증기와 응축수가 동일 방향으로 흐르는 경우 저압증기관의 유량, kg/h

압력강하, Pa/m		14		28		58		113		170		225	
포화압력, kPa		25	84	25	84	25	84	25	84	25	84	25	84
관지름, DN	20	5	5	6	7	9	11	13	16	16	20	19	23
	25	8	10	12	14	17	21	24	30	31	37	37	43
	32	16	20	24	30	35	44	50	63	64	77	73	91
	40	28	32	38	45	54	67	79	95	99	118	112	138
	50	49	61	73	88	106	129	152	186	191	231	218	268
	65	79	98	117	141	171	209	245	299	308	372	354	431
	80	144	172	211	249	299	367	435	526	540	649	626	758
	90	210	249	304	362	449	552	640	771	789	953	907	1100
	100	290	363	431	526	640	767	898	1090	1110	1360	1540	1570
	125	544	649	762	953	1110	1360	1620	1930	1990	2380	2310	2770
	150	870	1040	1280	1520	1800	2200	2590	2590	3180	3900	3810	4540
	200	1770	2180	2530	3180	3670	4540	5170	6490	6580	8030	7480	9300
	250	3270	3990	4630	5720	6800	8260	9530	11800	11900	14500	13600	16800
	300	5170	6210	7480	8850	10600	12900	15000	18100	18600	22500	21800	26100

[주] 1. 포화압력 25 kPa의 용량은 8% 이내의 오차에서 7~41 kPa의 범위에서 적용할 수 있다.
2. 포화압력 85 kPa의 용량은 8% 이내의 오차에서 55~100 kPa의 범위에서 적용할 수 있다.

[표 6-11] 저압증기의 환수관 관지름 및 유량, kg/h

압력강하, Pa/m		7		9			14			28			57			113
형식		습식	건식	습식	건식	진공식	습식	건식	진공식	습식	건식	진공식	습식	건식	진공식	진공식
수평주관 관지름, DN	20					19			45			64			91	128
	25	57	28	66	32	65	79	36	79	113	47	113	159	52	159	224
	32	97	59	112	68	111	136	70	136	193	98	193	272	109	272	365
	40	153	93	189	107	176	215	120	215	306	154	306	431	171	431	608
	50	318	213	637	245	370	454	261	454	635	336	644	907	374	907	1280
	65	535	345	717	394	616	762	431	762	1070	558	1080	1520	617	1520	2150
	80	853	662	966	708	989	1220	794	1220	1700	1020	1720	2430	1130	2430	3430
	90	1250	894	1500	998	1470	1810	1130	1810	2490	1470	2580	3630	1620	3630	5130
	100	1760	1330	2080	1520	2040	2490	1700	2490	3520	2190	3540	4990	2440	4990	7030
	125					3570			4390			6210			8800	12400
	150					5720			7030			9980			14100	19900
수직관 관지름, DN	20		22		22	65		22	79		22	113		22	159	224
	25		51		51	111		51	136		51	193		51	272	365
	32		112		112	176		112	215		112	306		112	431	608
	40		170		170	370		170	454		170	644		170	907	1280
	50		340		340	616		340	762		340	1080		340	1520	2150
	65					989			1220			1720			2430	3430
	80					1470			1810			2580			3630	5130
	90					2040			2490			3540			4990	7030
	100					3570			4390			6210			8800	12400
	125					5720			7030			9980			14100	19900

증기의 속도가 너무 빠르면 소음을 발생할 뿐 아니라 응축수가 곡관부 등에 충돌하여 스팀해머(steam hammer) 현상을 야기할 수 있다. 순구배관의 경우는 구배 1/250을 원칙으로 하고 유속은 40~60 m/s까지 가능하나 25~40 m/s를 권장하고 있다. 불가피하게 역구배로 할 때는 그 길이는 최소한으로 하고 구배는 1/80로 한다. 역구배 및 수직배관의 경우 증기의 허용속도는 [표 6-9]와 같다. 주어진 유량과 초기 증기압에 대하여 압력강하와 제한속도가 정해질 때 배관지름은 증기유량선도나 [표 6-10]을 활용하여 구할 수 있으며, 공급주관의 최소구경은 일반적으로 32 mm로 한다. 모든 증기 지관은 주관의 상부에서 연결하여 건조한 증기만 공급되게 하며 수평 주관은 순구배의 경우 30~50 m, 역구배의 경우 15~20 m 간격으로 증기트랩을 설치하여 응축수를 제거하도록 한다.

환수관에는 응축수 외에 재증발한 증기 및 공기 등이 혼재된 기액 이상류 상태이며, [표 6-11]과 같은 산정표를 활용하여 환수 방식에 따라 관지름을 결정하고 최소 25 mm로 한다.

6-7 기기주변 배관

❶ 보일러

온수보일러는 유지보수에 대비하여 온수의 공급 및 환수 주관에 밸브를 설치하고 상부 배관에는 공기빼기밸브를 설치한다. 수온이 120℃ 이하인 보일러에는 릴리프(relief) 밸브나 팽창관을 설치하고 밸브의 설정압력은 온수보일러의 사용최고압력을 초과하지 않도록 한다.

증기보일러의 증기관은 보일러수가 넘치는 캐리오버(carry over)를 방지하기 위해 증기 속도가 15 m/s 이하가 되도록 하고 증기배출 개소도 가급적이면 여러 개로 한다. 보일러에 물이 완전히 빠지는 것을 막고 안전수위를 유지하기 위해 하트포드(hartford) 접속법을 채용하며 접속점은 표준수면보다 50 mm 높게 한다([그림 6-16] 참조). 이때 환수관과 증기관을 연결해주는 관을 밸런스관이라고 하며 안전수위 유지와 아울러 관내압을 유지시켜 환수주관의 찌꺼기가 보일러로 유입되는 것을 방지한다. 보일러의 배수는 역류가 일어나지 않도록 간접배수로 한다.

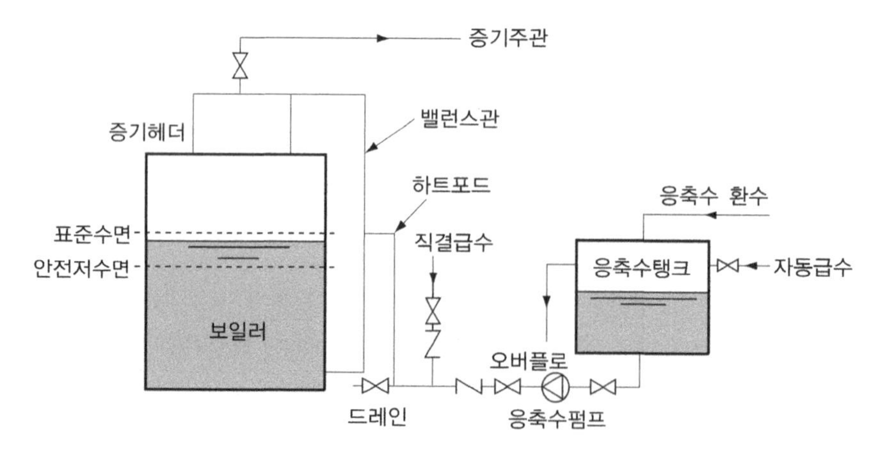

[그림 6-16] 증기보일러 주변 배관

❷ 방열기

온수용 방열기의 입구에는 온수의 공급 또는 차단을 위한 방열기밸브를, 출구에는 온수 순환량을 조절하는 리턴콕을 설치한다. 상향식 배관은 온수가 방열기를 ㄷ자형으로 순환하므로 공기가 정체되지 않도록 공기빼기밸브를 각 방열기에 설치한다. 하향식인 경우는 공기빼기밸브를 배관의 최상부에만 설치하면 된다. 증기용 방열기의 경우는 [그림 6-17]과 같이 리턴콕 대신 증기트랩을 설치하고 방열기밸브로 증기량을 조절한다. 또 방열기 주변 배관은 온도변화에 의한 신축을 흡수할 수 있도록 스위블형 이음을 한다.

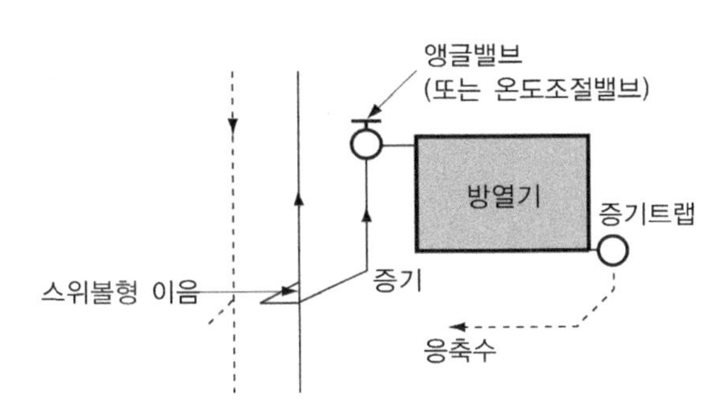

[그림 6-17] 증기방열기 주변 배관

❸ 팬코일유닛

팬코일유닛에서 배관은 냉온수 코일의 하부로 들어가 상부로 나오게 하고 배관 최상부에 공기빼기밸브를 설치한다. 냉방 시 코일면의 응축수 처리를 위한 배수(드레인)배관을 해야 한다. 배수주관의 지름은 DN 32 이상, 기울기는 1/50 이상이 되도록 하고, 부득이한 경우라도 1/200 이상이 되게 한다.

6-8 부속기기

1) 팽창탱크

팽창탱크(expansion tank)는 물의 팽창을 흡수하는 것 외에 배관 내의 압력을 일정하게 유지하여 온수의 증발을 막고 공기의 침투를 막는 역할도 한다. 팽창탱크에서 흡수해야 할 물의 체적은 물의 팽창량에서 배관의 부피 증가량을 뺀 유효팽창량이며 다음 식으로 구할 수 있다.

$$\Delta V = \left(\frac{v_2}{v_1} - 1 - 3\alpha \Delta t\right) v_1 m \tag{6.11}$$

여기서 ΔV: 물의 유효팽창량
m : 배관계 내의 총 수량
α : 장치 주재료의 선팽창계수
Δt : 최고 수온과 최저 수온의 차
v_1, v_2 : 최저 수온 및 최고 수온에서 물의 비체적

물의 부피 $v_1 m$은 방열기 총 용적의 약 2배, 또는 방열면적 m^2당 주형은 2 L, 핀(fin)형은 1.3 L로 산정할 수 있다.

팽창탱크에는 개방식과 밀폐식이 있다([그림 6-18] 참조).

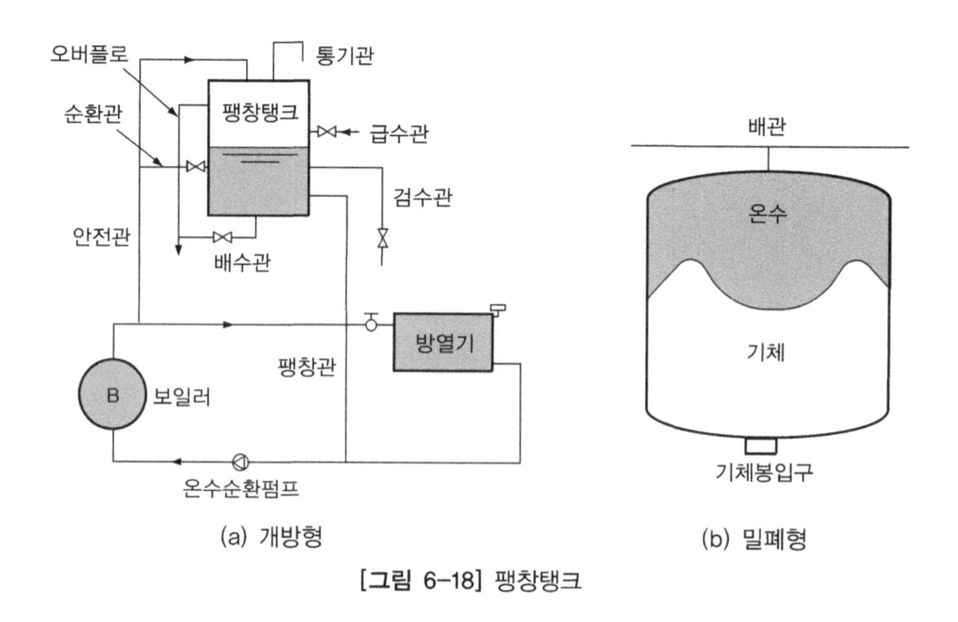

(a) 개방형 (b) 밀폐형

[그림 6-18] 팽창탱크

❶ 개방식

개방식 팽창탱크는 물의 팽창을 흡수할 뿐 아니라 배관 내에서 발생한 증기를 처리할 수도 있으며 공기빼기밸브 및 급수구의 역할도 한다. 그러나 온수의 온도가 높으면 팽창탱크에서 온수증발에 의한 열손실이 크며 85℃ 이상이면 부적합하다. 탱크에서 열손실과 결로를 막기 위한 보온이 필요하며, 동결에 대비하여 온수순환용 순환관을 설치하고 폐쇄가 안 되게 통기관을 크게 하며 전열선을 설치하기도 한다.

물의 팽창을 위한 관을 팽창관이라고 하며 보일러의 과열에 의한 공기나 증기를 포함한 오버플로의 처리를 위한 관을 안전관 또는 도피(relief)관이라고 한다. 강제순환식에서 팽창관은 일반적으로 순환펌프의 전방에 설치하여 공동현상을 억제하고 적정 압력을 유지하게 하며, 안전관은 보일러 출구에 설치하며 안전관이 팽창관을 겸할 수도 있다. 팽창관이나 안전관에 밸브를 설치하면 필요시 작동을 저해할 위험이 있으므로 유의해야 한다.

개방식 팽창탱크는 배관의 가장 높은 위치보다 1 m 이상 더 높은 위치에 있도록 한다. 탱크의 유효체적은 검수관의 접속점에서 오버플로관 접속점까지이며 유효팽창량의 1.5~2배 정도로 하는 것이 일반적이다. 오버플로관에서 탱크 상단까지는 100~200 mm 간격을 둔다. 또 안전관의 최상부와 오버플로관 접속점 사이의 간격은 펌프의 양정보다 높게 해야 안전관과 팽창관이 순환회로를 구성하는 것을 방지할 수 있다.

❷ 밀폐식

밀폐식 팽창탱크는 다이어프램형이 많이 사용되는데, 다이어프램 내에는 기체(보통 질소)가 주입되어 있고 그 밖의 공간은 배관계의 물로 가득 차 있다. 가열되기 전에는 다이어프램에 기체가 일정 압력으로 충전되어 그 부피가 탱크를 채우고 있다가 물이 팽창하여 다이어프램을 밀고 들어오면 기체의 부피는 감소하고 압력은 증가하게 된다. 공기의 온도 변화를 무시하면 부피는 압력에 반비례하게 되므로 그 변화량은 물의 유효팽창량과 같아야 한다. 따라서 기체의 최초 체적(최소 압력일 때의 체적), 즉 팽창탱크의 체적은

$$V_t = \frac{\Delta V}{1 - P_{min}/P_{max}} \tag{6.12}$$

여기서 V_t : 밀폐형 팽창탱크의 체적
ΔV : 물의 유효팽창량
P_{max}, P_{min} : 주입기체의 최소 및 최대 압력

주입기체의 최소 압력은 수온이 가장 낮아서 기체가 탱크를 완전히 채울 때의 압력이다. 한편 최대 압력은 수온이 최고가 되었을 때 기체의 압력이다.

이상과 같이 주입기체가 빠져나가지 않는 봉입(封入)형은 장치는 간단하나 큰 체적의 탱크를 필요로 한다. 탱크의 체적을 줄이는 방법에는 액체가 팽창할 때는 공기를 외부로

방출하고 수축하면 압축기로 외기를 압입하여 필요 압력을 유지하는 압축기 병용방식이 있다.

예제 6-4

80.0 m^3의 수량을 갖는 냉방시스템에서 수온이 7℃일 때 압력은 70 kPa로 설계되었다. 물의 최고 온도가 36℃까지 상승할 것으로 예상하여 안전밸브 작동압력을 250 kPa로 설정하였다. 개방형 및 밀폐형 팽창탱크의 체적을 구하여라.

풀이

배관재를 탄소강관으로 보고 [표 6-12]에서 선팽창계수를 식 (6.11)에 대입하면 물의 유효팽창량을 구할 수 있다. $v_1 m = 0.001m^3/kg \times 80m^3 = 0.001m^3/kg \times 80m^3 \times 1000kg/m^3 = 80m^3$이므로 다음의 식을 계산할 수 있다.

$$\Delta V = \{(0.001006/0.001) - 1 - 3(11.5 \times 10^{-6})(36-7)\}80 = 0.40\,\mathrm{m}^3$$

따라서 개방형의 경우 유효팽창량의 2배로 하여 팽창탱크의 체적을 구하면 0.80 m^3

밀폐형의 경우 식 (6.12)에서 탱크의 체적을 구하면

$$0.4/\{1-(70+101)/(250+101)\} = 0.78\,\mathrm{m}^3$$

■

2) 공기빼기밸브

배관 중에 공기가 차면 유동과 열전달을 방해하며 소음과 부식의 원인이 된다. 공기빼기밸브는 증기용과 온수용이 있으며 수동식과 자동식이 있다. 수동식 공기빼기밸브에는 피코크(peacock)라고 하여 온수난방용 방열기의 상부에 설치되는 것이 있다. 자동식에는 온도차를 이용한 열동(熱動)식과 밀도차를 이용한 부자(浮子, float)식 외에 병용식이 있다. 열동식으로 작동하는 벨로우즈(bellows)형에서는 공기가 차면 온도 저하로 벨로우즈가 수축하여 배기구가 열리고, 뜨거운 증기가 차면 팽창하여 배기구가 닫힌다. 또 부자식으로 작동하는 플로트형에서는 물이 차면 부력에 의하여 플로트가 떠올라 밸브가 닫히고 공기가 차면 가라앉아 밸브가 열린다. 밸브 속이 진공이 되면 외부공기가 유입할 수 있으므로 역지밸브 또는 다이아프램이나 벨로우즈에 의하여 공기의 역류를 방지하는 것도 있다. 증기난방용 방열기에 공기빼기밸브를 설치할 때 공기는 증기보다 무거우므로 보통 방열기 높이의 2/3 정도 위치에 설치한다.

3) 증기트랩

응축수는 증기방열기에서 열전달을 방해하고 증기관에서는 증기해머를 일으키므로 응축수만 신속하고 효율적으로 제거하기 위한 기기가 증기트랩이다. 증기트랩은 공기빼기를 병행하며 증기트랩에 공기가 정체되면 더 이상의 응축수를 배출할 수 없는 공기장애현상인 에어바인딩(air binding)이 생길 수 있다.

증기트랩은 작동 원리에 따라서 온도조절식(thermostatic), 기계식 및 열역학식(thermodynamic) 트랩으로 나눌 수 있다. [그림 6-19]는 대표적인 증기트랩의 구조를 도시한 것이다.

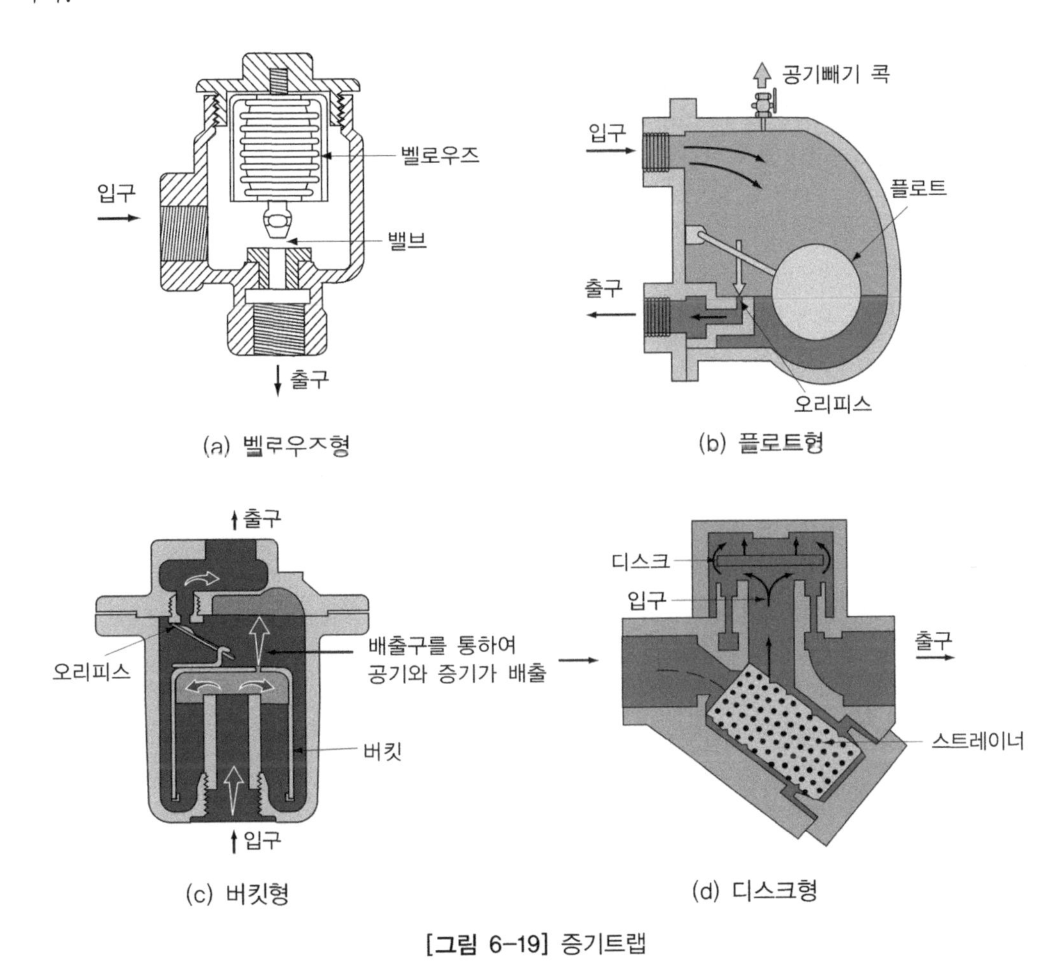

[그림 6-19] 증기트랩

온도조절식 트랩은 온도에 따른 물질의 신축성을 이용한 것으로 벨로우즈형과 다이어프램형 및 바이메탈형이 있으며 저압증기용 방열기나 관말트랩으로 사용된다. 기계식 트랩은 물의 부력을 이용한 것으로서 플로트(float)형과 버킷형이 있다. 플로트형은 급탕탱크, 열교환기, 공조기 등에 사용되며, 버킷형은 저압에서 고압까지 열교환기, 유닛히터, 증기헤더 등에 사용된다.

열역학식 트랩은 구조가 간단한 디스크(disc)형을 말한다. 운전 초기에 공기와 응축수는 디스크를 밀고 배출되며 압력이 올라가면서 뜨거운 증기(뜨거운 물은 증발)가 통과하면 베르누이 원리에 따라서 유로의 압력은 감소하여 디스크가 닫힌다. 밀폐된 디스크 상부의 증기가 응축되면 압력이 저하되므로 디스크가 다시 열려 개폐를 반복한다. 디스크형은 압력차가 큰 곳에 적합하며 구조가 간단하여 고장이 적고 동파위험이 없으나 초기 가동 시 디스크 상부의 압력을 너무 빨리 상승시키면 공기장애현상이 생겨 더 이상의 응축수 배출을 할 수 없게 한다.

증기트랩을 선정할 때는 입출구의 압력차, 응축수량, 동결위험, 증기누출, 현열이용, 크기, 배압, 환수량, 내수격(耐水擊) 등을 고려하며, 방열기용은 대부분 벨로우즈형이 사용되고 기타 용도로는 버킷형, 플로트형 및 디스크형이 쓰인다.

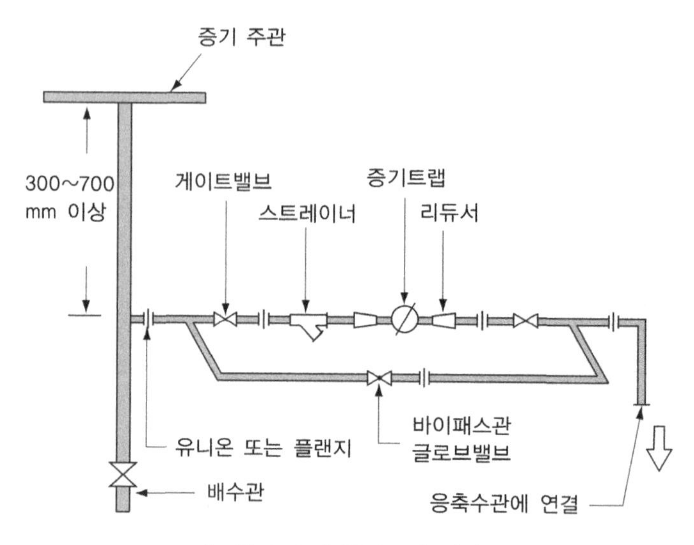

[그림 6-20] 증기트랩 배관

[그림 6-20]은 증기 주관에 연결한 증기트랩의 배관도이다. 증기트랩의 전방에는 농축된 응축수를 방출하고 이물질을 걸러 내기 위한 배수밸브와 스트레이너를 설치한다. 배수관의 지름은 주관의 지름과 같아야 하며 지름이 150 mm 이상인 경우는 그 절반으로 할 수 있으나 100 mm 이상이어야 한다. 주관과 트랩연결부까지의 배수관(collecting leg)의 수직 거리는 증기공급을 중단할 때 발생한 응축수가 중력의 힘만으로 배출될 수 있도록 해야 한다. 운전원이 배수밸브로 응축수를 수동으로 배출한 후 연속운전을 하는 경우는 그 거리가 관지름의 1.5배, 최소 20 mm 이상이 되어야 하고 간헐운전의 경우는 70 mm 이상 되어야 한다. 트랩 후단에 트랩의 작동을 검사할 수 있는 시험밸브를 설치할 수 있으며 트랩의 용량을 여유 있게 하여 바이패스관은 설치하지 않는 것이 경제적이다.

증기설비의 배관, 밸브 및 각종 기기는 시동 시 부하가 정상운전 시 부하를 크게 능가하므로 이를 고려한 안전율을 적용하여야 하며 증기트랩은 안전율 2를 적용하면 무리가 없다.

4) 수격방지기

갑작스런 밸브의 개폐나 펌프의 정지 시 배관의 국소적인 유속변화로 인한 충격적인 압력변화에 의해 망치로 치는 듯한 소음진동이 발생하는 현상을 수격(水擊, water hammer) 작용이라 한다. 밸브의 개폐에 따른 압력변화를 도시하면 [그림 6-21]과 같다.

수격현상에서 유속변화와 최대 수격압력의 관계는

$$\Delta h = \frac{c\Delta v}{g} \tag{6.13}$$

여기서 Δh : 수격압력수두, mAq　　　　Δv : 유속변화, m/s
c : 관의 탄성을 고려한 압축파의 전파속도(음속), m/s
g : 중력가속도, m/s^2

관이 두꺼운 강체일 때는 압축파의 전파속도가 물의 음속과 같은 $c = 1425\,\text{m/s}$(25℃ 에서)이지만 관벽이 얇고 탄성이 클수록 전파속도는 감소하며 수격압력은 비례적으로 감소한다. 수격작용을 야기하는 작용시간은 밸브에서 탱크 또는 개구부까지 관로의 길이(L)를 음속으로 왕복하는 시간으로 $t_c = 2L/c$이다. 이 시간보다 빠르게 밸브가 닫히면 수격현상이 나타나며 느리면 수격작용은 억제된다.

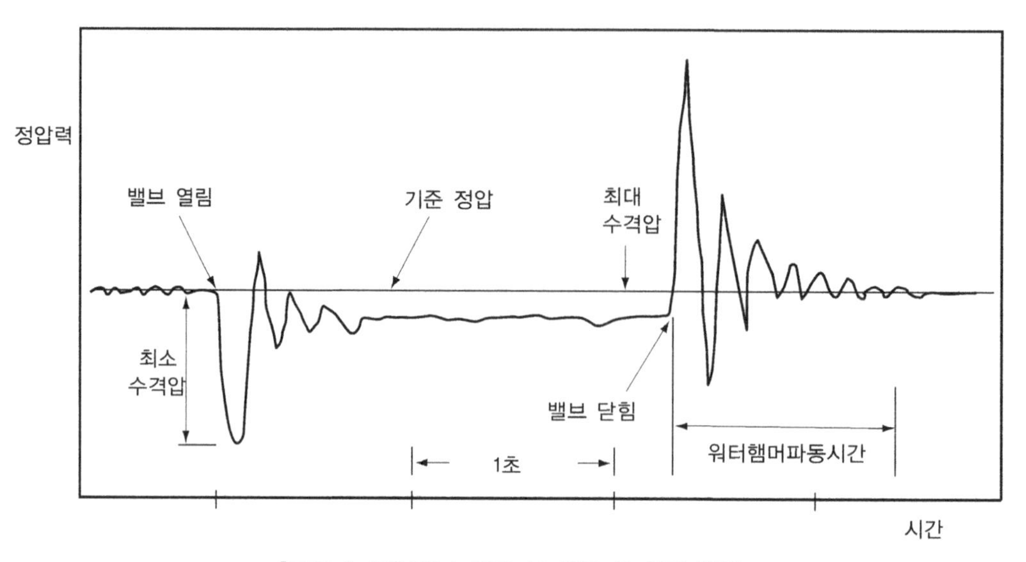

[그림 6-21] 밸브 개폐 시 상류 측 압력 변화

따라서 수격작용을 방지하기 위해서는 갑작스럽게 밸브를 개폐하거나 펌프가 정지하지 않도록 하며, 수격압력이 높지 않도록 유속을 1.5 m/s 이하로 한다. 수격의 위험이 있는 곳에는 수격방지기를 설치한다. 수격방지기는 압력을 흡수하기 위한 공기실을 내포한 관이나 용기로서 밸브의 입구나 펌프 토출구 가까운 쪽에 설치한다. 밀폐형 공기실의 경우 벨로우즈나 고무주머니로 물과 격리시켜 공기가 물에 용해되지 않도록 한다.

수격방지기의 내부 용적은 다음 실험식으로 구할 수 있다.

$$V = \frac{4.0 \times 10^{-3} \times QP_1(0.016L - t_c)}{P_1 - P_2} \tag{6.14}$$

여기서, Q : 밸브차단 전 유량, L/min

P_1 : 허용 충격 압력(보통 $1.5P_2$, 배관이 DN 250 이상이면 $1.2P_2$, 스프링클러 설비의 경우 $2P_2$)

P_2 : 밸브차단 전의 압력

t_c : 압력파의 왕복 시간(0.2~0.5s)

L : 배관 길이, m

5) 감압밸브

소요 압력보다 높은 고압의 증기나 물이 공급될 경우에는 감압이 필요하다. 증기의 경우 보일러에서 직접 증기압을 낮추면 보일러수의 캐리오버가 발생하여 증기의 건도가 낮아지므로 증기시스템 전체의 효율이 낮아지는 문제가 발생한다. 그러나 고압의 증기를 사용처 가까이까지 공급한 후 기기 근처에서 감압하면 증기의 건도가 향상될 뿐 아니라 에너지 절약, 배관공사비 절감, 균일한 온도 유지의 이점이 있다. 감압밸브는 공급압력의 변화에 관계없이 저압 측의 압력을 일정하게 제어하는 장치로서 주변 배관은 [그림 6-22]와 같다. 감압밸브의 감압비의 제한은 거의 없으나 감압비가 크면 유동소음이나 공동현상으로 소음 문제가 발생하므로 2단 감압법을 취하는 것이 바람직하다.

감압밸브 고장의 대부분은 먼지와 같은 이물질에 의한 것이므로 유입 측에 스트레이너를 설치하고, 증기의 경우 증기해머 방지를 위해 증기트랩을 설치하며, 물의 경우 자동 공기빼기밸브를 설치하여 배관 중 공기를 완전히 제거한다.

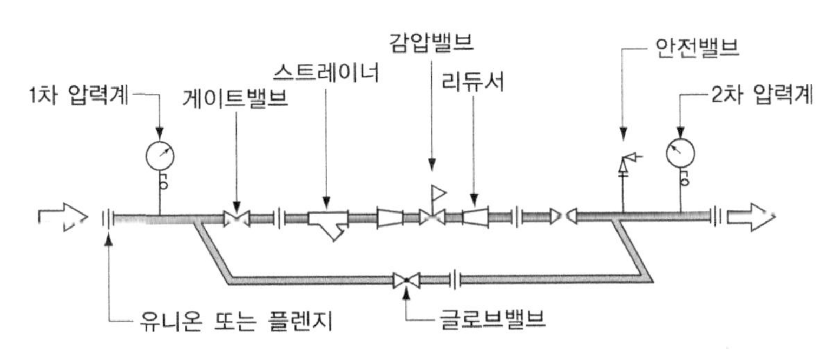

[그림 6-22] 감압밸브의 설치

6) 증발탱크

고압증기의 응축수를 충분히 냉각되지 않은 상태에서 저압환수관에 연결하면 재증발을 일으켜 트랩의 용량이 초과되고 배압을 상승시켜 문제를 일으킨다. 이를 방지하기 위해 증발탱크(flash tank)는 [그림 6-23]과 같이 고압수를 재증발시켜 증기를 활용하고 압력이 낮은 응축수를 저압환수관으로 배출하는 장치이다.

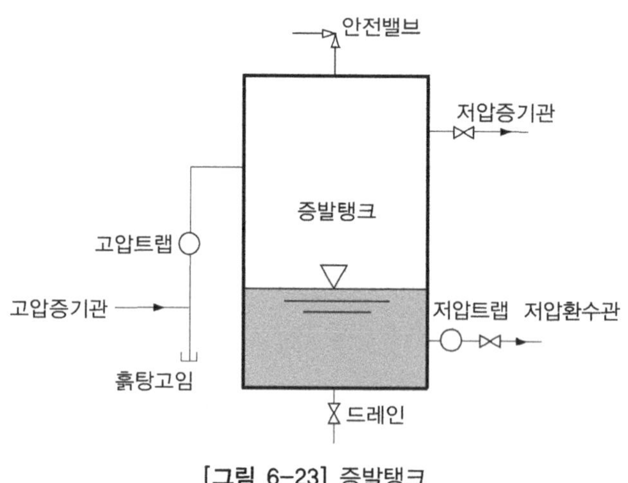

[그림 6-23] 증발탱크

6-9 배관재료

1) 치수와 사용압력

배관의 치수는 관지름으로 표시하는데 mm 단위를 사용할 때는 기호 DN(종래의 A)을 사용하고 인치(inch)를 사용할 때는 기호 NPS(종래의 B)를 사용한다. 예를 들면 DN 50(또는 50 A)이라고 하면 호칭지름이 50 mm인 관을 의미하며 호칭지름과 관의 실제 치수는 [부표 6]과 같다.

고압증기, 고온수와 같이 압력이 많이 걸리는 배관의 경우 관지름에 비하여 두께가 두꺼울수록 고압을 지탱할 수 있다. 이론상 최고 사용압력은

$$p = 2.0\,t\frac{S}{D} \tag{6.15}$$

여기서 p : 최고 사용압력
S : 배관의 허용응력
t : 배관의 두께, mm
D : 배관의 바깥지름, mm

그러나 관두께의 비균일성 및 배관부식을 고려하여 실용적으로는 다음 식을 사용한다.

$$p = 1.75\frac{(t-2.54)S}{D} \tag{6.16}$$

2) 배관재료의 종류와 특성

배관을 통하여 흐르는 유체의 종류, 온도, 압력 등에 따라서 적합한 배관재가 있으며, 공조용으로는 탄소강관이 주로 사용되고 있으나 최근에는 스테인리스강관, 플라스틱관, 라이닝강관 등이 많이 사용되고 있다. 배관재료의 종류와 그 특성을 요약하면 다음과 같다.

❶ 탄소강관

탄소강관을 단순히 강관(steel pipe)이라고 부르며 주철관에 비하여 가볍고 인장강도가 커서 고압용으로 쓸 수 있으며, 내충격성과 굴곡성이 좋아서 관의 접합이 용이하고 가격이 싼 장점이 있다. 그러나 강관은 부식에 약하여 내용연수가 짧은 것이 단점이다.

강관은 압력 1 MPa 이하에서 사용하는 저압용과 그 이상에서 사용하는 고압용으로 나누는데, 저압용 강관은 일반배관용이라고 하며 라이닝관으로도 사용된다. 아연 도금된 강관을 백관(白管)이라고 하며 도금이 안 된 흑관(黑管)과 구별한다. 백관은 수도관으로 널리 사용되었으나 부식성이 커서 스테인리스관이나 동관 등으로 대치되었다. 고압용은 고압증기나 고온수 등에 사용할 수 있는 두께가 두꺼운 관으로 다음 식과 같이 정의된 스케줄번호(Sch. No.)를 사용하는 경우가 많다.

$$\text{Sch. No.} = 10p/S = 17.5(t-2.54)/D \tag{6.17}$$

❷ 스테인리스강관

스테인리스(stainless)강관은 부식에 강하기 때문에 급수, 급탕과 같은 위생설비용 또는 냉온수, 냉각수 등의 공조용으로 널리 사용된다. 사용압력은 저압용 탄소강관과 같이 1 MPa 이내이다. 또한 저온특성이 우수하여 LNG 플랜트 같은 저온 설비에 사용된다.

❸ 주철관

주철(cast iron)관은 내식, 내마모성 및 내압, 내충격성이 우수하여 급수, 오배수, 통기 등의 급·배수용으로 쓰이며 가스관, 지중매설 배관, 화학공업용 배관으로도 사용되고 있다. 인장강도가 낮아서 10 atm 이하의 저압용으로 사용된다.

❹ 동관

동과 동합금은 각종 수용액과 유기화합물에 대한 내식성이 우수하며 열 및 전기전도성이 높고 유연성이 좋으므로 일상생활과 공업용으로 널리 사용된다. 그러나 외력에 약하고 강알칼리 및 산부식, 응력부식 및 피로균열이 발생하는 단점이 있다. 동관은 화학성분에 따라서 여러 종류가 있으나 인탈산 동관이 널리 사용되며 급수, 냉온수, 급탕, 급유 및 냉매용 또는 열교환기용으로 쓰인다.

❺ 플라스틱관

흔히 PVC(poly vinyl chloride)관이라고 하며 소재에 따라서 경질 염화비닐관, 폴리에틸렌관, 강화 플라스틱복합관 등이 있다. 경질 염화비닐관은 급수관, 냉각수관, 배수관, 통기관 등에 널리 이용되고 있다. PVC관은 경량이면서 산, 알칼리에 내식성이 높고 관 내면에 스케일이 잘 생기지 않으면서 마찰이 적다. 또한 굴곡, 접합, 용접 등의 시공성이 좋다. 그러나 열과 충격에 약하고 열팽창률이 크며 고온이나 저온에 약한 단점이 있다.

❻ 라이닝관

탄소강관의 내면 또는 외면을 플라스틱으로 피복하여 강관의 내구성과 플라스틱의 내식성을 겸비하도록 한 관을 말한다. 주로 냉각수 및 급수용으로 사용되고 플라스틱의 성질상 60℃ 이상, 내열성 플라스틱이라도 80℃ 이상의 고온에는 사용할 수 없다.

3) 배관의 부식

배관 부식의 원인으로는 금속의 산화에 의한 부식, 용존(溶存)산소에 의한 부식, 이온화 경향이 다른 이종 금속의 접촉에 의한 부식 및 지하 매설관 등에서 외부 전류의 유입에 의한 전식(電蝕)이 있다.

부식방지를 위해서는 코팅, 도장, 도금과 같은 피복법, 보급수의 용존산소를 제거하는 탈기처리법, 산에 의한 세관 및 약품처리 등의 화학적인 처리법이 있다. 또 금속관에 물기가 묻지 않게 하거나 난방코일 등에는 물을 완전히 채워 공기의 접촉을 막는 것도 부식방지의 한 대책이다. 두 금속이 접촉할 때는 이온화 경향의 차이가 작은 재료로 한다. 매설관의 전식을 막기 위해서는 황마(黃麻)나 아스팔트 등을 감아서 절연한다.

4) 배관 접합과 이음쇠

배관의 이음쇠에는 엘보(elbow), 티(tee), 소켓(socket), 유니온(union), 리듀서(reducer), 부싱(bushing), 플러그(plug), 캡(cap). 플랜지(flange) 등이 있다([그림 6-24] 참조).

이음 방법에는 나사이음, 용접이음 및 플랜지이음 등이 있다. 각종 이음쇠의 용도를 분류하면 다음과 같다.

① 방향전환 : 엘보, 벤드
② 분기 : T, Y, 크로스
③ 동일 지름의 직선연결 : 소켓, 유니온, 플랜지, 니플
④ 이경관의 연결 : 이경소켓, 엘보, 티, 부싱, 니플, 리듀서
⑤ 관단 막음 : 플러그, 캡

[그림 6-24] 각종 관이음쇠

또한 재료에 따라서 분류하면 다음과 같다.

① 강관 : 나사, 용접, 플랜지
② 주철관 : 소켓, 플랜지 등
③ 동관 : 플랜지, 끼워 넣기, 플레어(flare), 유니온
④ PVC관 : 접착제에 의한 접착법

5) 신축흡수

배관설계에는 온도에 따른 길이 변화를 고려해야 한다. 온도에 의한 배관의 신축현상을 흡수할 수 있는 장치가 없으면 배관이 파손되거나 구조물에 무리가 가해진다. 배관의 원래 길이 L에 대한 신축길이는

$$\Delta L = \alpha L \Delta t \tag{6.18}$$

여기서 ΔL : 신축길이
α : 배관재료의 선팽창계수([표 6-12] 참조)
Δt : 배관의 원래 온도와의 온도차

[표 6-12] 주요 배관 재료의 선팽창계수($\times 10^{-6}$/℃)

구분	-100~0℃	0~100℃	100~200℃	200~300℃	300~400℃
탄소강(0.3~0.4c)	10.4	11.5	11.9	12.6	13.3
주철	8.3	10.4	11.0	11.7	12.4
구리	15.7	16.6	16.9	17.3	17.8
스테인리스강(18~8)	16.2	16.7	17.2	17.6	18.1
알루미늄	21.0	24.0	24.7	25.0	26.1

신축흡수 방법에는 [그림 6-25]와 같이 슬리브(sleeve)이음 또는 벨로우즈(bellows)이음, 신축곡관, 두 개 이상 엘보의 나사회전에 의한 스위블조인트(swivel joint) 및 좁은 공간에서 360°회전이 가능한 볼조인트(ball joint)를 이용한 방법 등이 있다.

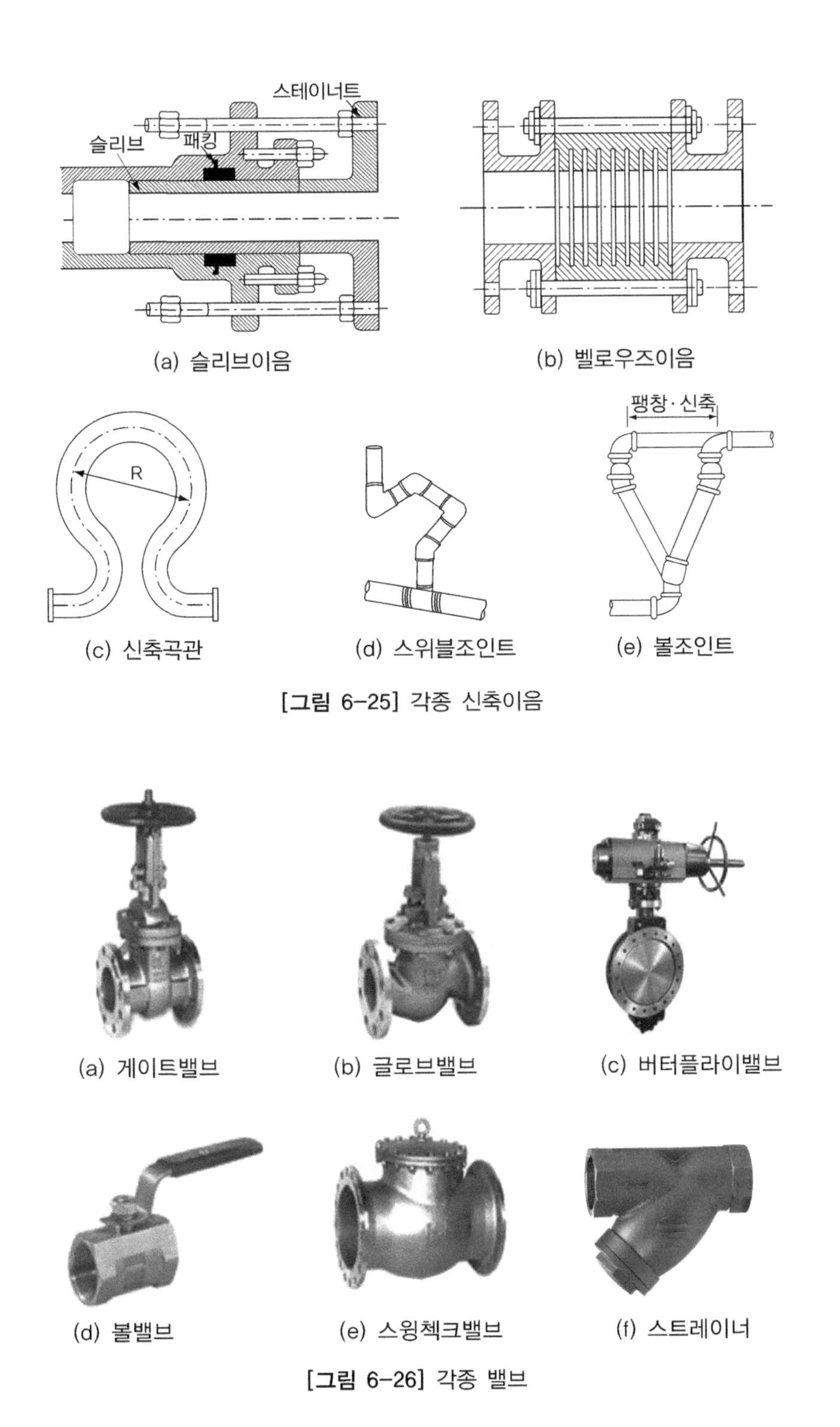

(a) 슬리브이음 (b) 벨로우즈이음

(c) 신축곡관 (d) 스위블조인트 (e) 볼조인트

[그림 6-25] 각종 신축이음

(a) 게이트밸브 (b) 글로브밸브 (c) 버터플라이밸브

(d) 볼밸브 (e) 스윙첵크밸브 (f) 스트레이너

[그림 6-26] 각종 밸브

6) 밸브류

밸브는 유체 관로의 개폐, 유량과 압력의 조절, 방향전환, 유체의 배출 등을 목적으로 한다. 밸브에는 [그림 6-26]과 같이 다양한 종류가 있으나 기능, 용량 및 특성에 맞는 밸브를 사용해야 하며 주요 밸브와 그 특성은 다음과 같다.

❶ 게이트(gate)밸브

슬루스(sluice)밸브라고도 하며, 부분적인 개방 시 진동이 발생하므로 개폐를 목적으로 한 것이다. 조작에 힘은 적게 들지만 시간이 걸리므로 급격한 개폐를 요하는 곳에서는 적합하지 않다([그림 6-27] 참조).

❷ 글로브(globe)밸브

스톱(stop)밸브라고도 하며 개폐뿐 아니라 디스크를 상하로 움직여 개도를 조절하면 유량조절이 가능하기 때문에 자동제어 밸브로도 활용된다. 그러나 유체저항이 크고 밸브 조작에 큰 힘이 소요되므로 고압 및 대구경 밸브에는 적합하지 않다. 디스크 끝부분을 원추형으로 하여 미세한 유량 조절이 가능하게 한 니들(needle)밸브, 유체흐름의 방향이 90。바뀌도록 한 앵글(angle)밸브, 유체흐름을 원활하게 하여 저항을 줄인 Y형 밸브도 글로브밸브의 일종이라고 할 수 있다([그림 6-28] 참조).

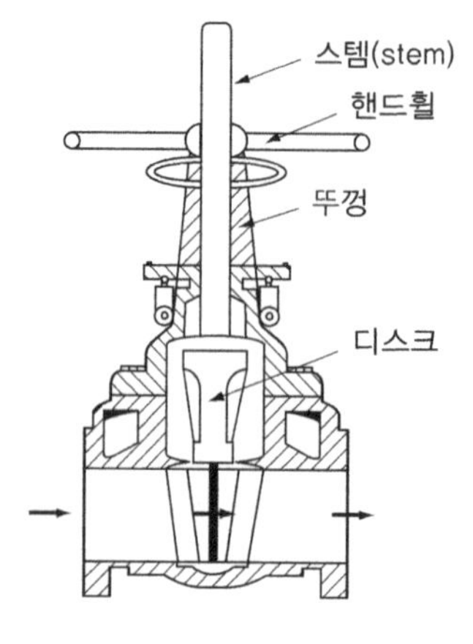

[그림 6-27] 게이트밸브

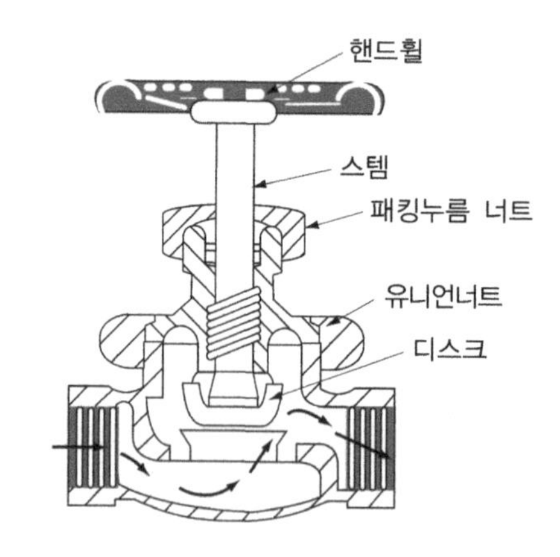

[그림 6-28] 글로브밸브

❸ 버터플라이(butterfly)밸브

나비 밸브라고도 하며 원판의 회전으로 유량조절이 가능한 밸브이다. 구조와 조작이 간단하며 공간도 작게 차지하므로 대구경 배관에 널리 사용된다.

❹ 체크(check)밸브

유체의 역류 시 디스크가 밸브를 막도록 한 역지(逆止)밸브이다. 체크밸브에는 밸브 내 힌지가 축이 되어 디스크가 90°각도로 왕복하도록 된 스윙(swing)형과 리프트가 상하로 이동하도록 된 리프트형이 있다. 스모렌스키(Smolensky)형 체크밸브는 리프트형에 스프링과 안내깃을 내장하여 수격작용을 막도록 한 완충형 체크밸브로서 펌프의 토출 측 및 수직배관에 사용된다([그림 6-29] 참조).

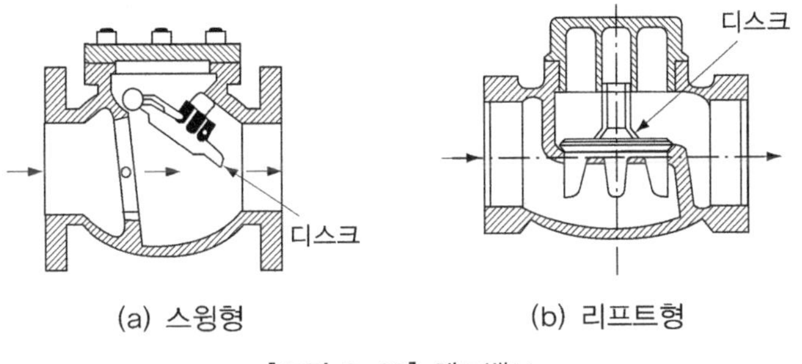

[그림 6-29] 체크밸브

❺ 볼밸브

핸들에 달린 공 모양의 볼(ball)에 구멍이 있어서 손잡이로 돌릴 때 구멍의 방향이 바뀌면서 개폐기능을 하는 밸브로 저항이 극히 작으면서 조작이 간단하고 기밀성이 좋으며 설치공간도 작은 장점이 있다([그림 6-30] 참조).

❻ 안전밸브

보일러와 같은 압력 용기에서 일정 크기 이상으로 압력이 올라가면 안전사고의 위험이 있으므로 유체를 배출시켜 압력을 떨어뜨리기 위한 밸브이다. 안전(safety)밸브는 압력이 낮아지면 정상상태로 복원된다. 온수용 안전밸브는 통상 도피밸브 또는 릴리프(relief)밸브라고 한다.

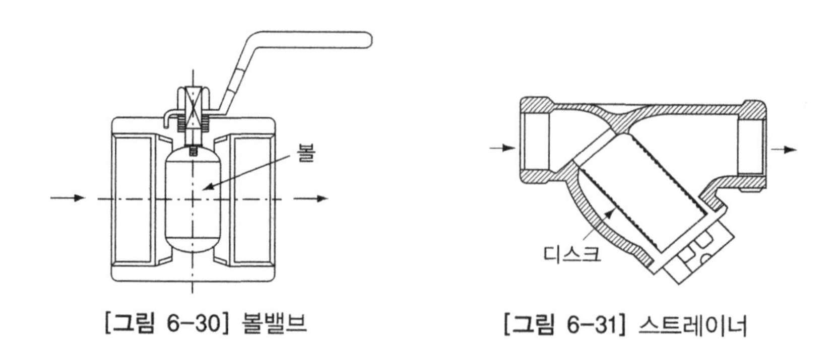

[그림 6-30] 볼밸브 [그림 6-31] 스트레이너

❼ 스트레이너(strainer)

엄밀하게 밸브라고는 할 수 없으나 배관 중에 먼지나 토사 같은 이물질을 여과하여 하류측의 밸브류, 유량계, 노즐, 열교환기 등을 보호하기 위한 것이다([그림 6-31] 참조).

이밖에도 자동조절(control)밸브, 감압 밸브, 공기빼기밸브 등이 있다.

제 7 장 송풍설비

공조설비의 송풍계통은 송풍기, 덕트 및 기타 부속품으로 구성된다. 송풍기는 효율이 높고 소음문제가 없어야 하며, 덕트는 소정의 공기를 취출구까지 가능한 한 낮은 압력으로 보내야 한다. 또한 취출구는 실내의 기류분포가 최적이 되도록 설계해야 한다.

7-1 송풍기

1) 종류

압력을 가하여 원하는 위치로 공기를 반송하는 기계를 송풍기라고 한다. 송풍압력이 통상 1000 mmAq 이하의 저압인 경우를 팬(fan), 그 이상의 고압인 경우를 블로워(blower)라고 하며 공조용으로는 대부분 팬을 사용한다. 송풍기는 원심형, 축류형, 사류형 및 횡류형으로 크게 나눌 수 있으며 주요 송풍기의 특성을 요약하면 [표 7-1]과 같다.

[표 7-1] 송풍기의 종류와 특성

종류	원심송풍기				축류송풍기		
	다익형	터보형	익형	리미트로드	프로펠러형	튜브형	베인형
풍량(m^3/min)	10~10,000	60~900	60~1,500	20~5,000	10~400	500~10000	40~1000
정압(mmAq)	10~150	50~2000	40~250	40~250	0~15	5~15	10~80
효율(%)	45~60	60~80	75~85	50~65	10~50	55~65	75~85
80폰을 나타내는 정압(mmAq)	50	100	150	40	30		
크기	(2)	(5)	(4)	(3)	최소(1)		
축동력	최대(5)	(3)	(1)	(4)	(2)		
소음	(3)	(2)	(1)	(4)	최대(5)		
용도	저속덕트용 급·배기	고속덕트용 보일러 급기	공조용(최근 많이 사용됨)	저속덕트 (중규모 이상) 공장환기용	환기용, 소형냉각탑, 유닛히터팬	국소통풍용, 대향냉각탑, 대풍량용	터널환기용, 국소통풍용

❶ 원심형

원심형 송풍기는 [그림 7-1]과 같은 구조로, 임펠러의 회전에 의한 원심력을 이용하여 공기를 가압한 후 흡입 측과 90。 방향으로 토출한다. 원심형 송풍기를 날개의 형상에 따라서 분류하면 [그림 7-2]와 같이 다익형, 터보형, 반경류형, 익형, 리미트로드형 등이 있다.

다익형(多翼型) 송풍기는 날개 수가 많으면서 날개가 회전방향으로 굽은 전곡형(前曲型) 송풍기로 시로코팬(sirocco fan)이라고도 한다. 효율이 높지 않고 소음도 큰 편이지만 풍량에 비하면 설치공간을 작게 차지하여 공조용 및 환기용으로 널리 사용되고 있다. 구조상 고속회전에 부적합하여 정압이 110 mmAq 이하로 낮은 경우에 사용한다. 풍량이 크면 부하가 증가하여 과부하 운전이 될 위험이 있다.

터보송풍기는 후곡형(後曲型) 원심송풍기로 날개가 회전방향과 반대방향으로 굽어 있어 고속회전에도 정숙한 운전이 가능하며 효율이 높으므로 대풍량 및 높은 정압이 필요한 경우에 적합하다.

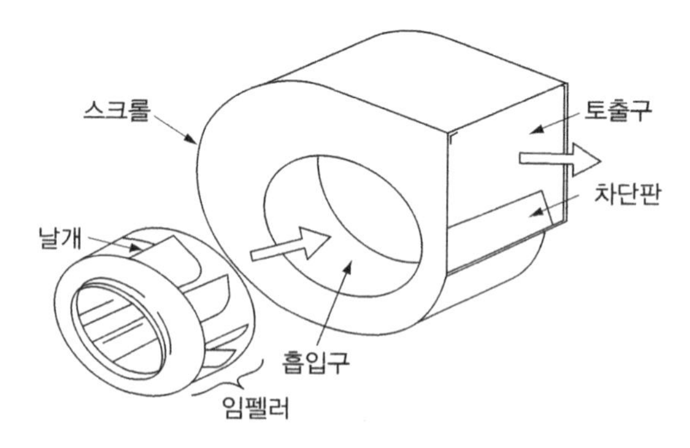

[그림 7-1] 원심송풍기의 구조

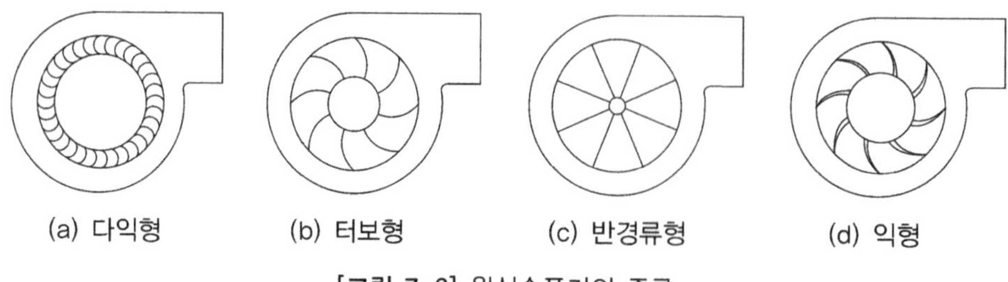

[그림 7-2] 원심송풍기의 종류

익형(翼型) 송풍기는 익형(airfoil) 날개를 갖는 원심형 송풍기로 터보송풍기와 비슷하나 소음은 작고 효율이 높아서 최고효율이 90% 이상인 경우도 있다. 풍량이 설계점 이상으로 증가해도 축동력은 증가하지 않으므로 과부하현상이 일어나지 않으나 치수가 크고 고가이다.

리미트로드(limit load) 송풍기는 날개의 뿌리부분은 전곡형, 끝부분은 후곡형의 S자형이고 입구에는 가이드베인을 부착하여 효율을 높게 한 송풍기다. 익형송풍기와 같이 축동력이 어느 한계를 넘지 않는 특성이 있다.

❷ 축류형

축류형은 [그림 7-3]과 같은 구조로 흡입과 동일 방향으로 토출한다. 축류형 송풍기는 풍량은 많으나 정압이 낮기 때문에 공기를 멀리까지 보내기 어려우며 소음이 큰 단점이 있다. 케이싱의 형상 및 가이드베인(guide vane)의 유무에 따라서 프로펠러, 튜브 및 베인형으로 분류한다.

케이싱이나 가이드베인이 없는 프로펠러팬(propeller fan)은 정압이 매우 낮으므로 국소환기나 소형 냉각탑용으로 사용된다. 튜브팬(tube fan)은 가이드베인이 없는 축류팬으로 프로펠러팬보다 효율과 정압이 다소 높으므로 덕트 내부에 설치하여 압력을 높이거나 대형 냉갑탑 용으로 쓰인다. 베인팬은 가이드베인이 설치된 축류팬으로 튜브팬보다 효율과 정압이 높아 환기 및 통풍용으로 사용된다.

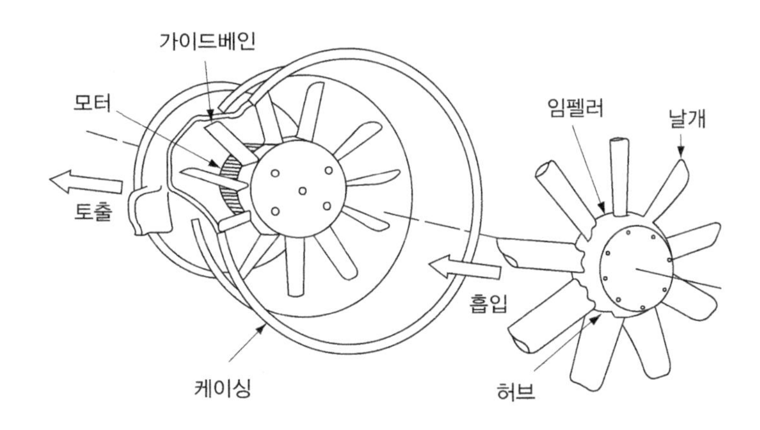

[그림 7-3] 축류형 송풍기 베이팬의 구조

❸ 횡류형

관류송풍기(cross flow fan)라고도 하며 [그림 7-4]와 같이 유동이 팬 축에 수직인 면상에서 평행으로 유입되어 날개를 지나면서 에너지를 얻어 동일한 면상에서 토출되는 팬으로 다익팬과 특성이 유사하다. 폭이 넓은 기류를 얻을 수 있으므로 팬코일유닛이나 에어커튼 등에 사용한다.

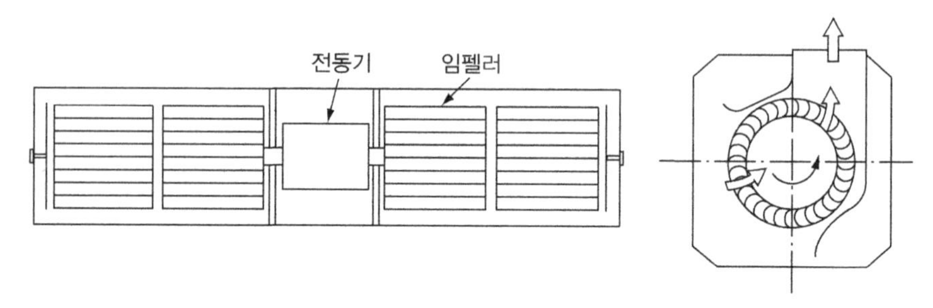

[그림 7-4] 횡류형 송풍기

2) 성능

송풍기의 토출 측과 흡입 측의 전압 차이를 송풍기전압이라고 하며 송풍기전압에서 토출 측 동압을 뺀 값을 송풍기정압이라고 한다. 송풍기효율은 송풍기가 소비한 축동력에 대하여 공기로 전달된 공기동력의 비로 정의되며, 공기동력은 유량과 송풍기전압을 곱하여 구할 수 있으므로 이를 전압효율이라고도 한다. 한편 송풍기정압을 기준으로 할 때의 효율을 정압효율이라고 한다.

$$\eta_t = \frac{QP_t}{6120L} \tag{7.1}$$

$$\eta_s = \frac{QP_s}{6120L} \tag{7.2}$$

여기서 η_t, η_s : 송풍기 전압효율 및 정압효율

Q : 송풍량, m^3/min

P_t, P_s : 송풍기 전압 및 정압, mmAq

L : 송풍기 축동력, kW

송풍기의 특성은 일정한 회전속도에 대하여 유량에 따른 정압, 전압, 축동력, 정압효율, 전압효율 등의 특성곡선으로 나타낸다. 또 공조용 송풍기의 경우 소음특성이 중요하므로 특성곡선에 소음도를 표시하기도 한다. [그림 7-5]는 다익송풍기, 원심송풍기 및 베인팬의 특성곡선의 개형을 도시한 것이다.

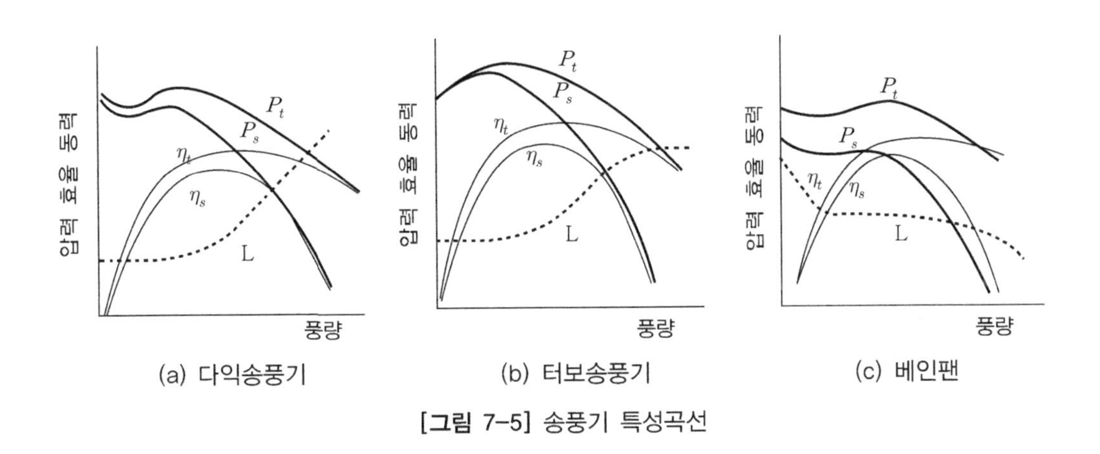

[그림 7-5] 송풍기 특성곡선

3) 송풍기법칙과 운전점

기하학적으로 상사형인 송풍기는 특성곡선상에서 밀도 ρ, 날개지름 D 및 회전수 N 변화에 따른 풍량 Q, 압력 P 및 동력 L의 변화를 비교적 정확하게 다음 식으로 예측할 수 있으며 이를 송풍기 법칙이라고 한다. 압력은 전압, 정압 및 동압에 모두 적용할 수 있다.

$$\frac{Q_1}{Q_2}=\left(\frac{D_1}{D_2}\right)^3\left(\frac{N_1}{N_2}\right)^1,\quad \frac{P_1}{P_2}=\left(\frac{D_1}{D_2}\right)^2\left(\frac{N_1}{N_2}\right)^2\frac{\rho_1}{\rho_2},\quad \frac{L_1}{L_2}=\left(\frac{D_1}{D_2}\right)^5\left(\frac{N_1}{N_2}\right)^3\frac{\rho_1}{\rho_2} \tag{7.3}$$

송풍기의 운전점은 펌프의 경우와 같이 송풍기 특성곡선과 시스템의 저항곡선의 교점으로 결정된다. 동일 시스템에서 송풍기의 회전수만 N_1에서 N_2로 변하는 경우 운전점의 변화를 나타내면 [그림 7-6]과 같다. 특성곡선은 송풍기법칙에 의하여 유량은 회전수에 비례하고 압력은 회전수의 제곱에 비례하여 증가한 새로운 특성곡선을 나타낸다. 시스템의 저항곡선은 변함없으므로 그림과 같이 운전점은 P_1에서 P_2로 유량과 압력이 증가한 점으로 바뀐다. 그러나 효율은 동일한 덕트시스템에 대하여 일정한 값을 갖는다.

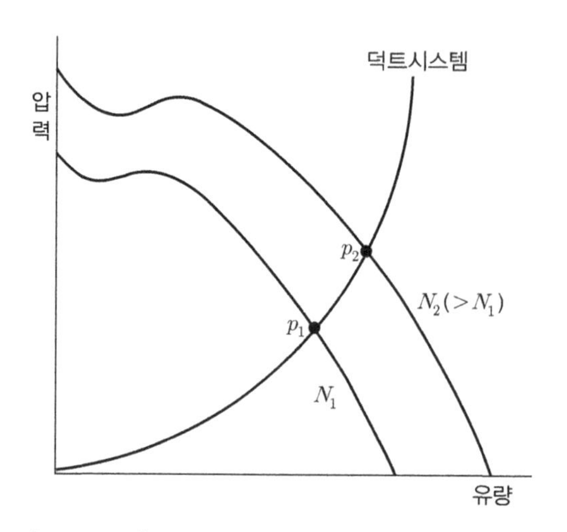

[그림 7-6] 회전수 변화에 의한 운전점의 변화

4) 송풍기 서징

송풍기는 펌프보다 서징발생이 더 쉽다. 그 이유는 대부분 송풍기의 특성곡선이 산고곡선이기 때문이다. 서징이 일어나면 유동의 박리에 의하여 압력이 맥동하고, 유량이 불균일하며, 소음과 진동이 심해서 운전이 곤란하게 된다. 따라서 송풍기는 특성곡선의 유량이 증가할 때 압력이 하강하는 부위에서 운전되어야 한다. 또한 운전효율을 높이기 위하여 전압효율이 최고인 점이 이 부위에 있도록 설계해야 한다. 서징 방지에는 회전수를 조정하거나 축류팬은 동익(動翼)이나 정익(靜翼)의 각도를 조정하며, 공급 풍량이 너무 적은 경우는 충분한 풍량을 송풍한 후 바이패스 또는 방풍(放風)하는 방법이 있다.

5) 연합 운전

송풍기를 병렬 또는 직렬로 연합 운전하는 경우 운전점의 변화는 펌프의 경우와 유사하다. 필요 압력이 송풍기 한 대로 부족할 경우 두 대 이상의 송풍기를 직렬운전할 수 있으며, 공간상 제약으로 대형 송풍기의 설치가 어렵거나 광범위한 풍량제어가 필요한 경우에는 여러 대를 병렬운전할 수 있다. 그러나 직렬연결할 경우 상류 측 송풍기로 1차 압축된 토출공기는 밀도가 높고 유동이 교란되어 있으므로 하류 측 송풍기로 2차 압축될 때 심각한 성능저하가 나타날 수 있다. 또한 산고곡선을 갖는 동일 송풍기 두 대를 병렬운전하면 [그림 7-7]과 같이 최대 압력점 좌측에 8자형 특성곡선이 나타난다. 그 이유는 각 송풍기가 동일 압력에 대하여 풍량이 둘씩 존재하므로 두 대 병렬운전하면 4개의 풍량이 가능하기 때문이다. 따라서 안정된 운전을 위해서는 최대 압력점 우측에서 운전해야 한다.

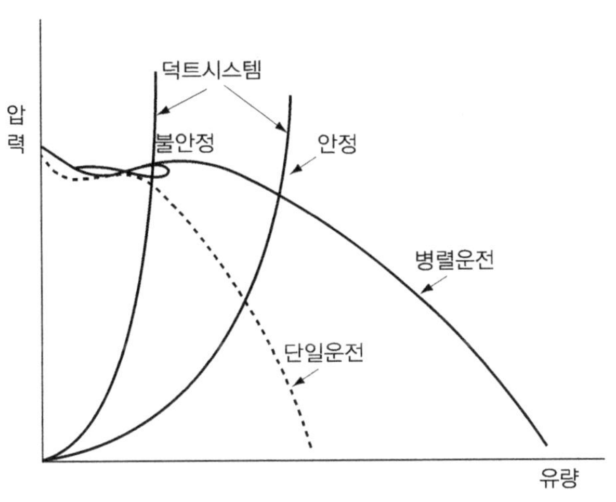

[그림 7-7] 병렬운전 성능특성

6) 시스템영향인자

송풍기의 성능은 입구 측 및 토출 측의 덕트에 크게 영향을 받는다. 따라서 입출구 덕트가 부적합하면 송풍량이 감소하므로 시스템의 저항을 증가시키는 것과 같다. 이와 같은 입출구 덕트에 의한 저항의 증가량을 시스템영향인자(SEF; system effect factor)라고 하며 다음 식으로 구할 수 있다.

$$\mathrm{SEF} = K\left(\frac{v}{1.29}\right)^2 \tag{7.4}$$

여기서 SEF : 시스템영향인자, Pa $\quad v$: 입구 및 토출구 평균유속, m/s
K : 상수([표 7-2] 참조)

[그림 7-8]에 도시한 바와 같이 송풍기 토출구에서 유동이 균일해지면서 동압이 정압으로 변환되는 데는 충분한 길이의 출구덕트가 필요하므로 이 길이를 유효덕트길이라고 하고 대략 다음 식으로 구할 수 있다.

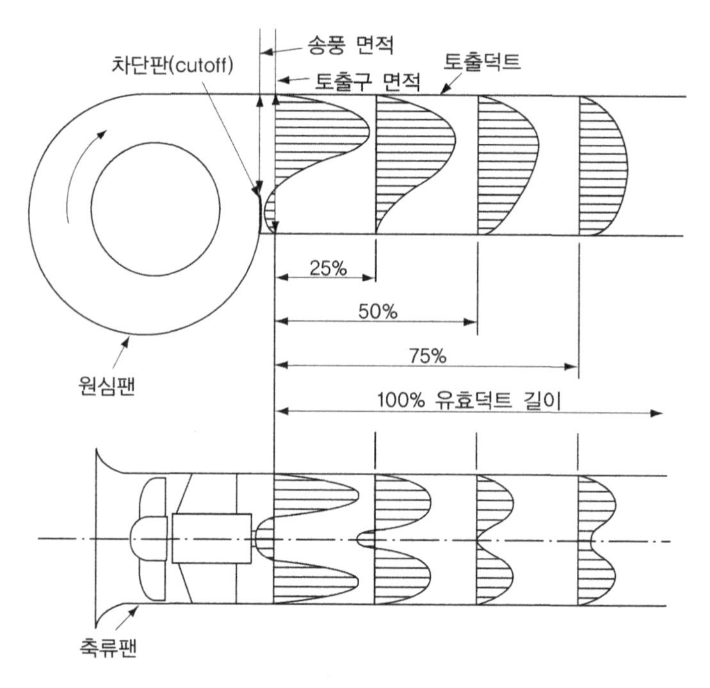

[그림 7-8] 팬 토출구의 유속변화

$$l_e = (v - 0.1)d \tag{7.5}$$

여기서 l_e : 유효덕트 길이(2.5d 이하면 2.5d)

d : 덕트 지름(장방형인 경우 같은 단면적의 원형덕트 지름)

출구덕트의 길이가 유효길이보다 짧을 때 압력회복과 시스템영향인자를 위한 K값은 [표 7-2]와 같다. 송풍면적은 차단판(cutoff)으로 인하여 출구면적보다 작게 되며 그 비가 유효길이에 가장 큰 영향을 미치는 것을 알 수 있다. 덕트 출구는 팬출구 면적의 85~110% 사이가 적합하며 축소각은 15°이하, 확대각은 7°이하가 바람직하다.

팬입구에 덕트가 설치될 경우 유동이 교란되거나 회전이 가해지면 출구측보다 더 큰 K값을 갖게 될 수 있으므로 유의해야 한다. 팬을 하우징 내에 설치할 경우나 여러 대를 나란히 설치할 때 각 팬의 입구에 충분한 공간을 확보하지 않으면 유동의 교란 및 간섭에 의하여 시스템영향이 나타난다.

[표 7-2] 토출구의 압력회복과 K값

덕트 길이 / 압력회복 / 송풍면적/토출구면적	0	$0.12l_e$	$0.25l_e$	$0.50l_e$	$1.00l_e$
	0%	50%	80%	90%	100%
0.4	2.0	1.00	0.40	0.18	0
0.5	2.0	1.00	0.40	0.18	0
0.6	1.00	0.66	0.33	0.14	0
0.7	0.80	0.40	0.14	–	0
0.8	0.47	0.22	0.10	–	0
0.9	0.22	0.14	–	–	0
1.0	–	–	–	–	0

7) 송풍기의 풍량제어

송풍기는 소비전력이 매우 크므로 전부하시뿐 아니라 부분부하 시에도 운전효율이 좋은 풍량제어가 필요하다. 풍량제어 방법에는 댐퍼(damper)제어, 흡입베인(suction vane)제어 및 회전수제어가 있다. 댐퍼제어는 댐퍼의 개도에 의한 제어로서 소용돌이 형상의 스크롤(scroll) 댐퍼가 널리 사용된다. 흡입베인제어는 축류 송풍기 흡입 측에 설치된 방사상 날개인 베인의 각도조절로 선회를 일으켜 유량을 제어하는 방법이다. 회전수 제어는 인버터(inverter)로 전원 주파수를 제어하여 모터의 회전수를 무단계 제어함으로써 이루어진다.

풍량제어 방법에 따른 풍량과 소요동력의 관계는 [그림 7-9]와 같으며 댐퍼제어, 베인제어, 회전수제어 순으로 소비동력이 저감되는 것을 알 수 있다.

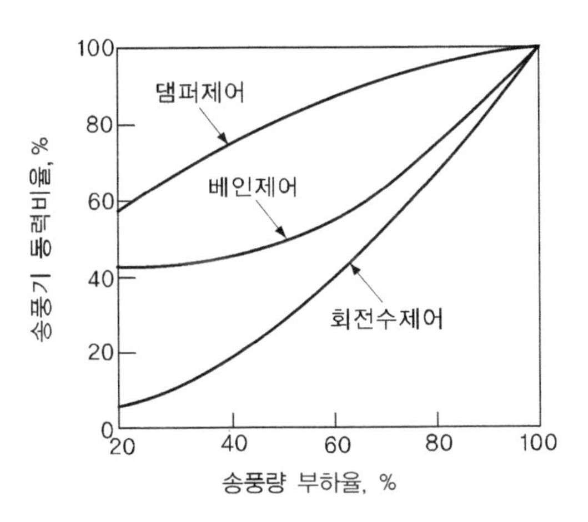

[그림 7-9] 제어방법에 따른 부하 변화 대비 소요동력 변화

7-2 덕트 설계

1) 덕트의 압력손실

유동하는 공기의 동압 P_v는

$$P_v = \frac{\rho V^2}{2} / \rho_W g = \left(\frac{V}{4.04}\right)^2 \text{ , mmAq} \tag{7.6}$$

여기서 P_v : 동압　　　　V : 유속, m/s
ρ : 공기의 밀도(=1.2 kg/m^3)　　ρ_W : 물의 밀도(=1000 kg/m^3)

전압은 정압과 동압을 합한 압력이므로

$$P_t = P_s + P_v \tag{7.7}$$

여기서 P_t : 전압　　P_s : 정압　　P_v : 동압

[그림 7-10]의 ①에서 ② 사이와 같이 단면적이 일정한 직관 부분에서는 속도가 변하지 않으므로 동압은 일정하나 정압은 마찰저항에 의하여 감소하므로 전압도 정압과 같은 크기로 감소한다.

$$\Delta P_{v_{1-2}} = 0, \qquad \Delta P_{s_{1-2}} = \Delta P_{t_{1-2}} \tag{7.8}$$

②에서 ③ 사이와 같이 단면이 축소되는 부분에서는 속도가 증가하므로 동압이 증가하고, 정압은 감소하며, 전압은 국부손실 만큼 감소한다. 반면에 ④에서 ⑤ 사이와 같이 덕트가 확대되면 동압과 전압이 모두 감소한다.

단면이 확대되거나 분기에 의하여 유속이 감소할 때 정압이 증가되는 현상을 정압재취득이라고 한다. 국부손실이 없다면 정압력은 동압력 감소분만큼 증가할 것이나 실제는 그보다 작다. 정압 증가량과 동압 감소량의 비를 정압재취득계수라고 하며, 정압재취득계수를 R_s라고 할 때 ④와 ⑤ 사이에서 정압재취득은 다음 식과 같다.

$$\Delta P_{s,\ 4-5} = R_s(-\Delta P_{v,\ 4-5}) \tag{7.9}$$

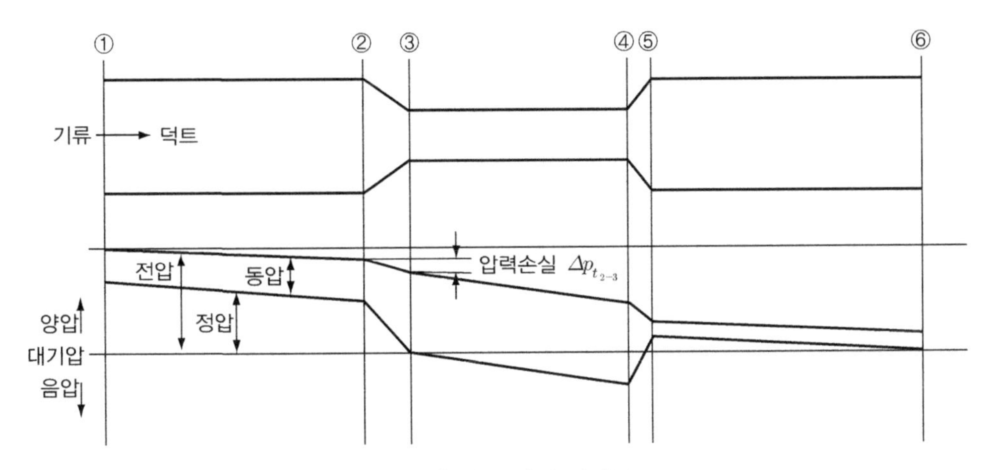

[그림 7-10] 덕트 내의 압력분포

덕트의 압력손실은 직관부와 변형부의 손실을 합한 것으로서 수배관의 경우와 원리적으로 동일하다. 직관의 단위길이당 압력손실은 덕트의 치수, 유속 및 덕트재료(거칠기)에 따라 다르며, 원형덕트의 경우는 재료에 따라 작성된 [그림 7-11]과 같은 덕트마찰손실 선도를 활용할 수 있다. 벤드나 연결부위와 같은 곳에서의 국부(전압)손실은 부표와 같은 손실계수를 이용하여 구할 수 있다.

기본설계 단계에서는 개략적인 압력손실이 필요한데 단위길이당 압력손실을 설정하면 다음 식과 같이 덕트계 전체 압력손실의 개략치를 구할 수 있다.

$$P_d = (1+k)lR \tag{7.10}$$

여기서 P_d : 덕트계 전압손실

R : 단위길이당 압력손실

l : 덕트의 총 길이

k : 국부저항비([표 7-4] 참조)

장치 전체의 전압손실은 덕트계의 전압손실에 기기의 저항을 더하면 된다.

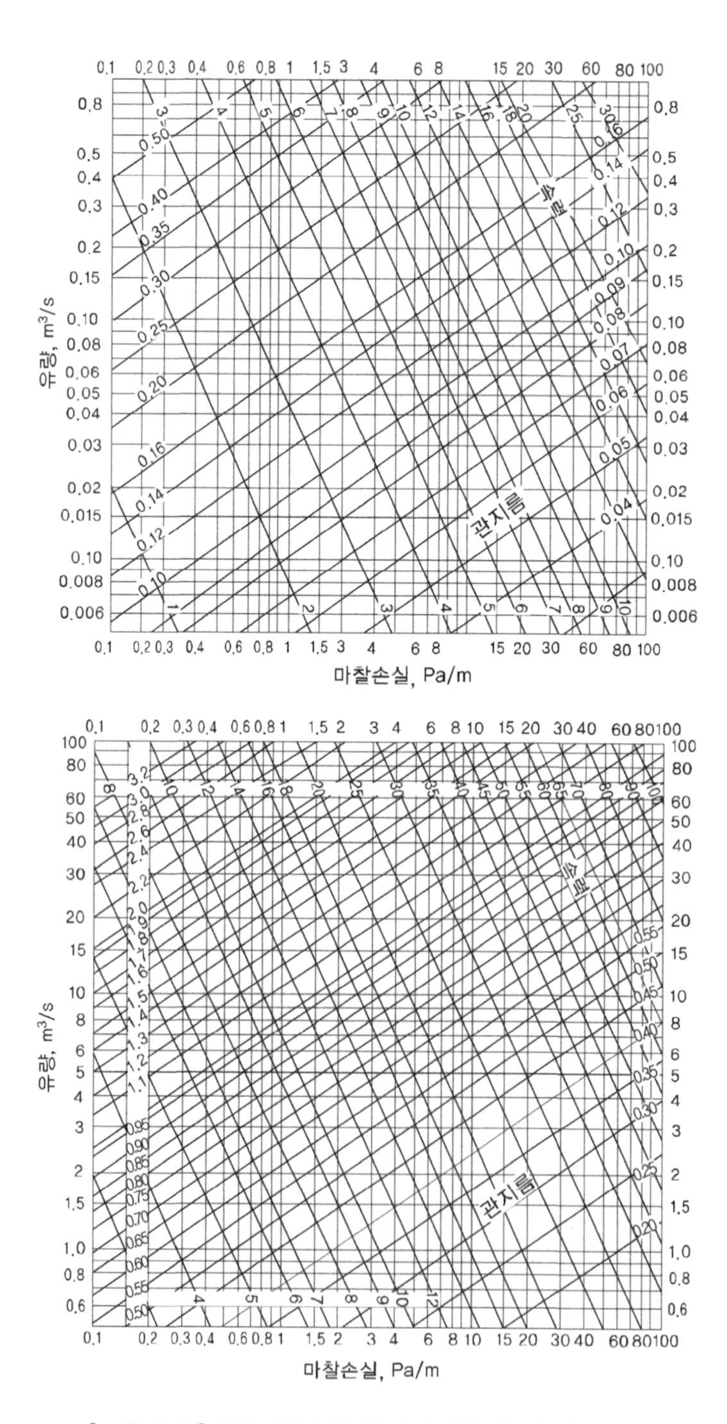

[그림 7-11] 덕트마찰손실 선도(관지름[m], 속력[m/s])

[표 7-3] 국부압력손실

명칭	그림	계산식	상태		손실
원형단면 원호벤드	W, R	$\Delta P_r = \zeta \frac{v^2}{2} \rho$		R/W=0.5	0.90
				0.75	0.45
				1.0	0.33
				1.5	0.24
				2.0	0.19
원형단면 직각벤드		$\Delta P_r = \zeta \frac{v^2}{2} \rho$			1.30
장방향 단면 직각벤드	H, W, R	$\Delta P_r = \zeta \frac{v^2}{2} \rho$	H/W=0.25	0.5	1.25
				0.75	0.60
				1.0	0.27
				1.5	0.22
			0.5	0.5	1.30
				0.75	0.50
				1.0	0.25
				1.5	0.20
			1.0	0.5	1.20
				0.75	0.41
				1.0	0.22
				1.5	0.17
			4.0	0.5	0.96
				0.75	0.37
				1.0	0.19
				1.5	0.15

급확대 (원형장 방향) — 그림: v_1, v_2 — 계산식: $\Delta P_r = \zeta \frac{v_1^2}{2} \rho$

A_2/A_1	∞	10	5	33	25	2	1.66	1.43	1.25	1.11
ζ	1.0	0.81	0.64	0.49	0.36	0.25	0.16	0.09	0.04	0.01

확대 (장방향) — 그림: v_1, θ, v_2 — 계산식: $\Delta P_r = \zeta \frac{(v_1 - v_2)^2}{2} \rho$

A_2/A_1	θ=5°	10°	20°	30°	40°		
2.5	0.14	0.24	0.38	0.50	0.61		
2	0.13	0.21	0.34	0.44	0.55		
1.06	0.11	0.18	0.29	0.38	0.47		
1.43	0.10	0.14	0.23	0.30	0.37		
1.25	0.06	0.10	0.16	0.21	0.26		
A_2/A_1	θ=5°	10°	15°	20°	25°	30°	35°
4	0.08	0.10	0.16	0.23	0.35	0.45	0.57
2.5	0.05	0.07	0.10	0.15	0.22	0.30	0.37

[표 7-3] 국부압력손실(계속)

명칭	그림	계산식	상태						손실	
확대 (원형)			2	0.04	0.06	0.07	0.10	0.16	0.21	0.26
			1.06	0.02	0.03	0.05	0.07	0.10	0.13	0.16
			1.43	0.01	0.02	0.03	0.04	0.06	0.07	0.09
			1.25	0.006	0.007	0.01	0.02	0.03	0.03	0.04

장방향덕트의 직각 분기(r/a=1)

계산식	A_3/A_2	A_3/A_1	Q_2/Q_1 = 0.2	0.4	0.6	0.8
직통관(1→2) $\Delta P_r = \zeta \frac{v_1^2}{2}\rho$	0.25	0.25	−0.03	0.05	0.21	0.38
	0.5	0.5	−0.06	0	0.12	0.27
	1.0	0.5	0.48	0.13	0.04	0.18
	1.0	1.0	−0.04	−0.01	0.13	0.30
	2.0	1.0	0.38	0.13	0.05	0.10

계산식	A_3/A_2	A_3/A_1	Q_3/Q_1 = 0.2	0.4	0.6	0.8
분기관(1→3) $\Delta P_r = \zeta \frac{v_1^2}{2}\rho$	0.25	0.25	0.50	0.85	1.8	4.4
	0.5	0.5	0.48	0.40	0.6	1.1
	1.0	0.5	0.38	0.41	0.68	1.2
	1.0	1.0	0.55	0.37	0.29	0.3
	2.0	1.0	0.52	0.33	0.17	0.17

명칭	그림	계산식	상태	손실
관출구	v	$\Delta P_r = \zeta \frac{v^2}{2}\rho$		1.0
관입구	v	$\Delta P_r = \zeta \frac{v^2}{2}\rho$		0.5

[표 7-4] 국부저항비

덕트	국부저항비 ***k***
소규모 덕트(곡관 부분이 많은 경우)	1.0~1.5
대규모 덕트(연장 50 m 이상)	0.7~1.0
소음장치가 다수일 때	1.5~2.5

2) 덕트의 종류와 배치

덕트는 배치, 풍속 및 형상에 따라 분류할 수 있다. 덕트 배치의 간선(幹線)을 이루는 덕트를 주덕트, 주덕트에서 분기(分岐)되어 각각 필요한 장소에 배치되는 덕트를 분기덕트라고 한다. 주덕트의 풍속에 따라 분류하면 유속이 약 15 m/s 이하인 덕트를 저속덕트, 그 이상인 덕트를 고속덕트라고 한다.

공조용 덕트는 소음문제 등을 고려하여 대개 저속덕트를 사용한다. 형상에 따라 분류하면 장방형덕트와 원형덕트가 있는데 장방형덕트는 주로 저속용으로, 원형덕트는 강도가 크고 소음의 투과가 적으므로 고속용으로 사용된다. 고속덕트는 공업용 배기덕트나 배연덕트에 이용되며 주덕트의 풍속은 20~30 m/s이다.

덕트의 배치는 [그림 7-12]와 같이 간선덕트 방식, 개별덕트 방식, 환상덕트 방식이 있다. 간선덕트 방식은 소요 스페이스는 작으나 풍량제어가 어렵고, 개별덕트 방식은 풍량제어는 용이하나 스페이스가 커지는 단점이 있다. 환상덕트는 덕트를 환상으로 연결하여 덕트 내의 압력을 거의 균일하게 함으로써 취출풍량의 불균형을 줄일 수 있는 방법이다.

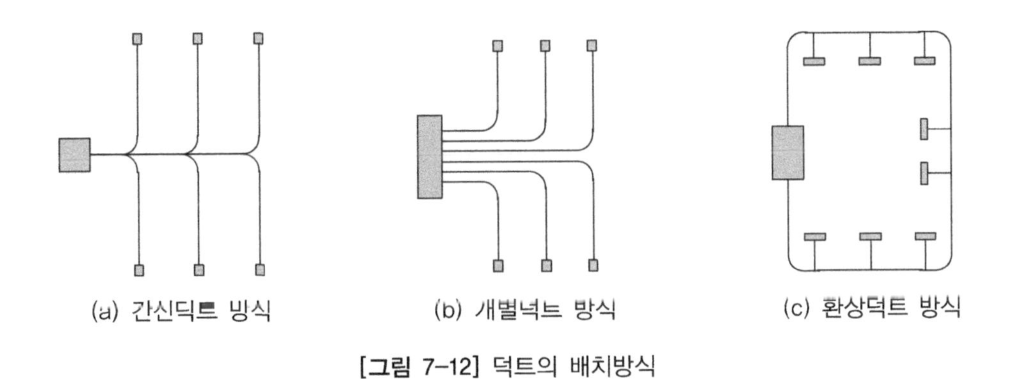

[그림 7-12] 덕트의 배치방식

3) 원형덕트와 장방형덕트

단면적과 유량이 동일한 경우 원형덕트는 장방형덕트에 비하여 마찰손실이 더 작을 뿐 아니라 투과소음도 적은 장점을 갖는다. 그러나 일반적으로 설치공간의 제한 때문에 장방형덕트를 더 널리 사용한다.

장방형덕트의 종횡비가 1 : 8을 넘지 않는 경우 수력지름 및 유속이 서로 같으면, 단위길이당 압력손실은 덕트의 형상과 관계없이 같다. 그런데 수력지름이 같더라도 장방형덕트의 단면적은 원형덕트보다 더 크므로 유량은 장방형덕트가 더 많게 된다. 동일한 유량에 대하여 두 변이 a, b인 장방형덕트와 마찰손실이 같은 원형덕트의 등가지름 d_e는

$$d_e = 1.3\left[\frac{(ab)^5}{(a+b)^2}\right]^{1/8} \tag{7.11}$$

동일한 등가지름에 대하여 장변과 단변의 조합은 무수히 많으나 허용 공간의 치수에 맞추어 표준 치수를 취한다([표 7-5 참조]).

[표 7-5] 장방형덕트의 등가지름

장변 \ 단변	5	10	15	20	25	30	35	40	45	50	60	70	80	90	100	110	120	130	140	150
5	5.5																			
10	7.6	10.0																		
15	9.1	13.3	16.4																	
20	10.3	15.2	18.9	21.9																
25	11.4	16.9	21.0	24.4	27.3															
30	12.2	18.3	22.9	26.6	29.9	32.8														
35	13.0	19.5	24.5	28.6	32.2	35.4	38.3													
40	13.8	20.7	26.0	30.5	34.3	37.8	40.0	34.7												
45	14.4	21.7	27.4	32.1	36.3	40.0	43.3	46.4	49.2											
50	15.0	22.7	28.7	33.7	38.1	42.0	45.6	48.8	51.8	54.7										
55	15.6	23.6	29.9	35.1	39.8	43.9	47.7	51.1	54.3	57.3	62.8									
60	16.2	24.5	31.0	36.5	41.4	45.7	49.6	53.3	56.7	59.8	65.6									
65	16.7	25.3	32.1	37.8	42.9	47.4	51.5	55.3	58.9	62.2	68.3	73.7								
70	17.2	26.1	33.1	39.1	44.3	49.0	53.3	57.3	61.0	64.4	70.8	76.5								
75	17.7	26.8	34.1	40.2	45.7	50.6	55.0	59.2	63.0	66.6	73.2	79.2	84.7							
80	18.1	27.5	35.0	41.4	47.0	52.0	56.7	60.9	64.9	68.7	75.5	81.8	87.5							
85	18.5	28.2	35.9	42.4	48.2	53.4	58.2	62.6	66.8	70.6	77.8	84.2	90.1	95.6						
90	19.0	29.9	36.7	43.5	49.4	54.8	59.7	64.2	68.6	72.6	79.9	86.6	92.7	98.4						
95	19.4	29.5	37.5	44.5	50.6	56.1	61.1	65.9	70.3	74.4	82.0	88.9	95.2	101.1	106.5					
100	19.7	30.1	38.4	45.4	51.7	57.4	62.6	67.4	71.9	76.2	84.0	91.1	97.6	103.7	109.3					
110	20.5	31.3	39.9	47.3	53.8	59.8	65.2	70.3	75.1	79.6	87.8	95.3	102.2	108.6	114.6	120.3				
120	21.2	32.4	41.3	49.0	55.8	62.0	67.7	73.1	78.0	82.7	91.1	99.3	106.6	113.3	119.6	125.6	131.2			
130	21.9	33.4	42.6	50.6	57.7	64.2	70.1	75.7	80.8	85.7	94.8	103.1	110.7	117.7	124.4	130.6	136.5	142.1		
140	22.5	34.4	43.9	52.2	59.5	66.2	72.4	78.1	83.5	88.6	98.0	106.6	114.6	122.0	128.9	135.4	141.6	147.5	153.0	
150	23.1	35.3	45.2	53.6	61.2	68.1	74.5	80.5	86.1	91.3	101.0	110.0	118.3	126.0	133.2	140.0	146.4	152.6	158.4	164.0
160	32.7	36.2	46.3	55.1	62.9	70.6	76.6	82.7	88.5	93.9	104.1	113.3	121.9	129.8	137.3	144.4	151.1	157.5	163.5	169.3
170	24.2	37.1	47.5	56.4	64.4	71.8	78.5	84.9	80.8	96.4	106.9	116.4	125.3	133.5	141.3	148.6	155.6	162.2	168.5	174.5
180	24.7	37.9	48.5	57.7	66.0	73.5	80.4	86.9	83.0	98.8	109.6	119.5	128.6	137.1	145.1	152.7	159.8	166.7	173.2	179.4
190	25.3	38.7	49.6	59.0	67.4	75.1	82.2	88.9	95.2	101.2	112.2	122.4	131.8	140.5	148.8	156.6	164.0	171.0	177.8	184.2
200	25.8	39.5	50.6	60.2	68.8	76.7	84.0	90.8	97.3	103.4	114.7	125.2	134.8	143.8	152.3	160.4	168.0	175.3	182.2	188.9

4) 덕트의 치수산정

덕트의 치수산정에는 설비비와 운전비, 공간, 소음 등을 고려해야 하며 다음과 같은 방법이 있다.

❶ 등마찰법(等摩擦法)

등압법이라고도 하며 단위길이당 압력손실인 단위마찰손실을 일정한 값으로 설정하고 치수를 구하는 방법이다. 단위마찰손실의 권장치는 [표 7-6]과 같이 0.08~0.2 mmAq/m 이며 표준 값을 0.1 mmAq/m로 한다. 풍속은 [표 7-7]과 같다. 가장 먼 취출구를 포함하는 주경로에서 압력손실이 송풍기의 필요압력이 된다. 길이가 짧은 분기덕트에도 등압법을 적용하면 압력손실이 작아서 설계 풍량 이상의 송풍이 될 수 있으므로 댐퍼를 설치하거나 단위마찰손실이 크도록 지름이 작은 덕트로 설계하여 풍량의 균형이 이루어지도록 한다. 이 방법은 계산이 간단하고 덕트 말단으로 갈수록 풍속이 느리므로 기류 소음의 처리가 용이하다.

[표 7-6] 덕트의 단위마찰손실 권장치, mmAq/m

건물 종류	급기		환기, 배기	
	주덕트	분기덕트	주덕트	분기덕트
주택	0.08~0.1	0.07~0.08	0.08~0.1	0.08~0.1
사무소	0.1	0.1	0.1	0.08~0.1
백화점	0.15	0.1~0.15	0.15	0.1~0.15
공장	0.1~0.15	0.1~0.15	0.1~0.15	0.1~0.15

[표 7-7] 덕트 내의 풍속, m/s

	저속덕트						고속덕트	
	권장 풍속			최대 풍속			권장 풍속	최대 풍속
	주택	사무실	공장	주택	사무실	공장	임대빌딩	
흡입구	2.5	2.5	2.5	4.0	4.5	6.0	3.0	5.0
팬흡입구	3.5	4.0	5.0	4.5	5.5	7.0	8.5	16.5
팬출구	5~8	6.5~10	8~12	8.5	7.5~11	8.5~14	12.5	25
주덕트	3.4~4.5	5~6.5	6~9	4~6	5.5~8	6.5~11	12.5	30
분기덕트	3.0	3~4.5	4~5	3.5~5	4~6.5	5~9	10	22.5
가지수직덕트	2.5	3~4.5	4	3.25~4	4~6	5~8	–	–
필터	1.25	1.5	1.75	1.5	1.75	1.75	1.75	1.75
코일	2.25	2.5	3.0	2.5	3.0	3.5	3.0	3.5
에어워셔	2.5	2.5	2.5	2.5	2.5	2.5	2.5	2.5
환기덕트	–	–	–	3.0	5~6	6	–	–

풍속이 15 m/s 이상인 고속덕트는 덕트의 크기는 작게 되나 매우 큰 팬동력이 소요되며 높은 소음이 발생하므로 공조용으로는 거의 사용하지 않는다. 고속덕트의 설계방법은 저속덕트 방법과 같으나 단위마찰손실을 0.3~0.5 mmAq/m, 최고 제한 풍속을 18~22 m/s로 한다. 고속덕트는 저속덕트에 비하여 각 부위의 정압력차가 더욱 크므로 풍량 조절을 위한 조치가 필요하며 소음발생에 유의해야 한다.

❷ 정압재취득법

주로 고속덕트 설계에 사용되는 방법으로 덕트 내의 유속이 저하될 때 상승하는 정압, 즉 정압재취득을 이용하여 송풍하는 방법이다. [그림 7-13]에서 보는 바와 같이 취출구를 지날 때 덕트 단면적을 크게 하면 유속이 느려지면서 동압이 정압으로 바뀌는 정압재취득이 일어나고, 이 정압을 사용하여 다음 취출구까지의 압력손실을 보상할 수 있다. 이 방법으로 각 취출구의 정압을 일정하게 유지할 수 있으며 취출풍량의 균형을 쉽게 이룰 수 있다. 그러나 실제는 취출구에서 전압손실이 있기 때문에 정압 재취득량을 정확히 알 수 없으므로 적용이 어렵다.

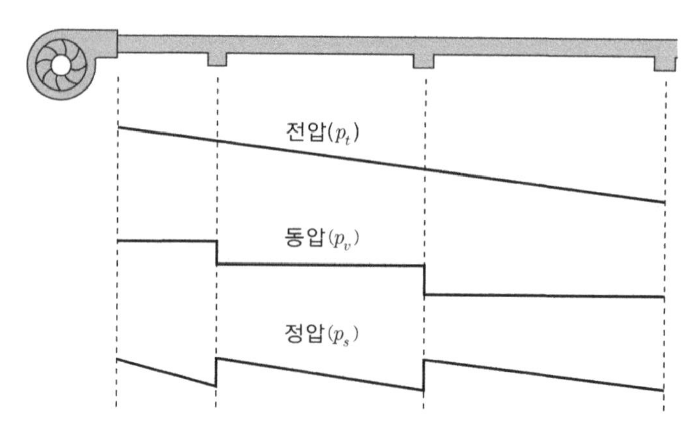

[그림 7-13] 정압재취득법에서 덕트 내 압력분포

❸ 등속법

풍속이 일정하게 되도록 덕트를 설계하는 방법으로서 공조용으로는 사용되지 않는다.

❓ 예제 7-1

[그림 E7-1]과 같이 평면배치계획이 된 사무소건물의 송풍 덕트를 단위마찰손실 0.1 mmAq/m의 등마찰법으로 설계하고자 한다. 각 취출구의 풍량은 2000 m^3/h이며 덕트의 높이는 공간상의 제약으로 35 cm를 초과할 수 없다. 취출구와 소음장치를 합한 전압손실을 4 mmAq, 공조기의 전압손실을 20 mmAq라고 할 때 송풍기의 필요 전압 및 정압을 구하여라.

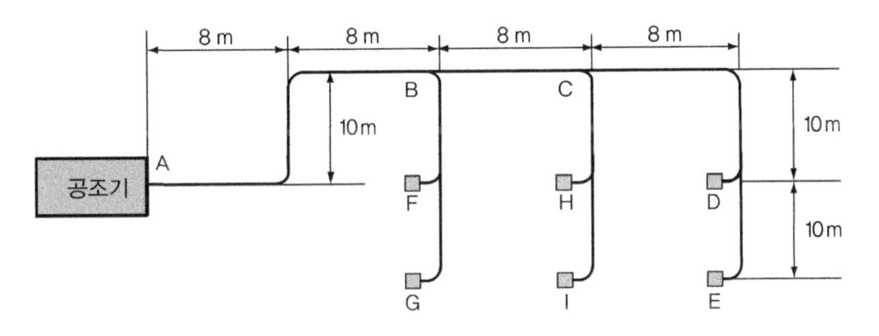

[그림 E7-1] 덕트 계통

❗ 풀이

각 구간별 풍량을 구하고 단위마찰손실을 이용하여 [그림 7-11]의 유량선도에서 유속 8.6 m/s와 원형덕트의 지름 0.72m를 구한다. 이를 바탕으로 장방형덕트의 치수를 [표 7-5]의 치수표에서 산정하면 72.4 cm이므로 가로길이 및 세로길이는 각각 140 cm, 35 cm가 된다. 장방형덕트의 실단면적으로 실풍속을 계산하면 6.8 m/s이다. 이를 기준으로 아래와 같이 국부손실을 계산하여 상당길이를 구한 다음 아래의 [표 E7-1a]와 같이 실제길이와 함께 정리한다. 국부손실의 계산에서 풍속은 장방형덕트의 실풍속을 사용함에 유의한다.

❶ 구간 AB의 벤드

$H/W = 35/140 = 0.25$, $R = W$로 정하면 $R/W = 1$에서 $\zeta = 0.27$

$$\Delta P_t = \zeta \frac{v^2}{2}\rho = 0.27(6.8)^2/2(1.2) = 7.5\,\text{Pa} = 0.75\,\text{mmAq}$$

따라서 상당길이는 $0.75/0.1 = 7.5$m. 벤드가 2개이므로 상당길이는 15m

❷ B의 분기에 대하여

직통관은 손실을 무시하고 분기관은 $\zeta = 0.40$으로 보면

$$\Delta P_t = \zeta \frac{v^2}{2}\rho = [0.40(6.8)^2/2](1.2) = 11.1\,\text{Pa} = 1.11\,\text{mmAq}.$$ 상당길이는 11m

❸ C의 분기에 대하여 같은 방법으로

직통관은 손실을 무시하고 분기관은 $\zeta=0.50$으로 보면

$\Delta P_t=\zeta\frac{v^2}{2}\rho=[0.40(6.2)^2/2](1.2)=9.2\,\text{Pa}=0.92\,\text{mmAq}$. 상당길이는 9m

❹ 구간 CD의 벤드

$H/W=30/65=0.46$, $R=W$로 정하면 $R/W=1$에서 $\zeta=0.28$로 보고

$\Delta P_t=\zeta\frac{v^2}{2}\rho=[0.28(5.7)^2/2](1.2)=5.5\,\text{Pa}=0.56\,\text{mmAq}$. 따라서 상당길이는 $0.56/0.1=6\,\text{m}$

❺ 소음장치와 취출구

저항 4 mmAq는 등가길이 40 m에 해당

최장 경로 A-B-C-D-E의 등가길이가 제일 길므로 이 경로가 주경로임을 알 수 있다.

이 주경로의 실제 길이는 $l=26+8+18+10=62\,\text{m}$

국부손실 상당길이는 $l'=20+6+40=66\,\text{m}$. $l'=kl$에서 국부손실계수 $k=0.984$

따라서 송풍 덕트의 총(전)압력손실 $P_d=(1+k)lR=1.984(62)(0.1)=12.3\,\text{mmAq}$

여기에 공조기의 전압손실 20 mmAq를 합하면 송풍기의 필요 전압은 $20+12.3=32.3\,\text{mmAq}$가 된다. 송풍기의 필요정압은 토출속도가 6.8 m/s이므로 $32.3-(6.8/4.04)^2=29.5\,\text{mmAq}$가 된다. 그러나 필터의 오염 등에 의한 저항 상승을 고려하여 5~10% 더 높은 값으로 송풍기압력을 결정한다.

[표 E7-1a] 덕트 설계

구간	풍량, m^3/h	단위 마찰손실, mmAq/m	원형덕트		장방형덕트			실제길이, m	국부손실 상당길이, m
			지름, cm	풍속, m/s	장변(a)×단변(b), cm	면적, m^2	실풍속, m/s		
AB	12000	0.1	72	8.6	140×35	0.49	6.8	26	15
BC	8000	0.1	61	7.8	120×30	0.36	6.2	8	0
CD	4000	0.1	47	6.5	65×30	0.195	5.7	18	6
DE	2000	0.1	37	5.5	40×30	0.12	4.6	10	0
BF	4000	0.1	47	6.5	65×30	0.195	5.7	10	11
FG	2000	0.1	37	5.5	40×30	0.12	4.6	10	0
CH	4000	0.1	47	6.5	65×30	0.195	5.7	10	9
HI	2000	0.1	37	5.5	40×30	0.12	4.6	10	0

경로 B-F-G의 전압손실을 경로 B-C-D-E의 전압손실과 비교해 보자. 전자의 상당길이는 20 m (주경로 길이) + 40 m (저항 4 mmAq 해당 등가길이) + 11 m (국부손실 상당길이) = 71 m, 후자는 36 m (주 경로 길이) + 40 m (저항 4 mmAq 해당 등가길이) + 6 m (국부손실 상당길이) = 82 m이므로 이대로 설계하면 가까운 취출구에서 설계값보다 더 큰 풍량이 나오고, 먼 곳은 더 작은 풍량이 나온다. 따라서 가까운 경로는 저항을 더 크게 조정해야 하며, 이는 분기덕트에 댐퍼를 설치하거나 단위마찰손실을 증가시킴으로써 해결할 수 있다. ■

5) 덕트 재료

덕트 재료는 아연도금 철판, 강판, 스테인리스강판 등이 사용된다.

❶ **아연도금 철판** : 가격이 싸고 가공성이 좋으면서도 강도가 높기 때문에 가장 널리 사용되나 부식과 고온에 약하다.

❷ **강판** : 고온의 공기나 가스가 통하는 덕트에 사용되며, 부식성 가스인 경우는 염화비닐로 라이닝한 강판이 사용된다.

❸ **스테인리스강판** : 습도가 높은 배기용 덕트나 부식성 가스가 통과하는 덕트에 적합하며, 외관이 좋으므로 노출 덕트에도 많이 사용된다.

❹ **염화비닐** : 4~5 mm 정도 두께의 판재로 사용되며 강도는 약하나 내부식성이 탁월하다. 가연성이 있으므로 일반공조에는 사용할 수 없다.

6) 덕트의 시공

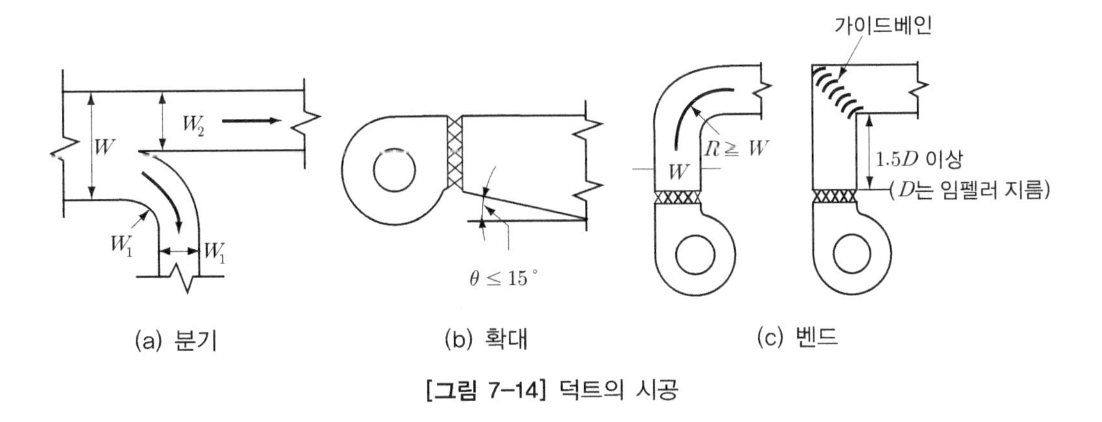

[그림 7-14] 덕트의 시공

❶ 덕트의 변형과 분기

덕트를 시공할 때는 국부손실과 소음발생을 최소화하도록 급격한 방향변화나 유동의 충돌 등을 억제해야 한다. 덕트를 굽힐 경우 안쪽 곡률반경은 덕트의 폭 이상으로 하고, 부득이한 경우라도 폭의 1/2 이상이 되어야 한다. 단면을 확대할 때는 경사각이 15。 이하, 축소할 때는 30。 이하가 되도록 한다. 덕트의 분기 시에는 급격한 변화가 없도록 하고 굽힘부 가까이에서는 분기를 피하는 것이 좋다. 취출구 역시 굽힘부에서 최소한 폭의 4배 이상 거리를 두고 설치하지 않으면 균일한 취출기류를 얻을 수 없다.

또 송풍기 흡입구는 유동이 교란되지 않고 균일한 유동이 유입되도록 하며 토출구 가까이에 댐퍼, 소음상자 등을 설치하지 않도록 한다. 그러나 부득이한 경우에는 가이드베인을 설치하여 유동의 교란을 최소화하여 저항과 소음을 줄이도록 한다.

❷ 덕트의 소음방지

덕트 소음에는 덕트를 통하여 전달되는 소음과 덕트 자체에서 발생하는 소음이 있다. 일반적으로 송풍기 소음이 덕트를 타고 실내로 전달되어 소음문제를 야기한다.

덕트 소음을 방지하기 위해서는 덕트에 흡음재를 부착하고, 송풍기 토출구에 소음상자(plenum chamber) 장착, 덕트에 소음기 설치 또는 취출구에 흡음재를 부착한다.

취출구 및 흡입구에서 유속이 빠르면 기류 소음이 발생하므로 [표 7-8]과 같이 허용속도 내에 있도록 한다. 같은 풍속에서도 취출구의 형상, 위치, 실의 크기와 흡음특성에 따라서 실의 소음도는 크게 영향을 받기 때문에 허용풍속의 범위가 크다. 취출구가 노즐형일 때는 발생소음이 적기 때문에 풍속을 보다 크게 할 수 있다.

❸ 덕트의 단열

덕트는 보온이나 보냉을 위한 단열뿐 아니라 냉풍용 덕트의 경우 결로의 방지를 위해서 단열한다. 단열재의 표면에서 결로가 생기거나 습기가 침투하여 단열재가 물을 함유하면 단열성능을 상실하게 되므로 표면에 방수층을 설치한다.

❹ 덕트의 누기

덕트의 모든 접합부에서 누기가 발생할 수 있으며 시스템의 허용 누기율은 [표 7-9]와 같다. 누기량은 덕트 내부의 압력, 덕트의 표면적 및 접합부위의 수에 따라 다르며 덕트의 누기시험은 현장에 덕트를 설치한 후에 시행되므로 시공 시 유의하지 않으면 큰 비용이 들 수 있다.

[표 7-8] 취출구 및 흡입구의 허용풍속

구분		허용풍속, m/s
취출구	방송국	1.5~2.5
	주택, 호텔, 고급사무소, 극장	2.5~3.75
	개인사무소	2.5~4.0
	영화관	5.0
	일반 사무소	5.0~6.25
흡입구	거주역 상부	4 이상
	거주역(좌석에서 먼 위치)	3~4
	거주역(좌석에서 가까운 위치)	2~3
	공장	4.0이상
	주택	2.0

[표 7-9] 덕트시스템의 허용 누기율

누기율	권장 적용대상
5~10%	비공조 공간 환기
5% 이하	각층 공조방식의 CAV시스템, 제연덕트
3% 이하	VAV시스템, 주방 배기, 정화조 배기, 화장실 배기
1% 이하	특수실(수술실, 청정실 등)

7-3 취출구와 실내기류

취출구(또는 디퓨저)의 형식, 배치 및 풍량과 흡입구의 위치에 의하여 실내의 기류와 온도분포가 결정되므로 쾌적한 실내기류의 분포가 이루어지도록 설계해야 한다.

1) 취출구의 종류

취출구는 공기의 공급을 위한 덕트 말단의 설비로 축류형(軸流型)과 확산형으로 나눌 수 있으며, 부착 위치에 따라 천장식, 벽식 및 바닥식이 있다.

축류형 취출구는 기류를 직선상으로 토출하는 것으로 그릴형, 펑커루버, 슬롯형, 노즐형 등이 있다. 그릴형(grille)은 날개 각도로 풍향을 조절할 수 있으며, 풍량 조절 셔터가 부착된 그릴을 레지스터(register)라고 한다. 슬롯형(slot)은 라인형(line)이라고도 하며, 가느다란 띠 모양의 취출구로서 유인성은 좋으나 도달거리는 짧다([그림 7-15(a)]). 트로퍼형은 슬롯형 취출구를 조명등의 외관으로 한 것이다([그림 7-15(b)]). 노즐형은 기류의 도달거리가 멀고, 소음이 작으므로 체육관이나 극장 같은 대공간에 적합하며 펑커루버(punkha louver)는 기류의 취출 방향을 자유로이 조절할 수 있는 것으로 국소 냉방용으로 사용된다([그림 7-16]).

확산형 취출구는 복류형(輻流型) 취출구라고도 하며 [그림 7-17]과 같이 천장에 설치한다. 기류는 방사상으로 토출된 후 천장면을 따라 확산된다. 확산형에는 아네모스탯형(anemostat)과 팬형(pan)이 있으며, 후자가 전자에 비해 확산성능은 떨어지나 도달거리는 더 멀다.

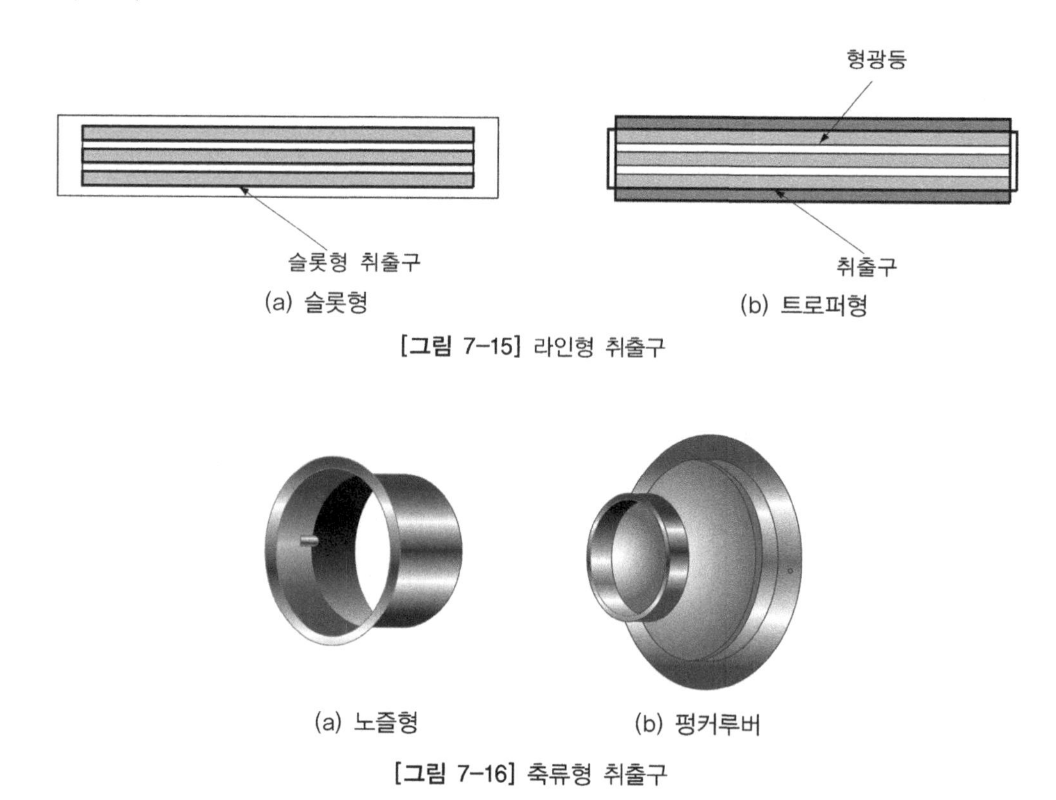

(a) 슬롯형　(b) 트로퍼형

[그림 7-15] 라인형 취출구

(a) 노즐형　(b) 펑커루버

[그림 7-16] 축류형 취출구

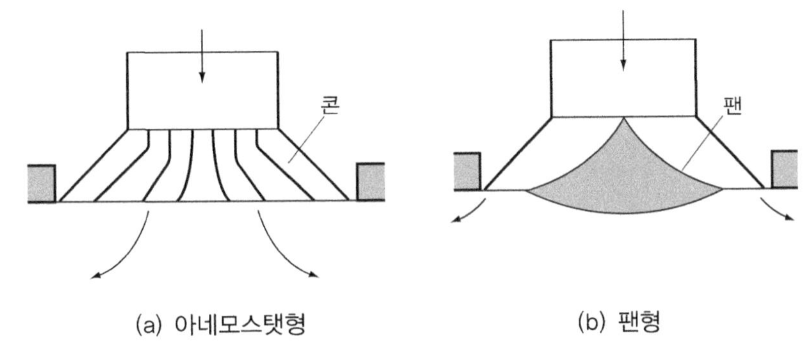

(a) 아네모스탯형　　(b) 팬형

[그림 7-17] 확산형 취출구

2) 취출기류

❶ 축류취출기류의 속도

원형 개구부의 경우 취출기류는 원추상으로 퍼져나간다. 그런데 장방형 또는 격자상 개구부로부터의 기류도 취출구에서 조금 멀어지면 원형 개구부와 닮은꼴의 기류를 형성하게 된다. 축류취출기류의 축상의 속도 V_x와 취출구로부터의 거리 X의 관계는 [그림 7-18]과 같이 4영역으로 나눌 수 있다. 제1영역은 취출구에서 지름의 2~6배 범위로 중심속도가 취출 속도와 같은 영역이다. 제2영역은 장방형 취출구의 경우 가로 세로의 비인 종횡비가 클수록 이 영역이 길어지며, 폭의 4배에서 길이의 4배 정도의 범위이다. 제3영역은 출구의 형상, 면적, 초기속도 등에 따라 지름의 25~100배에 이르는 영역이며 유속은 거리에 반비례한다. 중심속도가 0.25 m/s가 되는 부분까지를 제3영역으로 정의하며, 제4영역은 유속이 이보다 느려서 실내공기와의 차이가 없는 영역을 말한다.

축류 취출기류의 제3영역에서 중심축 속도는 다음의 식 (7.12)를 이용해 구할 수 있다.

$$\frac{V_X}{V_0} = K\frac{D_0}{X} = K'\frac{\sqrt{A_0}}{X} \tag{7.12}$$

여기서 V_X : 중심축 속도
V_0 : 취출구 속도
A_0 : 취출구 유효면적
K, K' : 취출구정수([표 7-10] 참조)

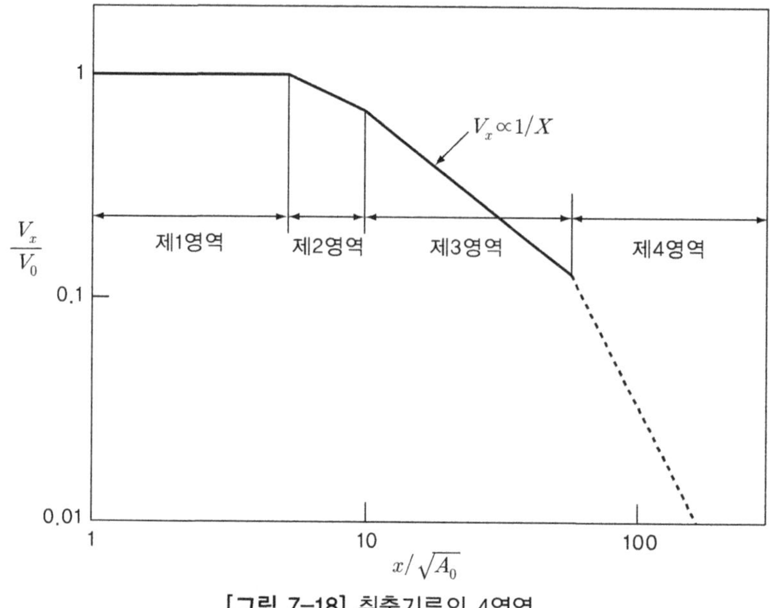

[그림 7-18] 취출기류의 4영역

[표 7-10] 취출구 정수

취출구의 종류		K		K′	
		V_0, m/s		V_0, m/s	
		2.5~5.0	10~50	2.5~5.0	10~50
자유	원형 또는 장방형	5.0	6.2	5.7	7.0
	종횡비가 큰(< 40) 장방형	4.3	5.3	4.9	6.0
	축류 또는 반경류형* 환상슬롯	–	–	3.9	4.8
격자	자유면적 40% 이상	4.1	5.0	4.7	5.7
다공판	자유면적 3~5%	2.7	3.3	3.0	3.7
	자유면적 10~20%	3.5		4.0	4.9

* $\sqrt{A_0}$ 대신 폭 H 사용

❷ 취출기류의 도달거리

취출기류의 거동은 취출구의 형상, 덕트의 접속, 풍량, 취출구의 위치, 실의 형상 및 취출 온도와 실의 부하특성의 영향을 받는다. 취출기류의 유속이 0.25 m/s가 되는 곳까지의 거리를 도달거리라고 하며 재실자의 쾌적성에 가장 큰 영향을 미치는 요소이다.

[그림 7-19(a)]와 같이 주변에 벽이 없고 기류의 온도와 실의 온도가 같은 경우라면 도달

거리는 취출구의 형상과 유량에 의해 결정된다. 취출구를 나온 기류는 주변의 실내공기를 유인하여 거리에 따라서 유량은 증가하고 유속은 감소한다. [그림 7-19(b)]와 같이 취출구에 인접하여 벽이 있는 경우에는 벽 쪽에서는 유인이 안 되므로 기류가 벽으로 끌려가게 되며 유속은 그만큼 서서히 감소하므로 도달거리는 멀어지게 된다. 이러한 현상을 코안다(Coanda) 효과라고 한다. 또 [그림 7-19(c)]와 같이 취출기류의 온도가 실내공기와 다르면 부력이 생겨서 뜨거운 기류는 위로 뜨고 찬 기류는 아래로 가라앉는다. 찬 기류의 경우 아래로 가라앉는 거리를 낙하거리, 따뜻한 기류의 경우 위로 뜨는 거리를 상승거리라고 한다. [그림 7-19(d)]는 확산형 취출구에 의한 기류의 거동을 나타낸다. 기류의 중심부 속도가 0.25 m/s되는 원추형 기류의 반지름을 확산반지름이라고 하며 취출구의 확산성능을 나타낸다.

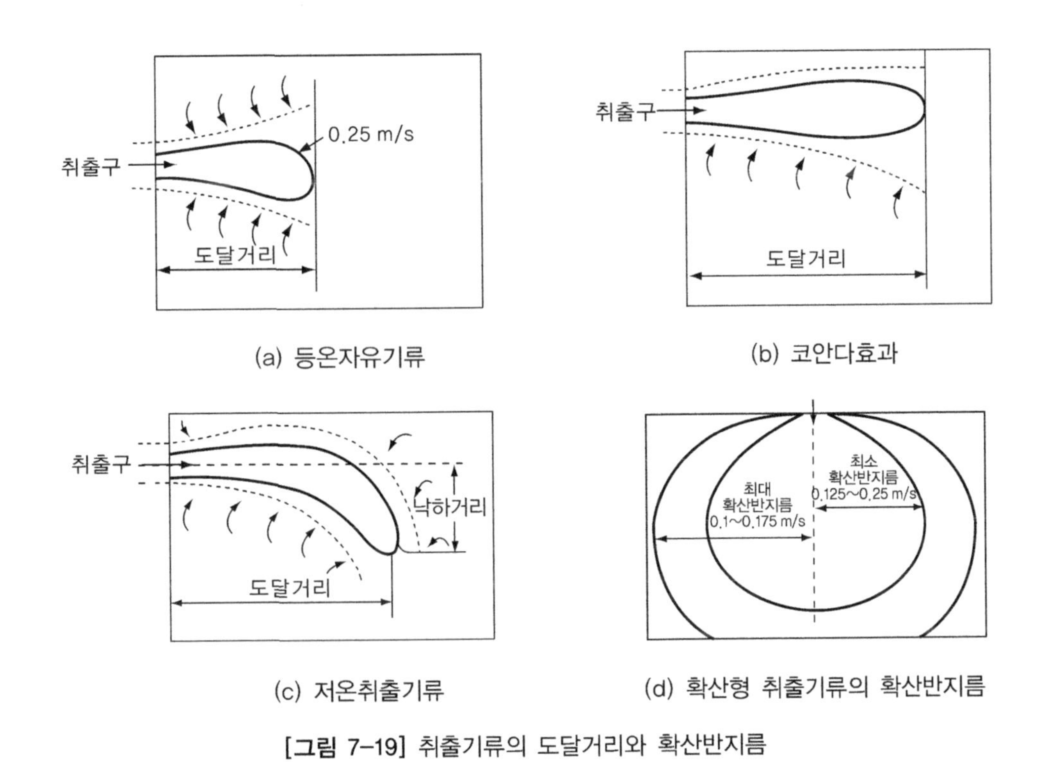

[그림 7-19] 취출기류의 도달거리와 확산반지름

3) 실내기류의 4영역

실내기류는 4영역으로 분류할 수 있으며 그 특성을 살펴보면 다음과 같다.

❶ 1차 공기역

취출구 부근의 유속이 0.75 m/s 이상인 영역으로 취출구의 형상과 위치 및 접속덕트의 영향을 받는다. 해석적으로 구할 수 있으며 온도의 영향을 받지 않으므로 난방일 때와 냉방일 때가 동일하다.

❷ 취출기류역

1차 공기 주위의 유속은 느리나 온도는 실온과 0.5℃ 이상의 차이가 나며 부력의 영향을 받아 상승 또는 하강하는 기류역을 말한다. 이 영역이 거주역에 침입하면 드래프트를 느끼게 된다.

❸ 체류역

자연대류에 의하여 형성되는 유동이 정체된 영역으로 난방 시에는 취출기류역의 아래쪽, 냉방 시에는 위쪽에 나타난다. 이 영역에서 유속은 대략 0.1 m/s 이하로 낮으며, 온도 성층화로 인하여 아래는 저온층, 위는 고온층이 된다.

❹ 흡입기류역

흡입구에 인접한 좁은 구역으로 흡입구는 체류역에 위치하여 냉방 시는 고온의 공기를, 난방 시는 저온의 공기를 흡입하도록 해야 한다.

4) 취출방식에 따른 실내기류분포

대표적인 취출방식에 대한 실내기류의 유속 및 온도분포는 [그림 7-20] 및 [그림 7-21]과 같다. 그림에서 회색 부분은 취출기류역, 그 내부의 취출구 가까이는 1차 공기역, 그 바깥의 흰 부분은 일반기류역을 나타낸다.

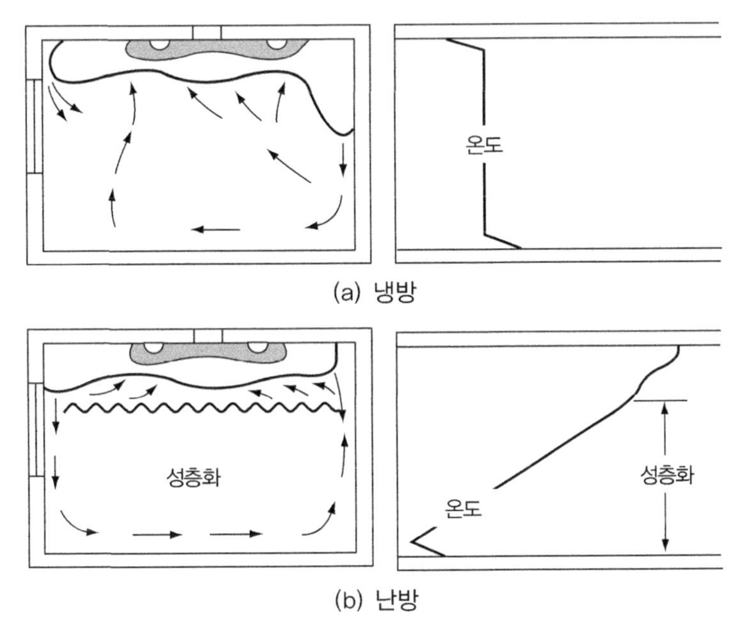

[그림 7-20] 천장 복류 취출구의 경우 기류 및 온도분포

❶ 수평취출

[그림 7-20]은 아네모스탯형 및 슬롯형 천장 취출구로 천장면을 따라서 수평취출을 하는 경우를 나타낸다.

냉방 시에 부하가 큰 외벽 쪽에서는 취출기류가 자연대류에 의한 상승기류와 만나서 벽까지 도달하지 못하나 내벽 쪽에서는 하강기류를 형성할 수 있으며, 전체적으로 혼합이 양호하여 체류역이 나타나지 않고 온도는 거의 균일한 분포를 나타낸다. 거주역에서 먼 천장 가까이서 찬 취출기류와 더운 실내공기가 혼합되므로 온도차가 큰 공기를 대량으로 송풍할 수 있으나 취출기류역이 하강하여 거주역을 침입하면 콜드드래프트를 일으킨다.

난방 시에는 취출기류가 천장으로 올라가려고 하기 때문에 바닥에서 좀 떨어진 곳에 체류역이 나타난다. 체류역은 온도성층화에 의하여 큰 온도구배가 나타나서 콜드드래프트를 느끼게 한다. 기류의 도달거리가 멀도록 하여 바닥까지 가열된다면 체류역을 축소시키고 콜드드래프트를 억제할 수 있다. 부하가 작은 내부 존에서는 온도차가 심하지 않아서 자연대류가 약하므로 체류역이 거의 생기지 않고 온도도 균일하게 된다.

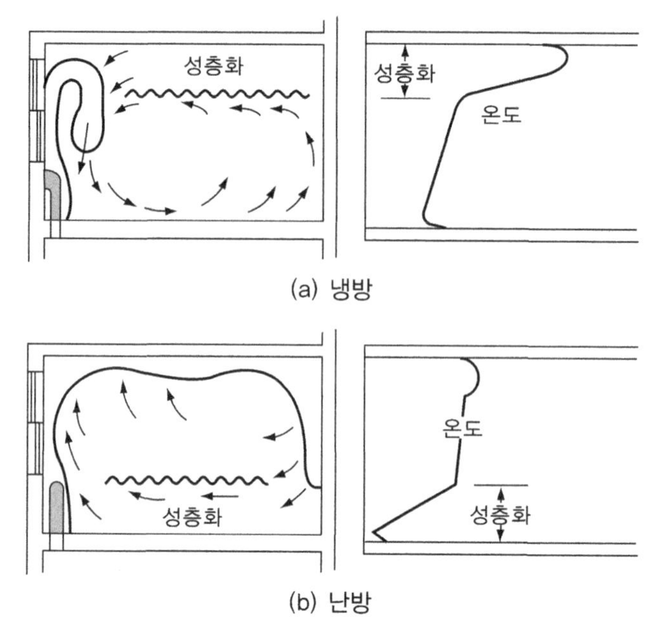

[그림 7-21] 창틀 아래 상향노즐 취출구의 경우 기류 및 온도분포

❷ 수직 상향 취출

[그림 7-21]은 창틀 또는 외벽 쪽 바닥이나 벽 하부의 취출구에서 천장을 향하여 수직으로 취출하는 경우에 해당한다.

난방 시에는 천장에 충돌한 취출기류역이 천장면을 따라서 퍼진 다음 벽을 따라서 하강기류를 형성한다. 하강기류는 다시 상승하며 그 하부에는 체류역을 형성하나 수평 취출의 경우보다는 체류역이 작다.

냉방 시에는 취출기류역이 천장에 닿으면 아래로 내려오게 되고 그 상부에는 체류역이 존재한다. 체류역 아래는 균일한 온도층을 형성한다. 취출기류가 하강하는 위치에서 4.5~6 m 정도 거리는 충분한 냉방이 가능하다. 취출기류가 확산되어 넓게 퍼질 때는 취출기류역이 천장에 닿기 전에 하강할 수 있으나 주위에서 많은 기류를 유인하여 들이므로 혼합이 더 잘 되어 체류역을 축소시킨다.

이 방법은 1.5~2.0 m/s의 저속 취출로도 콜드드래프트를 방지하고 쾌적한 난방효과를 얻을 수 있다. 그러나 냉방 시 취출구가 바닥에 있으면 냉기가 직접 거주역에 침투하여 드래프트를 일으킨다. 취출구가 바닥보다 높은 창틀에 있으면 이를 막을 수 있다.

5) 취출구 설계

취출기류에 대하여 과도한 냉감이나 온감인 드래프트를 느끼지 않고 재실자가 쾌적함을 느끼는 비율(재실자가 균일하게 분포해 있을 때 쾌적함을 느끼는 사람의 비율)이 공기확산성능지표(ADPI)이다. 대부분 유효드래프트 온도 EDT가 −1.7~1.1℃이고 기류속도가 0.35 m/s 이하면 쾌적감을 느낀다. 취출구에서 유속이 0.25 m/s가 되는 곳까지의 거리인 도달거리 $T_{0.25}$와 실내온도가 ADPI에 가장 큰 영향을 미친다. 냉방 시 실내온도 24.4℃를 기준으로 각종 취출방식과 공기확산성능지표의 관계를 나타내면 [표 7-11]과 같다. 가능하면 ADPI가 가장 크게 되도록 취출구를 선정해야 한다.

[표 7-11] 공기확산성능지표(ADPI)에 의한 도달거리 T의 선택

취출방식	신부하, W/m²	ADPI가 최대가 되는 도달거리 $T_{0.25}/L$	최대 ADPI, %	허용 ADPI, %	도달거리의 범위 $T_{0.25}/L$	기준길이(L)를 정하는 방법
벽 설치 격자형 그릴 (high side wall grilles)	250	1.8	68	–	–	대면의 벽까지의 거리
	190	1.8	72	70	1.5~2.2	
	125	1.6	78	70	1.2~2.3	
	65	1.5	85	80	1.0~1.9	
천장원형 디퓨저 (circular ceiling diffuser)	250	0.8	76	70	0.7~1.3	벽까지 또는 인접 취출구 기류 말단까지의 거리
	190	0.8	83	80	0.7~1.2	
	125	0.8	88	80	0.5~1.5	
	65	0.8	93	90	0.7~1.3	
창대취출 격자형, 고정깃 (sill grille, straight vane)	250	1.7	61	60	1.5~1.7	취출방향 실의 길이
	190	1.7	72	70	1.4~1.7	
	125	1.3	86	80	1.2~1.8	
	65	0.9	95	90	0.8~1.3	
창대취출 격자형, 가변깃 (sill grille, spread vane)	250	0.7	94	90	0.8~0.5	취출방향 실의 길이
	190	0.7	94	80	0.6~1.7	
	125	0.7	94	–	–	
	65	0.7	94	–	–	
천장슬롯형 디퓨저* (ceiling slot diffuser)	250	0.3*	85	80	0.3~0.7	벽까지 또는 2개의 취출구간까지의 중심까지
	190	0.3*	88	80	0.3~0.8	
	125	0.3*	91	80	0.3~1.1	
	65	0.3*	92	80	0.3~1.5	
등기구 트로퍼 디퓨저 (light troffer diffuser)	190	2.5	86	80	<3.8	2개의 취출구의 중심까지의 거리와 천장부터 거주역 상한까지
	125	1.0	92	90	<3.0	
	65	1.0	95	90	<4.5	
다공판형 디퓨저 (perforated-face diffuser)	35~160	2.0	96	90	1.4~2.7	벽까지 또는 2개의 취출구중심까지의 거리
				80	1.0~3.4	

* $T_{0.50}/L$

그런데 ADPI는 취출기류에 의한 드래프트만 고려한 것이므로 도어나 유리창에서의 드래프트도 고려하여 취출구 위치를 결정해야 한다.

창이 있고 천장이 높은 현관이나 홀에는 겨울철 콜드드래프트의 위험이 크다. 그 대책으로는 취출기류의 도달거리가 크게 하는 것 외에 창 측에 방열기를 설치하고, 창은 고단열 유리로 하며, 도어는 회전문, 이중문, 이중문 사이에 콘벡터 설치, 에어커튼 설치 등으로 외풍을 방지하도록 한다.

예제 7-2

열부하가 125 W/m^{2}인 3×3 m 모듈의 중앙에 풍량 300 m^3/h의 천장디퓨저를 설치할 때 취출구 특성을 결정하여라.

풀이

[표 7-11]에서 천장원형 디퓨저에서 부하가 125 W/m^{2}일 때 최대 ADPI(88%)가 되는 도달거리의 비는 $T_{0.25}/L=0.8$이다. 또 기준길이는 벽까지의 거리로서 $L=1.5\,\text{m}$이므로 도달거리는 $T_{0.25}=0.8(1.5)=1.2\,\text{m}$일 때 최적상태가 된다. 허용가능한 ADPI(80% 이상)를 위한 허용 도달거리비가 0.5~1.5이므로 허용 도달거리는 0.75~2.25 m이다.
따라서 제품 카탈로그에서 풍량 300 m^3/h로서 도달거리가 1.2 m에 가까우면서 0.75~2.25 m의 범위에 있는 취출구로 선정한다. ■

6) 흡입구

흡입구는 [그림 7-22]와 같은 형상들이 있으며, 흡입구의 위치는 취출구에서 유입된 공기가 정체됨이 없이 실내를 고르게 유동할 수 있는 위치에 있어야 한다.

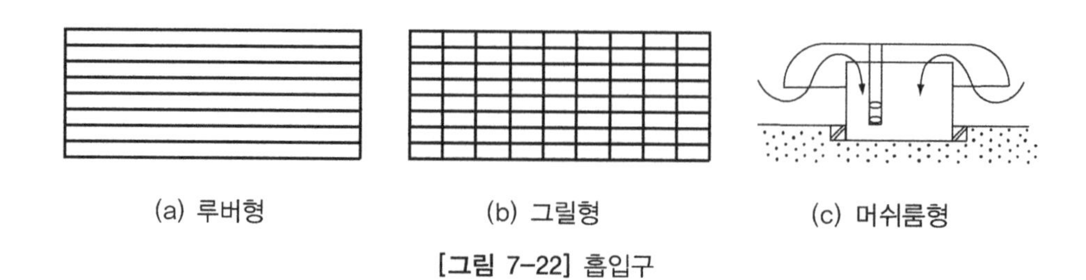

(a) 루버형 (b) 그릴형 (c) 머쉬룸형

[그림 7-22] 흡입구

① 대풍량의 경우 흡입구가 거주역에 가까우면 드래프트를 느낄 수 있으므로 멀리 떨어지게 설치한다. 아니면 흡입풍속이 1 m/s 이하가 되게 한다.
② 흡입구를 벽에 설치하면 흡연자가 많은 실에는 담배연기가 천장에 체류하므로 벽식 외에 천장식 흡입구를 설치하여 실내송풍량의 20~30%는 위로 배기하는 것이 바람직하다.
③ 복도를 리턴공기 통로로 할 때는 도어에 배기 갤러리를 설치하거나 하단에 바닥을 높인 틈새(언더커트)를 이용하여 배기하며, 대화누설 위험이 있을 때는 방음대책을 세운다.
④ 배기구가 취출구에 너무 가까우면 취출공기가 바로 배출되는 단락(short cut)의 위험이 있으므로 충분한 거리를 둔다.
⑤ 극장 관객석 등에서 머쉬룸(mush room) 흡입구를 바닥 전면에 설치하여 왔으나 설치가 어려우므로 무대 전면에 대형 그릴을 설치하는 경우가 많다.
⑥ 조명기구와 모듈화하는 경우에는 조명기구에 뚫은 슬롯을 이용하여 천장 내부로 배기한다.

흡입풍속은 3~4 m/s로 하고, 거주역의 상방에 있는 경우에는 4 m/s 이상으로 하며, 복도를 통하는 경우에는 1~1.5 m/s로 한다.

7) 댐퍼

댐퍼(damper)는 [그림 7-23]에 도시한 바와 같이 풍량을 제어하거나 방연이나 방화를 위한 전폐(全閉)를 목적으로 덕트 내에 설치하는 설비를 말한다.

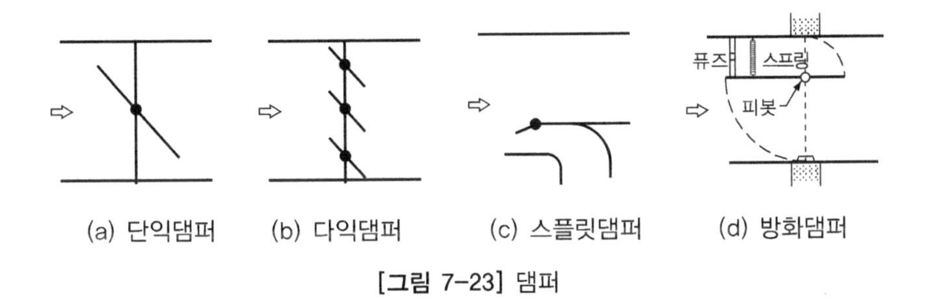

[그림 7-23] 댐퍼

❶ 풍량조절 댐퍼

풍량을 조절하기 위한 댐퍼로서 날개의 매수에 따라서 단익댐퍼와 다익댐퍼가 있다. 단익댐퍼는 풍량조절 기능은 떨어지며 소음 발생의 원인이 되나 전개 또는 전폐에 편리하다. 다익댐퍼는 루버(louver)댐퍼라고도 하며 대형 덕트의 풍량제어에 사용하나 전폐해도 수 % 공기누설이 있다. 그 외에 분기부에 사용하는 스플릿(split)댐퍼, 철판으로 된 개폐 목적의 슬라이드댐퍼, 천으로 만들어 소음을 줄인 크로스(cloth)댐퍼 등이 있다.

❷ 방연 · 방화댐퍼

화재 시 연기가 덕트를 통하여 전파되거나 불기가 전파되는 것을 차단할 목적으로 설치하는 댐퍼로 연기 차단이 목적인 경우를 방연(防煙)댐퍼, 화재 전파를 차단할 목적이면 방화댐퍼, 연기와 화재를 동시에 차단할 목적인 경우는 방연·방화댐퍼라고 한다. 이들 댐퍼에는 다양한 종류가 있으며 필요시 신속하고도 확실하게 덕트를 폐쇄해야 한다. 일반적으로 많이 사용되고 있는 방화댐퍼는 온도 퓨즈형으로 덕트 내의 기류온도가 70℃ 이상이 되면 자동으로 덕트가 닫히게 된다.

제8장 위생설비

위생설비(衛生設備, plumbing system)란 급수설비와 배수설비를 말한다. 건축물에서는 적정량의 물을 적정한 수압을 유지하면서 위생기구 등에 공급하고 사용된 물은 방류수질 기준에 맞도록 정화처리한 후 하수도를 통하여 누수 없이 배수해야 한다.
급수계통은 급수설비와 급탕설비로, 배수계통은 배수설비와 오수(汚水, sanitary drain) 설비로 구분할 수 있다. 급수는 용도에 맞는 수질을 유지해야 하며, 같은 건물이라도 음용수, 생활용수, 공업용수처럼 요구되는 수질이 다르면 별도의 시스템을 갖추는 것이 경제적이다. 배수는 하수도를 거쳐 종말처리장에서 처리하거나 건물 내의 오수정화시설을 거쳐 방류하며, 오수 외의 각종 생활하수인 잡배수는 처리 후 방류하거나 중수도 시설을 갖추어 여과 및 정수처리 후 오물세척수 등으로 재사용한다.
오늘날 전 세계적으로 물사용은 증가하는 반면 수자원은 고갈되어가고 있다. 우리나라도 물부족 국가에 속한 상황이므로 절수형 위생설비의 사용과 수자원의 절약 방안을 고려해야 한다.

8-1 위생설비 계획

위생설비의 계획은 일반 공조설비와 같이 기본계획, 기본설계, 실시설계 순서를 따른다. 먼저 건축물의 장소([표 8-1] 참조), 종류, 주거 인원수, 건축물의 규모 및 구조 등을 잘 파악한 후 현장조사를 하고 기본적인 사항을 협의해야 한다. 현장조사에서는 건축물 부지의 형태, 배수를 위한 토지의 고저, 주변 조건 등을 살피고 지질조사 및 지하수위를 파악하여 지하매설배관 및 탱크류의 재질 선정에 참고한다. 또한 기상여건을 파악하여 통기시설 계획에 참고하며 도로, 교통 등 공사여건도 파악한다.

다음은 법규검토 및 발주자나 관공서와 협의할 사항들이다.

① 상수도 인입(引入)과 물 사용량
② 지하수 개발 및 수처리에 관한 사항
③ 하천, 호수, 저수지 등의 상태 및 활용 가능성
④ 급탕용 열원 계획

⑤ 배수설비의 방식 및 본관 연결 위치

⑥ 오배수 배출에 관한 사항

⑦ 공사 범위, 기간, 예산, 증축계획, 위생설비의 구조 및 위치에 관한 사항

[표 8-1] 지역 및 지구 구분

구분	내역
① 국토이용에 따른 용도지역	도시지역, 준도시지역, 농림지역, 자연환경보존지역 및 기타
② 도시계획에 따른 용도지역	주거지역, 상업지역, 공업지역, 녹지지역, 기타
③ 도시계획에 따른 용도지구	풍치, 주차장 정비, 미관, 아파트, 고도(최저, 최고), 학교보호시설지구, 기타
④ 도시계획시설(도로, 공원) 및 도시개발사업에 의한 재개발, 재건축 및 시가지 조성 및 기타	
⑤ 기타구역	군사시설, 농지, 산림, 자연공원, 상수원보호구역

8-2 수질과 수처리

❶ 수질

물은 용도에 따라서 음용수(飮用水), 잡용수, 열매수(熱媒水), 보일러급수 등으로 구분하며, 음용수는 요리, 식수, 세면, 목욕, 세탁용 등으로 사용되고, 잡용수는 변기수세용, 정원수 및 소방용수 등으로 사용된다. 음용수의 수질기준은 수도법과 음용수관리법에 규정되어 있고, 잡용수는 음용수보다 수질이 떨어지는 지하수 및 중수도처리수 등이 이용된다. 지하수는 철분이 많아 폭기처리가 필요하나 잡용수로 사용 시는 여과만으로 충분하다. 설비용 배관 또는 열교환기 등의 부식은 물의 경도(硬度), pH값, 알칼리도 등이 물의 온도, 용존산소, CO_2 등과의 상호작용으로 생기는 관석이 원인이며 배관을 막히게 하고 열전달 성능을 저하시킨다. 경수는 주로 이온교환식 경수연화기(硬水軟化器)를 사용하여 연화한다.

❷ 음용수의 오염

음용수의 수질오염에는 건강상 문제는 없으나 심미적인 불쾌감을 주는 불쾌성오염과 건강에 위해를 가하는 위해성오염이 있다. 오염의 원인에는 물에 접하는 공기 중의 오염물질, 먼지 등의 침입과 배관재로부터 금속의 용해와 유해물의 용입 및 누설부를 통한 오염물

질의 침입 등과 역사이펀 작용에 의한 역류 및 크로스 커넥션에 의한 오염이 있다.

수질오염을 막기 위해서는 수도꼭지와 수면 사이에는 [그림 8-1]과 같이 충분한 토수구(吐水口) 공간을 두어 오버플로(over flow) 시에 역류가 일어나지 않도록 하며, 음용수 배관과 다른 용도의 배관을 접속하는 크로스커넥션(cross connection)을 피해야 한다. 또 역사이펀 작용에 의한 오염을 피해야 한다. 역사이펀 작용은 급수관에 부압 발생이 원인이 되어 물이 급수관으로 역류하는 현상을 말한다. 역사이펀 작용은 충분한 토수구 공간을 두면 방지할 수 있다. 그러나 토수구 공간을 둘 수 없는 세정밸브식 변기, 핸드 샤워, 호스 연결 수전 등에 대해서는 [그림 8-2]와 같이 진공방지기(vacuum breaker)를 장착하거나 감압역류방지장치를 사용하여 역류하려는 물을 외부로 배출하는 방법이 있다. 그밖에 급수관을 10.5 m 이상 입상시켜 루프를 만드는 방법, 게이트 및 체크밸브를 사용하는 방법 등이 있다.

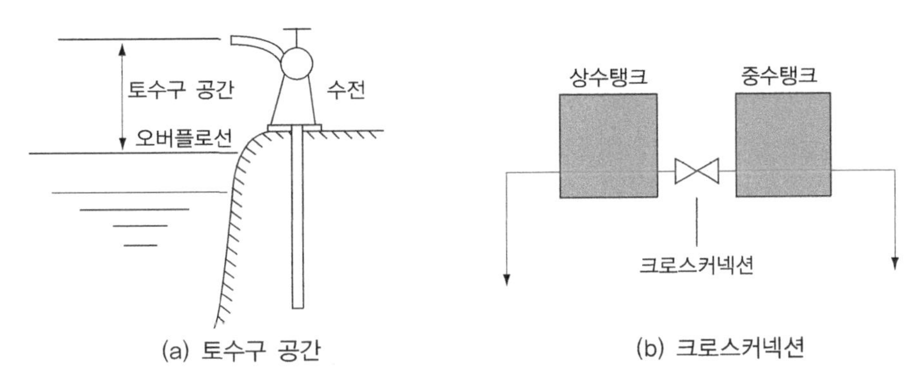

(a) 토수구 공간 (b) 크로스커넥션

[그림 8-1] 토수구 공간 및 크로스커넥션

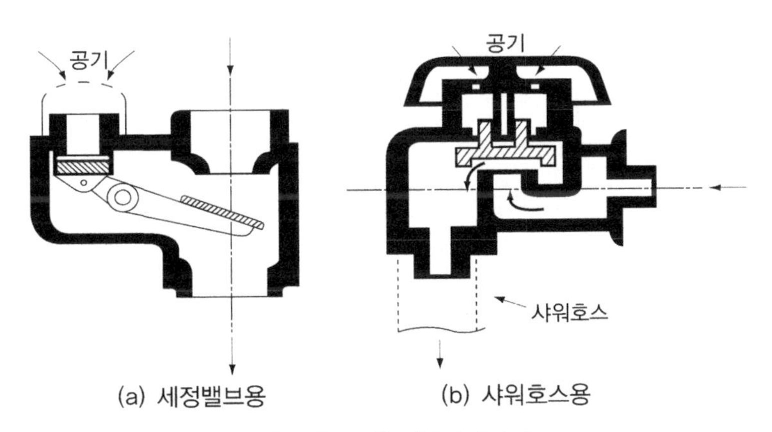

(a) 세정밸브용 (b) 샤워호스용

[그림 8-2] 진공방지기

탱크류에서는 출구가 입구와 근접해 있거나 출입구와 바닥 사이의 간격이 클 때 유동하지 않고 정체되는 사수(死水, dead water)가 존재할 수 있다. 사수에는 미생물이 증식하게 되며 슬라임(slime)을 형성하여 부유하거나 이상한 맛과 냄새의 원인이 될 수 있으므로 사수 발생을 막아야 한다. 또 FRP재 같이 투광성 재료를 사용하면 조류(藻類)가 증식할 수 있으며 맨홀이나 오버플로관으로는 벌레나 곤충이 침입할 수 있다.

❸ 수처리

물을 원하는 수질로 처리하는 여러 과정을 수처리라고 하며 침전법, 여과법, 이온교환법, 흡착법, 생물화학적 처리법, 역침투법, 동결법, 증류법 등이 있다. 침전법(沈澱法)은 현탁(懸濁)입자를 자연적인 침강에 의하여 처리하는 방법이다. 여과법은 기계적인 여과에 의한 방법이며, 부유미립자의 경우 응집제를 가하여 응집·침전되면 이것을 여과시켜 제거한다. 이온교환법은 이온교환제로 용해성 물질을 선택적으로 제거하는 방법이며, 흡착법은 극미립자를 다공성 물질로 흡착하여 제거하는 방법이다. 그밖에 폭기(瀑氣)는 물속에 공기를 주입하여 철분을 산화철화하여 제거하는 방법이다. 또한 염소처리는 음용수를 위한 최종 처리로 염소화합물을 첨가하여 세균과 미생물을 제거하고 유기물과 무기물을 산화시키기 위한 것이다.

8-3 위생기구

위생기구란 물을 사용하고 버리기 편리하게 만든 기구로서 세면기, 욕조, 주방싱크 등의 세척용과 대변기, 소변기와 같은 수세용이 있다.

급수를 위한 수도꼭지인 수전(水栓, faucet)의 아랫부분에는 지수전(止水栓)의 설치로 고장 시를 대비하며, 수격현상을 막기 위하여 공기실을 설치한다. 또한 급수의 오염을 막기 위하여 충분한 토수공간을 두거나 진공방지기와 같은 역류방지기를 설치한다. 세척용 위생기구에는 오버플로를 위한 배수구와 바닥에는 배수용 마개가 필요하다. 배수구 밑 부분에는 [그림 8-3]과 같이 악취의 역류를 차단할 봉수(封水, water seal)를 위하여 트랩(trap)을 연결하고 배수를 원활히 하고 봉수를 보호하기 위하여 배수관을 통기한다.

❶ 세척용 기구

세면기, 청소싱크, 세탁용싱크, 주방싱크, 실험실싱크 등이 있다. 세면기의 배수용 마개는 체인이 달린 것과 상하로 움직여 개폐하는 팝업(pop-up)식이 있다. 배수금구로는 P형 트랩, S형 트랩, 드럼트랩, 벨트랩 등이 사용된다.

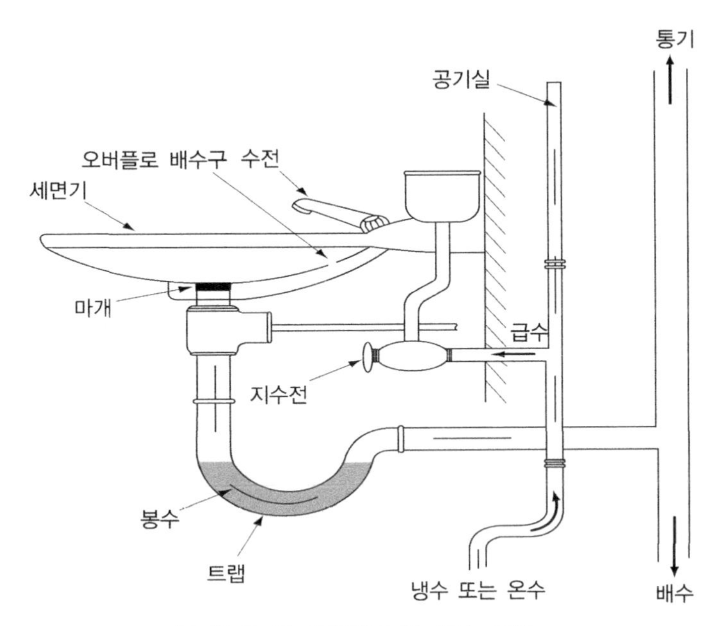

[그림 8-3] 세면기의 급·배수 배관

❷ 수세용 기구

대변기는 오물이 유수 중에 낙하하여 악취가 나지 않아야 하며 세정작용이 우수하고 물막힘이 없으며 소음이 작아야 한다. 급수방식에는 세정탱크방식과 세정(flush)밸브방식이 있다. 동양식은 높은 탱크를 사용하고 서양식은 낮은 탱크 또는 플러시밸브를 사용한다. 플러시밸브를 사용하려면 단시간에 충분한 급수가 필요하므로 인입관지름이 25 mm 이상인 학교, 호텔, 사무소 등에 적합하며, 인입관지름이 20 mm 정도인 가정에서는 사용이 곤란하다([그림 8-4, 8-5] 참조).

세정방식에는 [그림 8-4]와 같이 물의 낙차에 의한 유수작용을 이용한 방식, 사이펀(siphon) 작용을 이용한 방식 및 제트의 블로아웃(blow-out) 작용을 이용한 방식이 있다. 유수작용에 의한 방식에는 세출식(洗出式)과 세락식(洗落式)이 있다. 일반적으로 동양식

변기에 높은 탱크와 함께 사용되는 세출식은 수심이 낮아 냄새가 많고 세정력도 약하며, 세락식은 유수면이 좁고 건조면이 넓으므로 세정력이 약하여 오물이 처리되지 않는 일이 있다.

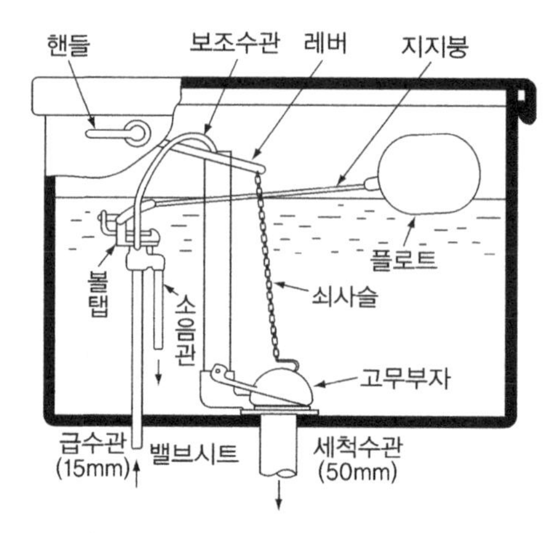

[그림 8-4] 낮은 탱크(low tank)

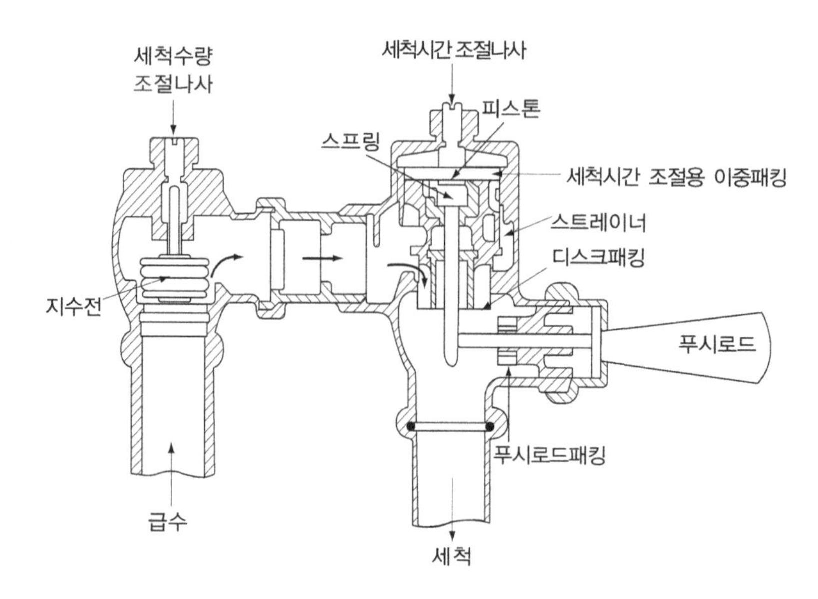

[그림 8-5] 대변기용 세정밸브

사이펀작용을 이용한 방식은 배수로가 만수가 되어 사이펀작용이 일어나게 한 것이며, 유수식에 비하여 흡인력과 세정력이 강하므로 유수면을 넓힐 수 있어 오물의 부착이 적다. 사이펀식에서 만수를 빠르게 하기 위한 제트가 설치된 것을 사이펀 제트식이라고 하며, 세정수에 보르텍스를 일으켜 흡인력과 세정력을 강화하고 소음도 작게 한 것을 사이펀 보르텍스(vortex)식이라고 한다.

블로아웃식은 사이펀제트식과 비슷하나 제트의 압력을 높여 블로아웃 힘을 이용한 세정 방식이다. 트랩 수로에 굴곡을 만들 필요가 없고 유수면이 넓어 오물이 막히는 일이 거의 없으며 악취발생도 적다. 그러나 급수압이 높아 소음이 크므로 가정용으로는 부적합하고 학교, 공장 등에서 사용한다.

소변기에는 벽걸이식과 칸막이가 필요 없는 스톨(stall)식이 있으며, 바닥 설치형 스톨식이 공공용으로 많이 사용되고 있다. 바닥 설치형은 설치는 편리하나 위생적인 관리가 어려우므로 벽걸이식 스톨형의 사용이 바람직하다. 수세식 소변기의 세정방식은 수동식과 자동식이 있는데 최근에는 거의 자동세정밸브를 사용하고 있으며, 적외선 센서, 광전센서 등에 의한 인체감지식과 트랩부분에 설치된 요(尿)감지 센서를 이용한 방식이 있다. 최근 물을 극소량만 쓰는 소변기가 개발되어 있다. 능동적인 미생물을 사용하여 악취의 원인을 제거하고 오수관에 생기는 요석(尿石) 발생을 막아주기 때문에 절수가 될 뿐 아니라 환경 개선에도 기여할 수 있다.

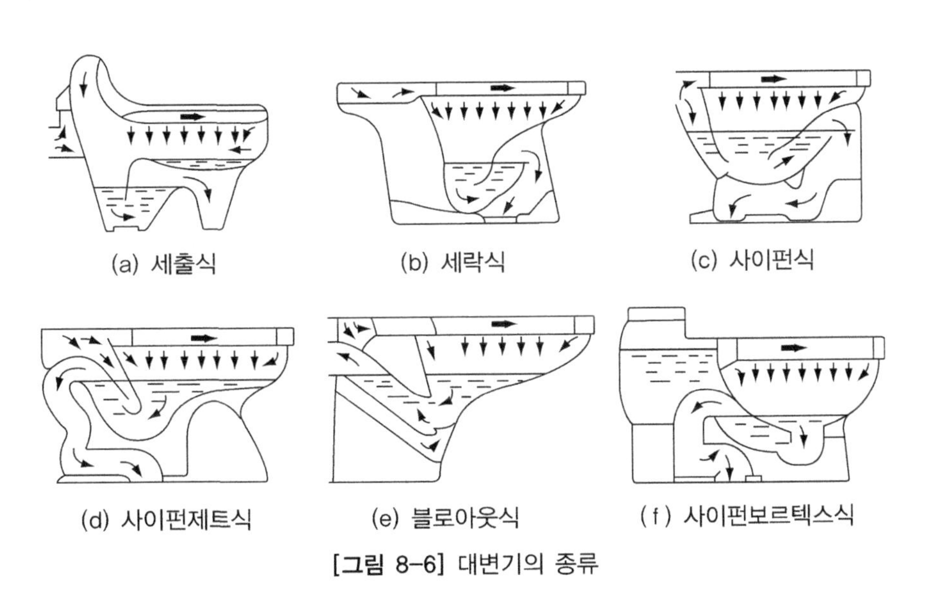

[그림 8-6] 대변기의 종류

8-4 급수설비

급수원은 상수(上水), 지하수 및 중수(中水)가 있다. 지하수는 경도가 높아 정수처리한 후 사용하며, 중수는 건물의 배수, 빗물, 우물물, 하천수 등을 이용한다. 최근 수자원 절약 측면에서 절수형 위생기구의 사용과 상수 계통의 배수를 재처리하여 잡용수로 사용하는 중수시스템이 늘어나고 있다. 여기의 급수설비는 상수를 대상으로 한다.

급수배관계는 낮은 위치에 있는 물을 건물 또는 고가수조로 양수하는 양수배관과 각 위생기구로 공급하는 급수배관으로 구성된다. 양수배관에는 펌프정지 시 역류충격이 가해지지 않도록 체크밸브를 설치하며, 펌프나 체크밸브의 고장 시 토출배관을 차단 또는 격리하기 위하여 게이트밸브를 설치한다. 급수배관은 주관과 지관으로 구성되며, 지관은 구역별 위생기구군의 급수용으로서 주관에 연결된다. 주관과 수조, 지관과 주관 사이에 게이트밸브가 설치되어 필요시 격리할 수 있다.

1) 급수량

급수설비 설계에서 급수량의 산정은 각종 기기용량 및 관경 결정의 기초가 된다. 급수계통의 수량은 생활용수와 기계용수를 합한 것이다. 생활용수는 생활습관과 기온에 따라서 변화가 심하기 때문에 통계적인 자료를 활용한다. 최근에는 절수형 위생기구의 사용과 절수형 생활에 의한 용수의 절약을 고려해야 한다. 건물별 1일 사용수량은 인원수에 의한 산정값과 위생기구수에 의한 산정값 중 큰 값을 취한다. 펌프 및 배관의 설계에 필요한 급수량은 순간 최대유량으로 하며 주로 위생기구의 수에 의한 산정방법을 취한다. 기계용수에는 대표적으로 냉각수 보급수가 있으며 생활용수와 별도로 급수설비 계획에 반드시 고려되어야 한다.

❶ 인원수에 의한 산정

급수량은 건물의 규모 및 내용뿐 아니라 절수용 기구의 사용이나 냉방설비와 같은 기기의 유무에 따라서도 다르다. 생활용수에 관해서는 [표 8-2]와 같은 통계자료를 근거로 다음과 같이 급수량을 구할 수 있다.

[표 8-2] 건물 종류별 1인당 급수량, 사용시간 및 인원

<table>
<tr><th>건축물 종류</th><th>사용자</th><th>1일 평균 사용수량, L</th><th>1일 평균 사용시간, h</th><th>유효면적당 인원, 인/m²</th><th>유효면적/연면적</th></tr>
<tr><td>사무소</td><td>근무자 1인당</td><td>100~120</td><td>8</td><td>0.2</td><td rowspan="2">0.55~0.6</td></tr>
<tr><td>관청, 은행</td><td>직원 1인당</td><td>100~120</td><td>8</td><td>0.2</td></tr>
<tr><td>병원
(병상당)</td><td>외래객 8 L
직원 120 L
보호자 160 L</td><td>고급 1,000 이상
중급 500 이상
기타 250 이상</td><td>10</td><td>3.5인/병상</td><td>0.45~0.48</td></tr>
<tr><td>사원, 교회</td><td>1회 참석자</td><td>10</td><td>2</td><td></td><td></td></tr>
<tr><td>극장</td><td>객석 1인당</td><td>30</td><td>5</td><td></td><td rowspan="2">0.53~0.55</td></tr>
<tr><td>영화관</td><td>연인원 1인당</td><td>10</td><td>3</td><td>1.5인/객석</td></tr>
<tr><td>백화점</td><td>손님 1인당
점원 1인당</td><td>3
100</td><td>3</td><td>1.0</td><td>0.55~0.60</td></tr>
<tr><td>점포</td><td>점원</td><td>100(통근), 160(상근)</td><td>7</td><td>0.16</td><td></td></tr>
<tr><td>소매시장</td><td>객 1인당</td><td>40</td><td>6</td><td>1.0</td><td></td></tr>
<tr><td>대중식당</td><td>객 1인당</td><td>15</td><td>7</td><td>1.0</td><td></td></tr>
<tr><td>요리점</td><td>객 1인당</td><td>30</td><td>5</td><td>1.0</td><td></td></tr>
<tr><td>주택</td><td>거주자 1인당</td><td>160~200</td><td>8~10</td><td>0.16</td><td>0.50~0.53</td></tr>
<tr><td>아파트</td><td>거주자 1인당</td><td>160~250</td><td>8~10</td><td>0.16</td><td rowspan="4">0.45~0.50</td></tr>
<tr><td>기숙사</td><td>거주자 1인당</td><td>120</td><td>8</td><td>0.2</td></tr>
<tr><td>호텔</td><td>손님 1인당</td><td>250~300</td><td>10</td><td>0.17</td></tr>
<tr><td>여관</td><td>손님 1인당</td><td>200</td><td>10</td><td>0.24</td></tr>
<tr><td>초중학교</td><td>학생 1인당</td><td>40~50</td><td>5~6</td><td>0.25~0.14</td><td rowspan="5">0.58~0.60</td></tr>
<tr><td>고등학교 이상</td><td>학생 1인당</td><td>80</td><td>6</td><td>0.1</td></tr>
<tr><td>연구소</td><td>소원 1인당</td><td>100~200</td><td>8</td><td>0.06</td></tr>
<tr><td>도서관</td><td>열람자 1인당</td><td>25</td><td>2</td><td>0.4</td></tr>
<tr><td>공장</td><td>1교대 1인당</td><td>60~140
(남 80, 여 100)</td><td>8</td><td>좌작업 0.3
입작업 0.1</td></tr>
<tr><td>주차장</td><td>승강객 수</td><td>3</td><td>15</td><td></td><td></td></tr>
</table>

※ 냉각수량은 증기압축식의 경우 13 L/minUSRT, 냉각탑 보급수는 이것의 2~3%, 흡수식의 경우 14~15 L/minUSRT, 냉각탑 보급수는 이것의 4~5%

$$Q_d = \text{인원} \times \text{1일 평균 사용수량} \tag{8.1a}$$

$$Q_h = \frac{Q_d}{\text{1일 평균 사용시간}} \tag{8.1b}$$

$$Q_m = (1.5 \sim 2.0)Q_h \tag{8.1c}$$

$$Q_p = \frac{(3 \sim 4)Q_h}{60} \tag{8.1d}$$

여기서 Q_d : 1일 사용수량, L/d　　Q_h : 시간 평균 급수량, L/h
Q_m : 시간 최대 급수량, L/h　　Q_p : 순간 최대 급수량, L/min

❷ 위생기구의 급수부하단위와 순간 최대유량 산정

위생기구의 관경결정을 위한 순간최대유량은 일반적으로 기구별 급수부하단위를 고려하여 산정한다. 급수부하단위(WSFU; water supply fixture unit)란 개인용 세면기에 사용되는 유량을 1단위로 한 상댓값이며, 각종 위생기구의 급수부하단위는 [표 8-3]과 같다. 각 기구의 급수부하단위의 총합을 구한 후 [표 8-4] 또는 [그림 8-7]을 이용하여 동시사용유량, 즉 순간 최대유량을 산정한다.

[표 8-3] 각 위생기구의 급수부하단위

기구명	접속 관지름 (최소), DN	급수부하단위			
		단독주택	아파트	상업용 건물	다중이용 시설
대변기(세정밸브, 13L/회)	25	7	7	8	10
대변기(세정탱크, 13L/회)	15	3	3	5.5	7
대변기(세정밸브, 6L/회)	25	5	5	5	8
대변기(세정탱크, 6L/회)	15	2.5	2.5	2.5	4
소변기(3.8L/회)	20	–	–	4	5
소변기(3.8L 이상/회)	20	–	–	5	6
세면기	10	1	0.5	1	1
주방싱크(가정용)	15	1.5	1	1	–
식기세척기(가정용)	15	1.5	1	1.5	–
청소용 싱크	15	–	–	3	–
세정탱크	15	2	1	2	–
욕조/샤워	15	4	3	–	–
샤워	15	2	2	2	–
샤워(연속사용)	15	–	–	5	–
비데	15	1	0.5	–	–
세탁기(가정용)	15	4	2.5	4	–
수음기	10	–	–	0.5	0.75
호스연결용 수도꼭지	15	2.5	2.5	2.5	–
월풀욕조	15	4	4	–	–

[표 8-4] 동시사용 유량표, L/min

기구급수 부하단위	세정탱크형 변기사용	세정밸브형 변기사용	기구급수 부하단위	세정탱크형 변기사용	세정밸브형 변기사용	기구급수 부하단위	세정탱크형 변기사용	세정밸브형 변기사용
3	1	–	18	49	127	200	246	344
4	15	–	19	51	129	225	265	360
5	17	83	20	53	132	250	284	379
6	19	87	25	64	144	300	322	416
7	23	91	30	76	155	400	397	473
8	26	95	40	95	178	500	473	530
9	28	98	50	110	193	750	643	662
10	30	102	60	125	208	1000	795	795
11	32	106	80	148	235	1250	908	908
12	34	110	100	167	257	1500	1022	1022
13	38	112	120	185	280	1750	1136	1136
14	40	114	140	201	295	2000	1230	1230
15	42	117	160	216	314	2500	1438	1438
16	45	121	180	231	329	3000	1646	1646
17	47	125						

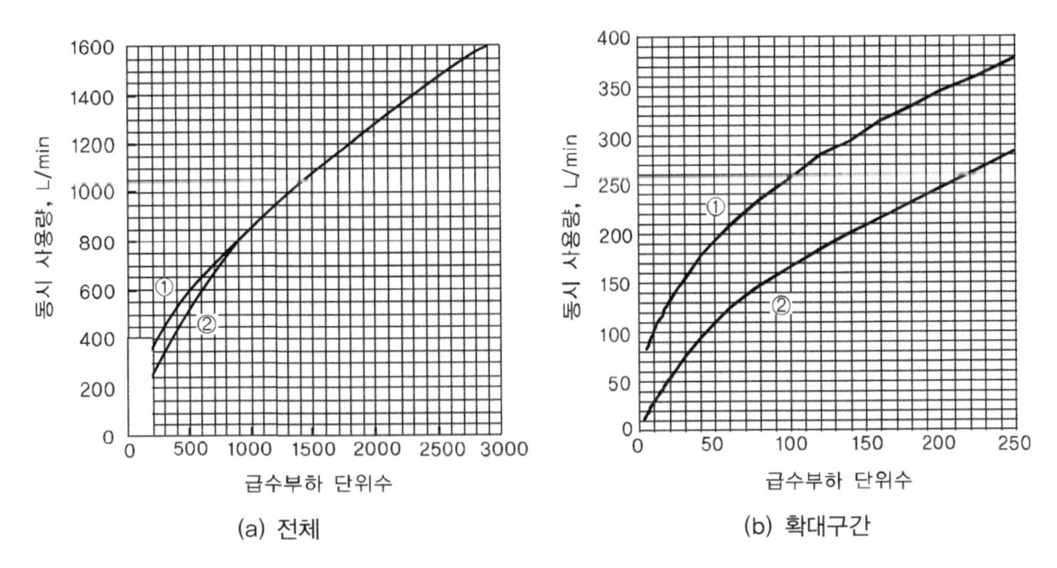

[그림 8-7] 기구급수부하단위에 의한 동시사용 유량산정(①은 세정밸브, ②는 세정탱크)

위생기구의 소요 개수는 건물의 종류, 용도 및 사용 상태에 따라서 다르며, [표 8-5]는 기구의 개당 유효면적 및 사용인원수를 나타낸다.

[표 8-5] 위생기구의 개당 유효면적 및 사용인원수

건물		대변기*	소변기	세면기	세수기	청소용 싱크	싱크
유효면적 (m^2/개)	사무소	120~170	150~180	150~180	300~350	400~450	300~350
	은행	80~140	80~120	80~120	150~250	300~500	200~250
	병원	80~100	30~60	30~60	150~200	300~400	45~80
	백화점	130~160	140~180	140~180	450~550	280~320	400~500
	아파트, 호텔	35~60	50~80	50~80	50~120	250~300	60~90
사용인원수 (인원수/개)	사무소	30~60	25~50	30~60	50~120	100~150	55~100
	은행	20~40	20~40	20~40	35~80	80~130	20~40
	병원	17~50	8~25	8~25	30~90	50~180	8~25

* 유효면적은 남자 : 여자의 비를 2 : 1로 본 것이며, 인원수는 남자 기준(여자는 이 값의 1/2로 산정)

예제 8-1

연면적 10,000 m^2인 사무소빌딩의 급수량을 구하여라. 단, 사무소의 위생기구 개당 수용인원은 다음 표와 같다.

[표 E8-1a]

대변기(남)	대변기(여)	소변기	세면기	세수기	청소용 싱크	사무실 싱크
45	22	37	45	80	125	80

풀이

- 인원수에 의한 산정
  - 급수대상인원([표 8-2] 참조) : $(0.2\ 인/m^2)(0.6)(10000\ m^2) = 1200$명
    재근자 1인당 외래자를 0.5인으로 보면 $(1+0.5)1200 = 1800$명
  - 1일 사용수량 : 외래자를 포함한 1인당 소요 수량을 80L로 보고 냉각탑 보급수량을 제외하면
    $Q_d = 80(1800) = 144000\,L/day = 144\,m^3/day$
  - 시간평균 급수량 : 1일 사용시간을 8시간이라고 하면
    $Q_h = Q_d/8 = 144/8 = 18\,m^3/h$
  - 시간 최대 급수량 : $Q_m = 2Q_h = 36\,m^3/h$
  - 순간 최대 급수량 : $Q_p = 3.5Q_h/60 = (3.5)18/60 = 1.05\,m^3/min = 1050\,L/min$
- 위생기구 수에 의한 산정
  남녀의 비율을 같게 볼 때 소요 위생기구의 수는 [표 E8-1b]와 같이 구할 수 있다.
  각 위생기구별 급수부하 단위수를 구하면 [표 E8-1c]와 같다.

[표 E8-1b] 위생기구 수

대변기(남)	대변기(여)	소변기	세면기	세수기	청소용 싱크	사무실 싱크
900/45 =20개	900/22 =41개	900/37 =24개	1800/45 =40개	1800/80 =23개	1800/125 =14개	1800/80 =23개

[표 E8-1c] 급수량 산정

	개수	급수부하 단위수			개수	급수부하 단위수	
		급수부하 단위수	계			급수부하 단위수	계
대변기	61	10	610	청소용 싱크	14	4	56
소변기	24	5	120	사무실 싱크	23	3	69
세면기	40	1	40	총계			918
세수기	23	1	23				

• [그림 8-7]에서 총 급수부하단위 918에 대하여 동시 사용유량은 800 L/min이다. 이 값은 인원수에 의하여 계산한 1580 L/min보다 작은 것을 알 수 있으며, 이것을 근거로 배관 지름을 결정한다. ■

2) 유속과 필요압력

급수관 내의 유속이 너무 빠르면 관 내면에 부식이 일어나고, 엘보와 같은 곡관부의 안쪽 부분에서는 부압이 발생하므로 물이 증발하여 공동현상을 일으킨다. 따라서 급수관 내의 유속은 통상 2 m/s 이하가 되도록 설계한다.

급수기구는 기능을 위한 최저 압력이 있으므로 급수압력은 그 이상이 되어야 한다. 그러나 급수압이 너무 높으면 물튀김과 소음이 발생하며, 수격현상이 발생하여 수전의 패킹이나 와셔 등에 손상이 가고 누수가 일어날 수 있다. 한편 가스 순간탕비기에서는 수압이 너무 낮으면 메인 버너가 착화되지 않을 수 있다. [표 8-6]은 기구의 최저 필요압력 및 최고압력을 나타낸다. 공동 주택이나 숙박시설에서는 소음발생을 고려하여 400 kPa을 넘지 않도록 한다.

급수를 위한 급수펌프의 양정은 저수조에서 급수기구까지의 정수두와 마찰손실수두에 급수기구의 최저 필요압력을 더한 값이다.

$$H = H_1 + H_2 + H_3 \tag{8.2}$$

여기서 H : 급수펌프의 필요양정　　H_1 : 최고층 급수기구까지의 정수두
H_2 : 마찰손실수두　　H_3 : 급수기구의 최저 필요압력

[표 8-6] 기구의 최저 필요압력

기구		최저 필요압력, kPa	최고 압력, kPa
일반 수전		100	500
대변기세정밸브	일반형	100	400
	블로아웃형	175	
소변기	벽걸이형, 벽걸이스톨형, 스톨형	100	–
샤워		100	
가스순간식 탕비기		100	
살수전		100	200

3) 급수방식

급수방식에는 수도 본관의 물을 직접 사용하는 수도직결 방식, 수돗물이나 우물물을 저수조에 저장한 후 급수하는 고가수조 방식 및 가압급수 방식이 있다. 또한 가압급수 방식은 압력탱크 방식과 펌프공급 방식으로 분류할 수 있다.

❶ 수도직결 방식

[그림 8-8]과 같이 수도 본관에서 급수 인입관을 연결하여 필요한 장소에 급수하는 방식으로 주택과 같은 중소규모 건물에서 사용한다. 양수펌프가 필요 없으므로 설비비가 싸고 정전 시에도 급수가 가능하다. 그러나 이 방식은 본관 수압에 의존하므로 급수 높이에 제한이 따르고 단수 시에는 급수가 불가능하다.

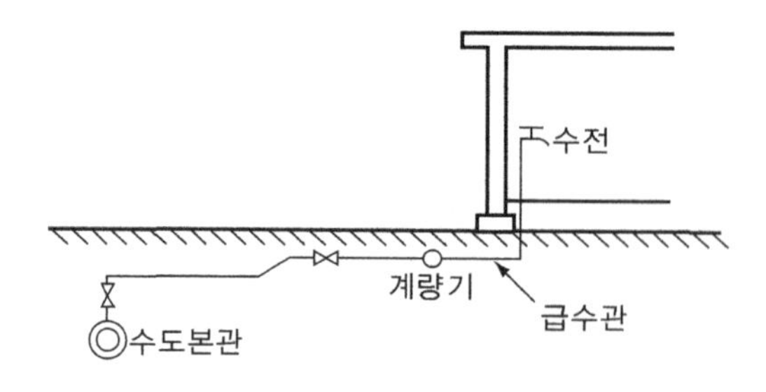

[그림 8-8] 수도직결 방식

본관 수압이 약할 때는 승압펌프를 사용할 수 있으나, 인근 건물에 상대적으로 수압을 떨어지게 하므로 이러한 승압방식은 원칙적으로 허용되지 않는다.

❷ 고가수조 방식

[그림 8-9]와 같이 양수펌프에 의하여 건물 옥상이나 높은 곳에 설치한 고가수조로 양수하고, 그 수위를 이용하여 중력식으로 하향 급수하는 방식이다. 급수펌프는 고가수조의 수위가 낮으면 기동되고 높으면 정지한다. 고가수조 방식에는 하향 급수관을 양수관과 별도로 하는 방법과 1개의 관으로 수위가 높을 때는 급수를 하고, 수위가 낮으면 양수와 급수를 겸하는 1관식이 있다.

고가수조의 바닥과 최상층의 급수기구까지의 높이는 급수기구의 최소 필요압력과 마찰손실수두를 합한 값 이상이 되어야 한다. 부저수조는 저수조에 의하여 수도본관의 수압이 낮아지지 않도록 지상에 설치한 저수량 1~3 m^3의 탱크이다.

고가수조방식은 일정한 급수압력을 유지하며 단수나 재해 시에 대응할 수 있는 장점이 있으나 저수조가 오염될 가능성이 있고 저수시간이 길면 수질저하가 일어날 수 있으며, 동파 위험과 설비비 및 경상비가 높은 단점이 있다. 또 수조의 하중이 문제될 수 있다.

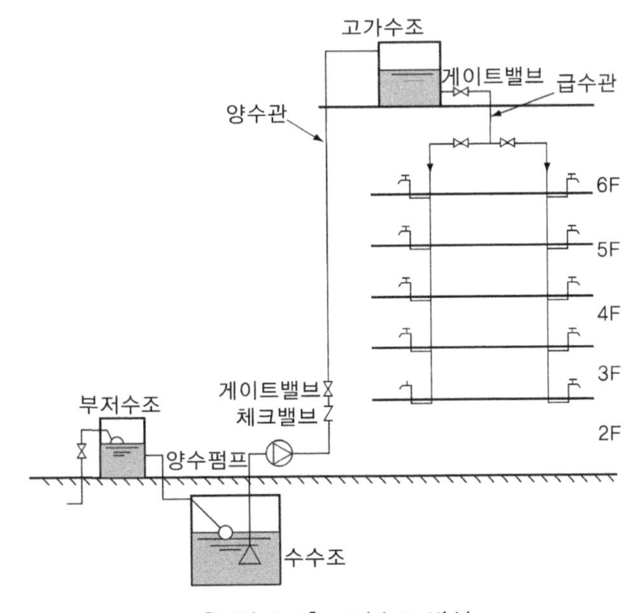

[그림 8-9] 고가수조 방식

❸ 압력탱크 방식

고가수조를 사용할 수 없거나 고압을 필요로 하는 경우에 부하변화에 대응하기 위하여 [그림 8-10]과 같이 압력탱크를 사용하여 급수하는 방식이다. 초기압력 P_0로 공기가 충전된 부피 V_0의 압력수조에 급수펌프로 물을 채우면 수위의 상승과 함께 압력도 상승한다. 허용 최고압력 P_2에 대응하는 고수위까지 물이 채워지면 급수펌프는 멈추고 압축된 물로 상향급수를 한다. 급수에 따라서 수위가 내려가면 압력도 내려가며, 급수기구의 최소 필요 압력 P_1에 대응하는 저수위까지 수위가 떨어지면 급수를 중단한다. 다시 급수펌프를 가동하여 고수위까지 물을 채우는 과정을 반복한다. 저수위에서 고수위까지 채울 수 있는 물의 양인 유효수량은 다음 식으로 구할 수 있다.

$$Q = \frac{P_2 - P_1}{(P_1 + 1\text{atm})(P_2 + 1\text{atm})}(P_0 + 1\text{atm})\,V_0 \tag{8.3}$$

여기서 Q : 유효수량　　V_0 : 수조의 부피
P_0 : 수조에 물을 채우기 전 압력　　P_1 : 급수가 가능한 수조의 최소 압력
P_2 : 수조의 허용 최대 압력

유효수량이 많으면 탱크의 용적이 커지게 되며, 너무 적으면 펌프의 기동과 정지가 빈번해져서 모터의 과열이나 워터해머 등의 원인이 된다. 따라서 유효수량은 펌프의 2~3분 정도의 토출량이 바람직하다.

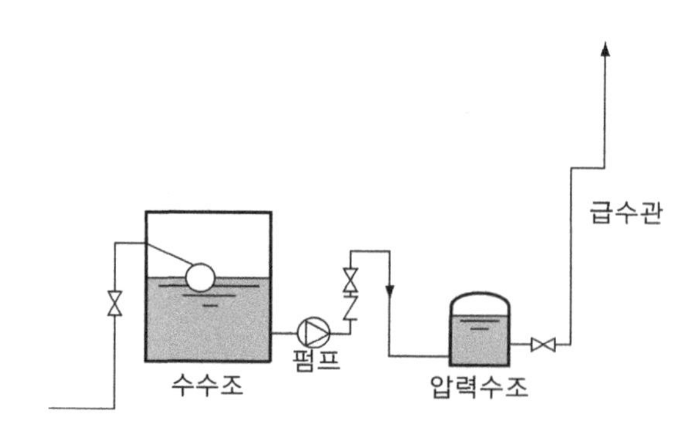

[그림 8-10] 압력탱크 방식

이 방식은 수조시설에 제약을 받지 않는 반면, 급수압력의 변화가 심하고 취급이 까다로우며 정전 시에 사용할 수 없는 단점이 있다. 압력 수조의 공기는 물에 흡수되므로 공기 보급장치가 필요하며 압축기를 사용하는 방식과 자동공기 보급 방식이 있다.

❹ 펌프직송 방식

급수 수요의 변화가 작은 경우에, 펌프를 계속 운전하면 압력탱크가 필요 없게 된다. 이와 같이 저수조의 물을 펌프만으로 직접 급수하는 방식을 펌프직송 방식이라고 하며, 탱크 없는 부스터(booster) 방식이라고도 한다.

수요변화에 대응한 제어를 통하여 급수압력을 일정하게 유지하는 것이 필요하다. 대수제어는 [그림 8-11]과 같이 일반적으로 2~3대의 펌프로 구성되며 비용이 저렴하나 대수에 따른 급수 압력의 편차가 100~200 kPa로 큰 편이다. 유량이 급속히 감소하면 높은 위치에 있는 급수관에 부압이 발생하여 기포발생에 의한 수주분리가 일어나고 역류 및 수격작용이 일어나게 되므로 그 대책이 필요하다. 회전수제어는 인버터제어기에 의하며 20 kPa 내의 작은 압력편차로 급수압력을 유지할 수 있으며, 수격작용이 없어서 안정적인 운전이 가능하고, 전력비도 절감된다.

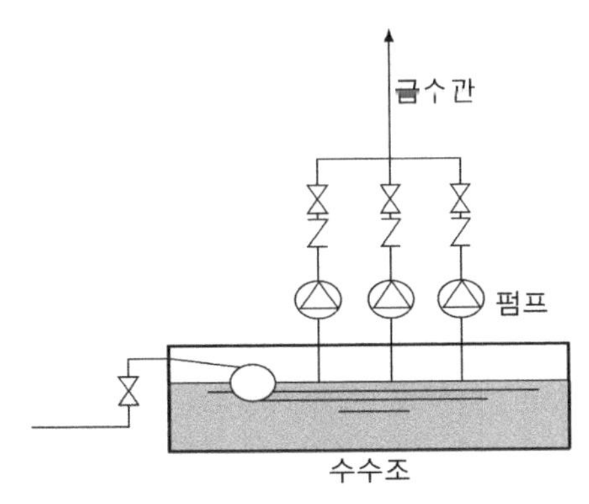

[그림 8-11] 탱크 없는 부스터 방식

❺ 고층건물의 급수방식

고층건물에 고가수조에 의한 단일 급수시스템을 적용하면 수조의 하중과 양수동력이 과대해지고 저층에서 급수압이 높아서 소음·진동, 워터해머 등이 심하게 발생할 수 있다.

따라서 [그림 8-12]와 같이 호텔이나 아파트에서는 30~40 m, 사무실 건물 등에서는 40~50 m를 넘지 않도록 급수 조닝을 나누어 중간 수조나 감압밸브 등을 설치하여 급수 압력을 조절한다. 급수조닝 방식에는 부스터 방식, 세퍼레이트(seperate) 방식, 스필백(spill back) 방식 등이 있으며, 감압밸브 방식에는 주관 감압방식, 층별 감압방식, 그룹 감압방식 등이 있다.

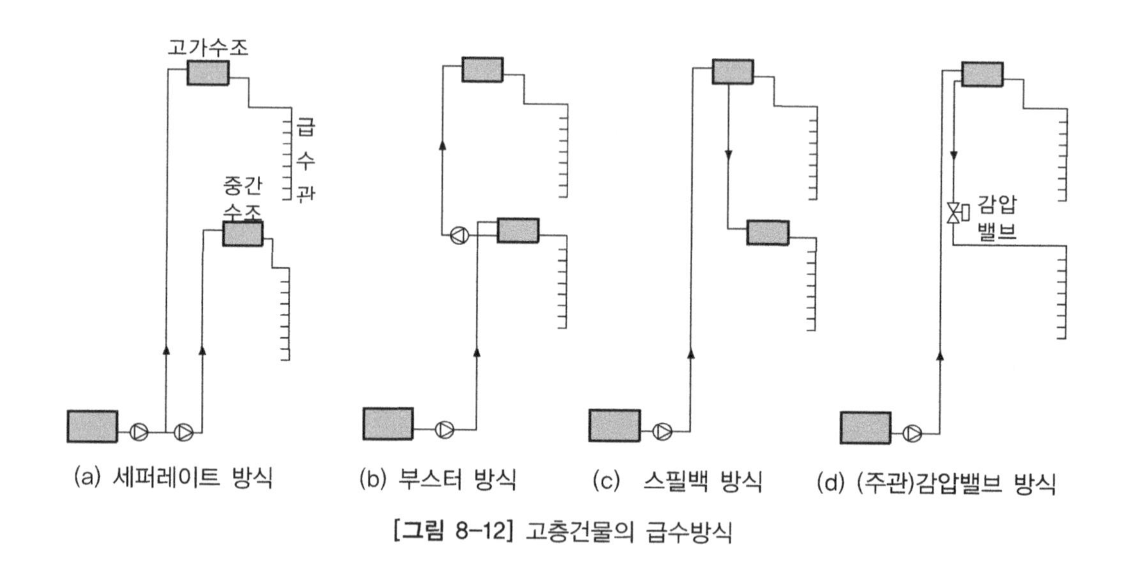

[그림 8-12] 고층건물의 급수방식

4) 급수배관 설계

급수배관에도 공조설비의 배관 설계 이론이 그대로 적용된다. 앞에서 구한 배관의 순간 최대유량과 배관의 단위길이당 허용마찰손실수두를 바탕으로 유량선도에서 관지름을 결정한다. 고가수조에 의한 급수의 경우 배관의 단위길이당 허용마찰손실수두는 다음과 같이 구할 수 있다.

$$R = \frac{H_1 - H_2}{l + l'} \tag{8.4}$$

여기서 R : 배관의 단위길이당 허용마찰손실수두
H_1 : 고가수조에서 기구까지의 높이
H_2 : 기구의 필요 최소압력에 해당하는 수두

l : 고가수조에서 가장 먼 기구까지의 배관거리

l' : 국부저항 상당길이(일반적으로 $l' = 0.2l \sim 0.3l$)

유량과 허용마찰손실수두가 주어지면 6장의 수배관 설계와 같이 배관재료에 따른 유량선도, 또는 식(6.1)에 의하여 관지름을 결정할 수 있으며, 침식을 막고 수격작용이 일어나지 않도록 유속은 2.0 m/s 이하로 되게 한다. 수평주관의 구배는 1/250로 하며 공기가 차는 곳에는 공기빼기밸브, 물이 고여서 빠지지 않는 곳에는 배수밸브를 설치한다. 또 급수기구와 접속관의 관지름은 가능한 한 같도록 하며 접속관의 지름이 더 작아서는 안 된다.

수격작용이 일어나지 않도록 배관에 공기실 또는 수격방지기를 설치하고, 펌프의 토출구 및 수직관에는 스모렌스키밸브의 설치 등으로 수격작용 및 수주분리(水柱分離)가 일어나지 않도록 한다.

배관이 벽이나 바닥을 관통할 때는 관의 신축과 수리 및 교체를 고려하여 슬리브를 넣고 관이 그 속을 관통하게 한다. 그밖에 관의 동파, 관벽 결로 및 부식이 일어나지 않도록 펠트, 마그네시아(magnesia) 등으로 보온 피복한다.

5) 펌프와 탱크의 용량

❶ 급수 가압펌프의 용량

펌프의 양정은

$$H \geq H_1 + H_2 + \frac{v^2}{2g} \tag{8.5}$$

여기서 H : 급수가압펌프의 양정

H_1 : 급수가압펌프의 흡입수면으로부터 송수관 토출구까지의 높이

H_2 : 풋밸브에서 송수관 토출구까지의 손실수두

$v^2/2g$: 토출구에서의 속도수두

일반적으로 토수구에서 속도수두는 미미하므로 생략할 수 있다.

펌프의 동력은

$$L_w = \frac{\rho g Q H}{60} = 0.163\,QH \tag{8.6a}$$

$$L = \frac{L_w}{E_p} = \frac{0.163\,QH}{E_p} \tag{8.6b}$$

$$L_m = \frac{L(1+\alpha)}{E_t} = \frac{0.163\,QH(1+\alpha)}{E_p E_t} \tag{8.6c}$$

이상의 각 식에서

L_w, L, L_m : 펌프의 수동력, 축동력 및 모터동력, kW

ρg : 물의 밀도×중력가속도, 980 kg/(ms)^2

Q : 펌프의 토출량, m^3/min

H : 펌프의 전 양정, m

E_t, E_p : 동력전달 효율(모터 직결식인 경우 1) 및 펌프 효율

α : 여유율(모터사용 시 0.1~0.2, 엔진사용 시 0.2~0.25)

❷ 저수탱크의 용량 V_s

1일 사용 수량을 저장할 용량으로

$$V_s \geq Q_d - Q_s T \tag{8.7}$$

여기서 V_s : 저수탱크의 유효용량

Q_d : 1일 사용수량

Q_s : 수도 인입관 등 수원으로부터의 시간당 급수 능력

T : 1일 평균 사용시간

❸ 고가탱크의 용량 V_E

최소 저수량에서 급수가압(양수)펌프의 가동 시 최소 급수량을 더한 것이다. [그림 8-13]과 같이 펌프가 기동될 때의 유량이 최소 저수량이고, 펌프가 정지할 때의 유량이 최대 저수량이므로 저수조의 용량은 최대 저수량보다 크게 한다.

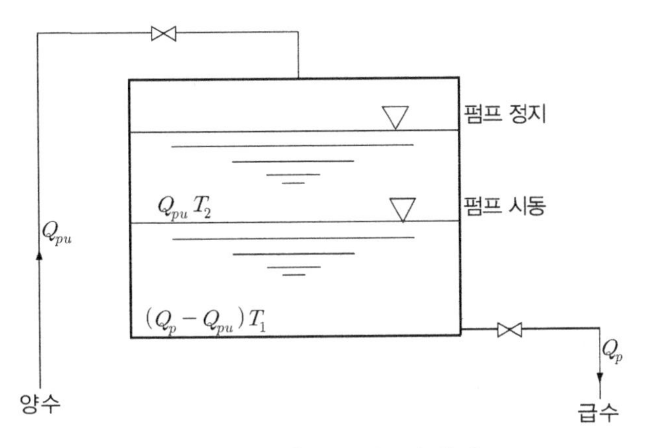

[그림 8-13] 고가탱크의 용량

$$V_E \geq (Q_p - Q_{pu})T_1 + Q_{pu}T_2 \tag{8.8}$$

여기서 V_E : 고가탱크의 용량
Q_p : 순간 최대 급수량
Q_{pu} : 급수가압(양수)펌프의 토출량
T_1 : 순간 최대 예상급수량이 지속되는 시간
T_2 : 급수가압(양수)펌프의 최단 운전시간

예제 8-2

[그림 8-9]과 같은 고가수조 급수방식에서 고가수조에서 3층까지의 급수주관의 관지름을 구하여라. 또한 저수조 및 고가수조의 체적과 양수펌프의 용량을 구하여라. 단, 각 층은 사무실로서 주어진 자료는 다음과 같다.

① 전체에 필요한 급수량은 7110 L/h, 총 급수부하단위는 500이다.
② 3층 기구에서 고가수조 바닥까지의 높이는 13 m
③ 고가수조에서 3층의 가장 먼 수전까지의 거리는 15 m
④ 국부마찰 상당길이는 실배관거리의 30%
⑤ 급수가압펌프의 실양정은 35 m, 양수관의 총 마찰손실수두는 10 mAq
⑥ 급수가압펌프의 토출량은 순간 최대 급수량과 같으며 최소 가동시간은 10 min
⑦ 상수도관으로부터 유량은 100 L/min

풀이

하루 근무시간을 8시간으로 잡으면 일일 급수량은

$$Q_d = 7110 \times 8/1000 = 57\,\mathrm{m^3/d} \qquad (1)$$

[그림 8-7]에서 총 급수부하 단위 WSFU = 500에 대하여 동시사용유량은 530 L/min (세정탱크로 가정)이다.
따라서 순간 최대 급수량은

$$Q_p = 530\,\mathrm{L/min} = 32\,\mathrm{m^3/h} \qquad (2)$$

급수가압펌프의 토출량은 순간 최대 급수량과 같으므로 $Q_{pu} = Q_p$
식 (8.4)에 $H_1 = 13\,\mathrm{mAq}$(자료②), $H_2 = 10\,\mathrm{mAq}$ ([표8-6]), $l \equiv 15\,\mathrm{m}$, $l' = 0.3l = 0.3 \times 15 = 4.5\,\mathrm{m}$를 대입하여 급수주관의 허용마찰손실수두는

$$R = (H_1 - H_2)/(l + l') = (13 - 10)/(15 + 4.5) = 0.154\,\mathrm{mAq/m} = 154\,\mathrm{mmAq/m} \qquad (3)$$

식 (2)의 유량 530 L/min, 식 (3)의 손실수두 154 mmAq/m로부터 [그림 6-2]의 유량선도에서 관지름 DN 65와 유속 2.5 m/s를 얻는다. 그러나 유속이 2.0 m/s를 초과하므로 한 치수 더 큰 DN 80 으로 하면 유속은 1.7 m/s가 된다. 따라서 급수주관의 관지름은 80 mm, 유속은 1.7 m/s이다.
저수탱크의 용량은 식 (8.7)에서 구할 수 있다.
식 (1)의 $Q_d = 57\,\mathrm{m^3/h}$, 주어진 자료 ⑦의 $Q_s = 100\,\mathrm{L/min} = 6\,\mathrm{m^3/h}$, 근무시간 $T = 8\mathrm{h}$을 사용하면 $V_s \geq Q_d - Q_s T = 57 - 48 = 9\,\mathrm{m^2}$이다. 따라서 10 $\mathrm{m^3}$면 충분하다.
식 (8.8)의 $Q_d = Q_{pu} = 32\,\mathrm{m^3/h}$, 주어진 자료 ⑥의 $T_2 = 10\,\mathrm{min}$을 대입하면
$V_E \geq (Q_d - Q_{pu})T_1 + Q_{pu}T_2 = 0 + 3210/60 = 5.3\,\mathrm{m^3}$이다. 따라서 고가수조의 체적 $V_E = 6\,\mathrm{m^3}$이다.
양수펌프의 토출 유량 $Q_{pu} = 32\,\mathrm{m^3/h}$, 토출속도는 [표 6-4]에서 3.3 m/s로 선정(하루 8h=연간 3000h 가정), 양정은 ⑤에서 실양정 35 m, 마찰손실수두 10 mAq를 식 (8.5)에 대입하여 $H = 35 + 10 + 0.6 = 46\,\mathrm{m}$. ■

6) 급수관의 재질

급수관용 배관재는 과거에는 아연도강관이 많이 사용되었으나, 내식성이 약하기 때문에 지금은 스테인리스관이 널리 사용되며, PVC관과 같은 플라스틱 계통의 관도 많이 사용되는 추세다. 수도용 주철관은 내식성이 강하고 강도가 좋아 주로 상수도 본관이나 매설용으로 사용된다. 연관(lead pipe)은 로마시대부터 근대 이전까지 급·배수설비를 plumbing이라고 할 정도로 가장 많이 사용하였으나 충격에 약하고 고가이기 때문에 지금은 거의 사용하지 않는다.

8-5 급탕설비

급탕설비란 급탕수(給湯水)를 공급하는 설비로서 사용온도는 40~60℃이지만 공급 온도는 55~60℃로 하며, 흔히 70~80℃의 온수에 찬물을 섞어서 사용한다. 수온이 60℃ 이상이 되면 수중의 용존산소가 분리되어 철재를 산화하여 부식을 일으키며, 전식(電蝕)속도도 증가된다. 따라서 수온이 너무 높지 않게 공급하고 배관재는 스테인리스관, 동관, PVC관 등을 사용하는 것이 바람직하다. 유아나 심신장애자가 사용하는 급탕의 경우 공급온도를 45℃ 정도로 낮게 유지하는 경우도 있으나 순환식 급탕설비에서 온도가 55℃이하가 되면 레지오넬라균의 서식 위험이 있다.

급탕설비를 구성하는 기기에는 저탕탱크, 보일러, 팽창탱크, 온수 및 증기헤더, 열교환기 등으로 구성된다. 급탕용 보일러로서 중소규모에는 주철재 보일러, 중대규모에는 노통연관 보일러, 고압증기를 필요로 하는 병원, 호텔 및 지역난방용으로는 수관보일러를 사용한다. 또한 응답이 빠른 소형 관류보일러도 널리 사용된다. 급탕설비의 수온은 변화가 심하므로 충분한 용량의 팽창탱크를 설치해야 하며 [그림 8-14]는 일반적인 급탕설비의 구성을 보여준다.

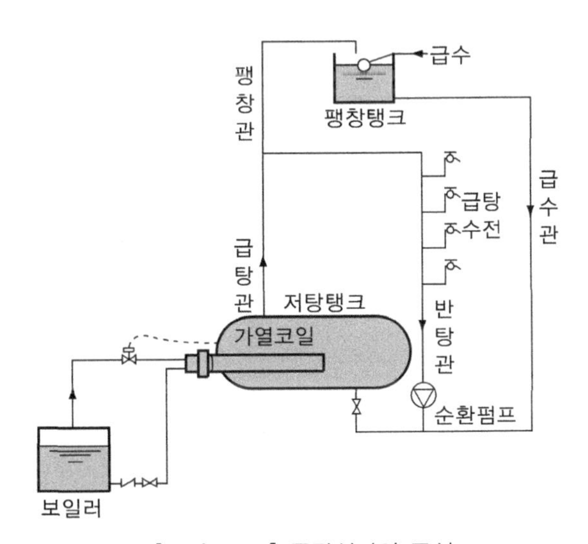

[그림 8-14] 급탕설비의 구성

1) 가열 방식

급탕수의 가열 방식에는 보일러로 직접 가열하는 방식과 고온수나 스팀을 물과 열교환하는 간접가열 방식이 있다. [그림 8-14]는 저탕조를 갖는 간접가열 방식이며, [그림 8-15(a)]는 직접가열 방식이다.

직접가열 방식은 보일러수의 급수관리가 안 되므로 관석이 발생하여 전열성능이 저하되고 보일러의 수명이 짧아진다. 또 급탕정수두가 보일러에 작용하므로 고층건물의 경우 주철재 보일러와 같은 저압용 보일러를 사용하기 어렵다.

지역난방을 이용한 급탕 방식도 간접가열 방식이라고 할 수 있다. 95~115℃의 중온수를 건물의 기계실에서 공급받아 열교환기에 의하여 적정온도의 온수를 만든 후 급탕한다.

2) 급탕 방식

급탕방식은 급탕의 종류와 사용목적 및 급탕량에 따라 다양한 방식이 있으며, 국소식과 중앙식으로 크게 나눌 수 있다. 기타 방식으로는 태양열 및 지역난방을 이용한 방식이 있다.

❶ 국소급탕

국소급탕방식은 한정된 공간의 독립된 급탕을 위한 설비로 순간식, 저탕식 및 기수(氣水)혼합식으로 나눌 수 있다. 순간식은 순간온수기에 의한 방식으로 전기나 가스연료를 사용하며, 시설비와 유지비가 저렴하여 소량의 온수를 필요로 하는 경우에 적합하다. 저탕식은 저탕탱크를 구비한 방식으로 욕조나 샤워 등 특정시간에 다량의 온수를 필요로 하는 경우에 사용하며, 열손실로 에너지가 낭비되지 않도록 필요한 만큼만 저장한다. 기수혼합방식은 스팀을 물과 직접 혼합하여 온수를 생산하며, 공장이나 병원 등에서 사용하나 소음이 크다.

❷ 중앙급탕

큰 건물에 적합한 방식으로 기기를 건물의 중앙에 집중배치하는 방식과 필요한 장소에 분산배치하는 방식이 있다. 중앙식은 동시 사용률을 고려하여 용량을 최소화할 수 있고 유지관리비가 저렴한 장점이 있으나, 시설비가 크고 배관에 의한 열손실이 많으며 시설변경이 어렵다는 단점이 있다.

3) 급탕배관 방식

급탕배관 방식에는 [그림 8-15]와 같이 단관식과 순환식이 있다. 단관식은 1관식이라고도 하며, 배관의 끝이 수전의 끝과 같게 되는 배관방식이다. 순환식은 2관식이라고도 하며, 저탕탱크를 중심으로 탕물이 계속 순환하는 방식이다. 급탕수 수전을 열면 처음에 찬물이 나와서 불편한 경우가 있는데 배관 내에 머물러 있던 식은 물이 나오기 때문이다. 순환식에서는 이러한 불편을 크게 완화할 수 있으므로 급탕수전이 저탕탱크에서 15 m 이상 떨어진 경우에는 순환식이 바람직하다.

급탕배관에는 상향급탕과 하향급탕 방식이 있는데, 상향급탕의 경우는 최상부에 수압이 떨어져 공기가 분리되면 배관 부식이 일어날 수 있다. [그림 8-14]는 하향식, [그림 8-15]는 상향식에 속한다.

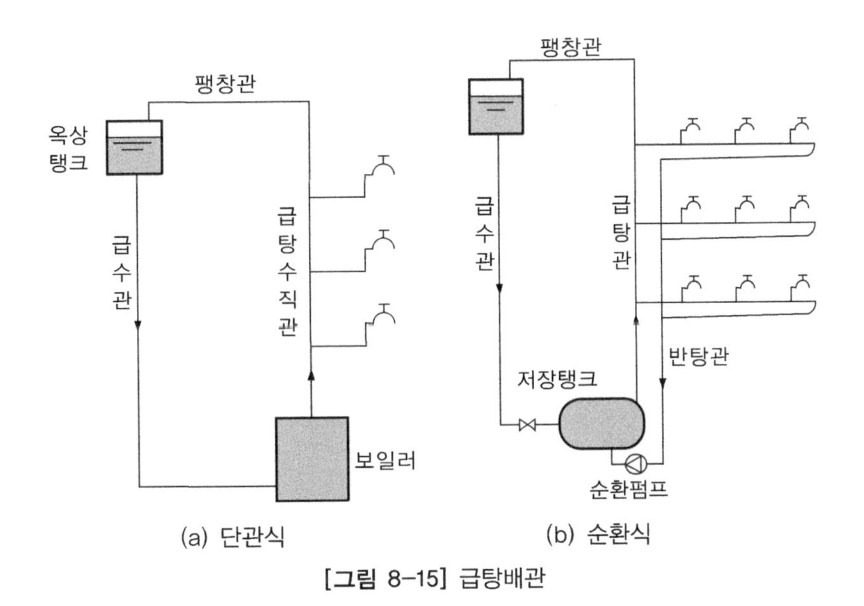

[그림 8-15] 급탕배관

4) 급탕량 산정

급탕량의 산정은 급수량과 같이 인원수에 의한 방법과 기구수에 의한 방법이 있으나 인원수에 의한 방법이 주로 사용된다. [표 8-7]은 건물의 종류별 급탕량 관련 자료이다.

[표 8-7] 건물의 급탕량(급탕온도 60℃)

건물	1일 1인당 급탕량, q_d, L/d	1일 사용량에 대한 시간당 최대치 비율, q_h	피크로드의 지속시간, h	1일 사용량에 대한 저탕 비율, v	1일 사용량에 대한 가열능력 비율, r
주택, 아파트, 호텔 등	75~150	1/7	4	1/5	1/7
사무실	7.5~11.5	1/5	2	1/5	1/6
공장	20	1/3	1	2/5	1/8
음식점	–	–	–	1/10	1/10
음식점(1일 3식)	–	1/10	8	1/5	1/10
음식점(1일 1식)	–	1/5	2	2/5	1/6

(주) 1. 고급호텔은 피크로드는 낮지만 1일 사용량은 많고 일반호텔은 피크로드는 높으나 1일 사용량은 적다.
2. 주택이나 아파트에서 식기세척기 1대마다 60 L, 세탁기 1대마다 150 L를 더한다.

건물의 1일 최대 급탕량 및 1시간 최대 급탕량은

$$Q_d = Nq_d \tag{8.9a}$$

$$Q_h = Q_d q_h \tag{8.9b}$$

여기서 Q_d : 1일 최대 급탕량, L/d　　Q_h : 1시간 최대 급탕량, L/h
N : 급탕대상 인원수　　q_d, q_h : [표 8-7]

저탕 용량 및 가열기 능력은

$$V = Q_d v \tag{8.10a}$$

$$H = 1.163 Q_d r (t_h - t_c) \tag{8.10b}$$

여기서 V : 저탕 용량, L　　H : 가열기 능력, W
v, r : [표 8-7]　　t_h, t_c : 급탕 및 급수 온도(표준온도: $t_h = 60$℃, $t_c = 5$℃)

5) 급탕관 지름의 산정

급탕관 지름은 급탕부하 단위를 바탕으로 산정한다. 기구별 급탕부하 단위는 [표 8-8]과 같다.

[표 8-8] 건물별, 기구별 급탕부하 단위(급탕온도 60℃)

	집합주택	사무소	호텔 기숙사	병원	공장	학교	체육관
개인세면기	0.75	0.75	0.75	0.75	0.75	0.75	0.75
일반세면기	–	1.0	1.0	1.0	1.0	1.0	1.0
양식욕조	1.5	–	1.5	1.5	–	–	–
샤워	1.5	–	1.5	1.5	3.5	1.5	1.5
부엌싱크	0.75	–	1.5	3.0	3.0	0.75	–
급식싱크	–	2.5	2.5	2.5	–	2.5	–
청소싱크	1.5	2.5	2.5	2.5	2.5	2.5	–
물리치료욕조	–	–	–	5.0	–	–	–

(주) 체육관이나 공장 교대 시의 샤워가 주목적인 경우는 동시 사용률을 100%로 설계

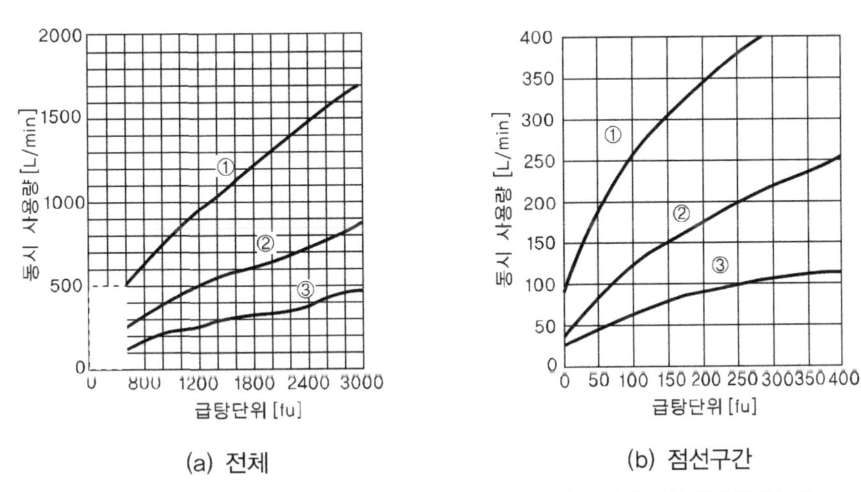

(a) 전체 (b) 점선구간

① 식당, ② 병원(사립병원, 간호사 기숙사), 아파트, 숙박시설 ③ 관공서, 학교

[그림 8-16] 급탕부하 단위와 동시 사용유량

총 급탕부하단위로부터 동시 사용 급탕유량은 [그림 8-16]에서 구한다. 또는 시간최대 급탕량 Q_h의 1.5~2배로 구할 수도 있다.

급탕유량을 바탕으로 자연순환력 또는 순환펌프의 양정이 주어지면 일반적인 배관과 같이 유량선도를 사용하여 배관지름을 산정할 수 있다.

순환식 급탕배관의 경우 순환펌프의 양정이 4~6 m 범위에 있도록 관지름을 정한다. 일반적으로 급탕주관의 관지름은 최소 20 mm 이상, 급탕분기관 및 반탕관은 15 mm 이상

으로 하고, 반탕관에는 역류를 방지하기 위한 체크밸브를 부착한다. 반탕관의 관경은 급탕관 관경의 1/2 정도로 하되 유속은 부식을 고려하여 1.5 m/s를 초과하지 않도록 한다.

배관은 신축이음을 하며 적정 용량의 팽창탱크를 설치해야 한다. 또 공기가 고일 우려가 있는 곳에는 공기빼기밸브를 달아야 한다. 배관 내에서 발생한 공기의 배출이 쉽고 온수의 순환이 원활하게 되도록 배관구배는 중력 순환식의 경우 1/150 이상, 강제 순환식의 경우 1/200 이상으로 한다.

예제 8-3

300세대의 집합주택에 대한 중앙식 급탕설비를 위한 급탕용량과 동시사용 급탕유량을 산정하여라. 단, 세대 평균 거주인원수는 3인이고 각 세대에는 세면기, 양식욕조, 샤워, 부엌싱크가 1개씩 있으며, 급수온도는 5℃, 급탕온도는 60℃이다.

풀이

급탕 대상인원 : 300×3 = 900명

식 (8.9)에서 일일 최대 급탕량은 $Q_d = Nq_d = 900 \times 150 = 135000\,\mathrm{L/d}$

시간 최대 급탕량은 $Q_h = Q_d q_h = 135000 \times 1/7 = 19300\,\mathrm{L/h}\,(=322\mathrm{L/min})$

식 (8.10)에서 저탕용량은 $V = Q_d v = 135000 \times 1/5 = 27000\,\mathrm{L}$

가열기 능력은 $H = 1.163 Q_d r(t_h - t_c) = 1.163 \times 19300 \times 1/7(60-5) = 176000\,\mathrm{W} = 176\,\mathrm{kW}$

[표 8-8]에서 각 기구의 급탕부하 단위로부터

각 세대당 급수부하단위 WSFU = 0.75(세면기)+1.5(양식욕조)+1.5(샤워)+0.75(부엌싱크) = 4.5단위

따라서 총 급탕부하 단위는 4.5×300 = 1350.

[그림 8-16]에서 동시사용 급탕유량은 520 L/min로서 시간 최대급탕량의 1.5~2배와 거의 일치함을 알 수 있다(p.293 참조). ■

6) 급탕설비에서 에너지 절약

급탕설비는 물과 함께 에너지를 사용하는 설비이며 주요 에너지소비원이 된다. 에너지 절약 방안으로는 사용 수량의 감소, 적정 급탕온도와 경제적인 보온두께 적용 및 폐열, 태양열, 지열 이용 등을 들 수 있다. 절수를 위해서는 절수설비의 사용, 정유량 밸브의 사용, 적정수압에 의한 공급, 급수와 급탕 수도꼭지를 결합한 혼합수전 설치 등이 있다.

재생에너지로 태양열이 급탕에 가장 널리 활용되는 이유는 난방에 비하여 수요가 연간

안정되어 있으며 급탕용수 자체가 축열매체가 되기 때문이다. 설비가 비교적 단순하고 초기 설비비가 적게 들며 회수에 유리하다.

8-6 배수설비

배수에는 옥내 배수인 오수와 잡배수, 옥외 배수인 우수가 있다. 일반적으로 옥내 배수는 위생기구에서 트랩, 기구배수관, 배수수평지관(배수횡지관), 배수수직주관, 배수수평주관을 거쳐 옥외의 공공 하수도로 방류된다.

배수관은 급수관과 달리 악취나 벌레 등이 실내로 침입하여 비위생적인 환경을 만들 위험이 있다. 이러한 침입을 막기 위한 물이 봉수이며 봉수를 유지시키는 기구가 트랩이다. 봉수가 사이펀 작용으로 빨려 들어가거나 압력으로 밀려나와 파괴되는 일이 없도록 하는 장치가 통기관이다.

1) 트랩

트랩의 기능은 봉수유지와 자정작용 또는 청소의 용이성 등을 필요로 한다. 트랩의 종류에는 [그림 8-17]과 같이 S트랩, P트랩, U트랩과 같은 관트랩과 드럼(drum)트랩, 벨(bell)트랩 등이 있다.

관트랩은 사이펀식 트랩이라고도 하며 사이펀 작용에 의한 배수작용과 배수 중의 오물을 동시에 배출시키는 자정(自淨)작용이 있다. 그러나 사이펀 작용은 봉수를 파괴할 수 있으므로 S트랩과 같은 관트랩은 제한적으로 사용되고 주로 P트랩이 사용된다. U트랩은 배수 수평관의 도중에 설치하는 것으로서, 우수관과 부지배수관 사이 등에 설치한다. 드럼트랩은 싱크대 배수트랩으로 사용하며, 벨트랩은 바닥배수에 사용한다. 드럼트랩이나 벨트랩은 자정작용이 없기 때문에 침전물이 고이기 쉬우므로 점검이나 청소가 쉬워야 한다. 벨트랩은 아파트 등에서 널리 사용하나 자정작용이 전혀 없고 벨을 제거하면 트랩의 기능을 상실하므로 사용하지 않는 편이 좋다. 또한 트랩은 2중으로 되지 않도록 한다. 2중 트랩이 되면 그 사이의 공기가 압력변동을 일으켜 정상적인 배수의 흐름을 방해할 수 있다.

트랩의 봉수는 파괴에 대비한 최소 잔류 깊이가 필요하며 너무 깊으면 자정작용이 어렵기 때문에 통상 50mm 이상 100mm 이하의 깊이를 유지할 수 있어야 한다. 트랩은 봉수를 항상 유지하고 있어야 하지만 다음과 같은 이유로 파괴될 수 있다.

① 자기사이펀작용 : 배수가 트랩 내를 만수 상태로 흐를 때 봉수가 배수관 쪽으로 흡인되는 현상으로서, S트랩의 유출측이 길이가 긴 수직배관에 연결되어 있는 경우에 일어나기 쉽다.
② 흡인작용 : 수직관에 다량의 물이 낙하하면 수평관의 연결부에 부압이 발생하여 봉수가 흡인되는 현상이다.
③ 분출작용 : 배수수평지관 또는 수직관 내에 다량의 물이 흘러내릴 때 일시적으로 정압이 작용하여 봉수를 실내 쪽으로 역류시키는 현상이다.
④ 모세관현상 : P 또는 S트랩에서 발생할 수 있는 현상으로서 봉수부와 기구배수관 사이에 머리카락 같은 것이 끼어 모세관 현상으로 봉수가 없어지는 현상을 말한다.
⑤ 증발작용 : 트랩을 장시간 사용하지 않거나 온도가 높으면 봉수가 증발하여 파괴될 수 있다. 2~3개월 이상 사용을 안 할 때는 파라핀유를 채워 봉수 역할과 동결방지를 겸하는 경우가 있다.
⑥ 관성에 의한 배출 : 배수속도가 비정상적으로 빠르면 그 관성으로 봉수가 배출될 수 있다.
⑦ 진동 및 바람: 진동이나 바람에 의여 압력변동이 발생하여 봉수가 빠져나갈 수 있으며 특히 공진이 원인이 될 수 있다.

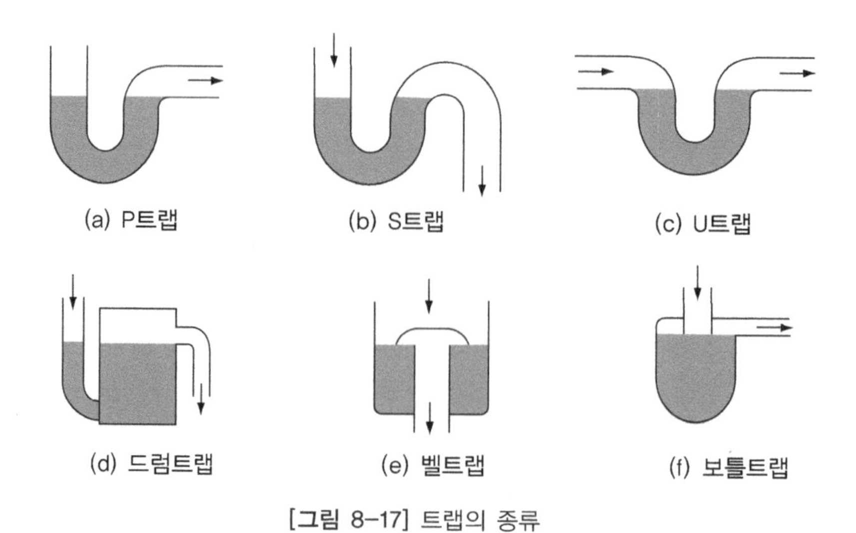

[그림 8-17] 트랩의 종류

2) 포집기(捕集器)

모래, 진흙, 모발, 가솔린 등과 같은 배수 중에 혼입된 유해물질이나 불순물을 분리하여 제거하거나 재활용하기 위한 기기로 대부분 트랩의 기능을 겸하기 때문에 특수트랩이라고도 한다.

3) 배수관 내의 유동

배수관 내의 흐름은 공기, 오물 및 분무가 혼재한 유동이며 불규칙적이기 때문에 이론적인 접근이 매우 어렵다([그림 8-18] 참조). 배수는 기구배수구에서 트랩을 거쳐 기구배수관, 배수수평지관, 배수수직주관, 배수수평주관의 순으로 막힘없이 역류하지 않고 원활히 흘러가야 한다.

수평지관에서 순간적으로 배수량이 많을 때 유수면이 도약(跳躍)을 일으켜서 단면을 완전히 차단하는 부분적인 만수상태로 될 수 있다. 단면을 차단한 물은 피스톤 작용으로 공기를 압축 또는 팽창시킨다.

수직관에서의 유동은 유량에 따라 다르다. 유량이 매우 적은 경우 배수는 관벽에 부착하여 흘러내린다. 그러나 유량이 늘어나면서 수면은 교란되어 단면을 가로지르는 막상(膜狀)으로 되며, 더 증가하면 입관 내를 폐쇄하는 슬러그(slug)를 형성한다. 이 수막과 슬러그의 형성은 배수의 유입구로부터 1 m 내외의 거리에서 나타난다. 슬러그는 피스톤 작용으로 공기를 압축하며, 압축된 공기는 슬러그를 파괴하여 물방울을 만든다.

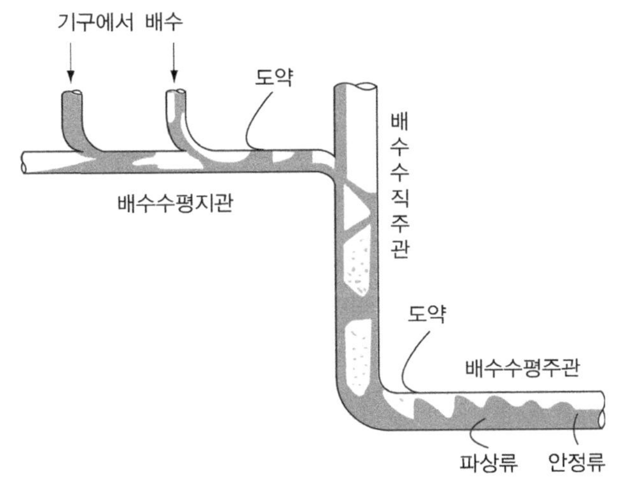

[그림 8-18] 배수의 유동

수직관에서 물은 중력에 의하여 가속되나 벽의 마찰과 공기의 저항이 증가하여 중력과 같아지면 5~12 m/s 정도의 일정한 속도인 종국(終局)속도에 도달한다. 이 상태에 도달하는 낙하거리를 종국장(終局長)이라고 하며, 이 길이가 1층 높이 정도에 불과하므로 고층건물에서 수직관의 오프셋(off-set)은 전혀 필요치 않다.

배수가 수직주관에서 수평주관으로 유입되면 방향변화와 갑작스런 유속의 감소로 관지름의 10배 이내의 하류에서 유수면 도약(hydraulic jump)이 일어나며, 부분적인 만수상태를 만들 수 있다. 도약에 의한 수면의 교란은 파상류를 거쳐 20 m 이상 하류로 가야 안정된 유동이 된다. 수평주관의 관지름이 수직관의 지름보다 크거나 구배가 크면 유수면 도약은 발생하지 않는다.

공기는 물과 함께 유동하므로 배수수직관의 상류에서는 공기의 속도가 빨라서 압력이 부압으로 되며 하류에서는 공기가 배출되지 못하고 압축되어 정압으로 된다. 특히 배수수직주관 하부에서는 압력이 매우 높게 된다. 또 배수 수평관에서는 부분적인 만수상태에 의한 물의 피스톤 운동은 공기를 압축 또는 팽창시킨다. 이러한 배수관 내부의 공기압력의 변화는 분출작용 및 유인작용을 일으켜 인근 트랩의 봉수를 파괴할 수 있다. 따라서 ±25 mmAq 이상으로 공기압력의 변화가 심한 부위에는 통기관을 설치하여 압력변화를 흡수해야 한다.

또 세제(洗劑)는 배수에 거품을 일으켜 배수흐름에 영향을 미칠 수 있으며, 압력이 높은 배수수직주관 하부에서 생긴 거품은 2, 3층 위의 배수구까지 역류할 수 있다. 따라서 배수수평주관에 가까운 저층에는 도피통기관을 설치하여 거품압력을 도피시키거나 역류 위험이 있는 기구는 별도의 배수계통으로 한다.

4) 배수관 설계

배수시스템은 배수관, 트랩 및 통기관으로 이루어진다. 배관 방식은 오수와 잡배수 계통을 합류시켜 배수하는 합류배수방식(또는 단일배관방식)과 분리하여 방류하는 분류배수방식(또는 2배관 방식)으로 나눌 수 있다. 분류배수 방식은 오수만 정화조에서 정화한 후 방류하는 방식이며, 합류배수 방식은 지역 하수처리장이나 단지 내의 병용처리장에서 합류상태로 처리하는 경우에 적용한다.

옥내 배수를 옥외 배수설비를 거쳐 하수관으로 배수하는 방법에는 중력만 이용한 중력배수 방식과 최하층 피트(pit)에 배수를 모아 오수펌프를 이용하여 배출하는 기계배수 방식이 있다. 보건위생을 특별히 강조하는 환경에서는 배수의 역류나 증발에 의한 오염을 막기 위해 잡배수를 배수관에 직접 연결하지 않고 [그림 8-19]와 같이 적절한 배수공간을 두고 수수(收水) 배수용기에 받은 후에 배수하는 간접배수 방식을 선택한다.

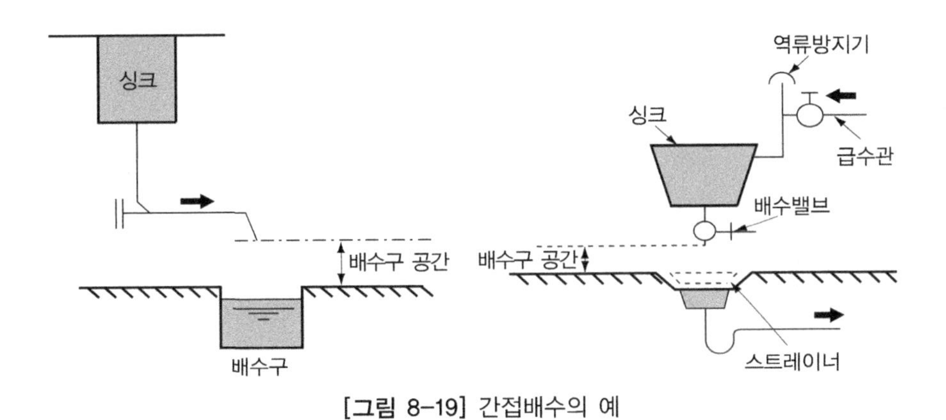

[그림 8-19] 간접배수의 예

❶ 수평배수관의 유속

수평배수관 내에서는 오물이 배수에 뜬 상태로 운반되기 때문에 배수의 유속과 수심은 매우 중요하며, 배관의 관지름과 구배가 이를 결정한다. 유속이 느리면 수심이 깊어지고, 유속이 빠르면 얕아진다. 오물을 미는 힘은 오물이 물에 잠기는 전면적과 유속에 의한 동압에 비례한다. 따라서 오물이 물과 함께 흐르기 위한 유속은 평균 1.2 m/s 전후이며 최소 0.6 m/s 이상, 최대 2.4 m/s를 넘지 않아야 한다. 관지름이 너무 크면 수심이 얕아져서 오물은 흐르지 못하고 관벽에 퇴적된다. 또 관지름이 너무 작으면 유속이 느린 압송만류(押送滿流)가 되어 배수능력이 저하될 뿐 아니라 부분적으로 공기를 폐쇄시켜 봉수를 파괴할 위험이 있다.

한편 [그림 8-20]과 같이 수평배수관의 경사가 너무 크면 유속은 빠르나 수심이 얕아져서 오물이 흐르지 않고, 반대로 너무 경사가 완만하면 수심은 깊으나 유속이 낮아져서 오물이 흐르지 못한다. [표 8-9]는 유속이 0.6 m/s를 넘기 위한 배수수평관의 최소 구배를 나타낸 것이다.

[표 8-9] 수평배수관의 최소 구배

관지름, DN	50	100	150	200	250	300
최소 구배	1/75	1/100	1/200	1/200	1/200	1/200

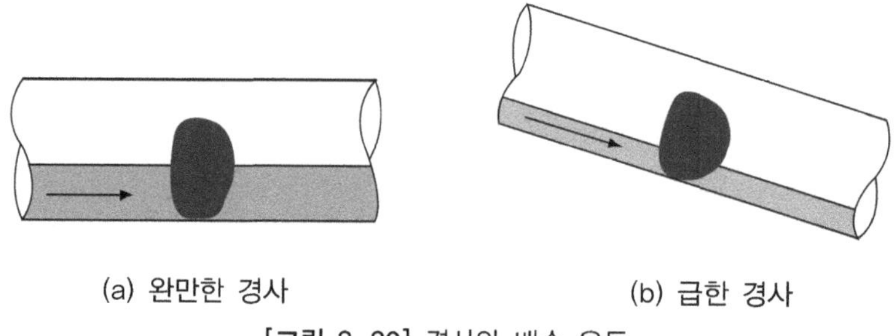

(a) 완만한 경사 (b) 급한 경사

[그림 8-20] 경사와 배수 유동

❷ 배수관의 관지름

급수관의 경우와 같이 배수관의 관지름도 최대 유량을 기준으로 설계한다. 배수흐름에 따른 트랩, 기구배수관, 배수수평지관, 배수수직주관, 배수수평주관의 순으로 관지름은 축소되지 않도록 하며, 수평관은 수심이 관지름의 1/2 또는 최대 2/3를 넘지 않도록 한다. 관지름의 산정에는 급수의 경우와 같이 기구배수부하단위(DFU; drain fixture unit)를 사용하지만, 동시 사용유량을 구하지 않고 직접 관지름을 산정한다. 기구배수관의 관지름은 트랩의 구경 이상으로 함과 동시에 30 mm 이상으로 하며 지하매설 배수관지름은 50 mm 이상으로 한다. [표 8-10]은 대표적인 위생기구의 트랩과 통기관의 최소 구경 및 배수부하 단위를 나타낸다.

[표 8-10] 대표적 위생기구의 배수부하 단위

기구	기구배수 부하단위	트랩의 최소 구경, DN	통기관 최소 구경, DN
대변기(세정탱크)	3~6*	75	50
대변기(세정밸브)	3~8*	75	50
소변기(소형벽걸이형)	4	40	32
소변기(대형스톨형)	4	50	40
세면기	1	30	32
세수기	0.5	25	32
욕조(주택용)	2~3	40~50	32
욕조(공중용)	4~6	50~75	42
샤워(주택용)	2	50	32
연립샤워(샤워헤드 1개당)	3	50	
청소용 싱크	3	40	40
세탁싱크	2	40	40

* 주거용, 공공시설, 다중시설 등 용도에 따라 다름

배수수평지관은 기구배수부하 단위의 합계로부터 [표 8-11]의 a에 의하여 관지름을 산정하며 접속된 어떤 기구배수관보다 작아서는 안 된다.

[표 8-11] 배수수평지관 및 수직관의 허용 최대 기구배수부하 단위

관지름, DN	허용 최대 기구배수부하 단위			
	a	b	c	d
	배수수평지관 (배수수평주관의 지관은 제외)	3층 이하의 건물 또는 브랜치 간격 3 이하를 갖는 1개 수직관	4층 이상 건물	
			1개 수직관에 대한 합계	1층분 또는 1브랜치 간격의 합계 중 큰 값
30	1	2	2	1
40	3	4	8	2
50	6	10	24	6
65	12	20	42	9
75	20*	30**	60**	16*
100	160	240	500	90
125	360	540	1000	200
150	620	960	1900	350
200	1400	2200	3600	600
250	2500	3800	5600	1000
300	3900	6000	8400	1500
375	7000	-	-	-

* 대변기 2개 미만, ** 대변기 6개 미만

배수수직주관의 관지름은 3층 이하의 건물은 [표 8-11]의 a에 의해 구하고, 4층 이상은 위치에 따른 변화 없이 [표 8-11]의 c와 d 중에서 큰 관지름으로 결정한다. 표에서 1브랜치(branch) 간격이란 접속된 배수수평지관 사이의 수직거리가 2.5 m 이상인 것을 말하고, 그 이내에는 여러 개의 배수수평지관이 있어도 1브랜치 간격으로 본다.

배수수직관 오프셋의 관지름은 배수수평관과 같게 하며 오프셋의 상부는 상부의 부하유량으로 결정하고 하부는 수직관 전체의 부하유량에 의한 수직관의 지름과 오프셋관의 지름 중 큰 쪽으로 정한다.

배수수평주관의 관지름은 구배와 기구배수부하 단위의 합계에 의하여 [표 8-12]에서 산정한다.

[표 8-12] 배수수평주관 및 부지배수관의 허용 최대 기구배수부하 단위

관지름, DN	배수수평주관 및 부지배수관에 접속 가능한 허용 최대 기구배수부하 단위			
	구배			
	1/200	1/100	1/50	1/25
50			21	24
65			24	31
80*		20*	27*	36*
100		180	216	250
125		390	480	575
150		700	840	1000
200	1400	1600	1920	2300
250	2500	2900	3500	4200
300	3900	4600	5600	6700
375	7000	8300	10000	12000

* 대변기 2개 이내

❸ 기타

배수관에 막힌 부분이 있으면 오물이 쌓이므로 청소구용 배관 이외에는 막힌 부분이 없도록 한다. 또 배수수직관에 오프셋 부분이 있을 때, 그 위나 아래로 600 mm 내에 배수수평지관을 접속해서는 안 된다. 그렇지 않으면 유속의 급격한 변하에 따른 비정상적인 압력의 발생으로 봉수 파괴의 위험이 따른다.

통기를 신정통기방식에 주로 의존하는 경우, 배수수직관의 길이는 30 m를 넘지 않도록 하며, 오프셋이 없도록 하고, 바닥에서 3m 이내에서 배수수평주관에 곡관부가 없어야 한다.

5) 우수배수 설비

우수는 [그림 8-21]과 같이 지붕의 낙수구(落水口, 루프드레인), 처마홈통, 우수수직관, 우수수평주관, 트랩, 배수통 등을 통하여 하수도로 방류된다.

낙수구는 오물이 유입되지 않도록 스트레이너를 설치하고, 비가 새지 않도록 비아무림을 행하며, 수평 오프셋관을 거쳐 우수수직관에 연결한다. 오프셋관은 신축흡수로 비아무림이나 방수층을 보호하기 위하여 신축이음, 슬리브 등을 이용한다.

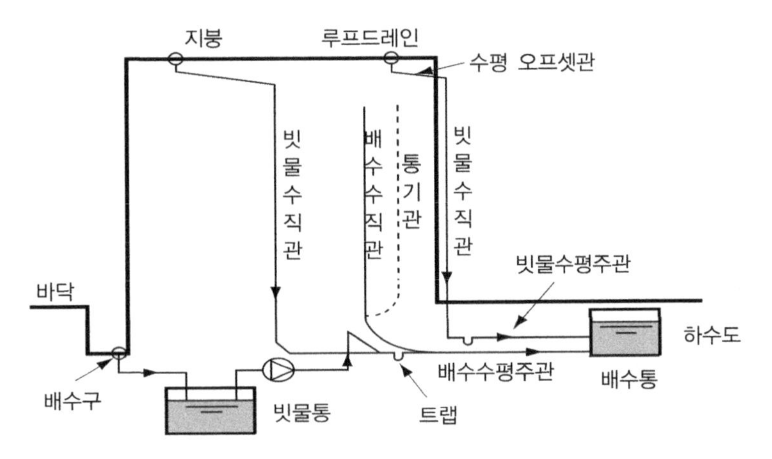

[그림 8-21] 우수배수 계통

우수수직관은 타용도의 배관과는 별도로 설치해야 하며 매설해서는 안 된다. 우수수직관을 배수수평주관으로 접속할 경우에는 우수관에 트랩을 사용해야 하고, 배수수직관의 접속점과는 3 m 이상 하류에서 Y자관으로 접속하여 압력상승을 피해야 하며, 가능하면 배수통에서 접속한다.

우수관의 관지름은 수평지붕면적과 강우량을 고려하여 설계한다. [표 8-13]은 우수수직관의 관지름, [표 8-14]는 우수수평관의 관지름과 기울기에 따라서 강우량 대비 처리할 수 있는 최대 지붕면적의 관계를 나타낸다.

[표 8-13] 우수수직관의 관지름과 허용 최대 지붕면적

관지름, DN	최대 수평투영 지붕면적, m^2
50	67
65	135
75	197
100	425
125	770
150	1250
200	2700

(주) 강우량 100 mm/h를 기준으로 한 것이며, 강우량이 다른 지역은 표의 값에 "100/해당지역강우량"을 곱하여 산출한다.

[표 8-14] 우수수평관의 관지름과 허용 최대 지붕면적

관지름, DN	최대 수평투영 지붕면적, m^2				
	배관구배				
	1/25	1/50	1/100	1/200	1/400
65	127	90	–	–	–
75	186	131	–	–	–
100	400	283	200	–	–
125	–	512	362	–	–
150	–	833	589	417	–
200	–	–	1270	897	–
250	–	–	2300	1630	1150
300	–	–	3740	2650	1870
350	–	–	–	3990	2820
400	–	–	–	5700	4030

(주) 강우량 100 mm/h를 기준으로 한 것이며, 강우량이 다른 지역은 표의 값에 "100/해당지역 강우량"을 곱하여 산출한다.

6) 배수탱크와 배수펌프

자연유하배수가 되지 않는 경우에는 배수를 배수탱크에 모아 기계적으로 자연유하 배수계통으로 배출시켜야 한다. 배수탱크에는 오수조, 잡배수조, 우수조, 지하수를 모은 용수조, 오수와 잡배수를 혼합한 합병조 등이 있다. 배수탱크는 냄새가 유출되지 않도록 밀폐하며 단독 통기관을 설치하고 청소를 위한 맨홀을 설치한다. 배수펌프는 평상시 최대 배수량을 충분히 처리할 수 있는 펌프 두 대를 설치하여 상호 연동운전이 되도록 하며, 화재와 같은 비상시에는 두 대를 동시에 운전하도록 해야 한다. 배수가 역류할 위험이 있는 경우에는 역류방지 전동 밸브를 설치하는 것이 바람직하다.

7) 바닥 배수구 및 청소구

욕실의 바닥 등에 설치하는 바닥배수구는 용량에 맞게 배수구의 크기나 스트레이너의 크기를 결정해야 한다. 또 바닥 배수구는 봉수를 위한 보급수가 부족하여 봉수의 증발로 인한 파괴가 일어날 수 있다. 이 경우 비위생적으로 될 수 있으므로 필요시 봉수 보급수를 공급하도록 한다.

배수관에는 관석, 슬라임, 그리스 등이 관벽에 부착하거나 이물질의 투입 등으로 배수의 흐름이 저해되고 관막힘이 발생할 수 있다. 따라서 배수관에는 청소구 등을 설치하여 보수 점검을 할 수 있어야 한다.

청소구의 설치 장소는 수평 주관 및 지관의 기점, 긴 배수수평관의 도중, 배수관이 45°이상 방향을 바꾸는 곳, 배수수직관의 최하부 또는 그 부근 및 배수수평주관이 부지배수관에 접속하는 곳 근처 등이다. 청소구의 설치 간격은 관지름이 100 mm 이하인 경우는 15 m 내외, 그 이상인 경우는 30 m 내외로 한다. 청소구의 지름은 청소용구의 삽입이 가능하도록 하며 관지름이 100 mm 이하인 경우는 관지름과 같게 하고 그 이상인 경우는 100 mm 이상으로 한다.

8) 배수관의 재질

배수관은 압력을 받지 않으므로 그 강도는 크게 고려할 필요가 없으나 오수의 부식성을 고려해야 한다. 따라서 내식성이 뛰어난 주철관을 배수관으로 널리 사용한다. 지하 매설관은 옥내용은 주철관, 옥외용은 콘크리트관이 주로 사용된다. 경질염화비닐관은 산과 알칼리에 모두 강하고 경량이며 접합이 쉽고 가격도 싸기 때문에 널리 사용되나 충격과 열에 약하므로 고층건물에는 부적당하다.

8-7 통기설비

통기관(通氣管, vent)은 배수관 내를 대기압으로 유지하여 트랩의 봉수를 보호하고 배수의 흐름을 원활히 하며, 배수관 내의 환기를 통하여 균류의 번식을 막기 위한 것이다. [그림 8-22]는 배수 및 통기설비의 구조를 나타낸 것이다.

1) 통기관의 종류

통기관의 종류와 특성은 다음과 같다.

① 각개통기관 : 각 설치기구의 위쪽에서 통기계통에 접속하거나 대기 중에 개구한 통기관

② 신정(伸頂)통기관(stack vent) : 배수수직관의 상단부를 연장하여 사용하는 통기관

③ 통기수평지관 : 다수의 각개통기관을 연결하는 수평통기관

④ 결합(yoke)통기관 : 배수수직관의 통기를 촉진하기 위하여 배수수직주관과 통기수직주관을 접속한 통기관

⑤ 환상통기관 : 루프(loop)통기관이라고도 하며 다수의 기구가 수평지관에 연결된 경우 최상류 기구의 접속점 바로 하류에 설치하여 통기수직관 또는 신정통기관으로 연결하는 통기관

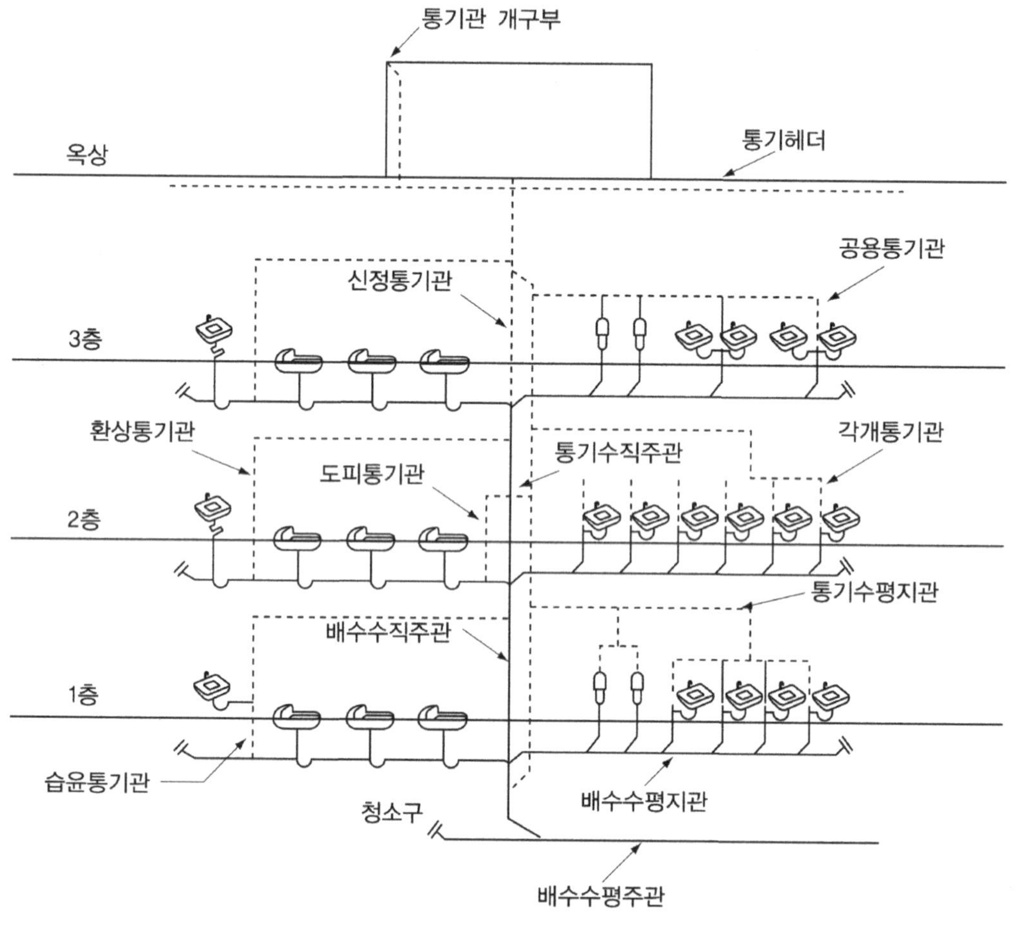

[그림 8-22] 배수 및 통기설비

⑥ 도피통기관 : 다수의 기구가 수평지관에 연결된 경우 최하부 기구의 접속점 바로 하류에 설치하여 환상통기관 또는 신정통기관으로 연결하는 통기관

⑦ 습(윤)통기관 : 통기와 배수를 겸하는 통기관

⑧ 단관식 특수통기관 : 신정통기관의 일종으로서 소벤트(sovent) 방식이나 섹스티아(sextia) 방식이 있다. 이 방식은 신정통기관 이외의 별도 통기관은 생략할 수 있도록 특수통기 이음방식을 쓴 것이다. 또한 나선형 배수관이 있는데 이것은 관 내면에 스크류 모양의 돌기를 만들어 물이 회전하면서 관 내면에 밀착하여 흐르게 하고 중앙에는 공기가 통하게 한 것이다. 단관식 통기관에서 대변기의 접속은 한두 개까지만 가능하며, 기타 위생기구도 여러 개를 사용하여 수평관이 길어지면 통기성이 좋지 않다. 따라서 단관식 신정통기관을 일반건물에 적용하는 데는 한계가 있고, 건물이 점차 고층화되어 감에 따라서 특수통기방식보다는 통기수직관 설치방식을 채택하고 있다.

2) 통기관의 배관 방법

통기관은 통기가 원활히 이루어지며 배수가 유입되지 않도록 해야 한다. 통기관에 배수가 유입되어 고형물이 굳으면 통기 기능을 상실할 수 있다.

통기관의 배관 시 유의사항은 다음과 같다.

① 배수 수평관으로부터 통기관을 취출하는 경우 배수관 단면의 수직중심선으로부터 45°이내의 각도로 취출하여 배수가 통기관으로 넘치지 않게 한다.

② 각개 통기관이 오염되는 것을 막기 위해서 트랩위어(weir)에서 통기접속부까지 기구배수관의 거리는 배수관 관지름의 2배 이상으로 하고, 통기관의 수직올림은 접속한 기구 오버플로선보다 150 mm 이상 높게 한다([그림 8-23(a)] 참조).

③ 각개통기관은 기구의 최고수면과 배수수평지관이 배수수직관과 접속하는 점을 잇는 구배선(동수구배선)보다 위에서 취출해야 한다([그림 8-23(b)] 참조).

④ 대변기 등을 제외하고 통기관의 취출 위치가 위어보다 낮지 않도록 한다([그림 8-24]에서 A점을 B점보다 낮게 한다). 또 기구배수관의 길이는 [표 8-15] 이내로 하며 배관구배는 1/50~1/100로 해야 한다.

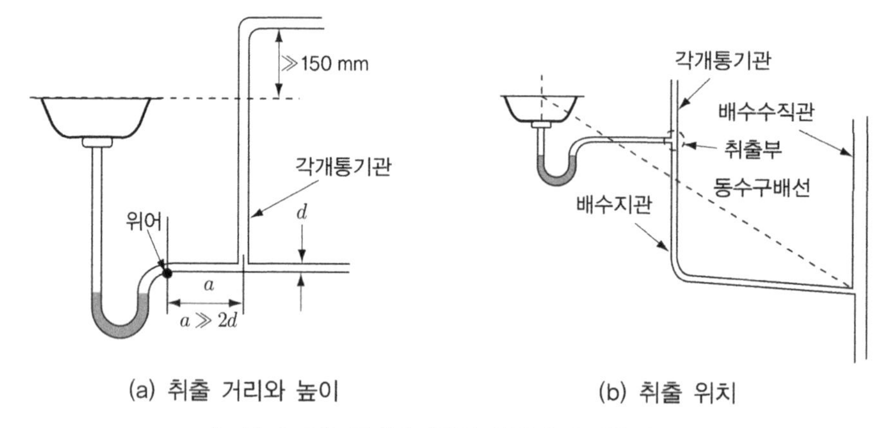

(a) 취출 거리와 높이 (b) 취출 위치

[그림 8-23] 각개통기관의 위치와 수직올림

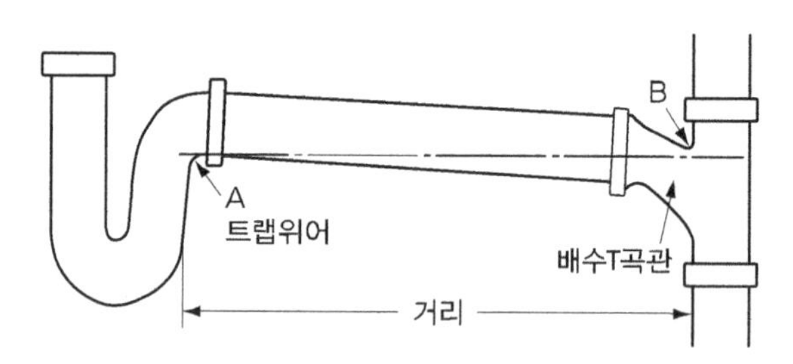

[그림 8-24] 트랩위어와 통기관의 거리 및 위치

[표 8-15] 트랩위어로부터 통기관까지 거리

기구배수관의 관지름, DN	거리, m
30	0.8
40	1.0
50	1.5
75	1.8
100	3.0

⑤ 통기수직관의 상부는 최상측 기구의 오버플로선보다 150 mm 이상인 곳에서 개구하거나 신정통기관에 연결한다. 또 통기수직관의 하부는 최하부 배수수평지관보다 낮은 위치에서 45°각도로 취출한다.

⑥ 공용통기관은 한 개의 수직배수관에 2개의 기구가 대칭으로 연결된 경우에 적합하며

각 기구 배수관이 한 점에서 접속되지 않는 경우는 배수수직관의 관지름은 상부 기구 배수관의 관지름보다 한 치수 크게 하고 하부 기구배수관보다 작지 않게 한다.

⑦ 환상통기관은 배수수평지관 최상류 기구배수관이 접속된 점 바로 아래에서 취출하며 통기수직관 또는 신정통기관에 접속하거나 단독으로 대기에 개방한다. 또 배수수평지관이 여러 개로 분기되어 있을 경우는 각 분기관마다 통기관을 취출한다.

⑧ 습통기관에 흐를 수 있는 배수부하유량은 배수관 전용인 경우의 1/2로 하며 대변기는 습통기관에 접속해서는 안 된다.

⑨ 도피통기관은 다층 건물의 최상층을 제외한 모든 층의 대변기 및 이와 유사한 기구가 8개 이상 설치된 배수수평지관에 환상통기관과 더불어 가장 하류에 설치한다. 또는 대변기, 청소용 싱크의 S트랩, 칸막이 샤워, 바닥배수 등 바닥설치기구와 세면기 또는 그 유사한 기구가 섞여있는 경우에 설치한다.

⑩ 다층건물의 최하층 배수수평지관에 과도한 배압을 방지하기 위하여 도피통기관을 설치하며 통기수직관의 지름을 축소하지 않고 아래로 연장하여 배수수직관 하부에 접속하면 된다. 아니면 환상통기관과 동일 관지름의 도피통기관을 통기수직관과 접속한다.

⑪ 결합통기관은 브랜치 간격 10개 이상인 건물에서 브랜치 간격 10개 이내마다 [그림 8-25]와 같이 Y관을 써서 접속한다.

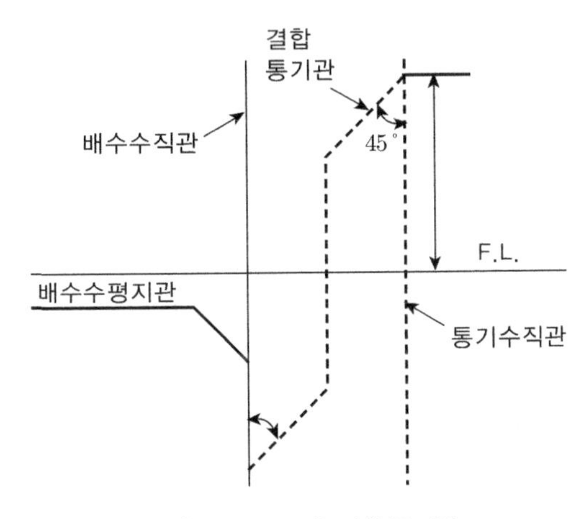

[그림 8-25] 결합통기관

⑫ 통기관 말단의 대기 중 개방은 악취 발생을 고려하여 적절한 위치와 높이를 갖도록 하고 겨울철 동결 위험을 고려해야 한다.

⑬ 간접배수계통 및 특수배수계통은 오염물질의 전파를 막기 위하여 별도 통기계통을 사용한다.

3) 통기관의 관지름

[표 8-15]는 통기수평지관, [표 8-16]은 통기수직관, [표 8-17]은 환상통기관의 관지름과 그 관이 담당하는 허용 최대 부하 단위의 관계를 나타낸다. [표 8-17]에서 통기관의 최장거리란 배수수직관의 취출점에서 말단 개구부까지의 길이를 말한다.

통기관의 관지름 설계 시 유의사항은 다음과 같다.

① 통기관의 최소 관지름은 30 mm로 한다. 다만, 배수조에 설치하는 통기관의 경우는 최소 관지름을 50 mm로 한다.

② 신정통기관의 관지름은 배수수직관의 관지름 이상으로 한다.

③ 환상통기관의 관지름은 배수수평지관과 통기수직관 관지름 중 작은 쪽의 1/2 이상으로 한다.

④ 배수수평지관의 도피통기관의 관지름은 접속하는 수평지관 관지름의 1/2 이상으로 한다.

⑤ 각개통기관의 관지름은 접속하는 배수관 관지름의 1/2 이상으로 한다.

⑥ 결합통기관의 관지름은 배수수직관과 통기수직관 중 작은 쪽 관지름보다 크게 한다.

[표 8-15] 통기수평지관의 허용 최대 기구배수부하 단위

기구배수부하 단위	1	8	18	36	72
통기수평지관 관지름, DN	32	40	50	65	75

[표 8-16] 통기수직관의 관지름과 거리

배수관 관지름, DN	기구배수 부하 단위	통기수직관 관지름, DN								
		30	40	50	65	75	100	125	150	200
		통기관 최장거리, m								
30	2	9								
40	8	15	45							
40	10	9	30							
50	12	9	23	60						
50	20	8	15	45						
65	42		9	30	90					
75	10		9	30	60	180				
75	30			18	60	150				
75	60			15	24	120				
100	100			10	30	78	300			
100	200			9	27	75	270			
100	500			6	21	54	210			
125	200				10.6	24	105	300		
125	500				9	21	90	270		
125	1100				6	15	60	210		
150	350				7.5	15	60	120	390	
150	620				4.5	9	37.5	90	330	
150	960					7.2	30	75	300	
150	1900					6	21	60	210	
200	600						15	45	150	390
200	1400						12	30	120	360
200	2200						9	24	105	330
200	3600						7.5	18	75	240
250	1000							22.5	37.5	200
250	2500							15	30	150
250	3800							9	24	105
250	5600							7.5	18	75

[표 8-17] 환상통기관의 관지름과 거리

배수관 관지름, DN	기구배수 부하 단위	환상통기관 관지름, DN					
		40	50	65	75	100	125
		통기관 최장 수평거리, m					
40	8	6					
50	12	4.5	12				
50	20	3	9				
75	10		6	12	30		
75	30			12	30		
75	60			4.8	24		
100	100		2.1	6	15.6	60	
100	200		1.8	5.4	15	54	
100	500			4.2	10.8	42	
125	200				4.8	21	60
125	1100				3	12	42

예제 8-4

[그림 8-22]의 배수관과 통기관의 관지름을 구하여라. 단, 층고는 3.0 m이며 배수수평주관과 1층 배수수평지관 사이 거리는 1.5 m이다. 또 배수수평주관의 구배는 1/100이다.

풀이

[표 8-10]과 [표 8-11]을 이용하여 기구배수부하 단위와 수평배수지관의 관지름을 구하면 [표 E8-4]와 같다.

[표 E8-4] 배수부하단위 및 배수관 관지름 계산표

기구 및 관지름	개당 기구배수 부하단위	1층(좌)	1층(우)	2층(좌)	2층(우)	3층(좌)	3층(우)
대변기(세정탱크)	4	12	0	12	0	12	0
소변기(대형스톨형)	4	0	8	0	0	0	8
세면기	1	0	4	0	6	0	4
청소용 싱크	3	3	0	3	0	3	0
계		15	12	15	6	15	12
수평배수지관 관지름, DN		100	65	100	50	100	65

각 수평배수지관별 배수부하단위 합계에서 [표 8-11]의 a를 이용하여 수평배수지관의 관지름을 산정한다. 배수부하단위 총계는 DFU=15+12+15+6+15+12=75에서 [표 8-11]의 b를 이용하면 배수수직관 지름은 DN 100이 된다. 배수부하단위 DFU = 75와 구배 1/100에 의하여 [표 8-12]로부터 배수수평주관의 지름 DN 100을 구할 수 있다.

통기수직주관은 부하 단위 DFU=75와 거리를 12 m로 보면 [표 8-16]으로부터 관지름이 DN 50이 된다. 신정통기관은 배수수직관의 관지름과 동일한 DN 100으로 정한다. 환상통기관은 배수수평지관 지름이 DN 100, 수평거리 6 m와 부하단위 DFU = 15에서 [표 8-17]로부터 통기관지름 DN 65로 선정한다. 환상통기관은 배수수평지관 지름 DN 100과 통기수직주관 관지름 DN 50 중 작은 쪽의 1/2인 DN 25 이상 및 최소 관지름 DN 30을 만족한다.

우측의 통기수평지관은 각 층별 DFU = 12, 6 및 12에 대한 [표 8-16]으로부터 통기관지름은 1층 DN 50, 2층 DN 40, 3층 DN 50을 선정한다. ■

8-8 오물정화조설비

오물정화조설비란 오수 중에 포함된 오염물질을 제거하고 소독하여 방류수의 수질을 환경 위생상 문제없는 수준으로 만드는 설비를 말한다. 오물정화조설비는 하수종말처리장이 없는 지역에서 일정 규모 이상의 건축물이나 시설물에 설치해야 한다.

1) 생활하수의 수질

생활하수의 오염지표에는 생물학적 지표와 이화학적 지표가 있다. 생물학적 지표에는 대장균이 있고, 이화학 지표에는 생화학적 산소요구량, 화학적 산소요구량, 부유물질, 염소이온 및 수소이온 농도가 있다. 농도를 표시하는 양으로 많이 사용되는 ppm은 물의 경우 1 ppm=1 mg/kg= 1 mg/L = 1 g/m^3라고 할 수 있다.

❶ 대장균

대장균은 장에서 서식하며 수인성 질병을 옮긴다. 우리나라는 분뇨종말처리 방류수질기준에 대장균을 3000개/cm^3 이하로 규정하고 있다.

❷ 생화학적 산소요구량(BOD; biochemical oxygen demand)

수중유기물을 호기성미생물에 의해서 분해하여 안정된 물질(무기물, 물, 가스)로 변환하는 데 요구되는 산소량을 말하며, 수계에 서식하는 미생물이 용존산소를 결핍시키는 잠재능력을 의미한다. 유기물질 중 탄소계 화합물의 분해는 매우 빠르게 진행되어 5일경에 30~80% 정도이며, 질소계 화합물은 분해속도가 매우 느려서 안정되는 데 100일 정도가 소요된다. 전자를 1단계 산화, 후자를 2단계 산화라고 한다. 실험실에서는 시료를 20℃에서 5일간 배양했을 때 탄소계 유기물에 의한 산소 소모량을 나타낸 값이다.

❸ 화학적 산소요구량(COD; chemical oxygen demand)

수중유기물을 화학적으로 산화시키는 데 소요되는 산소량을 말한다. 유기물 중에는 미생물에 의해서는 분해되지 않고 화학적으로만 분해되는 물질이 있다. COD는 2시간 정도의 짧은 시간에 측정이 가능하나 생물학적 산화물질과 불활성물질을 구별할 수 없다는 문제가 있다. 그러나 BOD와 COD의 관계를 구해 놓으면 COD 측정으로 BOD를 예측할 수 있다.

❹ 부유물질(SS; suspended solids)

크기 0.1㎛ 이상의 입자로서 탁도(濁度)를 유발하며 침전이 가능한 물질과 불가능한 물질이 있다. 부유물질에는 유기성분을 가진 휘발성 물질과, 550℃ 정도에서 연소되지 않고 남는 작열(灼熱) 잔류부유물질이 있다.

❺ 염소이온(Cl^-)

빗물 및 자연수에는 약간 함유되어 있으나 하수, 분뇨, 폐수 등에는 많이 함유되어 있어서 수질평가 기준으로 활용한다.

❻ 수소이온농도(pH)

상수원 1급수의 pH는 6~8이며, 이를 벗어나는 정도는 오염도를 나타낸다.

2) 처리법의 분류

오수를 처리하는 방법으로는 물리적, 화학적 및 생물화학적 방법이 있으며, 오수처리시설 및 단독정화조 방류수 수질기준은 [표 8-18]과 같다.

[표 8-18] 오수처리시설 및 단독정화조 방류수 수질기준

지역	항목	단독정화조	오수처리시설
수변구역	BOD 제거율(%)	65 이상	-
	BOD(mg/L)	100 이하	10 이하
	SS(mg/L)	-	10 이하
특정지역	BOD 제거율(%)	65 이상	-
	BOD(mg/L)	100 이하	20 이하

❶ 물리적 처리

물리적 처리에는 불순물이나 고형물을 스크린 등을 사용하여 제거하거나 침전, 교반 및 여과에 의하여 분리시킨다. 침전(沈澱)은 부유성 고형물을 분리하는 방법으로 본처리

전에 하는 최초 침전지와 후에 하는 최종 침전지가 있다. 교반(攪拌)은 폭기조 등에서 오수에 공기를 흡입시켜 기계적으로 교반하는 것이다. 그리고 여과는 오수를 여재에 살수하여 정화하는 방법이다.

❷ 화학적 처리

화학적 처리 방법에는 중화와 소독이 있다. 중화는 오수에 산성이나 알칼리 물질을 혼입하여 중화하는 방법이며, 소독은 방류 전 최종처리 방법으로서 차아염소산소다나 차아염소산칼륨 및 액체염소 등을 처리수에 주입하는 것이다.

❸ 생물화학적 처리

생물화학적 처리법은 미생물에 의한 처리법을 말한다. 미생물은 유기성 오물을 섭취하여 자신의 성장, 증식 등의 에너지원으로 삼는다.

미생물에는 호기성과 혐기성이 있다. 호기(好氣)성 미생물은 오수 중 혹은 공기 중에서 산소를 흡수하여 유기물을 분해한다. 호기성 처리에는 살수여상, 폭기조, 폰면산화 등이 있다. 분해산물로는 초산성 질소, 초산염, 탄산가스 등이 발생한다. 혐기(嫌氣)성 미생물은 산소가 없는 곳에서 오물 중의 유기물을 분해·섭취하여 생존하는 미생물을 말한다. 혐기성 처리법에는 소화조, 부패조, 2층조 등이 있고, 분해산물로는 암모니아, 질소, 탄산가스, 유화물 등이 있다. 그 밖에 오수 중에 산소의 유무와 상관없이 생존하는 통성(通性) 혐기성 미생물이 있다. 이 미생물에 의한 처리로는 부패조, 2층조 등이 있다.

3) 오수처리 시설

오수처리 과정은 1차 처리, 2차 처리, 고도 처리로 나눌 수 있다. 1차 처리 과정은 스크린, 파쇄기, 침사조(沈砂槽), 침전분리조, 유량조정조 등 물리적인 공정을 이용하여 오염물질을 제거하며 전처리라고도 한다. 2차 처리는 미생물을 이용하여 생물화학적으로 유기물을 산화처리하며 본처리라고도 한다. 2차 처리 방법에는 크게 살수여상법과 활성오니법이 있으며, BOD와 부유고형물의 90%를 제거한다. 고도 처리는 1, 2차 처리로 다 제거하지 못한 질소, 인과 같은 영양물질과 용존물질 등을 처리한다.

❶ 활성오니법

오수에 산소를 계속 공급하면서 휘저으면 미생물이 증식하여 덩어리(flock)를 형성하는데 이것이 유기물을 포착한 것을 활성오니(汚泥, sludge)라고 한다. 활성오니의 미생물에 의하여 오수정화작용이 일어나며 배수를 정지시키면 쉽게 침전된다.

폭기조는 유량조정조에서 유입된 오수와 활성오니를 되도록 균등하게 접촉시키면서 호기성 미생물에 필요한 산소를 충분히 공급하여 오수 중의 오염물질을 생물작용으로 흡착, 산화하는 것이다. 침전조에서 활성오니는 침전분리되며 잉여오니를 처리하여 반출하고 나머지는 다시 폭기조로 보낸다.

❷ 살수(撒水)여상법

여상(濾床)에 오수를 살포하여 여재를 지나는 동안 여재 표면에 부착 성장한 호기성 미생물에 의하여 정화되는 방법이다. 이 방법은 활성오니법에 비하면 유지관리비가 저렴하나 건설비가 많이 들고 온도에 민감하며 BOD 제거율이 낮다. 또한 악취 및 해충이 발생하기 쉽다.

회전원판법은 살수여상법을 변형한 방법으로서 회전원판의 표면에 성장하는 미생물이 하수에 잠길 때는 유기물을 흡착하고 하수 밖에서는 산소를 섭취한다. 이 방법은 부하변화에 적응하기 쉬우므로 살수여상법보다 운영이 용이하다.

제9장 소방 및 가스설비

9-1 소방설비와 화재

소방설비란 가연성 물질의 관리에서부터 화재의 조기발견, 확인, 초기 소화, 피난, 본격적 소화활동에 이르는 모든 방화 및 소화와 관련된 설비를 뜻한다.

화재는 연소작용에 의하여 발생한 열이 연소를 확대시켜 일어나며, 연소는 화학반응의 일종으로 발광과 발열을 수반한다. 연소가 일어나기 위해서는 연소의 3요소라고 하는 가연물, 산소 및 열을 필요로 하며, 여기에 더하여 연쇄반응이 있어야 한다. 화재는 가연물의 종류에 따라 다음과 같이 분류한다.

① 보통화재(A급 화재) : 목재, 종이, 섬유 등 일반 가연물에 의한 화재로서 연소 후 재를 남기며 물의 냉각작용으로 소화할 수 있다.

② 유류화재(B급 화재) : 석유류 또는 인화성 고체 등 위험물 및 준위험물에 의한 화재로서 연소 후 재를 남기지 않으며, 공기차단에 의한 피복소화로 소화할 수 있다.

③ 전기화재(C급 화재) : 전기가 통하고 있는 설비의 화재로 전기적인 절연성을 갖는 소화기를 사용해야 한다.

④ 금속화재(D급 화재) : 금속이 연소하는 화재로 특별한 분말소화제(마그네슘, 알루미늄 분말)가 필요하다.

⑤ 가스화재(E급 화재) : 인화성 기체에 의한 화재로 연소 후 아무 것도 남기지 않는 화재이며, 공기차단에 의한 피복소화로 소화할 수 있다.

9-2 소화

소화는 연소를 일으키는 요소인 가연물, 산소, 열 및 연쇄반응 중 하나 이상을 제거 또는 억제함으로써 이루어진다.

① 가연물질의 제거 : 가연물을 제거하여 소화하는 방법이다.

② 공기의 차단(질식소화) : 공기 중의 산소농도를 15% 이하로 희박하게 하여 소화하는 방법으로 대표적인 것이 이산화탄소 소화설비이다. 물을 무상(霧相)으로 방사하여 유류 표면에 유화층의 막을 형성하거나 비중이 공기보다 큰 약재를 방사하여 가연물을 구석구석 피복하여 소화하는 피복소화도 질식소화의 하나로 볼 수 있다.

③ 냉각소화 : 가연물을 인화점 및 발화점 온도 이하로 냉각시키는 소화방법으로 옥내외 소화전, 드랜처 설비, 스프링클러 설비 등이 있다.

④ 연쇄반응의 차단 : 연쇄반응을 일으키는 수소이온(H^+), 수산이온(OH^-) 같은 유리기의 발생을 억제하거나 흡수하여 소화하는 방법이다. 할로겐화물과 같이 유리기의 발생을 억제하는 물질을 부촉매(負觸媒)라고 한다.

9-3 소방설비의 종류

소방설비는 소방법 시행령에서 소화설비, 경보설비, 피난설비, 소화용수설비 및 기타 소화활동에 필요한 설비로 규정하고 있으며, 각 설비에 관한 제반사항을 법규로 규정하고 있다([표 9-1] 참조).

[표 9-1] 소방설비의 종류

구 분	종 류
소화설비	1. 소화기구 2. 옥내소화전설비 3. 옥외소화전설비 4. 스프링클러설비 5. 물분무소화설비 6. 포말소화설비 7. 이산화탄소소화설비 8. 할로겐화물소화설비 9. 분말소화설비

구 분	종 류
경보설비	1. 비상경보설비 및 비상방송설비 2. 자동화재속보설비 3. 누전경보기
피난설비	피난기구 또는 설비
소화용수설비	상수도소화용수설비, 소화수조, 저수조 및 기타설비
소화활동설비	제연설비, 연결송수관설비, 연결살수설비, 비상콘센트설비, 무선통신보조설비, 연소방지설비

9-4 소화설비

1) 소화기

소화기는 화재 초기에 진화할 목적으로 소화제를 저장한 [그림 9-1]과 같은 용기이며, 소방법에 의해 설치가 의무화되어 있다. 소화기의 종류와 적용되는 화재는 [표 9-2]와 같다.

소화기는 수동식 소화기와 자동확산 소화기로 나눌 수 있다. 수동식 소화기 또는 양동이, 물탱크, 건조사, 팽창질석, 팽창진주암 등의 간이소화용구는 연면적 33 m^2 이상이거나 그 이하라도 지정문화재 및 가스시설에는 각 층에 설치해야 한다. 위치는 소방 대상물에서 거리가 소형 소화기는 20 m, 대형 소화기는 30 m를 넘지 않도록 해야 한다.

자동확산 소화기는 화재나 가스누출을 자동으로 감지하여 경보를 발하며 가스의 공급을 자동으로 차단하고, 화재발생 시 소화약제를 자동으로 방출하는 소화기이다. 이것은 11층 이상인 아파트의 6층 이상의 각 층에 설치해야 한다.

[표 9-2] 소화기의 종류와 적용

소화기의 종류	적용되는 화재				
	A급(백색)	B급(황색)	C급(청색)	D급(무색)	E급(황색)
산·알칼리소화기	○	○			○
포소화기	○	○			○
이산화탄소소화기	○	○	○		○
할로겐화물소화기		○	○		○
분말소화기	○	○	○		○
마른 모래				○	

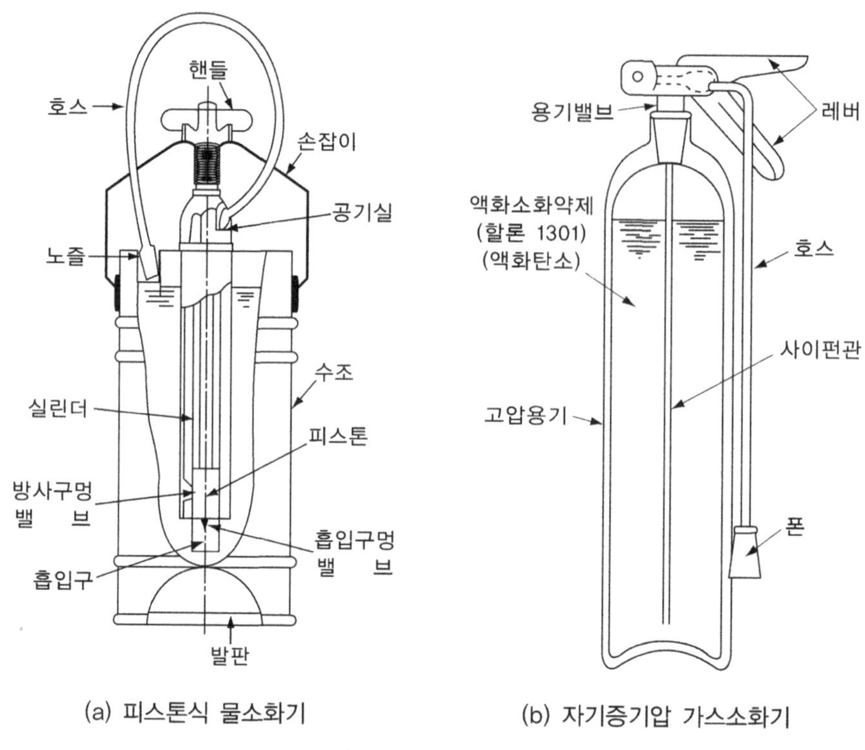

(a) 피스톤식 물소화기

(b) 자기증기압 가스소화기

[그림 9-1] 소화기

2) 옥내소화전설비

옥내소화전설비란 소화기로는 소화가 불가능한 단계에 사용하는 옥내의 물분무 소화설비를 말한다. 설비계통도는 [그림 9-2]와 같이 호스, 노즐, 소화전을 내장한 소화전함, 배관, 가압송수장치, 비상전원, 기동장치, 수원 등으로 구성된다.

옥내소화전은 방화대상물까지 수평거리가 25 m 이하가 되도록 설치한다. 소화전 호스의 접속구는 구경 40 mm 또는 50 mm이며, 길이 15 m 호스 두 개를 연결하여 사용한다. 노즐의 구경은 13 mm, 노즐 선단의 방수압력은 170 kPa 이상으로 하되 700 kPa을 넘지 않도록 한다. 방수압이 과도하면 조닝을 하든가 감압밸브를 설치한다. 주배관의 수직관은 DN 50 이상, 5개 층 이상을 담당할 경우는 DN 65 이상으로 하고, 그 이외의 배관은 계산에 의하여 구하며 배관은 만수상태로 있어야 한다.

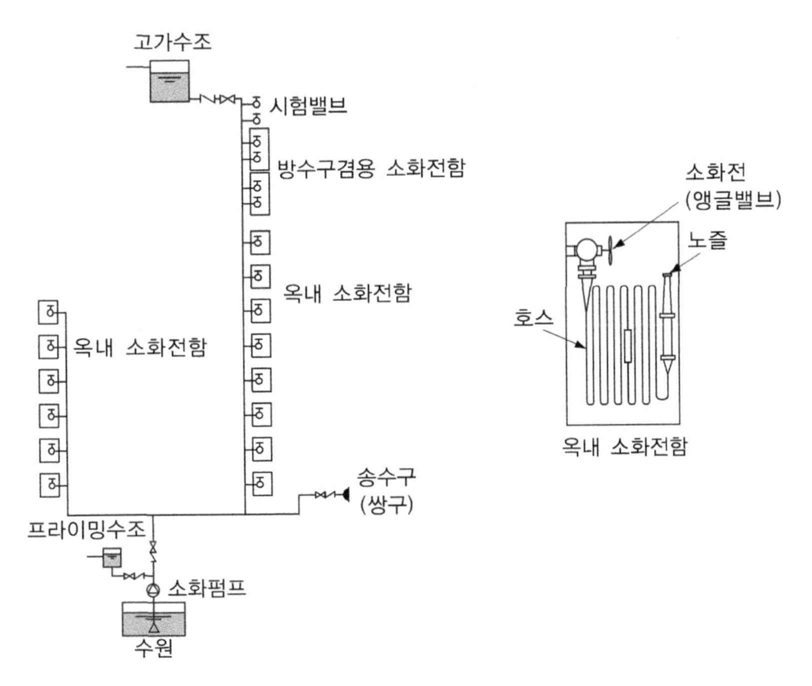

[그림 9-2] 옥내소화전 설비 계통도(연결송수관 계통 포함)

수원은 수조(옥외의 수수조, 고가수조, 압력수조 등)나 자연수(하천, 호수, 연못, 바다) 및 용수(用水)로 하며, 유효수량은 소화전의 수가 가장 많은 층에서 설치한 소화전의 수(5 이상인 경우 5)에 2.6 m^3을 곱한 값 이상을 확보해야 한다. 또한 유효수량의 1/3 이상을 옥상에 저장해야 한다. 펌프의 유량은 소화전 한 개당 130 L/min 이상의 성능으로 최대 5개까지 동시 사용할 수 있도록 한다. 펌프의 양정은 호스의 마찰손실 및 노즐선단의 방수압력을 고려하여 급수펌프와 같은 식으로 구한다.

펌프는 통상 다단터빈펌프가 사용되며, 그 위치가 수원의 수위보다 높은 경우에는 [그림 9-3]과 같이 펌프 흡입 측 배관에 공기 고임을 막기 위한 물을 저장하는 물채움 수조(priming 수조 또는 호수조라고도 함)를 설치해야 한다. 물채움 수조는 100 L 이상의 유효수량을 확보할 수 있어야 하고, 저수량이 1/2 이하로 줄기 전에 경보음을 발하여 재충전해야 한다. 펌프의 정격운전시험이 가능하도록 배관 및 유량계, 압력계, 연성계 등의 계측기를 설치해야 한다. 펌프의 송출밸브를 닫고 시험 운전할 때 수온상승을 방지하기 위하여 릴리프밸브를 설치하며, 항상 개방상태로 두고 수조에 방수하도록 한다.

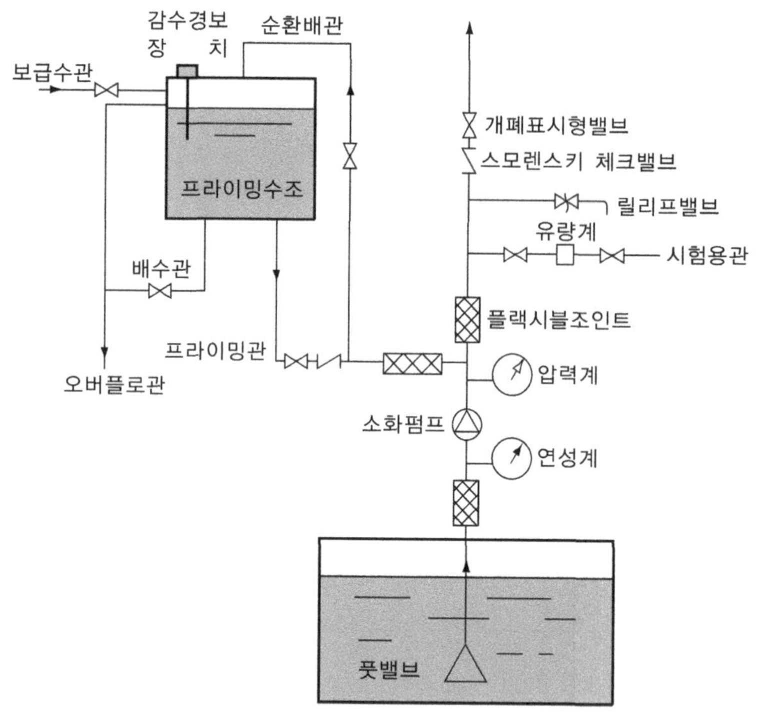

[그림 9-3] 소화펌프 주변배관 및 설비

3) 옥외소화전설비

옥외소화전은 [그림 9-4]와 같이 수원, 가압송수장치, 배관, 옥외소화전, 부속장치 등으로 구성되고 그 유효범위에 한하여 1, 2층의 옥내소화전설비를 면제할 수 있다. 소화전은 방화대상물에서 호스접속구까지의 수평거리가 40 m 이하가 되도록 설치하고, 노즐, 호스 등의 방수 기구를 내장한 옥외소화전함을 소화전에서 5 m 이내에 설치한다. 옥외소화전의 설치 수(2 이상인 경우 2)에 7 m^3을 곱한 값 이상의 유효수량을 갖는 수원이 있어야 한다. 노즐 끝단의 방수압력은 250 kPa 이상으로 하며, 방수량은 350 L/min 이상의 성능으로 최대 두 개까지 동시사용이 가능하도록 한다. 소화전밸브는 지상식 또는 지하식, 단구 또는 쌍구, 보통형 또는 부동(不凍)형으로 구분하며 배관경은 65 mm 이상이 되어야 한다.

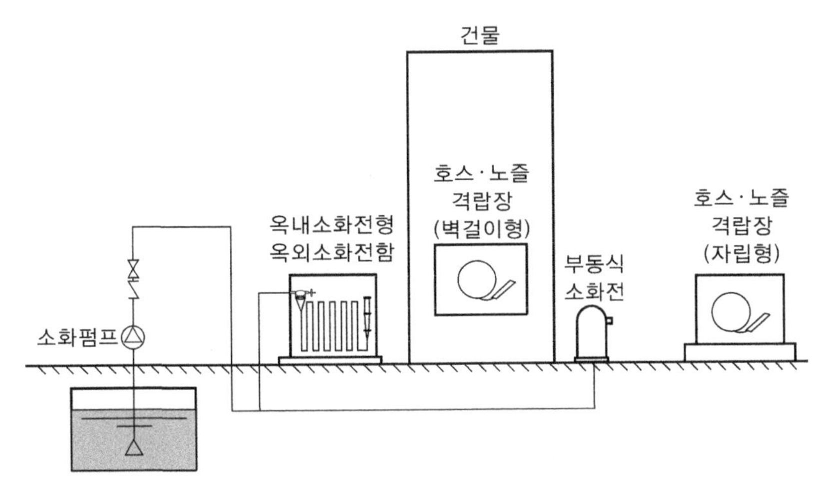

[그림 9-4] 옥외소화전 설비계통도

4) 스프링클러설비

스프링클러설비는 수원, 가압송수장치, 스프링클러헤드, 배관, 유수검지장치 또는 일제개방밸브, 비상전원 등으로 구성한다. 스프링클러는 폐쇄형과 개방형으로 분류하고 폐쇄형은 습식과 건식으로 나눈다([표 9-3] 참조).

습식은 배관이 만수가압 상태로 있는데, 일반적인 스프링클러설비는 이 방식을 말한다. 건식은 2차 측 배관 내에는 압축공기를 채워두고, 헤드의 감지에 의해 배관 내의 공기를 배제한 후 소화하는 방식으로 물의 동결 우려가 있을 때 사용한다. 준비작동식은 감지기를 통하여 화재를 감지하면 준비작동식밸브로 물을 2차 측 헤드까지 보낸 다음 자동스프링클러가 작동하면 소화를 하는 방식으로 안전하고 신속한 소화를 위한 것이다. 일제살수식은 감지기가 화재를 감지하면 일제개방밸브를 열어서 그 밸브에 관련된 전 헤드로 살수가 이루어지는 개방식으로 대량의 물을 필요로 하며 물의 낭비가 크다.

[표 9-3] 스프링클러 설비의 종류별 비교

설비방식		습식설비	건식설비	준비작동식	일제살수식
밸브		알람체크밸브	건식밸브	준비작동밸브	일제개방밸브
사용헤드		폐쇄형헤드	폐쇄형헤드	폐쇄형헤드	개방형헤드
배관상태	1차 측	가압수	가압수	가압수	가압수
	2차 측	가압수	압축공기	대기압 또는 저압공기	대기압(개방상태)
감지기		없음	없음	있음	있음

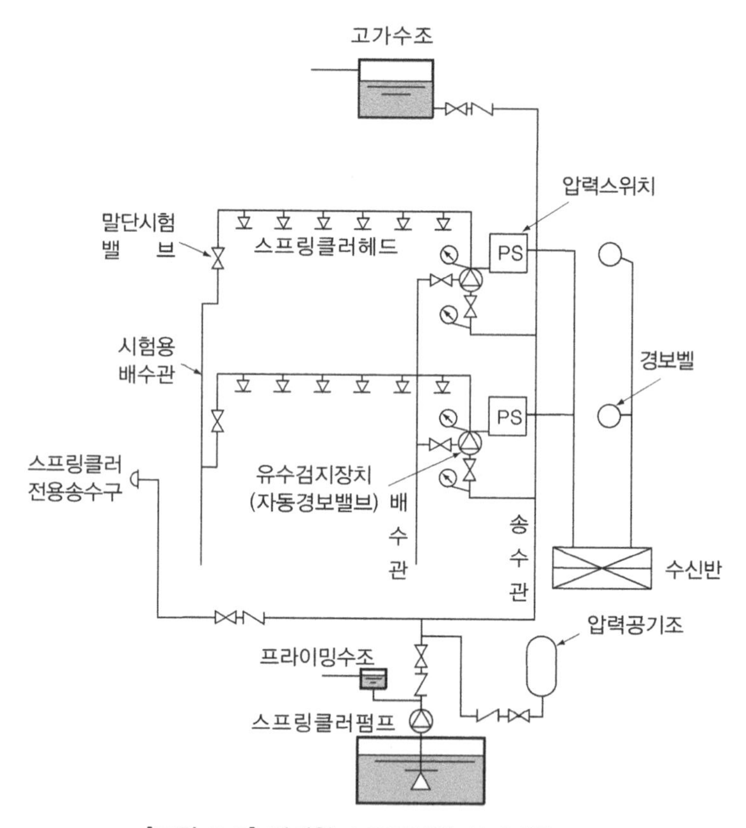

[그림 9-5] 폐쇄형 스프링클러 설비계통도

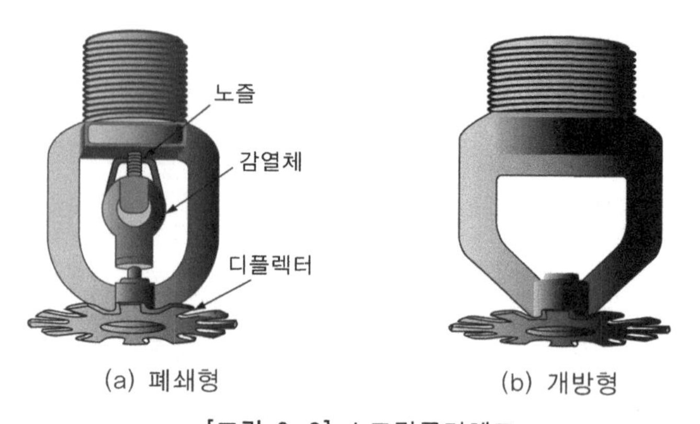

[그림 9-6] 스프링클러헤드

일반적으로 스프링클러는 폐쇄형 습식 방식이며, 계통도는 [그림 9-5]와 같다. 또 스프링클러헤드는 [그림 9-6]과 같이 방수구, 프레임 및 물을 확산하는 디플렉터로 구성되며, 폐쇄형의 경우는 화재 시 자동으로 작동되도록 하는 감열체가 있다. 각 헤드의 방수압력은 100 kPa 이상, 방수량은 80 L/min 이상의 성능을 가져야 한다. 압력이 너무 높아도 소화에 불리하므로 최고압이 1 MPa을 넘지 않도록 한다. 스프링클러헤드에는 경보장치가 없으므로, 스프링클러가 작동하여 방수가 시작되면 수류에 의하여 작동하는 유수검지 경보장치가 가동되어야 한다.

드렌처(drencher) 설비는 개방형 스프링클러와 거의 같으며 외벽, 창, 지붕 등에 설치하여 인접 건물의 화재로부터 방호할 목적의 소방설비를 말한다.

5) 물분무소화설비

물분무소화설비는 보통의 방수로는 소화가 어려운 가연물, 유류, 전기화재 등에 사용하기 위한 소화설비이다. 물분무헤드를 설치하여 스프링클러보다 더 미세한 분무상 물로 냉각작용 및 공기차단에 의한 질식작용에 의하여 소화한다.

물분무소화설비의 종류에는 이동식과 고정식이 있으며, 고정식에는 수동식과 자동식이 있다. 자동식에는 폐쇄형 물분무헤드를 사용하는 방식, 화재감지형 제어밸브 사용방식, 자동개방밸브세트 방식 등이 있다. 폐쇄형 물분무헤드를 사용하는 방식은 헤드만 다를 뿐 스프링클러 설비와 흡사하다.

물분무소화설비는 방호 대상물의 모든 표면이 완전히 물로 덮힐 수 있도록 헤드를 설치해야 하며, 헤드의 방수압력은 250~700 kPa, 방수량은 30~180 L/min, 살수각도는 30~120°, 유효사정(射程)은 1~6 m가 되어야 한다. 또한 적법한 배수설비도 갖추어야 한다.

6) 포소화설비

포(泡, foam)소화설비는 포말(泡沫)소화설비라고도 하며 포소화약제를 물과 섞은 수용액을 포헤드, 포방출구 또는 포노즐로 방사하여 소화한다. 수용액은 거품으로 만들어진 후에 가연성 또는 인화성 액체 가연물을 덮어서, 질식효과뿐 아니라 거품에 포함된 물의 냉각효과를 이용하여 소화한다.

포소화설비란 고정식을 말하며, 이동식인 경우는 포소화기라고 한다. 포소화설비는 일반적으로 수원, 화재감지장치, 가압송수장치, 포방출구, 포소화약제, 혼합장치, 배관 등으로 구성된다. 포소화설비는 물만으로는 소화효과가 없거나 주수에 의하여 화재가 확대될 위험이 있는 비행기 격납고, 위험물, 차고, 저장탱크 등의 유류화재 소화에 사용된다.

포의 종류에는 화학포와 공기포가 있다. 화학포는 탄산수소나트륨의 수용액과 황산알류미늄 수용액의 화학반응에 의하여 발생한 탄산가스를 발포제로 한 것이며 포소화기 이외에는 쓰이지 않고 있다. 공기포는 단백포소화약제, 합성계면활성제 포소화약제, 수성막포 소화약제 등의 포소화약제를 물과 섞어 공기를 발포제로 만든 거품이다.

포의 상태는 다음 식으로 정의된 팽창비로 분류한다.

$$\text{팽창비} = \frac{\text{발생한 포의 체적}}{\text{소화약제수용액 체적}} \tag{9.1}$$

팽창비는 포방출구의 공기를 포함시키는 메커니즘에 의하여 결정된다. 팽창비가 20 이하인 포를 저발포, 그 이상인 포를 고발포라고 한다. 대부분의 포소화설비는 저발포용이며 고발포용은 고정식 설비에서만 사용된다.

7) 이산화탄소 소화설비

이산화탄소를 압축하여 액체 상태로 고압용기에 봉입해 두고, 화재 시 기화시켜, 냉각작용과 질식작용으로 소화한다. 이산화탄소 소화설비는 물을 사용하는 소화설비와 같이 살수에 의한 피해를 남기지 않으므로 편리한 설비이지만, 오작동에 의한 가스 질식사고의 우려가 있는 것이 단점이다. 이산화탄소 소화설비는 기동용 가스용기, 화재감지장치, 음향경보장치, 자동폐쇄장치, 비상전원, 약제저장용기, 기동장치, 제어반, 배관, 분사헤드 등으로 구성된다.

이산화탄소 소화설비에는 15℃, 5.3 MPa에 저장하는 고압식과 -18℃, 2.1 MPa로 저장하는 저압식이 있고, 호스의 끝에 노즐을 장치한 이동식(호스릴 방식)과 분사헤드를 고정한 고정식이 있다. 고정식은 다시 방호구역 전체로 방출하는 전역방출방식과 방호대상물만 대상으로 하는 국소방출방식으로 나눌 수 있다. 또한 기동방식에 따라서 수동기동방식과 자동기동방식으로 분류할 수 있다. [그림 9-7]은 전역방출식의 자동식 시스템으로 감지기에 의하여 화재를 감지하여 음향경보를 발하고, 전기적으로 개방된 기동가스용기의 가스가 선택밸브 및 저장용기밸브를 개방하여 헤드로 소화가스를 방출하게 한다. 수동식은 사람의 대피를 확인한 후 작동이 되도록 누름버튼을 눌러서 작동시킨다.

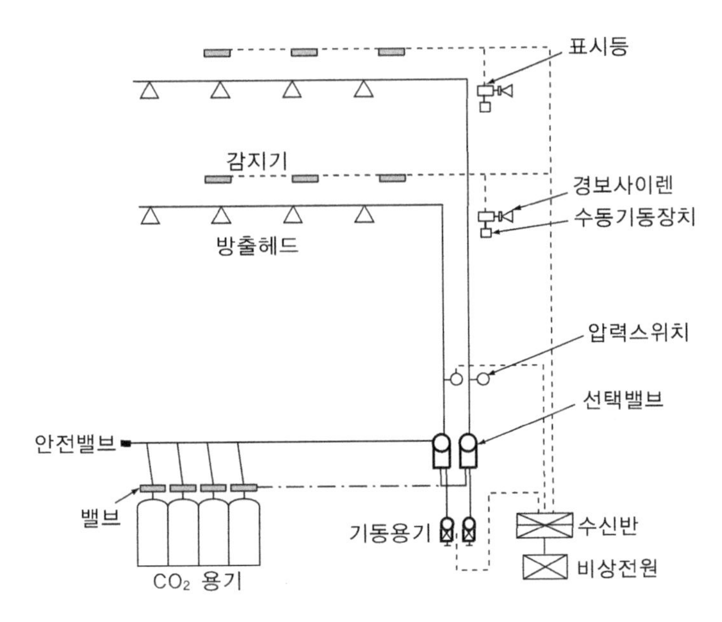

[그림 9-7] 이산화탄소 소화설비 계통도

8) 할로겐화물 소화설비

할로겐화물은 분해되어 수소기나 수산기와 반응하여 가연물질의 연소에 필요한 연쇄반응을 차단 또는 저지하는 작용을 한다. 액화된 할로겐화물은 증발할 때 냉각작용도 한다.

할로겐화물 소화설비는 질소가스의 압력으로 송액하며, 기능적으로 이산화탄소 소화설비와 같지만 소화능력이 이산화탄소의 3배에 달하고, 공기보다 비중이 5배나 크기 때문에 방호대상물의 깊은 곳까지 침투하여 소화할 수 있다. 또한 오작동에 의한 위험성은 탄산가스보다 훨씬 가벼우므로 더 선호되고 있는 소화방식이다. 소화제의 종류에는 브롬을 갖는 할로겐화물인 할론 2402, 할론 1211 및 할론 1301이 있다.

할로겐화물 소화설비는 소화 후에 재와 같은 잔류물을 남기지 않으므로 처음에 항공기 엔진용 소화설비로 개발되었으나 컴퓨터실과 같은 지상용으로도 사용하게 되었다. 저장용기, 화재감지장치, 분사헤드, 비상전원, 약제저장용기, 기동장치, 제어반, 배관 등으로 구성되며 이산화탄소 소화설비와 유사하다.

9) 분말소화설비

분말소화설비는 탄산수소나트륨 또는 탄산칼륨을 주성분으로 하는 미세건조분말을 방사하여 소화한다. 소화약제 분말의 열분해로 생성된 탄산가스, 수증기 및 메타인산의 냉각작용, 질식작용, 부촉매작용으로 소화한다. 분말소화설비는 일반화재, 유류화재, 전기화재 등에 널리 사용되며, 특히 전기, 기름화재에 유용하다.

분말소화설비는 탄산가스소화설비와 거의 같으며 축압식과 가압식이 있다. 축압식은 약제 저장수조에 분말소화약제를 질소와 함께 충전하여 축압상태로 저장하고 있다가 화재 시 외부로 방출한다. 가압식은 약제수조 외에 가압용 가스용기를 별도로 두어 화재 시 가압용기의 질소 또는 탄산가스를 약제저장수조에 주입하여 약제를 외부로 방출하는 방식이다.

분말소화설비는 다음과 같은 특성을 갖고 있다.

① 다른 소화설비보다 소화성능이 우수하며 소화시간이 짧다.
② 약제가 완전 절연성이므로 전기화재에 안전하다.
③ 설비비가 저렴하고 유지관리가 쉽다.
④ 대상물을 오손하지 않고 인체에 무해하다.
⑤ 온도변화에 의한 약제의 변질이나 성능의 저하가 없다.
⑥ 약제의 수명이 반영구적이다.
⑦ 어떠한 화재에도 최고의 소화성능을 발휘한다.

9-5 경보 및 피난설비

경보설비는 화재발생을 신속히 알리기 위한 설비로서 비상경보설비, 비상방송설비, 자동화재감지설비, 자동화재속보설비 및 누전경보기 등으로 분류하며 종류별 설치 기준을 규정하고 있다.

1) 비상경보설비

비상경보설비는 자동식 사이렌, 비상벨 또는 비상방송설비와 같이 내부의 사람들에게 화재를 알리는 설비로 기동장치, 표시등, 음향장치, 비상전원, 조작장치(자동식 사이렌이나 비상벨에는 없다) 등으로 구성한다.

2) 자동화재감지설비

자동화재감지설비는 화재위험성이 있는 장소나 화재를 발견하기 어려운 장소에 화재감지기를 설치하고, 숙직실과 같이 사람들이 상주하는 곳에 놓아둔 수신기에 경보벨을 울려 화재발생장소를 알리는 설비를 말한다. 이 설비는 특수 소화설비와 연동되는 경우가 많으며, 감지기, 배선, 주벨, 수신기 등으로 구성된다. 감지기는 [그림 9-8]과 같이 열감지기, 연기감지기 및 열·연기 복합감지기가 있으며, 한 점에 대하여 감지하는 스폿형과 연속된 관이나 선을 따라 감지하는 분포형이 있다.

열감지기에는 일정온도 이상이면 작동하는 정온식과 온도상승속도에 의한 차동식 및 양자를 병용한 보상식이 있다. 정온식은 감지에 시간이 걸리는 단점이 있으나 온도변화가 심한 보일러실과 주방 등에 적합하다.

차동식은 온도변화가 작은 경우에 적합하며, 차동스폿형 감지기는 주차장, 거실, 사무실, 서고 등 비교적 좁은 장소에 적합하고, 차동분포형 감지기는 공장, 창고, 체육관 등의 큰 공간에 적합하다.

연기감지기는 화원이 가까운 경우에는 연기와 접촉하여 검지하는 이온화연기감지기가 적합하고, 화원이 먼 경우에는 광전소자가 수광량으로 검지하는 광전연기감지기가 적합하다.

수신기는 감지기에서 발신된 신호를 받아 경보음을 울림과 동시에 화재위치를 표시하는 장치이다. 수신기의 종류에는 중계기를 통해서 공통신호로 수신하는 P형, 고유신호로 수신하는 R형이 있으며, P형이 일반적으로 사용되고 R형은 대규모 건물에 설치된다.

(a) 열감지기

(b) 연기감지기

(c) 열·연기 복합식감지기

[그림 9-8] 감지기

3) 자동화재속보설비

특정한 소방대상물에 화재발생을 직접 소방기관의 수신기에 알리기 위한 설비이다.

4) 누전경보기

누전경보기는 일정량 이상의 전기를 사용하는 장소에서 누전으로 인한 화재를 방지하기 위하여 설치한다. 이것은 전로(電路)의 불평형 전류 또는 접지선을 흐르는 누설전류를 변류기에서 검출한 후 수신부에서 증폭하여 경보음을 내는 장치이다.

5) 피난설비

피난설비에는 피난기구, 인명구조기구, 유도등설비, 비상조명, 휴대용비상조명, 피난계단 등이 있으며 설치대상은 소방법으로 규정되어 있다.

9-6 소화활동설비

1) 제연설비

제연 또는 배연설비는 화재 시 발생한 연기의 제거 또는 실내나 피난경로로 연기가 침입하는 것을 막아 거주자를 보호하고 안전하게 피난시킴과 동시에 소화활동에 유리하도록 하는 설비를 말한다. 제연설비의 설치기준이나 설치구역의 기준, 배출량 등은 소방법으로 규정되어 있다. 연기의 확산을 방지하고 제연효과를 높이기 위한 구획을 제연구획이라고 하며, 면적, 용도, 피난 등을 기준으로 설정한다.

제연설비의 종류에는 밀폐제연방식, 자연제연방식, 스모그타워 제연방식 및 기계제연방식이 있다. 밀폐제연방식은 연기의 유입 및 공기의 유입을 억제하여 방연하는 방식으로 호텔이나 집합주택 등과 같이 구획을 작게 할 수 있는 경우에 적합한 방식이다. 자연제연방식은 [그림 9-9(a)]와 같이 부력 또는 바람에 의하여 실의 상부에 설치한 창 또는 전용 제연구로부터 연기를 옥외로 배출하는 방식이다. 이 방식은 환기에도 겸용할 수 있으나 바람맞이에 설치되면 다른 방으로 연기를 누출할 수 있다. 스모그타워 배연방식은 [그림 9-9(b)]와 같이 제연전용샤프트를 설치하여 열기에 의한 부력이나 루프모니터의 외풍에 의한 흡인력으로 제연하는 방식이다.

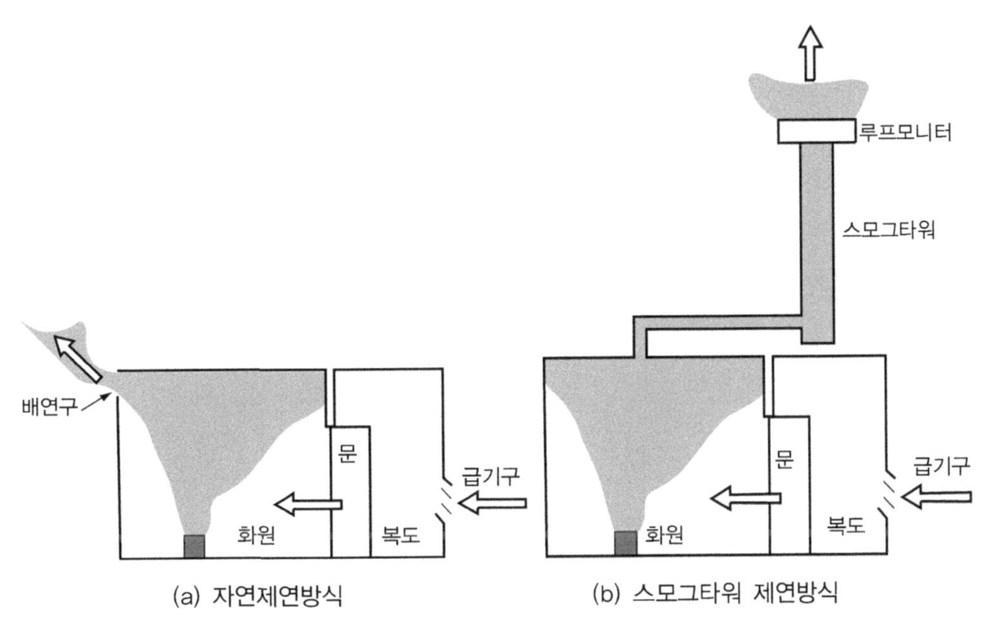

(a) 자연제연방식 (b) 스모그타워 제연방식

[그림 9-9] 자연제연방식과 스모그타워 제연방식

기계제연방식은 제연팬, 제연덕트, 각종 댐퍼, 감지기, 연동제어 등으로 구성되며 기계환기와 같이 급·배기제연(1종), 가압제연(2종), 흡인제연(3종) 방식이 있다. 이 방식은 공기조화 및 환기설비와 호환성이 있고, 제연의 확실성은 있으나 덕트의 기밀성, 내열처리, 제연구의 위치 등에 충분한 고려가 있어야 한다.

2) 연결송수관설비

고층 건물의 화재에 대비하여 빌딩 안에 하나의 소방 전용송수구와 여러 개의 방수구가 달린 송수관을 설치하여 두었다가 유사 시 송수구로 소방용수를 공급하여 해당 층의 방수구로 단시간에 방수작업을 할 수 있도록 한 설비다.

연결송수관설비는 단독으로 할 수도 있으나 [그림 9-2]와 같이 옥내소화전설비와 병행할 수도 있다. 송수구의 수는 연결송수관의 수직관의 수 이상으로 쌍구형으로 한다. 11층 이상의 건물에는 쌍구형의 방수구를 설치하고, 70 m 이상의 건물은 부스터펌프를 설치해야 한다.

3) 연결살수설비

지하실이나 지하상가 등의 화재에는 소방호스를 들고 진입하는 것이 어렵기 때문에 송수구, 송수관, 배관, 살수헤드로만 구성된 연결살수설비를 설치하여 두고 화재 시 소방펌프자동차로부터 송수구로 이 설비에 가압송수하여 소화할 수 있도록 한 것이다.

4) 비상콘센트설비

야간 화재 시 상용전원은 정전이 되면 소방 활동이 불가능하므로 비상콘센트를 설치하여 둔다.

9-7 가스설비

1) 연료용 가스의 특성

연료용 가스로 사용되는 단체가스의 물리적 성질은 [표 9-4]와 같다.

[표 9-4] 단체 가스의 물리적 성질

가스	분자식	발열량, kJ/Nm³		비중 [0℃, 1atm] 공기 = 1	착화온도 [0℃ 공기 중]	이론공기량, Nm³/Nm³ 연료	연소한계, %	
		저발열량	고발열량				하한	상한
수소	H_2	10760	12770	0.070	530	2.38	4.0	75.0
일산화탄소	CO	12640	12640	0.967	610	2.38	12.5	74.0
메테인	CH_4	35790	39850	0.555	645	9.52	5.0	15.0
아세틸렌	C_2H_2	56930	58980	0.906	335	11.90	2.5	80.0
에틸렌	C_2H_4	59940	64000	0.975	540	14.28	3.1	32.0
에테인	C_2H_6	64340	70410	1.049	530	16.70	3.0	12.5
프로필렌	C_3H_6	88200	94350	1.481	455	21.40	2.4	10.3
프로페인	C_3H_8	93560	101800	1.550	510	23.80	2.2	9.5
뷰틸렌	C_4H_6	113820	121850	1.937	445	28.60	1.6	9.3
n-뷰테인	C_4H_{10}	123530	134000	2.091	490	30.90	1.9	8.5
i-뷰테인	C_4H_{10}	121600	131980	2.064	490	30.90	1.9	8.5

2) 연료용 가스의 종류

일반 연료용 가스의 원료에는 천연가스, 석유계 가스 및 석탄계 가스가 있다. 석유계 가스에는 정제과정에서 나오는 정제소 가스, 석유의 경질유분을 분해하여 얻는 나프타분해 가스 등이 있다. 또한 석탄계 가스에는 석탄을 코크스로에서 건류하여 발생시킨 코크스로가스, 코크스와 공기를 고온에서 반응시켜 제조하는 발생로 가스 등이 있다. 대부분의 가스연료는 황화합물, 질소화합물 등이 함유되어 있지 않아 연소생성물에 SO_x, NO_x, 그을음 등의 발생량이 적은 청정연료이다.

가스의 수송 및 저장이 용이하도록 액화한 가스에는 LNG(liquified natural gas)와 LPG(liquified petroleum gas)가 있다.

❶ LNG

천연가스는 지하에서 발생하는 메탄가스를 주성분으로 한 가연성 가스를 총칭하며, 이를 액화한 것을 LNG라고 한다. 대부분의 천연가스는 알라스카, 수마트라, 중동 등지에서 산출되며, 메테인 가스 외에도 황화수소, 이산화탄소, 뷰테인, 펜테인, 습기, 먼지 등이 혼합되어 있으나 유황, 습기, 먼지 등을 전처리과정을 통해 제거한 것이다. 천연가스는 표준상태에서 액화하면 부피가 1/600로 감소하므로 액화한 LNG 상태로 수송 및 저장한다.

LNG는 비점(沸點, boiling point)이 약 −162℃인 무색투명한 액체로 비점 이하의 저온에서 용기에 저장할 수 있다. LNG 인수기지의 탱크에 저장된 LNG를 수용가에 공급하기 위해서는 기체로 변화시킨다. 이때 얻을 수 있는 냉열은 액화산소 및 액화질소의 제조, 또는 냉동 창고에 이용하거나 LNG를 기화시킨 후 터빈을 구동시켜 동력으로 회수하기도 한다. 천연가스는 다른 지방족 탄화수소에 비하여 연소속도가 느리고, 최소 발화에너지, 발화점 및 폭발하한 농도가 높다. 그러나 천연가스는 무색무취이면서 인화폭발의 위험성이 높으므로 누출이 되지 않도록 해야 하며, 가스누출 사고감지를 위하여 가스공급 시에 부취제(附臭劑)를 첨가한다. 천연가스는 공기보다 가벼우므로 누출 시 환기를 시키면 쉽게 외부로 방출시킬 수 있다.

❷ LPG

LPG는 석유정제 과정 또는 원유채취정(原油採取井)에서 생산된 프로페인 및 뷰테인이 주성분인 기체연료를 67 atm으로 압축하거나 -6.6~-42.2℃로 냉각하여 얻는다. 프로판은 0.7 MPa, 뷰테인은 0.2 MPa에서 액화되며 액화된 프로페인이 대기 중으로 방출되면 기화되지만 뷰테인은 영하에서 기화되기 어렵고 기화되어도 재액화되기 쉽다.

공기보다 무거운 프로페인이나 뷰테인은 누설되면 대기 중으로 확산되지 않고 지면에 체류하므로 충분한 통풍 및 환기조치가 필요하다. LPG는 무색무취이며 폭발한계가 낮고 인화점이 낮아서 소량 누출에도 화재 및 폭발의 위험이 크므로 취급에 주의해야 한다. 누출감지를 위해 가정용이나 자동차용 가스에는 부취제인 메르캅탄(mercaptane)을 첨가하고 있다. 또한 LPG는 고무, 페인트, 테이프 등의 유지류 및 천연고무를 용해하는 성질이 있다.

❸ 도시가스

도시가스는 파이프라인을 통하여 수용가에게 공급되는 기체연료로 공급가스라고도 한다. 도시가스는 일반적으로 단체가스의 혼합물이며 주원료는 LNG, 나프타분해가스, LPG 및 석탄가스가 있으며, 크게 제조가스와 천연가스로 나눌 수 있다.

제조가스는 석탄, 코크스, 원유, 나프타분해가스, LPG 등을 원료로 제조한 가스를 정제, 혼합하여 소정의 발열량으로 조정한 것이다. 천연가스는 직접, 희석, LPG와 혼합 또는 제조가스와 혼합하여 발열량을 조정하여 사용한다. LNG 공급배관이 갖추어진 곳에는 주로 LNG를 공급하고 있으며, 그 밖의 지역에선 주로 LPG에 공기를 혼합한 가스를 공급하고 있다. 도시가스는 웨버지수와 연소속도지수에 의하여 14종류로 분류한다.

[표 9-5] 도시가스의 주요 성질

주성분	발열량, kJ/Nm^3	비중	조성
LNG	44,000	0.65	메테인 85% 이상
LPG+Air	63,000	1.32	프로페인 62.5%

3) 가스의 연소성

기체 연료의 특성인 연소성을 나타내는 지수에는 웨버지수(WI; weber index)와 연소속도지수(CP; combustion potential)가 있다. 웨버지수는 동일 지름의 노즐에서 발생하는 연소열을 비교할 수 있는 지수로서

$$\mathrm{WI} = \frac{0.239\mathrm{H}_h}{\sqrt{s}} \tag{9.2}$$

여기서 WI : 웨버지수

H_h : 연료의 총 발열량, kJ/Nm^3

s : 공기에 대한 연료가스의 비중

또한 연소속도지수는

$$\mathrm{CP} = K\frac{1.0\mathrm{H}_2 + (\mathrm{CO} + \mathrm{C}_m\mathrm{H}_n) + 0.3\mathrm{CH}_4}{\sqrt{s}} \tag{9.3}$$

여기서 CP : 연소속도지수

K : 가스 중 산소 함유율에 따른 정수(O_2가 0%면 K=1)

H_2, CO, … : 가스의 체적함유율(%)

4) 도시가스의 공급

도시가스의 공급방식은 공급압력에 따라서 1 MPa 이상의 고압공급방식, 0.1~1 MPa의 중압공급방식, 0.1 MPa 이하의 저압공급방식이 있다.

LNG를 원료로 한 도시가스는 액체상태로 도입되어 인수기지에 저장된 후 기화시설을 거쳐 지하배관망을 통하여 도시가스공급회사와 화력발전소에 2~7 MPa의 고압방식으로 공급된다. 공급회사는 감압시설과 계량시설을 거쳐 중압방식으로 최종 소비지 인근까지 공급하고, 각 지역에 설립된 지역 정압기(governor)를 통하여 저압으로 감압한 후 단독주택, 아파트 및 일반 건물과 산업체에 공급한다.

일반적으로 가스기구의 사용압력은 50~100 mmAq 정도이므로 도로에 매설된 가스도관 내의 압력은 80~120 mmAq이다. 공급 가스량이 많을 때는 큰 구경의 저압본관이 필요하므로 비경제적이다. 이런 경우는 압축기로 압축하여 중압본관으로 보내고, 지구 정압기(district governor)에서 저압으로 조정한 후 저압도관으로 수용가에 공급한다.

정압기는 중압인 가스를 저압으로 감압하기 위한 감압장치와 안전장치 및 기록장치로 구성된 설비이다. 1개소당 반지름 250~300 m 내의 약 3,000~4,000여 수용가에 가스공급이 가능하며 거리가 멀면 압력이 낮아지므로 공급이 사실상 불가능하다.

[그림 9-10]은 가스 및 오일버너의 장치도를 나타낸다.

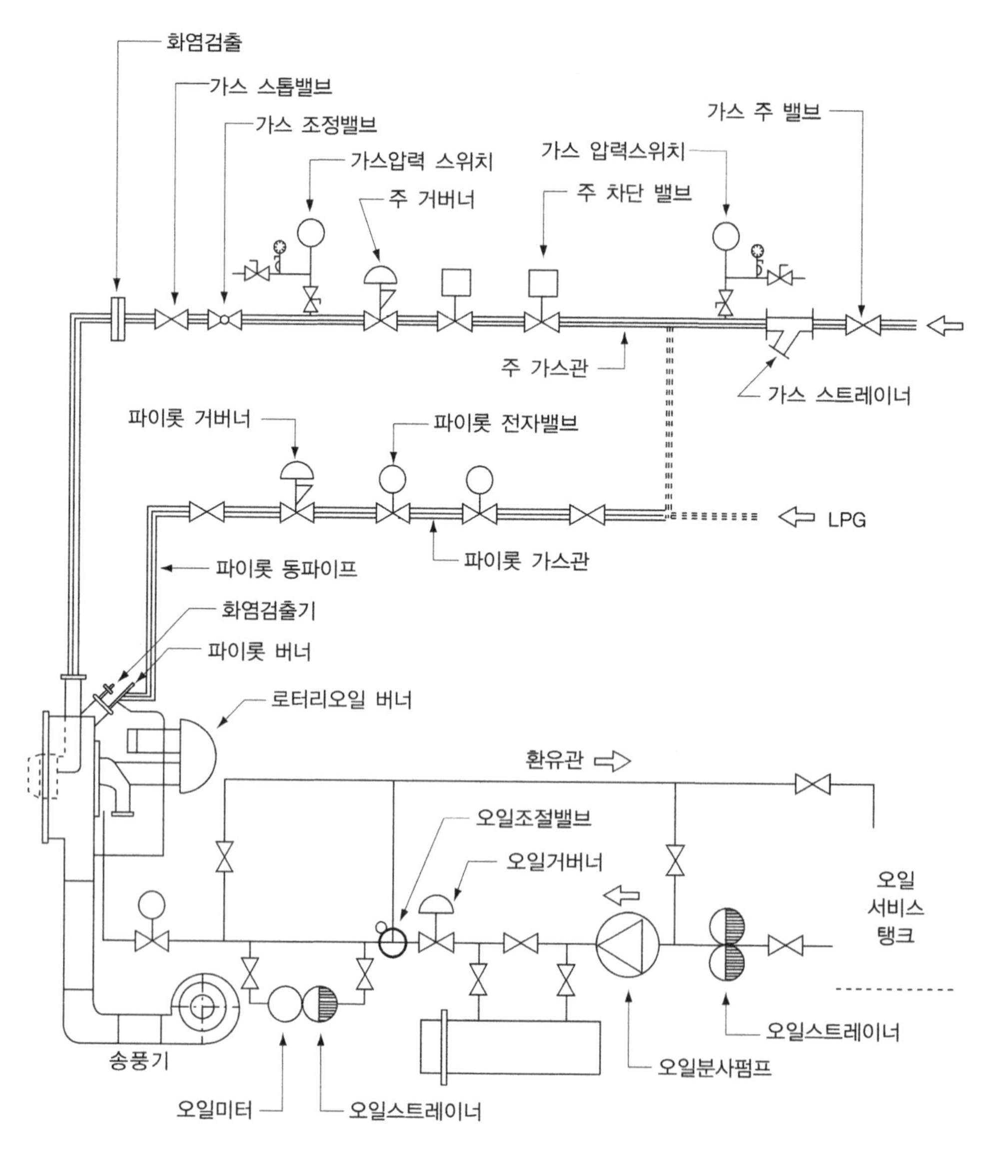

[그림 9-10] 가스 및 오일버너 장치도

5) 가스배관의 설계

도시가스의 배관 및 관련 기기를 설치할 때는 안전을 위하여 배관 재료, 매설 깊이 및 타 설비와의 이격거리, 설치장소 등에 관한 관련 규정을 따라야 한다.

가스관의 관지름은 관로의 길이, 가스 유량, 기점의 공급압력, 말단 압력, 가스의 비중 등에 따라서 공급압력별로 산정해야 한다.

$$\text{저압배관}: \; Q = K\sqrt{\frac{HD^5}{sL}} \tag{9.4a}$$

$$\text{중고압배관}: \; Q = K\sqrt{\frac{(P_1^2 - P_2^2)D^5}{sL}} \tag{9.4b}$$

여기서 Q : 유량, $\mathrm{m^3/h}$
D : 관의 안지름, cm
H : 기점압력과 말단 압력의 압력차, mmAq
P_1, P_2 : 기점과 말단에서의 절대압력, MPa
L : 관의 길이, m
K : 유량 계수(저압배관의 경우 K=0.7055, 중고압배관의 경우 K=533.6)
s : 공기에 대한 연료가스의 비중

30 m 이상의 입상관의 경우 고저차에 의한 압력을 보정해야 한다.

$$\Delta H = 1.293(1 - s)h \tag{9.5}$$

여기서 ΔH : 보정압력차, mmAq
h : 고저차, m

최소 관지름은 공급관은 DN 25 이상, 내관은 DN 20 이상으로 한다. 또한 중고압관에서 가스의 유속은 안전을 위하여 14 m/s 이하로 한다.

6) 가스연소기의 환기

일반적인 가스의 발열량 1,000 kJ/m^3에 대하여 이론공기량은 약 0.21 m^3이나 실제 연소에는 20~50%의 과잉공기가 필요하다. 또한 가스가 완전연소하면 공기 중 산소는 CO_2나 H_2O로 변환되며, 이론 배기가스량은 발열량 1,000 kJ당 0.24 m^3 가량 된다. 배기가스가 제거되지 않으면 산소 부족으로 불완전 연소가 일어나고 유해가스가 발생하므로 적절한 환기설비가 필요하다.

제10장 소음 · 진동

설비의 소음·진동은 중요한 환경요소 중 하나로 설계 및 운전에서 고려되어야 한다. 건축설비의 소음은 주로 송풍 및 급·배수와 관련된 것으로 쾌적한 음환경을 위해서 소음의 발생, 전달 및 평가에 관한 이해를 필요로 한다. 이 장에서는 소음·진동의 기초이론과 건축설비 소음의 제어를 위한 기본 사항을 다루었다.

10-1 기초 사항

1) 음압과 음향파워

소리에너지는 발생 원인에 관계없이 최종적으로는 공기를 통하여 소밀파의 형태로 귀에 전달된다. 이때 매질의 운동속도인 입자속도와 음압의 관계는

$$p = \rho_0 c_0 u \tag{10.1}$$

여기서 p : 음압, Pa　　u : 입자속도, m/s
c_0 : 공기 중 음속(=340 m/s)　　ρ_0 : 공기의 밀도(=1.2 kg/m^3)

또한 음파는 음압과 함께 음에너지를 동반하며 단위면적당 음에너지의 전달률을 음향 인텐시티(intensity)라고 한다. 진행파에 대하여 음압 p와 음향인텐시티 I의 관계는

$$I = \frac{p^2}{\rho_0 c_0} \tag{10.2}$$

음원에서 시간당 방사되는 음향에너지를 음향파워(power)라고 하며, 음향파워는 음원을 둘러싸는 면에 대하여 음향인텐시티를 적분한 것과 같다. 따라서 자유공간에서 지향성을 갖는 음원에 대한 음향인텐시티와 음향파워의 관계는

$$I = D_\theta \frac{W}{4\pi r^2} \tag{10.3}$$

여기서 I : 음향인텐시티
W : 음향파워
D_θ : 지향계수
r : 음원으로부터 거리

2) 소리레벨

소리의 물리적인 크기는 통상 다음과 같이 dB(decibel) 단위로 표시한다.

$$L_p = 20\log\left(\frac{p}{p_{ref}}\right),\ p_{ref} = 2\times10^{-5}\ \text{Pa} \tag{10.4a}$$

$$L_I = 10\log\frac{I}{I_{ref}},\ i_{ref} = 10^{-12}\ \text{W/m}^2 \tag{10.4b}$$

$$L_W = 10\log\frac{W}{W_{ref}},\ W_{ref} = 10^{-12}\ \text{W} \tag{10.4c}$$

여기서 L_P: 음압레벨(sound pressure level), dB
L_I: 음향인텐시티레벨, dB
L_W: 음향파워레벨, dB

자유 공간에서는 반사파가 없으므로 식 (10.2) 및 식 (10.4)에서 음압레벨과 인텐시티레벨은 동등함을 알 수 있다.

3) 대역분석 및 합산

소리에 대한 인간의 가청 주파수는 약 20 Hz에서 20 kHz 사이이며 1~3 kHz 범위의 소리에 가장 예민하다. 따라서 소음을 평가하는 데 주파수 특성의 분석이 기본이 되며, 일정 주파수 범위의 소리를 합한 값으로 분석하는 것을 대역분석이라고 한다. 가장 널리 쓰이는 대역(bandwidth)은 상한주파수가 하한주파수의 2배가 되는 1/1옥타브(octave)대역이며 [표 10-1]은 1/1옥타브대역의 중심주파수와 하한 및 상한 주파수를 나타낸 것이다.

[표 10-1] 1/1옥타브대역

옥타브대역 주파수 ,Hz					
하한	중심	상한	하한	중심	상한
22.4	31.5	45	710	1000	1400
45	63	90	1400	2000	2800
90	125	180	2800	4000	5600
180	250	355	5600	8000	11.2k
355	500	710	11.2k	16k	22.4k

대역 음압레벨을 합하여 총괄 음압레벨을 구하는 식은 다음과 같다.

$$SPL = 10\log(\sum_i 10^{SPL_i/10}),\ \text{dB} \tag{10.5}$$

여기서 SPL_i : i번째 대역의 음압레벨

레벨이 각각 L_1, L_2인 두 음($L_1 \geq L_2$)을 합성할 때는 식 (10.5)를 사용할 수도 있지만 편의상 다음 식으로 구한다.

$$L = L_1 + \Delta L \tag{10.6}$$

식에서 L은 합성음의 음압레벨이며, ΔL은 두 음의 레벨차를 이용하여 [그림 10-1]에서 구할 수 있다.

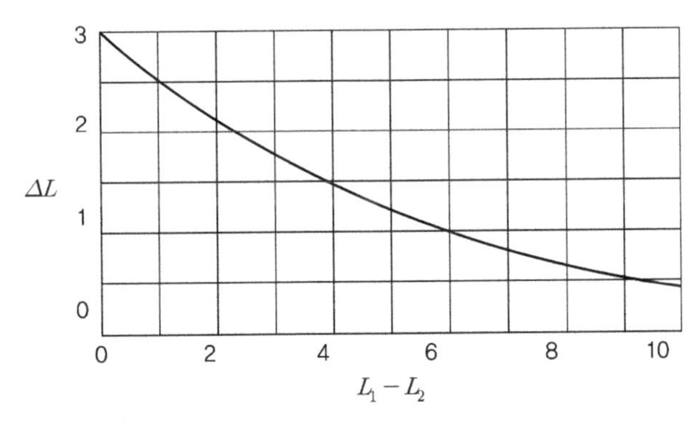

[그림 10-1] 두 음의 합성에서 레벨차($L_1 - L_2$)와 가산값 ΔL

이상과 같은 음압레벨의 합산방법은 인텐시티레벨 및 파워레벨의 합산에도 꼭 같이 적용할 수 있다.

10-2 소음원

1) 개요

실내 소음에는 외부에서 침투한 교통소음, 비행소음, 냉각탑이나 실외기 소음 및 각종 생활소음과 인접한 실에서 투과된 소음, 급·배수 소음, 취출구 소음, 바닥 충격음 및 에어컨, 청소기 등에 의하여 실내에서 발생된 각종 소음이 있다. 이러한 소음의 원인은 유체의 운동이나 고체의 진동에 의한 것이다.

유체운동이 원인이 된 소음에는 송풍 및 덕트 소음과 급·배수계통의 소음 등이 있다. 송풍계통에서 기류에 의한 소음은 난류 자체가 직접적인 음원이 되는 경우와 난류와 고체의 상호작용, 즉 충돌이 원인인 경우가 있다. 그런데 난류자체에 의한 소음은 저속에서는 파워가 매우 약하기 때문에 기류와 고체의 충돌이 대부분의 공조설비 소음의 원인이 된다. 급·배수 관련 소음에는 펌프소음, 배관 내부의 수류에 의한 소음, 수격작용에 의한 소음, 비등소음, 공동음, 토수구에서 분출 소음, 배수관 소음 등이 있다.

고체의 진동에 의한 소음은 벽체나 바닥의 진동, 회전기계의 진동, 배관의 진동 등에 의하여 발생된 소음이다. 이러한 고체 및 구조물의 진동을 통하여 전파된 음을 고체(전달)음(solid or structure borne noise)이라고 한다. 한편 공기를 통하여 전달된 일반적인 음을 공기(전달)음(air borne sound)이라고 하며, 단순히 격벽을 투과한 음은 공기음으로 본다. 고체음은 주로 100~500 Hz 대역에서 발생하며, 충당 3~10 dB 정도로 쉽게 감쇠가 안 되므로 건물의 넓은 지역에 피해를 미칠 수 있다. 또한 고체음은 특정 주파수의 순음성 소음인 경우가 많으며, 벽이나 천장과 같이 넓은 면을 통하여 방사되는 무지향성 소음이기 때문에 공기음에 비하여 더 큰 압박감을 야기할 수 있다.

2) 송풍기 소음

송풍기 소음은 설비 소음의 주요 원인이며 송풍기의 형식과 구조 및 운전상태에 따라서 다르다. 송풍기 소음파워는 대체로 정압의 제곱과 풍량의 곱에 비례하며 송풍효율이 낮을수록 증가하는 특성을 보인다. 송풍기 소음은 실측치가 가장 신뢰할 수 있으나 실측자료가 없을 때는 다음 식으로 개략적인 값을 구할 수 있다.

$$L_W = K_W + 10\log(Q/Q_0) + 20\log(P/P_0) - C + \mathrm{BFI},\quad \mathrm{dB} \tag{10.7}$$

여기서 K_W : 기준상태(Q_0, P_0)에서 발생소음의 옥타브대역 파워레벨([표 10-2])
Q : 송풍기 풍량, $Q_0 = 1.7\ \mathrm{m^3/h}$
P : 송풍기 정압, $P_0 = 25\ \mathrm{mmAq}$
C : 송풍기 운전조건의 영향, (1−운전효율/최고효율)×33.3
BFI : 날개통과주파수대역에 보정([표 10-2] 참조)

날개통과 주파수는

$$B_f = \frac{nN}{60} \tag{10.8}$$

여기서 B_f : 날개통과 주파수, Hz
N : 날개수
n : 송풍기 회전수, rpm

[표 10-2] 기준상태에서 송풍기 소음의 옥타브대역 파워레벨과 BFI

팬형식		임펠러지름, m	주파수대역, Hz							BFI	
			63	125	250	500	1k	2k	4k	dB	발생대역, Hz
원심팬	익형과 터보형	0.9 이상	32	32	31	29	28	23	15	3	250
		0.9 미만	36	38	36	34	33	28	20	3	250
	다익형	전부	47	43	39	33	28	25	23	2	500
	레이디얼형	1.0 이상	45	39	42	39	37	32	30	8	125
		0.5~1.0	55	48	48	45	45	40	38	8	125
		0.5 미만	63	57	58	50	44	39	38	8	125
축류팬	베인형	1.0 이상	39	36	38	39	37	34	32	6	125
		1.0 미만	37	39	43	43	43	41	38	6	125
	튜브형	1.0 이상	41	39	43	41	39	37	34	5	63
		1.0 미만	40	41	47	46	44	43	37	5	63
	프로펠러형	3.5 이상	56	57	56	55	52	48	46	5	63
		3.5 미만	48	51	58	56	55	52	46	5	63

지름이 3.5 m 이상인 프로펠러형 축류팬의 경우는

$$L_W = K_W + 70\log D + 50\log N - 223,\ \text{dB} \tag{10.9}$$

여기서 D : 날개지름, m
N : 날개회전속도, rpm

이상의 식들은 송풍기의 토출 측 또는 흡입 측에서의 소음파워이며, 덕트출구를 통하여 방사되는 소음파워를 구하려면 덕트에서 소음저감 및 출구에서의 반사를 고려해야 한다.

예제 10-1

정압 125 mmAq에 송풍량이 9,000 m^3/h인 터보형 원심팬의 소음파워레벨을 구하여라. 단, 임펠러지름은 80 cm, 날개수는 30개이고, 회전속도는 1,500 rpm이며, 최대 효율대비 90% 효율로 운전되고 있다.

풀이

식 (10.7)에서

$$L_W = K_W + 10\log(9000/1.7) + 20\log(125/25) - (1-0.9)\times 33.3 + \text{BFI} = K_W + 48 - 3 + \text{BFI}$$

$$B_f = \frac{1500\times 30}{60} = 750\,\text{Hz}$$

[표 10-2]의 K_W와 BFI에 해당 수치를 대입하여 정리하면 다음 [표 E10-1]과 같다.

[표 E10-1] 원심팬의 대역별 소음파워

	주파수대역, Hz						
	63	125	250	500	1k	2k	4k
K_W, dB	36	38	36	34	33	28	20
$10\log(Q/Q_0)+20\log(P/P_0)$	48	48	48	48	48	48	48
$-C$	-3	-3	-3	-3	-3	-3	-3
BFI, dB	0	0	0	0	3	0	0
L_W, dB	81	83	81	79	81	73	65

총괄 파워레벨은 식 (10.5)에 의하여

$$OA = 10\log(10^{81/10} + 10^{83/10} + 10^{81/10} + 10^{79/10} + 10^{81/10} + 10^{73/10} + 10^{76/10} + 10^{65/10}) = 88.6\,\text{dB}$$ ■

3) 덕트, 댐퍼, 취출구 및 흡입구에서의 기류소음

덕트에서 기류에 의하여 발생하는 소음파워는 송풍기에 의한 소음파워에 비하면 일반적으로는 무시할 수 있을 정도로 작다. 그러나 송풍기로부터 취출구가 멀거나 소음상자 등으로 차음이 된 경우에는 기류소음이 주 소음원이 될 수 있다. 대부분의 기류소음은 기류가 고체에 충돌하여 발생되므로 소음파워는 유속의 약 5~6승에 비례한다. 따라서 기류소음의 파워는 식 (10.10)과 같은 일반식으로 표시할 수 있다.

$$L_W = 10\log A + a\log v + b \tag{10.10}$$

여기서 L_W: 기류소음의 파워레벨, dB

A : 덕트 단면적, m^2(취출구의 경우 목에서 속도일 때 목면적)

v: 풍속, m/s

식에서 계수 a, b 및 파워레벨의 옥타브대역 분포는 [표 10-3]과 같다.

[표 10-3] 덕트, 댐퍼, 취출구 및 흡입구에서 발생소음파워

소음원		계수		주파수대역, Hz							비고
		a	b	63	125	250	500	1k	2k	4k	
직관 덕트	D=0.10~0.25 m	50	30	−16	−12	−6	−1	−4	−8	−14	
	D=0.25~0.50 m			−11	−6	−1	−3	−8	−13	−17	
	D=0.50~1.00 m			−6	−1	−2	−7	−12	−17	−22	
댐퍼, dB	θ(개도)=0。(전개)	55	30	−4	−5	−5	−9	(−14)	(−19)	(−24)	
	θ=45。	55	42	−7	−5	−6	−9	−13	−12	−13	
	θ=65。	55	51	−10	−7	−4	−5	−9	−9	−10	
취출구	노즐형	52.5	9.5	−2	−7	−7	−11	−16	−18	−19	목에서 풍속 15 m/s 이하
	펑커루버	33.5	38.5	−3	−7	−9	−14	−14	−17	−22	〃
	격자형	50	30	−6	−5	−6	−9	−11	−18	−26	정면 풍속 5 m/s 이하
	슬롯형	40	54	−8	−7	−6	−6	−9	−14	−24	〃
	원형아네모스탯형	50	35	−2	−5	−8	−12	−16	−23	−26	목에서 풍속 7 m/s 이하
	각형아네모스탯형	50	35	−3	−6	−7	−8	−8	−11	−18	〃
	각형	50	42	−6	−5	−6	−9	−11	−16	−24	〃
흡입구	격자형	50	38	−8	−12	−10	−6	−6	−14	−23	
	팬형	60	27	−9	−7	−10	−10	−12	−16	−29	
	머쉬룸형	60	33.5	−3	−9	−11	−14	−11	−10	−18	

송풍기의 진동, 서징 및 댐퍼에 의한 난류 등은 덕트에 진동을 가하여 소음을 일으킨다. 덕트 내의 기류소음은 덕트의 진동을 동반하기 때문에 덕트의 두께에 영향을 받으며, 두께가 0.6 mm인 덕트는 1.2 mm인 덕트에 비하여 기류소음이 2 dB 증가한다.

4) 급·배수 소음

급수 및 배수 소음은 펌프소음과 배관소음으로 나눌 수 있다. 펌프소음은 주로 공동음과 서징 및 압력변동이 원인이며 회전불균형 등에 의한 진동이 원인인 경우도 있다.

급수관 및 배수관에서의 소음은 유속, 압력 또는 기포가 원인이 된다. 유속이 빠르면 엘보, 티, 밸브 등을 통과할 때 유체의 충돌에 의하여 소음이 발생하며, 관을 투과하여 공기음으로 전파되거나 배관의 진동을 통한 고체음을 유발한다. 수전의 급격한 개폐 시에 발생하는 수격현상은 강한 압력파를 생성하여 배관, 이음쇠, 밸브류, 기기류 등을 진동시키거나 충격소음을 일으킨다. 배수음은 기액(氣液) 2상류를 형성한 배수가 배관에 충돌하고, 기포가 압축 또는 팽창되어 발생한다. 고층건물의 배수관은 소음 통로가 되어 인접실에 영향을 미치는 주요 소음원이 된다.

10-3 흡음 및 차음

소음을 저감하는 방법에는 흡음과 차음이 있다. 흡음은 음에너지를 흡수하여 소산시키는 방법이다. 덕트를 전파하는 소음은 내장(內粧)엘보와 소음박스 같은 소음장치(消音裝置)를 지날 때 흡음에 의하여 그 파워가 저감된다. 실내의 벽, 천장 및 바닥에 흡음재를 부착하는 것은 실내소음을 저감하는 가장 일반적인 방법이다. 차음은 벽에 의하여 음파의 투과를 막는 방법으로 소음원이나 수음자의 밀폐, 방음커버, 방음벽, 칸막이벽 등이 차음에 의한 방음에 속한다.

1) 흡음

흡음에 의한 소음성능은 흡음재의 흡음률에 좌우되며, 대표적인 흡음재의 흡음률은 [표 10-4]와 같다.

[표 10-4] 대표적인 흡음재와 흡음률

재료	주요치수	공기층 두께, mm	옥타브대역 중심주파수, Hz					
			125	250	500	1000	2000	4000
암면 밀도 40~160 kg/m^3	두께 25 mm	0	.10	.35	.75	.85	.85	.85
	두께 50 mm	0	.20	.75	.95	.90	.85	.90
	두께 25 mm	100	.35	.65	.90	.85	.80	.80
	두께 50 mm	100	.55	.90	.95	.90	.85	.85
다공판 지름 5 mm, 판두께 5 mm 흡음재 없음	개공률 9%	90	.07	.12	.38	.29	.22	.14
	개공률 9%	180	.12	.39	.29	.26	.30	.17
	개공률 13%	90	.06	.08	.21	.26	.22	.22
다공판 지름 5 mm, 판두께 5 mm 유리섬유 25~50 kg/m^3	개공률 9%	90	.19	.49	.80	.56	.37	.23
	개공률 9%	180	.32	.85	.71	.61	.40	.18
	개공률 13%	150	.46	.83	.93	.78	.57	.42
합판	판두께 6 mm	45	.18	.33	.16	.07	.07	.08
	판두께 6 mm	90	.25	.20	.10	.07	.07	.07

섬유질 흡음재의 흡음률은 음파의 1/4파장 정도까지 두께가 증가할수록 증가하며, 대체로 밀도가 높을수록 증가한다. 두께가 일정한 경우 흡음률은 주파수가 높을수록 증가하므로 섬유질 흡음재는 주로 중고주파 소음에 적용된다. 저주파음을 흡음하려면 매우 두꺼운 흡음재가 필요하기 때문이다.

[그림 10-2]와 같이 배후 공기층을 갖는 다공판은 다수의 헬름홀츠(Helmholtz) 공명기를 배열한 것으로 생각할 수 있으므로 공명주파수는

$$f_0 = \frac{c_0}{2\pi}\sqrt{\frac{n\pi a^2}{(l_c + \pi a/2)V}} \qquad (10.11)$$

여기서 f_o : 공명주파수, Hz　　n : 구멍의 수

a, l_c : 구멍의 반지름과 길이, m　　V : 공동의 체적, m^3

공명주파수에서 흡음효과가 가장 크며, 흡음재를 부착하면 보다 넓은 주파수 대역에서 흡음성능이 나타난다. 구멍이 작고 배후 공동의 체적이 클수록 공명주파수는 낮아지므로, 특정 주파수대역의 소음이나 저주파 소음의 저감을 위하여 흡음성 바탕재를 부착한 다공판을 사용한다.

우레탄폼과 같은 통기성이 매우 작은 발포수지계통의 유연재료도 탄성에 의하여 특정주

파수에서 공명을 일으키므로 중주파수 영역에서 다공판과 유사한 흡음특성을 나타낸다. 배후공기층을 갖는 판재도 흡음률은 낮지만 공명작용을 하므로 저주파 소음에 효과적이다.

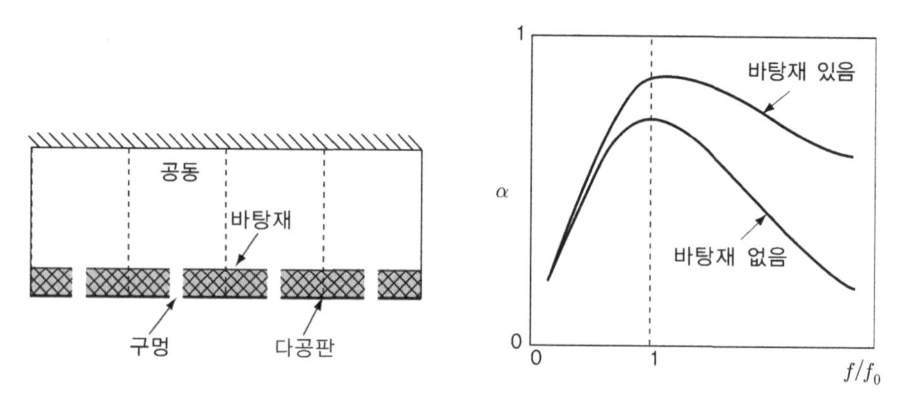

[그림 10-2] 배후공기층을 갖는 다공판의 구조와 흡음률

2) 차음

음파가 벽에 입사하면 반사, 흡음, 투과되며, 투과음과 입사음 파워의 비를 투과율이라 한다. 투과율을 τ라고 하면 벽의 투과손실(transmission loss) TL은 다음과 같이 정의된다.

$$TL = 10\log(1/\tau),\ \text{dB} \tag{10.12}$$

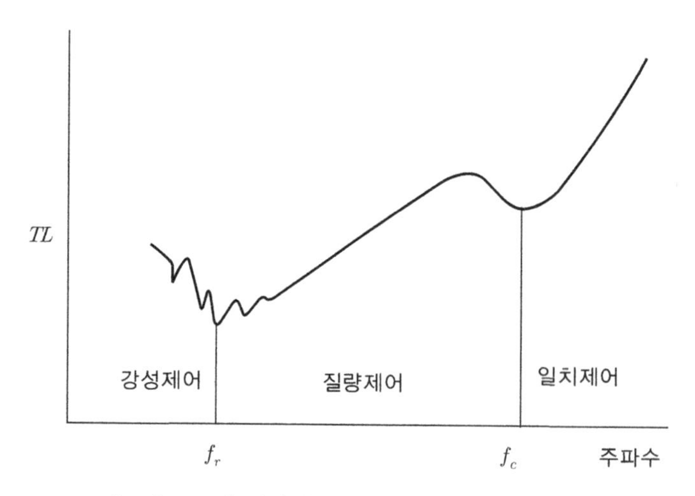

[그림 10-3] 벽체의 투과손실의 주파수 특성

주파수에 따른 단일 벽체의 투과손실은 [그림 10-3]과 같은 경향을 나타내며, 투과손실의 예를 들면 [표 10-5]와 같다.

[표 10-5] 투과손실

재료	옥타브대역 중심주파수, Hz					
	125	250	500	1000	2000	4000
벽돌 5 cm	30	36	37	37	37	43
경량콘크리트벽돌 15 cm, 페인트	38	36	40	45	50	56
납비닐커튼 7.5 kg/m^2	22	23	25	31	35	42
문, 합판 6.7 cm	26	33	40	43	48	51
판유리 4 mm	25	29	33	36	26	33
유리, laminated 12.7 m	23	31	38	40	47	52
금속다공판 사이 10 cm, 무기섬유질 단열재 삽입판	28	34	40	48	56	62
합판 6 mm, 3.5 kg/m^2	17	15	20	24	28	27
합판 18 mm, 10 kg/m^2	24	22	27	28	35	27
강판 18 gauge, 10 kg/m^2	15	19	31	32	35	48
강판 16 gauge, 13 kg/m^2	21	30	34	37	40	47

❶ 질량법칙

입사음의 주파수가 벽의 고유진동수 f_r 이하로 매우 낮은 경우에는 벽의 강성이 투과손실을 결정한다. 그러나 대부분 소음의 주파수는 f_r보다 크며, 투과율은 벽의 질량이 지배한다. 이 영역에서 투과율은 면밀도와 주파수를 곱한 값의 제곱에 역비례하므로 이를 질량법칙(mass law)이라고 하며, 실측치가 없는 경우 투과손실의 개략치는 다음 식으로 구할 수 있다.

$$TL = 20\log(mf) - 47 \tag{10.13}$$

여기서 TL : 벽의 투과손실, dB
m : 벽의 면밀도, kg/m^2
f : 주파수, Hz

❷ 일치

입사음에 의하여 벽면이 가진되는 파장과 벽의 굽힘파의 파장이 같은 경우를 일치(coincidence)라고 한다. 이때 음파는 반사 없이 완전히 벽을 투과할 수 있으나 구조적인 댐핑에 의한 내부저항으로 인하여 완전투과는 일어나지 않는다. 일치현상은 음파의 입사각이 클수록 낮은 주파수에서 일어나며 입사각이 90°인 접선입사의 경우 최소 주파수에서 일치현상이 나타나며 이를 임계주파수라고 한다.

임계주파수는 다음 식으로 구할 수 있다.

$$f_c = c_o^2/1.8hc_l \tag{10.14}$$

여기서 f_c : 임계주파수(critical frequency)
h : 벽의 두께
c_o : 공기 중 음속
c_l : 벽의 종파 위상속도

임계주파수 이상에서는 일치현상이 일어나므로 투과손실은 벽체의 댐핑에 의하여 결정되며, 대표적인 재료의 임계주파수는 [표 10-6]에서 구할 수 있다.

[표 10-6] 주요 재료의 hf_c

재료	hf_c, m/s	ρ (벽의 밀도), kg/m³
강	12.4	7.8×10^3
알루미늄	12	2.7×10^3
황동	17.8	8.5×10^3
구리	16.3	8.9×10^3
유리	12.7	2.4×10^3
판지	23*	0.65×10^3
합판	20*	0.60×10^3
석고보드	26*	1.2×10^3
콘크리트(중량)	19*	2.3×10^3
콘크리트(경량)	33*	1.3×10^3
콘크리트(다공질)	34*	0.6×10^3

* ±10% 오차

❸ 중공 이중벽의 투과손실

벽 두께를 2배로 하면 질량법칙에 의하여 5~6 dB의 투과손실 증가와 일치주파수의 감소밖에 영향이 없으나, 벽을 중간 공기층을 갖는 이중벽으로 만들면 경계면에서 반사작용이 일어나므로 투과손실이 크게 증가한다.

10-4 덕트 소음

덕트는 송풍기 소음의 전달 통로가 되며 댐퍼, 디퓨저 등에서는 기류소음이 발생한다. 또한 덕트소음은 덕트의 벽에서 흡음 및 투과로 감쇠되며, 외부 소음이 큰 경우에는 소음이 투과되어 들어오기도 한다.

[표 10-7] 덕트의 자연감쇠량(장방형덕트만 dB/m, 기타는 dB)

구분		치수	주파수밴드, Hz						
			63	125	250	500	1000	2000	4000
장방형 직관덕트		P/A[*1] > 12	0	0.9	0.3	0.3	0.3	0.3	0.3
		$P/A = 12 \sim 5$	0.9	0.3	0.3	0.3	0.3	0.3	0.3
		$P/A < 5$	0.3	0.3	0.3	0.3	0.3	0.3	0.3
엘보	장방형	폭, m							
		0.13	0	0	0	1	5	7	5
		0.26	0	0	1	5	7	5	3
		0.51	0	1	5	7	5	3	3
		1.00	1	5	7	5	3	3	3
	원형	지름, m							
		0.13~0.26	0	0	0	0	1	2	3
		0.26~0.51	0	0	0	1	2	3	3
		0.51~1.00	0	0	1	2	3	3	3
		1.00~2.00	0	1	2	3	3	3	3
단말반사[*2]		지름, m / 단면적, m^2							
		0.13 / 0.02	17	12	8	4	1	0	0
		0.26 / 0.06	12	8	4	1	0	0	0
		0.51 / 0.26	8	4	1	0	0	0	0
		1.00 / 1.00	4	1	0	0	0	0	0
		2.00 / 4.10	1	0	0	0	0	0	0
분기		A_1/A_2, %	5	10	15	20	30	40	50
		ΔL_W	13	10	8	7	5	4	3

*1 P=둘레길이, m, A=단면적, m^2

*2 취출구가 지름의 벽이나 천장 면상에 있으며 그 면이 지름의 3~4배까지 확장된 경우. 그렇지 않으면 한 치수 높은 값으로 함

1) 덕트 소음의 감쇠

❶ 자연 감쇠

흡음장치가 없더라도 덕트 소음은 덕트를 통과하면서 음파의 투과, 흡음 또는 덕트의 진동 등으로 음에너지의 손실이 일어난다. 또한 곡관부나 개방단에서는 반사에 의하여 음에너지의 감쇠가 일어나며, 분기관에서는 단면적에 비례하여 저감된다. 이와 같이 흡음장치에 의한 것 외의 소음감쇠를 자연감쇠라고 하며, 그 크기는 대략 [표 10-7]과 같다.

원형직관덕트의 경우 자연감쇠는 1000 Hz 미만에서는 0.1 dB/m, 그 이상에서는 대략 0.3 dB/m로서 장방형 직관덕트에 비하여 감쇠량이 작다. 또 장방형 직관덕트의 경우 덕트의 외부를 흡음처리하면 자연 감쇠량이 배로 증가하나 원형덕트의 경우에는 별다른 영향이 없다.

❷ 소음기에 의한 감쇠

덕트소음을 저감하는 일반적인 방법은 흡음형 소음기의 사용이다. 흡음형 소음기에는 내장덕트형, 스플리터(splitter)형, 셀(cell)형, 파형, 엘보형 및 챔버형 소음기가 있으며 흡음특성은 [그림 10-4]와 같다.

흡음형 소음기에 의한 소음(消音)은 중고주파수 대역에서 효과적이기 때문에 저주파수 음은 그대로 통과하여 저주파소음인 럼블(rumble)의 원인이 된다.

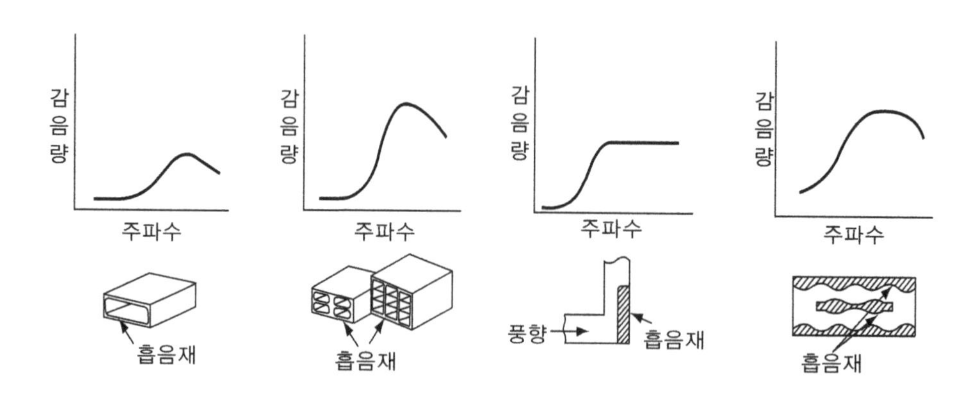

[그림 10-4] 각종 소음장치의 특성

[그림 10-5]와 같은 소음챔버에 의한 감음량 R은

$$R = -10\log S_D\left(\frac{\cos\theta}{2\pi d^2} + \frac{1-\overline{\alpha}}{\overline{\alpha}S_c}\right) \tag{10.15}$$

여기서 $\overline{\alpha}$: 내장된 흡음재의 흡음률

S_D : 출구 단면적, m^2

d : 입구에서 출구까지 거리, m

θ : 입구에서 출구 쪽을 보는 방향각

S_c : 챔버 내부 표면적

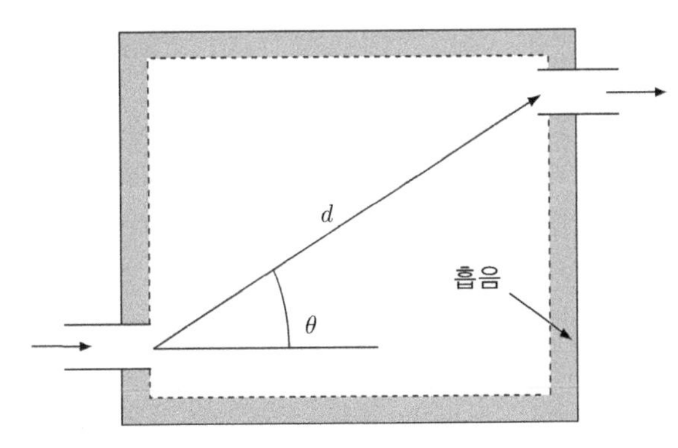

[그림 10-5] 소음챔버

2) 덕트 소음의 투과

덕트 내를 전파하는 소음의 일부는 덕트벽을 통하여 외부로 투과되며, 틈새가 있는 경우에는 많은 투과가 일어날 수 있다. 외부투과는 덕트소음 자연감쇠의 한 요인인 동시에 덕트가 통과하는 공간에 소음문제를 일으키는 원인이 되기도 한다. 한편 외부음이 덕트로 투과되는 내부투과는 덕트의 소음이 커지거나 인접한 방 사이에 소리관통(cross talk)의 원인이 되기도 한다.

틈새가 없는 덕트의 외부투과손실은 덕트의 형상과 면밀도 등에 따라서 다르므로 이론적인 예측이 쉽지 않으나, 장방형덕트의 경우 개략치를 다음 식으로 구할 수 있다.

$$TL_{out} = \begin{cases} 10\log\left[\dfrac{fm^2}{a+b}\right] - 13, & f < f_c \\ 20\log(fm) - 45, & f > f_c \end{cases} \tag{10.16}$$

여기서 TL_{out} : 외부투과손실

f : 주파수, Hz

m : 면밀도, kg/m^2

a, b : 덕트의 폭과 높이, m

f_c : 고차모드가 발생하는 주파수, $f_c = 612/(ab)^{1/2}$

[그림 10-6]은 덕트의 단면 형상에 따른 외부투과손실의 일반적인 경향을 보여주고 있으며, 장방형덕트의 경우 원형이나 타원형에 비하여 저주파수 대역에서 외부투과손실이 매우 낮은 것을 알 수 있다. 외부투과에 의한 소음파워의 투과량은

$$L_{wo} = L_{wi} - TL_{out} + 10\log\left[\frac{PL}{A}\right] + C \tag{10.17}$$

여기서 L_{wi} : 덕트 상류에서 소음파워레벨, dB

L_{wo} : 투과된 소음파워레벨, dB

TL_{out} : 외부투과손실, dB

P : 덕트의 둘레길이, $2(a+b)$

L : 덕트 길이

A : 덕트 단면적

C : 덕트 길이에 대한 보정값으로 일반적으로 무시

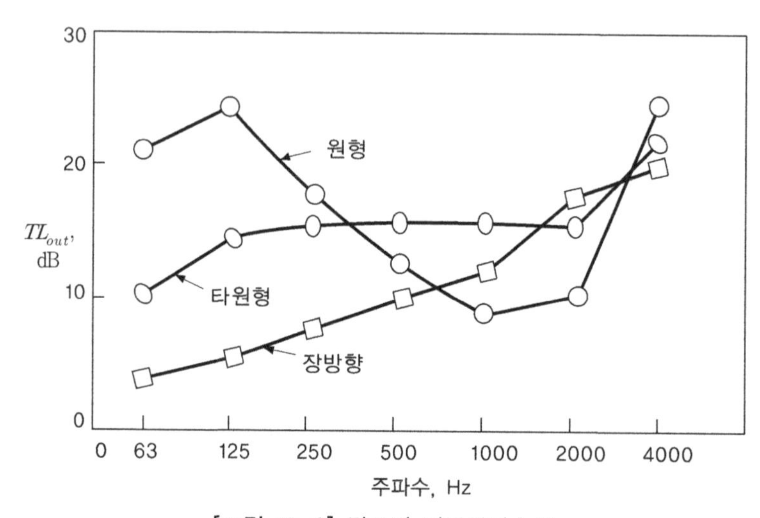

[그림 10-6] 덕트의 외부투과손실

10-5 실내음향

1) 잔향시간

음원을 차단해도 실내의 음이 즉시 사라지지 않고 한동안 남아 있는 현상을 잔향이라고 하며, 잔향시간은 음원이 차단된 상태에서 실내의 평균 음향에너지 밀도가 $1/10^6$로 감소하는 데 걸리는 시간을 말한다. 즉 잔향시간이란 실내의 평균 음압레벨이 60 dB 감쇠하는 데 소요된 시간이다. W. C. Sabin이 제안한 잔향시간은

$$T = 0.162\,\frac{V}{A} \tag{10.18}$$

여기서 T : 잔향시간, s　　　　V : 실의 체적, m^3
A : 실내 총 흡음력, $m^2 (= S\overline{\alpha})$　　　　S : 실내 총 표면적, m^2
$\overline{\alpha}$: 실내 표면의 평균 흡음률

한편 C. F. Eyring에 의하여 제안된 잔향시간은

$$T = \frac{0.162\,V}{-S\log_e(1-\overline{\alpha})} \tag{10.19}$$

Eyring의 식이 실측값에 보다 근사하기 때문에 강당이나 공연장의 설계 등에 널리 사용되고 있다.

실의 체적이 큰 경우에는 2000 Hz 이상의 고음부에서 공기자체의 내부적인 흡음을 고려해야 한다.

잔향시간이 너무 길면 울림이 심하고 너무 짧으면 야외에서처럼 메마른 소리가 되므로 건물의 용도와 실의 크기에 따라서 적합한 잔향시간이 있다. 같은 소음원이라도 잔향시간이 긴 실이 짧은 실에서보다 훨씬 더 높은 소음레벨을 나타낸다.

2) 실내 소음레벨

실내 소음의 음원은 내부 소음, 취출구 소음 및 벽체를 통한 투과음으로 나눌 수 있다. 각 소음에 대하여 음원의 파워 또는 음압레벨이 주어지면 실내 소음의 음압레벨을 구할 수 있다.

❶ 내부소음

실의 내부에 소음원이 있을 때 음장은 음원에서 직접 전달된 직접음과 벽에서 반사를 거쳐 전달된 잔향음으로 구성되며 음압레벨은

$$L_P = L_W + 10\log\left[\frac{D_\theta}{4\pi r^2} + \frac{4}{R}\right] \tag{10.20}$$

여기서 L_P : 음압레벨, dB　　L_W : 파워레벨, dB
D_θ : 지향계수　　r : 음원으로부터 거리, m
R : 실정수 $\left(= \dfrac{S\bar{\alpha}}{1-\bar{\alpha}}\right)$　　S : 벽의 면적, m^2
$\bar{\alpha}$: 벽의 평균 흡음률

식에서 괄호 안의 첫째 항은 직접음, 둘째 항은 잔향음을 나타낸다. 직접음은 음원의 지향특성과 음원으로부터의 거리에 영향을 받으며, 잔향음은 실정수, 즉 벽의 면적 및 흡음률의 영향을 받는다. 음원으로부터 거리에 따른 음압레벨 변화의 특성을 도시하면 [그림 10-7]과 같다.

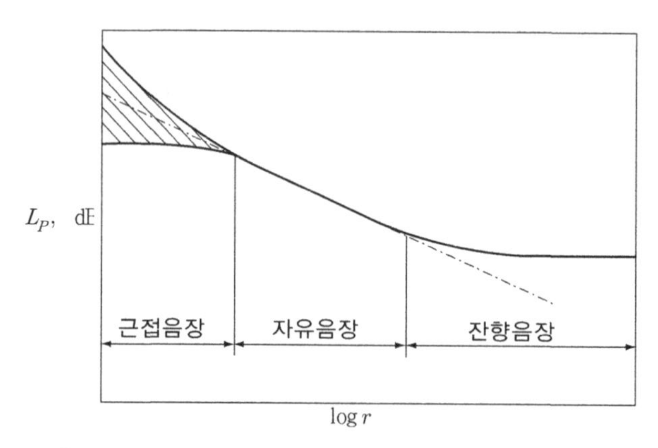

[그림 10-7] 실내 음향의 거리와 음압레벨의 관계

음원에 가까운 곳에서는 직접음이 지배하며, 음원 근처인 근접음장을 벗어나면 거리가 2배로 될 때 음압레벨은 6 dB씩 감소하는 자유음장법칙을 따른다. 그러나 음원에서 다소 멀어지면 반사음, 즉 잔향음이 지배하므로 음압레벨은 거리에 관계없이 거의 일정하며 그 관계는 다음과 같이 나타낼 수 있다.

$$L_P = L_W + 10\log\frac{4}{R} \tag{10.21}$$

❷ 취출구 소음

취출구 소음이 주 소음원인 경우 거주역은 취출구에서 거리가 있으므로 잔향음이 지배한다고 할 수 있다. 따라서 실내 음압레벨과 취출구의 소음파워레벨의 관계는 식 (10.21)에 의하여 구할 수 있으나 실용적으로 [표 10-8]을 사용하면 그 오차는 1~2 dB에 불과하다.

[표 10-8]은 바닥면적 11.6 m^2에 대한 것이므로 바닥면적이 다른 경우에는 [표 10-9]에 의한 보정을 해야 하며, 취출구 가까이에서는 직접음의 영향이 나타나므로 이 표를 적용할 수 있는 최소거리가 표에 나타나 있다.

[표 10-8] 실의 흡음효과 $L_W - L_P$

천장 높이, m	실내 표면 마감	옥타브밴드 중심주파수, Hz							
		63	125	250	500	1000	2000	4000	8000
3.0	hard*	4	2	1	1	1	2	2	3
	medium**	4	4	4	4	4	4	4	5
	soft***	4	5	6	6	6	6	7	7
6.0	hard	4	2	1	1	1	2	3	5
	medium	4	4	4	4	4	4	5	6
	soft	4	5	6	6	6	6	7	8
9.0	hard	4	2	1	1	2	2	3	6
	medium	4	4	4	4	4	5	5	7
	soft	4	5	6	6	6	7	7	8
12.0	hard	4	2	1	1	2	2	4	7
	medium	4	4	4	4	4	5	5	8
	soft	4	5	6	6	6	7	7	9

바닥면적 11.6 m^2에 대한 것이며 그 이상의 실은 [표 10-9]의 보정계수를 추가한다.

* hard($\bar{\alpha} \approx 0.1$) : 큰 교회, 체육관, 공장 등

** medium($\bar{\alpha} \approx 0.2$) : 상점, 음식점, 사무실, 회의실 등

*** soft($\bar{\alpha} \approx 0.4$) : 스튜디오, 극장, 강의실 등

[표 10-9] 바닥면적에 따른 보정치와 취출구까지의 최소거리

바닥면적, m^2	실내 표면적, m^2	보정치 ΔL, dB	가장 가까운 취출구와 사람 귀까지의 거리, m			
			취출구수 1	2	3	4
11.6	58	0	1.3	1.0	0.8	0.7
23	102	+2	1.7	1.4	1.1	0.9
46	186	+5	2.3	1.8	1.4	1.1
93	325	+8	3.1	2.3	1.8	1.4
186	604	+11	4.0	3.1	2.3	1.8
372	1161	+14	5.5	4.0	3.1	2.4

❸ 벽체 투과음

기계실과 같이 소음원이 인접실에 있는 경우에는 칸막이벽을 투과한 음이 수음실의 주 소음원이 된다([그림 10-8] 참조). 이 경우 수음실의 음압레벨은

$$L_2 = L_1 + 10\log\left(\frac{S_w}{R_2}\right) - TL \tag{10.22}$$

여기서 L_2 : 수음실의 음압레벨, dB　　L_1 : 음원실의 음압레벨, dB
S_W : 칸막이벽의 면적, m^2　　R_2 : 수음실의 실정수
TL : 칸막이벽의 투과손실, dB

위의 식은 칸막이벽에서 다소 떨어진, 잔향음이 지배하는 위치에서의 음압레벨을 나타내며, 직접음이 영향을 미치는 칸막이 벽 근처에서는 괄호 안에 1/4를 더해야 한다.

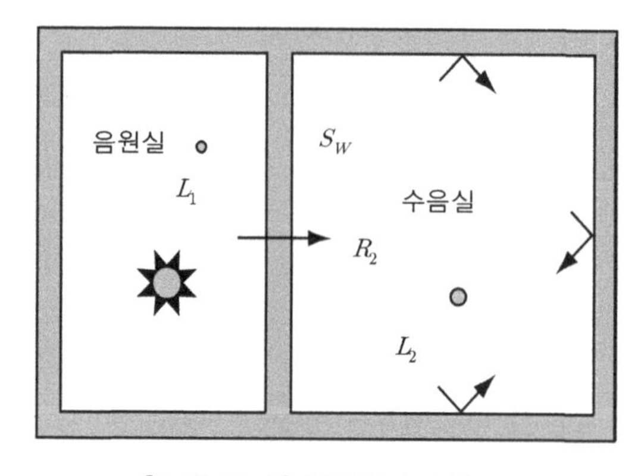

[그림 10-8] 인접실의 소음

예제 10-2

[그림 E10-2]와 같은 회의실 소음레벨을 구하여라. 사용 팬은 [예제 10-1]의 원심팬이며 A부에는 배후 공기층이 없는 소음엘보를 장착하였으며 그 성능은 다음과 같다. 취출구는 유니버설형(격자형)이다.

	주파수대역, Hz						
	63	125	250	500	1k	2k	4k
감쇠량, dB	1	6	11	10	10	10	10

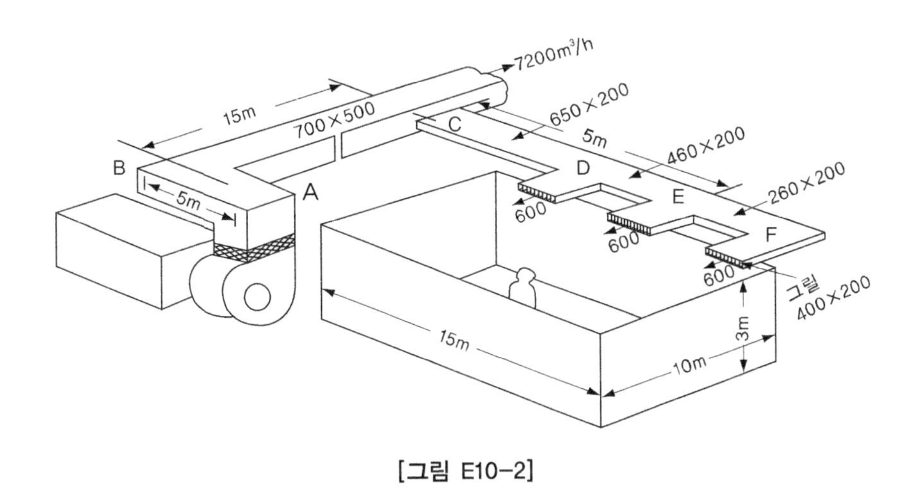

[그림 E10-2]

풀이

팬소음의 발생과 저감량을 먼저 계산한 후 취출구에서 발생한 기류음의 파워를 더하여 실내로 유입되는 총 소음파워를 구한다. 다음에는 실내에서 소음파워와 음압레벨의 차를 계산한 후 실내의 음압레벨을 구한다.

[예제 10-1]에서 구한 식 (10.7)에 의한 팬소음의 소음파워를 (1)항에 기입한다.

팬소음 감쇠는 소음기에 의한 것과 덕트의 자연감쇠에 의한 것으로 나누어 소음엘보에 의한 감음량은 주어진 자료를 (2)항에 기입한다. 덕트에서 자연감쇠는 직관부, 엘보, 분기부, 취출구 반사 등에서의 감쇠량으로 [표 10-7]에서 구하여 항목별로 기입한다. 토출측 소음파워에서 감쇠량을 뺀 취출구의 팬소음파워를 구하여 (9)항에 기입한다. 취출구의 기류소음 발생량을 식 (10.10) 및 [표 10-3]을 이용하여 구하고 팬소음과 기류소음파워를 합한 소음파워를 (14)항에 기입한다.

실내에서 소음파워와 음압레벨의 차를 [표 10-8] 및 [표 10-9]에서 구하여 (14)~(16)항에 기입하고, 실내의 음압레벨을 구하여 (17)항에 기입한다. [표 10-9]에서 취출구 수가 3개이고 바닥 면적이 150 m^2일 때 취출구에서 2 m 이상 가까이 가면 직접음장이 되므로 음압레벨이 증가된다.

[표 E10-2] 실내소음도 계산표

항목 및 내역				주파수대역,Hz						
				63	125	250	500	1k	2k	4k
팬발생소음	(1)	총 발생소음	[예제 10-1]	81	83	81	79	81	73	65
팬소음 소음기 감쇠	(2)	소음엘보(A)	감쇠량,dB	1	6	11	10	10	10	10
팬소음 자연감쇠	(3)	직관덕트(A-B-C), 20 m	[표 10-7]	6	18	6	6	6	6	6
	(4)	엘보(B)	[표 10-7]	0	1	5	7	5	3	3
	(5)	분기부(C), 면적비 13/35	[표 10-7]	4	4	4	4	4	4	4
	(6)	직관덕트(C-D-E), 10 m	[표 10-7]	3	9	3	3	3	3	3
	(7)	취출구 반사, 면적 0.08 m^2	[표 10-7]	12	8	4	1	0	0	0
	(8)	계	(3)+...+(7)	25	40	22	21	18	16	16
팬소음 취출구 파워	(9)	(1)-(2)-(8)		55	37	48	48	53	47	39
취출구 기류소음 파워	(10)	OA파워레벨	식 (10.10)	40	40	40	40	40	40	40
	(11)	대역분포	[표 10-3]	-6	-5	-6	-9	-11	-18	-26
	(12)	(10)+(11)		34	35	34	31	29	22	14
총 실내소음파워	(13)	(9)와 (12) 파워 합		55	39	48	48	53	47	39
$L_W - L_p$	(14)	medium	[표 10-8]	4	4	4	4	4	4	5
	(15)	바닥면적 150 m^2	[표 10-9]	10	10	10	10	10	10	10
	(16)	(14)+(15)		14	14	14	14	14	14	15
L_p	(17)	(13)-(16)		41	25	34	34	39	33	25

■

3) 실내소음의 평가

실내환경 평가 시 가장 널리 사용되는 소음평가 값에는 A가중 음압레벨, NC(noise criteria) 및 RC값이 있다.

❶ NC

A가중 음압레벨은 옥타브대역별로 A가중 청감보정([그림 10-9] 참조)을 하여 대역음압레벨을 구한 후 종합한 음압레벨을 말한다. 대역음압레벨이 A가중치인 경우 총괄음압레벨은 A가중 음압레벨이 되며 dBA로 표시한다.

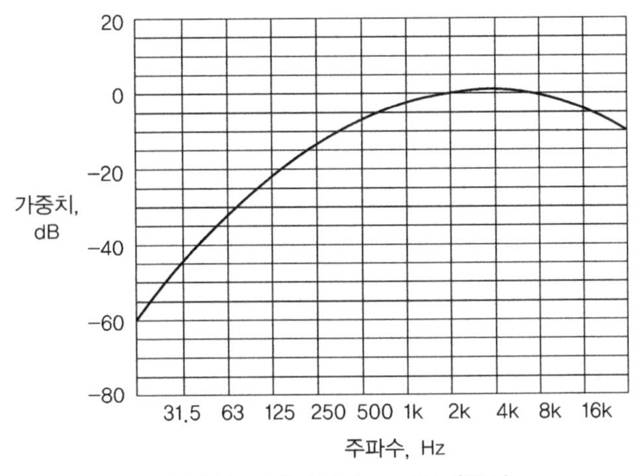

[그림 10-9] A가중 청감보정곡선

NC값은 선도에 1/1옥타브밴드 대역레벨을 표시하여, 가장 큰 NC 커브와 만나는 값이 된다. [그림 10-10]은 NC 43인 소음을 나타낸다. [표 10-10]은 실의 용도별 허용소음의 NC값 및 dBA값을 나타낸다. NC값은 31.5 Hz 이하의 저주파음을 무시하였고 고음역은 너무 낮게 평가하고 있으며 소음의 질적인 특성을 나타낼 수 없는 문제가 있다.

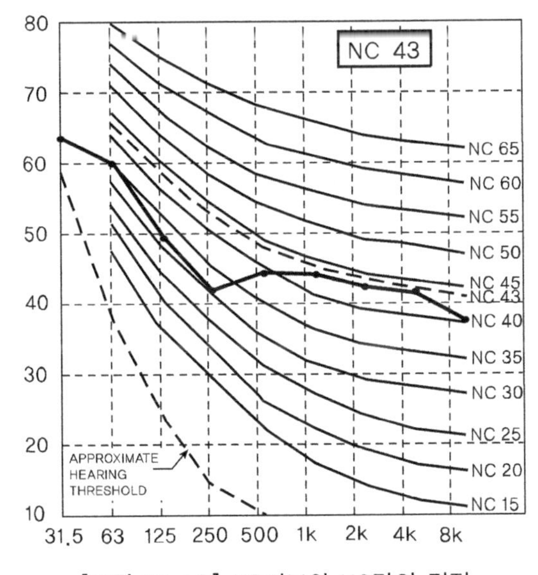

[그림 10-10] NC커브와 NC값의 결정

[표 10-10] 실내소음의 허용치

실의 종류	NC	dBA	실의 종류	NC	dBA
방송스튜디오	15~20	25~30	가정(침실)	30	40
음악당	15~20	25~30	영화관	30	40
극장	15~20	30~35	병원	30	40
음악실	25	35	교회	30	40
교실	25	35	도서관	30	40
호텔	25~30	35~40	상점	35~40	45~50
회의장	25~30	35~40	식당	45	55
재판소	30		경기장	50	
TV 스튜디오	25				

❷ RC

RC값은 ASHRAE(American Society of Refrigeration and Airconditioning Engineers)에서 기계 시스템에 의하여 발생된 실내소음의 암소음(background noise) 평가를 위하여 채택한 것이다. RC 곡선은 [그림 10-11]과 같으며 NC 곡선과 달리 −5 dB/옥타브 기울기를 갖는 직선으로 구성된다. RC값은 단일 수치 외에 저주파음을 포함한 소음의 정성적 특성을 평가한다. 1997년에 개정된 RC Mark II법[ASHRAE(2009)]에 의한 공기조화 소음 평가절차는 다음과 같다.

① 8개 옥타브 밴드에 대한 소음의 밴드레벨을 구한다.

② [그림 10-11]과 같은 RC 도표에 밴드레벨 값을 표시하고 500, 1000 및 2000 Hz 레벨값의 산술 평균으로 RC값을 결정한다. [그림 10-11]에 표시된 소음은 RC 35로 평가된다.

③ 음질평가지수(QAI; Quality Assessment Index)를 구한다.
음질평가지수는 음이 RC곡선과 얼마나 편차가 있는지를 보이는 평가치로써 먼저 저음역(LF; 16-63 Hz), 중음역(MF; 125-500 Hz) 및 고음역(HF; 1000-4000 Hz)에 대한 평균편차(에너지 기준)를 구한다. 그림과 같은 소음의 경우 저음역에서 편차는 16 Hz 대역에서 64−60=4 dB, 31.5 Hz 대역에서 65−60=5 dB, 63 Hz 대역에서 64−55=9 dB

이므로 그 평균은 $\triangle LF = 10\log[(10^{4/10}+10^{5/10}+10^{9/10})/3] = 6.6$ dB이 된다. 같은 방법으로 중주파수 영역은 $\triangle MF = 4.0$ dB, 고주파수 영역은 $\triangle HF = -0.6$ dB이 된다. 대역별 편차가 3 dB를 넘지 않으면 단순히 산술 평균으로 영역별 평균 편차를 구할 수 있다. 영역별 편차의 최댓값에서 최솟값을 뺀 값이 QAI가 된다. 따라서 주어진 소음의 QAI=6.6-(-0.6)=7.2 dB가 된다.

④ QAI와 대역음압레벨을 바탕으로 주관적인 평가를 한다. QAI가 5 dB 이하면 스펙트럼 특성에 따른 문제는 없다고 할 수 있으나 10 dB 이상이면 문제가 제기되는 소음 특성이 있다고 보며 5 dB에서 10 dB 사이면 그 경계치에 있다고 본다. QAI에 따른 음질 평가는 [표 10-11]과 같으며 주어진 소음은 저주파음이 두드러진 소음으로써 RC 35(LF)로 표시해야 함을 알 수 있으며 수용 가능한 음과 불가한 음의 경계에 속한다고 할 수 있다.

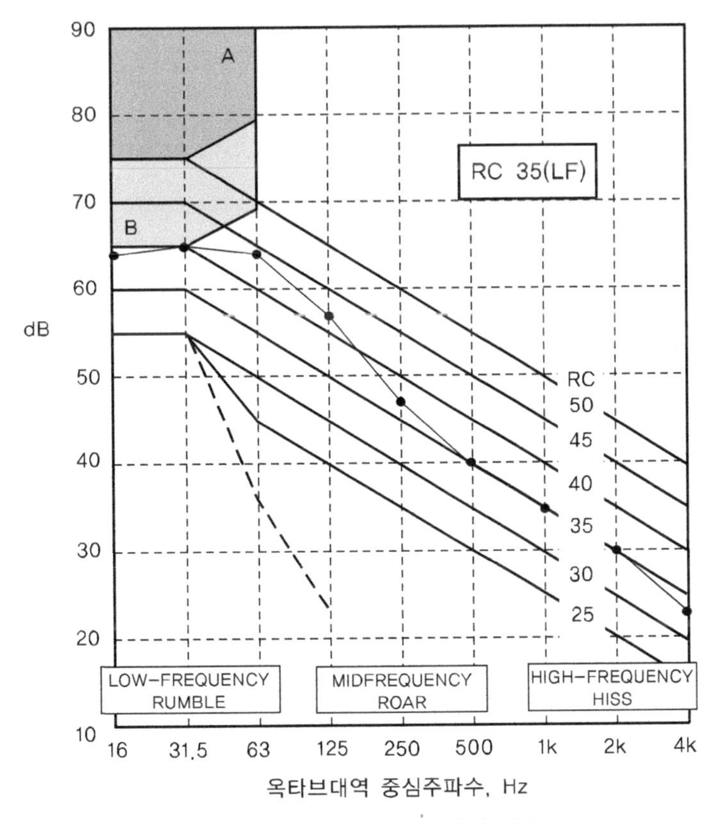

[그림 10-11] RC커브와 RC값의 결정

[표 10-11] 공기조화 설비의 RC Mark II 평가에 대한 음질 표시

음질 기술		주관적 느낌	QAI	거주자 반응
(N)	중립(Newtra)	순음성분이 없이 균형잡힌 음	$QAI \le 5\,\text{dB}$, $L_{16}, L_{31.5} \le 65\,\text{dB}$ $QAI \le 5\,\text{dB}$, $65 < L_{16}, L_{31.5} \le 75\,\text{dB}$	수용가능 경계
(LF)	저주파음(Rumble)	저주파음이 두드러짐	$5\,\text{dB} < QAI \le 10\,\text{dB}$ $QAI \ge 10\,\text{dB}$	경계 수용 불가
(LFV_B)	약한 진동이 있는 저주파음	저주파음이 두드러짐	$QAI \le 5\,\text{dB}$, $65 < L_{16}, L_{31.5} < 75\,\text{dB}$ $5\,\text{dB} < QAI \le 10\,\text{dB}$ $QAI > 10\,\text{dB}$	경계 경계 수용 불가
(LFV_A)	강한 진동이 있는 저주파음	저주파음이 두드러짐	$QAI \le 5\,\text{dB}$, $L_{16}, L_{31.5} > 75\,\text{dB}$ $5\,\text{dB} < QAI \le 10\,\text{dB}$ $QAI > 10\,\text{dB}$	경계 경계 수용 불가
(MF)	중주파수음(Roar)	중주파음이 두드러짐	$5\,\text{dB} < QAI \le 10\,\text{dB}$ $QAI > 10\,\text{dB}$	경계 수용 불가
(MF)	고주파수음(Hiss)	고주파음이 두드러짐	$5\,\text{dB} < QAI \le 10\,\text{dB}$ $QAI > 10\,\text{dB}$	경계 수용 불가

10-6 설비소음의 대책

소음 대책에는 음원 대책, 전파경로 대책 및 수음실 대책이 있다.

1) 음원 대책

음원 대책에는 운전조건의 개선, 강제력의 저감, 소음기, 방음커버 및 방진장치 설치 등이 있다. 저주파 소음은 방음커버 등으로는 차단이 어려우므로 완전 밀폐나 방진대책이 효과적이다.

송풍기는 정압이나 유량을 줄이고 효율이 높게 운전하며 덕트에서는 유속을 낮추는 것이 효과적인 소음저감법이다. 과도한 기류소음은 교란된 유체가 송풍기로 유입되거나 장애물에 부딪쳐 발생하는 경우가 많으므로 송풍기 입구에는 벨마우스(bell mouth)를 설치하거나 충분한 거리와 공간을 두어 흐름이 안정된 상태로 흡입되도록 한다. 댐퍼나 덕트소음기 등의 설치 시에도 상류에서 유체의 교란을 최소화하고, 덕트 단면이나 유로의 급격한 변화를 피하며, 불가피한 경우에는 가이드베인을 설치한다.

대부분의 배관소음 역시 유속을 낮추는 것이 가장 기본적인 소음저감 방법이다. 수격작용에 의한 소음도 배관을 크게 하거나 감압변 등으로 수압을 낮추어 유속이 2.0 m/s를

넘지 않게 하고, 급수관 상단이나 관말 부분에 최소한 급수관과 동일한 구경의 공기실이나 수격방지기를 설치하여 수격현상을 예방한다. 배수소음을 줄이기 위해서는 배수용 주철관의 사용이나 단열재 위에 몰타르를 피복하면 차음성능이 크게 향상된다.

2) 경로 대책

덕트를 통하여 소음이 전파할 때는 흡음을 위하여 소음챔버나 덕트 소음기를 설치하며, 저주파 소음의 경우에는 능동소음기를 사용하기도 한다. 덕트에서 투과음이 실내소음의 원인이 될 수 있으므로 대형 덕트가 실을 통과할 경우에는 면밀도가 큰 덕트를 사용하거나 흡음재로 감싸서 소음의 투과를 막아야 한다. 덕트의 진동이 원인인 경우에는 덕트와 장비의 연결부위에 캔버스 이음재를 사용하고 방진지지를 한다.

인접실의 소음이 문제인 경우에는 면밀도가 큰 칸막이벽을 사용하여 투과손실이 크게 하며, 일치주파수가 높고 틈새를 통한 우회음의 전달이 없도록 밀폐해야 한다. 소음이 큰 기계를 설치할 때 벽과의 거리를 반파장 이상 두어야 한다. 거리가 가까우면 기계와 벽 사이의 공기는 스프링과 같은 작용을 하여 기계의 진동이 증폭되어 벽으로 전달될 수 있기 때문이다.

기계장치를 설치할 때 방진이 충분치 않으면 진동이 구조체를 통하여 벽, 문짝, 천장과 같은 넓은 판에 전달되어 많은 소음을 방사할 수 있다. 특히 저주파 소음이 발생하므로 방진기초, 방진행거, 방진패드 등으로 효율적인 방진을 해야 한다. 배관이나 덕트가 벽체를 통과할 때는 슬리브를 설치하여 신축현상을 흡수하고, 진동이나 소음의 전파를 차단한다. 또 배관을 흡음재로 감싸는 래깅(lagging) 처리로 소음의 방사를 억제한다.

3) 수음실 대책

같은 소음이 침투해 들어오더라도 수음실 벽의 흡음률을 높게 하면 수음실의 소음레벨은 크게 낮아진다.

10-7 방진

진동의 전달을 차단하기 위한 방진은 진동의 형태에 따라서 다르나 가장 일반적인 경우는 [그림 10-12]와 같은 1자유도 상하진동이라고 할 수 있다.

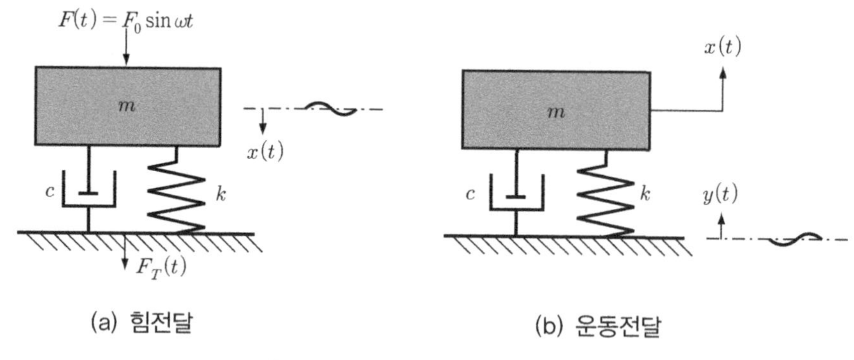

(a) 힘전달　　　　(b) 운동전달

[그림 10-12] 1자유도 상하진동

[그림 10-12(a)]에서 (a)는 외부적인 가진력에 의한 진동이 바닥으로 힘을 전달하는 힘전달의 경우를 나타내며, [그림 10-12(b)]는 바닥의 진동이 물체를 진동시키는 운동전달의 경우를 나타낸다.

1) 고유진동수

1자유도 상하진동의 경우 고유진동수는 다음 식으로 구할 수 있다.

$$f_n = \frac{1}{2\pi}\sqrt{\frac{k}{m}} = \frac{1}{2\pi}\sqrt{\frac{g}{\delta_{st}}} \tag{10.23}$$

여기서 f_n : 고유진동수, Hz　　m : 질량, kg
k : 스프링상수, N/m　　g : 중력가속도, m/s^2
δ_{st} : 스프링의 정적처짐, m

그런데 고무와 같은 유기물 소재는 정적상태의 정탄성계수와 동적상태의 동탄성계수가 다르므로 동적상태의 스프링상수를 사용해야 한다.

2) 강제진동

강제진동에서 정상상태 진동의 동적 변위진폭과 동일한 힘을 정적으로 가할 때의 정적 변위의 비율인 진폭비는

$$\mu = \frac{x_0}{x_{st}} = \frac{1}{\sqrt{(1-\eta^2)^2 + (2\xi\eta)^2}} \tag{10.24}$$

여기서 μ : 진폭비

x_0, x_{st} : 동적 변위진폭 및 정적 변위

η : 진동수비, $\eta = \dfrac{f}{f_n}$

f : 가진진동수

f_n : 고유진동수

ξ : 감쇠비, $\xi = c/c_c$

c : 감쇠계수

c_c : 임계 감쇠계수

진폭비를 진동수비와 감쇠비로 도시하면 [그림 10-13]과 같으며, 가진진동수와 고유진동수가 일치(η=1)하는 경우에 진폭비가 최대로 된다. 이런 경우를 공진(共振, resonance)이라고 하며, 공진 시에 진폭비는 감쇠비가 클수록 작아진다. 그림에서 진동수비가 1보다 클수록 진폭비가 감소하는 것을 알 수 있다. 즉 고유진동수가 낮은 방진기초에 의하여 진동을 억제할 수 있다. 또 감쇠비가 클수록 공진 점 부근에서 진폭비가 감소하므로 그만큼 공진위험을 줄일 수 있다.

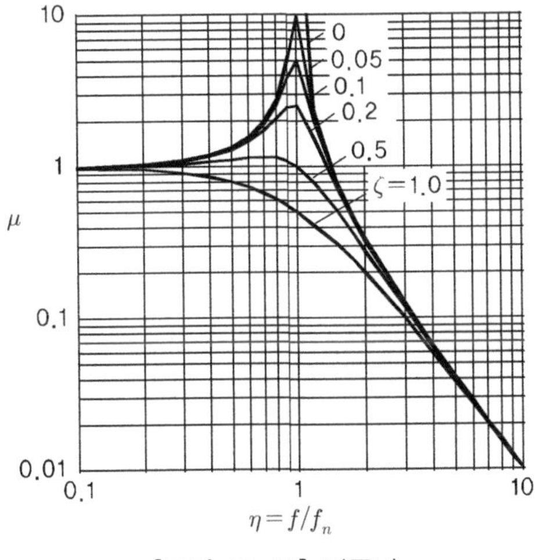

[그림 10-13] 진폭비

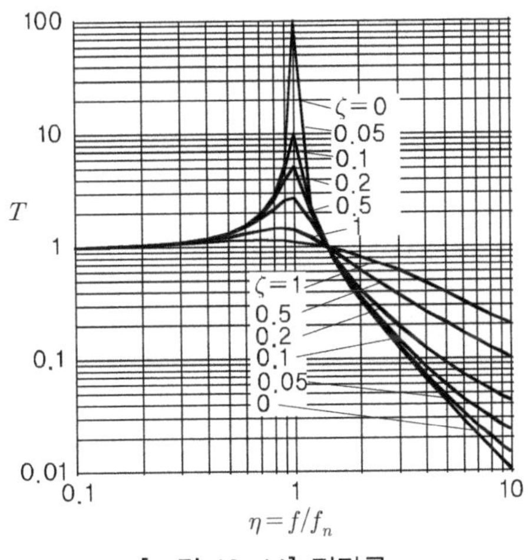

[그림 10-14] 전달률

3) 전달률(transmissibility)

[그림 10-12(a)]에서 바닥으로 전달된 힘 F_T의 진폭 대비 가진력의 진폭 F_O의 비를 힘전달률이라고 한다. 또 [그림 10-12(b)]에서 바닥의 진동 y의 진폭 대비 물체의 진동 x의 진폭비를 운동전달률이라고 한다. 1자유도 상하진동에서 힘 또는 운동전달률 T는 다음 식과 같은 동일한 수식으로 표현되며, 도시하면 [그림 10-14]와 같다.

$$T = \frac{\sqrt{1+(2\xi\eta)^2}}{\sqrt{(1-\eta^2)+(2\xi\eta)^2}} \tag{10.25}$$

진동 절연의 정도를 나타내는 양으로서 % 진동 차진(또는 절연)율 $\%I$와 차진레벨(또는 방진효과) $\triangle V$를 다음 식과 같이 정의한다.

$$\%I = (1-T) \times 100\% \tag{10.26}$$

$$\triangle V = 20\log\left(\frac{1}{T}\right),\ \text{dB} \tag{10.27}$$

4) 방진조건

방진을 위해서는 동일한 가진력에 대하여 진동의 진폭이 작고 진동계로 힘이나 운동의 전달이 작아야 한다. 이러한 방진조건은 [그림 10-13] 및 [그림 10-14]에서 알 수 있듯이 진동수비가 다음 식을 만족할 때이다.

$$\frac{f}{f_n} > \sqrt{2} \tag{10.28}$$

가진 진동수에 비하여 시스템의 고유진동수가 작을수록 진폭비 및 전달률이 작아지므로 방진효과가 커지는 것을 알 수 있다. 또한 [그림 10-14]에서 진동의 절연효과가 나타나는 주파수 범위에서는 감쇠비가 작을수록 전달률이 작아지나 [그림 10-13]에서 보듯이 공진(resonance) 시에 과도한 진동의 발생 및 전달의 위험이 있으므로 어느 정도의 감쇠는 있어야 한다. 또한 진동수비가 너무 크면 1자유도 이론모델은 유효하지 않게 되며, 방진스프링이 공진을 일으키는 서징(surging)이 일어나서 방진장치가 오히려 역효과를 낼 수도 있다.

5) 방진재료

방진재료는 진동의 억제 및 절연을 위하여 스프링상수가 작아야 할 뿐 아니라 기계적 강도, 내구성 및 공진 시에 대비한 적당한 감쇠계수를 가지고 있어야 한다. 방진재료의 종류에 따른 특성을 요약하면 [표 10-12]와 같으며, 일반적으로 공기스프링은 1 Hz 이하, 금속스프링은 4 Hz 이하, 방진고무는 4 Hz 이상의 진동에 대한 방진에 사용된다.

[표 10-12] 방진재의 종류와 특성

방진 재료	고유 진동수, Hz	감쇠성능(감쇠비)	특징
공기스프링	0.7~3.5	ξ=0.05~0.1	고유진동수 조정 가능, 자동제어 가능, 시설비가 큼, 공기누출 위험
금속스프링	1.0~10(코일형) 1.5~10(중판형)	ξ=0.1 이하	환경저항성 양호, 감쇠성능 부족으로 공진 시에 문제, 고주파에서 단락, 서징, 요동(rocking) 위험
방진고무	2.0~(전단형) 4.0~(압축형)	금속의 100배 이상	자유로운 형상, 점탄성이므로 내부마찰에 의한 고주파차진, 내구성이 약함, 정적 및 동적 스프링상수가 상이함

❶ 금속스프링

금속스프링은 주로 코일형으로 사용되며, 고유진동수를 충분히 낮게 할 수 있다. 그러나 감쇠계수가 낮기 때문에 공진 시에 진폭이 매우 커진다. 또한 높은 주파수의 소음이나 진동에 대하여는 서징으로 인하여 절연성을 상실한다. 이러한 결점을 보완하기 위하여 바닥에 고무패드를 장착하여 고주파에 대한 절연을 하고, 측면에 고무를 부착하여 공진시의 진폭을 제한한다.

❷ 방진고무

고무는 재료와 형상에 따라서 탄성률이 다르며, 스프링상수가 금속스프링보다는 크지만 비교적 작은 편이다. 고무는 점탄성으로 인하여 진동수가 높을 때는 감쇠비가 작지만 진동수가 낮으면 커지므로 공진 시에 진동이 극도로 커지는 현상을 억제할 수 있다. 또한 고무의 동탄성계수는 정탄성계수보다 크고, 경도의 증가에 따라서 최고 3배까지 될 수 있으며, 온도나 변위진폭에도 영향을 받는다.

❸ 공기스프링

금속스프링보다 작은 스프링상수를 얻을 수 있으므로 극히 낮은 고유진동수의 진동에 사용되나 가격이 비싸다. 정탄성계수가 동탄성계수보다 낮으며 온도변화에 의한 부피변화를 제어하기 위하여 봉입공기량을 조절한다.

6) 배관 및 덕트 방진

관이나 축에 고무나 합성수지를 접속하거나 넓은 면 사이에는 패킹(packing)을 하면 진동 전달을 차단할 수 있다. 임피던스 Z_1인 매질에 임피던스가 Z_2인 재료를 삽입하면 그 경계에서 파동에너지의 반사율 T_r과 감쇠량 $\triangle L$은

$$T_r = \left(\frac{Z_2 - Z_1}{Z_2 + Z_1}\right)^2 \times 100, \% \tag{10.29}$$

$$\triangle L = 10\log(1 - T_r), \text{dB}$$

특성 임피던스는 매질의 밀도와 음속을 곱한 값으로 다음과 같다.

고무 $Z = (28 \sim 35) \times 10^4 \ \text{kg/(m}^2 \cdot \text{s)}$

콘크리트 $Z = (2000 \sim 2600) \times 10^6 \ \text{kg/(m}^2 \cdot \text{s)}$

강철 $Z = 39 \times 10^6 \ \text{kg/(m}^2 \cdot \text{s)}$

배관의 방진에는 배관이 다른 배관, 덕트, 구조물 등과 직접 접촉하지 않도록 하며, 플렉시블조인트를 사용하여 진동 전달을 억제하도록 한다. 입상관에는 가이드, 스프링, 앵커(anchor) 등을 사용하여 방진지지를 한다.

7) 방진기초의 설계

방진기초는 힘이나 가속도의 전달 양이 허용치 이하가 되도록 설계한다. 기계의 가진진동수는 기본진동수와 그 정수배로 구성되나, 기본진동을 대상으로 방진하면 그보다 높은 진동수의 진동은 더 많이 저감되므로 문제되지 않는다. 방진기초를 통한 전달률의 허용값이 결정되면 [그림 10-14]에서 진동수 비를 알 수 있으므로 방진시스템의 고유진동수와 방진기

초의 정적인 처짐량을 구할 수 있다. 이 정적처짐량에 적합한 가대 및 스프링을 설계한다.

방진기초의 고유진동수는 바닥의 고유진동수보다 충분히 작아야 바닥진동을 차단할 수 있다. 그러나 방진기초의 고유진동수가 너무 작으면 서징이 일어날 위험이 있을 뿐 아니라 진폭이 커지고 설비비도 많이 들어가게 된다. 따라서 보와 보 사이에 기계를 설치하지 말고 보위에 설치하며, 부득이한 경우에는 바닥을 보강한다.

배관을 통한 진동의 전달을 막기 위하여 플렉시블조인트, 행거(hanger) 또는 지지철물에 방진재를 설치한다. 기계에 배관이나 덕트가 접속되는 경우 접속부에 플렉시블조인트를 설치하여 평상시 진폭이 50~100 μm 이하가 되게 한다. 아무리 방진을 해도 시동이나 정지 시에는 공진점을 통과는 일이 있으므로 진폭이 과대해지지 않도록 스토퍼(stopper)를 설치한다. 스토퍼는 기기중량의 2~4배의 하중을 견딜 수 있어야 하며, 기기의 요동(rocking)을 막고 지진 시에는 방진기초의 파손이나 탈락을 방지하는 역할을 할 수 있다.

예제 10-3

어떤 기계실과 그 주변의 설비를 그림 [그림 E10-3a] 와 같이 계획하였다. 각 부분의 소음, 진동 측면에서의 문제점을 지적하고 그 대안을 제시하여라.

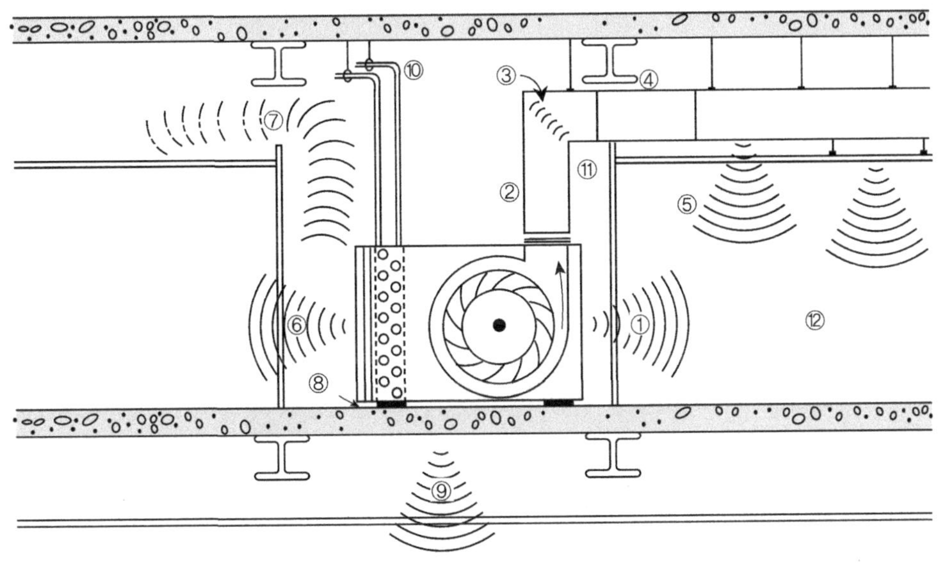

[그림 E10-3a] 개선 전

풀이

개선안은 [표 E10-3] 및 [그림 E10-3b]와 같다.

[표 E10-3]

	개선 전	개선 후
①	공조가의 진동이 매우 가까운 거리에 있는 경량 칸막이벽과 연성하여 저주파 진동음이 인접실로 투과한다.	최소한 60 cm의 이격 거리를 두어서 진동체와 벽의 연성을 차단한다. 칸막이벽은 벽돌벽으로 하여 저주파음의 투과를 막는다.
②	송풍기에서 반시계방향으로 회전하며 토출된 기류가 엘보에서 시계방향으로 돌게 함으로써 난류가 강해지며 기류음이 발생하여 럼블음의 발생 및 과도한 압력손실을 일으킨다.	토출구를 수평으로 변경하여 엘보의 필요성을 없앤다.
③	가이드베인의 길이가 충분하지 않으면 오히려 역효과가 나서 소음과 압력손실을 증가시킨다.	덕트 단면의 점진적인 축소로 난류생성을 최소화 한다.
④	소음기가 엘보에 너무 가까워서 난류와 기류음을 일으킨다.	소음기를 공조기에서 먼 곳에 설치하여 과도한 기류음 발생을 억제한다.
⑤	4각덕트와 소음기로는 럼블음을 저감할 수 없다.	원형 덕트는 저주파소음과 럼블음의 인접실로 투과를 억제한다.
⑥	공조기의 입구가 벽에 너무 가까우면 팬의 운전이 불안정해져서 서지와 럼블음을 발생하고 입구소음을 기계실벽으로 직접 전달하게 된다.	입구와 벽 사이의 공간을 충분하게 하여 입구 난류를 줄이면 소음도 줄어든다.
⑦	환기구에 소음장치가 없으면 기계실소음이 천장을 통하여 인접실로 전달된다.	환기 통로에 소음기의 설치로 소음의 전달을 억제한다.
⑧	공조기를 코르크와 고무패드위에 설치해서는 송풍기에 의하여 발생한 진동을 절연하기 어렵다.	공조기를 정적변위가 큰 금속스프링으로 방진한다.
⑨	진동절연이 안된 공조기를 지지력을 못 받는 슬래브의 가운데 설치하면 진동이 슬래브로 전달되어 고체음을 야기한다.	기초에 부가질량을 가하거나 하중을 받쳐줄 보 가까이에 공조기를 설치한다.
⑩	냉수 배관이 상부 슬래브에 고정되어 공조기 진동이 절연되지 않고 상부 슬래브로 전달된다.	냉수관을 방진행거로 고정한다.
⑪	덕트를 벽에 접촉되게 하여 덕트 진동이 벽으로 전달되어 저주파음을 방사하게 된다.	덕트가 벽에 닿지 않도록 1.2 cm 정도의 간격을 두고 경화되지 않는 밀폐제(sealant)로 밀폐시킨다.
⑫	천장을 덕트에 매달면 천장은 저주파음의 방사체가 된다.	천장을 덕트에 연결하지 않는다.

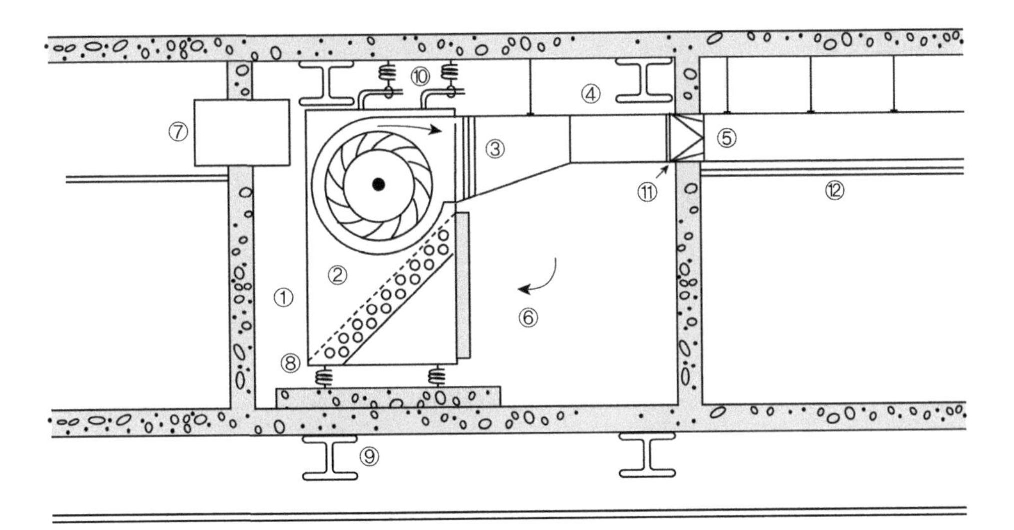

[그림 E10-3b] 개선 후

■ 참고문헌

장순익, 『건축설비』, 보성각, 1992

유동렬, 『건축설비계획』, 문운당, 1997

박종일, 서기원, 『건축설비설계』, 세진사, 1999

김병태 외 5인, 『건축설비시스템』, 기문당, 2001

이철구 외 3인, 『공기조화설비』, 세진사, 2002

김재수, 『건축설비』, 서우, 2005

정광섭 외 8인, 『건축공기조화설비』, 성안당, 2007

임만택, 『개정 건축설비』, 기문당, 2007

산치웅, 『SI 단위 공기조화설비』, 기문당, 2008

대한설비공학회, 『설비저널』

대한기계학회, 『기계저널』

공기조화·냉동공학회, 『급배수 위생설비 기술기준』, 1999

설비엔지니어링협의회, 『건축 기계설비 상세도집』, 2001

대한설비공학회, 『건축기계설비공사표준시방서』, 2005

대한설비공학회, 『건축기계설비 설계기준』, 2005

대한설비공학회, 『설비공학편람』, 2판, 2001

대한설비공학회, 『설비공학편람』, 3판, 2011

한국소음진동공학회, 『소음·진동 편람』, 1995

G. F. Hundy, A. R. Trott, T. C. Welch, *Refrigeration and Air Conditioning*, 4th ed., 2008

R. Miller and M. R. Miller, *Air Conditioning and Refrigeration*, McGraw-Hill, 2006

Uich Inoue편, (주)신성엔지니어링 역, 『공기조화핸드북』, 도서출판 한미, 2004

Shan K. Wang, *Handbook of Air conditioning and Refrigeration*, McGraw-Hill, 1994

Beranek, LeoLeroy, *Noise and vibration control engineering*, Wiley, 1992

C. M. Harris, *Handbook of Acoustical Measurements and Noise Control*, 3rd ed., McGraw-Hill, 1991

W. F. Stoecker and J. W. Jone, *Refrigeration and Air Conditioning*, 2nd ed., McGraw-Hill, 1982

Irwin, J. David, *Industrial noise and vibration control*, Prentice-Hall, 1979

[부표 1] 단위환산표

(1) 길이

m	mm	in	ft	yd(야드)	尺(자)	間(간)
1	1000	39.3701	3.28084	1.09361	3.3	0.55
0.001	1	0.0393701	3.28084×10^{-3}	1.09361×10^{-3}	0.0033	5.5×10^{-4}
0.0254	25.4	1	0.0833333	0.0277778	0.08382	0.01397
0.3048	304.8	12	1	0.333333	1.00584	0.16764
0.9144	914.4	36	3	1	3.01752	0.50292
0.303030	303.030	11.9303	0.994194	0.331398	1	0.1666667
1.81818	1818.18	71.5820	5.96516	1.98839	6	1

(2) 넓이

m^2	cm^2	in^2	ft^2	yd^2	제곱척	坪(평)
1	10000	1.55000X103	10.7639	1.19599	10.89	0.3025
0.0001	1	0.155000	1.07639×10^{-3}	1.19599×10^{-4}	1.089×10^{-3}	3.025×10^{-5}
6.4516×10^{-4}	6.4516	1	6.94444×10^{-3}	7.71605×10^{-4}	7.02579×10^{-3}	1.95161×10^{-4}
0.0929030	929.0304	144	1	0.111111	1.01171	0.0281032
0.836127	8361.27	1296	9	1	9.10543	0.252929
0.0918274	918.274	142.333	0.988422	0.109825	1	0.0277778
3.30579	33057.9	5123.98	35.5832	3.95369	36	1

1a=100 m^2, 1ha=100 a, 1acre=4840 yd^2=4046.85 m^2=1224.174평

(3) 부피(체적)

m^3	1L	in^3	ft^3	yd^3	세제곱척	升(되)
1	1000	6.10237×10^{4}	35.3147	1.30795	35.9370	554.583
0.001	1	61.0237	0.0353147	1.30795×10^{-3}	0.035937	0.554583
1.63871×10^{-5}	0.0163871	1	5.78704×10^{-4}	2.14335×10^{-5}	5.88902×10^{-4}	9.08799×10^{-3}
0.0283168	28.3168	1728	1	0.0370370	1.01762	15.7041
0.764555	764.555	46656	27	1	27.4758	424.009
0.0278265	27.8265	1698.08	0.982683	0.0363957	1	15.4321
1.80316×10^{-3}	1.80316	110.035	0.0636778	2.35844×10^{-3}	0.0648	1

1 L=1 dm^3, 1石=100升=0.18031555216 m^3, 1石(목재)=10 세제곱척=0.278264741 m^3

(4) 액체의 체적

m^3	L(리터)	gal(UK)	gal(US)	升(되)
1	1000	219.969	264.172	554.583
0.001	1	0.219969	0.264172	0.554583
4.54609×10^{-3}	4.54609	1	1.20095	2.52118
3.78541×10^{-3}	3.78541	8.32675×10^{-4}	1	2.09933
1.80316×10^{-3}	1.80316	0.396639	0.476343	1

1斗(말)=10升(되), 1 qt(quart)(미)=2 pt(pint)(영)=940 cm^3, 1 barrell(미)=0.158987 m^3

(5) 질량

kg	t(톤 : SI)	t(미국 톤)	t(영국 톤)	lb(파운드)	oz(온즈)	貫(관)	斤(근)
1	0.001	1.10231×10^{-3}	9.84207×10^{-4}	2.20462	35.2740	0.266667	1.66667
1000	1	1.10231	0.984207	2204.62	35274.0	266.667	1666.67
907.185	0.907185	1	0.892857	2000	32000	241.916	1511.97
1016.05	1.01605	1.12000	1	2240	35840	270.946	1693.41
0.453592	4.53592×10^{-4}	0.0005	4.46429×10^{-4}	1	16	0.120958	0.755987
0.0283495	2.83495×10^{-5}	3.125X10−5	2.79018×10^{-5}	0.0625	1	7.55987×10^{-3}	0.0472492
3.75	3.75×10^{-3}	4.13367×10^{-3}	3.69077×10^{-3}	8.26733	132.277	1	6.25
0.6	0.0006	6.61387×10^{-4}	5.90524×10^{-4}	1.32277	21.1644	0.16	1

1 lb(SI)=0.45359237 kg, 1lb(미국)=0.4535924277 kg, 1 lb(영국)=0.453592338 kg

1 t(SI)=1000 kg, 1 t(미국)=2000 lb(미국), 1t(영국)=2240 lb(영국)

1 ct(carat)=200 mg, 1 slug=14.5939 kg

(6) 힘

N	kgf	lbf	poundal
1	0.101972	0.224809	7.23301
9.80665	1	2.20462	70.9316
4.44822	0.453592	1	32.1740
0.138255	0.0140981	0.0310810	1

1N=10^5 dyn

(7) 밀도

kg/m^3	kg/L	$t(SI)/m^3$	lb/ft^3	lb/in^3	t(미국)/ft^3	t(영국)/ft^3
1	0.001	0.001	0.0624280	3.61273×10^{-5}	3.12140×10^{-5}	2.78696×10^{-5}
1000	1	1	62.4280	0.0361273	0.0312140	0.0278696
1000	1	1	62.4280	0.0361273	0.0312140	0.0278696
16.0185	0.0160185	0.0160185	1	5.78704×10^{-4}	5.0×10^{-4}	4.46429×10^{-4}
27679.9	27.6799	27.6799	1728	1	0.864	0.771429
32036.9	32.0369	32.0369	2000	1.15741	1	0.892857
35881.4	35.8814	35.8814	2240	1.29630	1.12	1

(8) 비중량

N/m^3	kgf/m^3	kgf/L	tf/m^3	lbf/ft^3	lbf/in^3
1	0.101972	1.01972×10^{-4}	1.01972×10^{-4}	6.36588×10^{-3}	3.68396×10^{-6}
9.80665	1	0.001	0.001	0.0624280	3.61273×10^{-5}
9806.65	1000	1	1	62.4280	0.0361273
9806.65	1000	1	1	62.4280	0.0361273
157.087	16.0185	0.0160185	0.0160185	1	5.78704×10^{-4}
2.71447×10^5	2.76799×10^4	27.6799	27.6799	1728	1

(9) 속력, 속도

m/s	km/h	ft/s	ft/min	mile/h
1	3.6	3.28084	196.850	2.23694
0.277778	1	0.911344	54.6807	0.621371
0.3048	1.09728	1	60	0.681818
0.00508	0.018288	0.0166667	1	0.0113636
0.44704	1.60934	1.46667	88	1

(10) 압력

Pa	kgf/cm^2	lbf/in^2	atm	mmHg	mAq
1	1.01972×10^{-5}	1.45038×10^{-4}	9.86923×10^{-6}	7.50062×10^{-3}	1.01972×10^{-4}
98066.5	1	14.2233	0.967841	735.559	10
6894.76	0.0703070	1	0.0680460	51.7149	0.703070
1.01325×10^5	1.03323	14.6959	1	760	10.3345
133.322	1.35951×10^{-3}	0.0193368	1.31579×10^{-3}	1	0.0135951
9806.65	0.1	1.42233	0.0967841	73.5559	1
3386.39	0.0345316	0.491154	0.0334211	25.4	0.345316
2989.07	0.03048	0.433528	0.0294998	22.4198	0.3048

1 at=1 kgf/cm^2, 1 psi=1 lbf/in^2

1 bar=10^5 Pa

1 torr=133.322 Pa

(11) 열, 에너지 및 일

J	kgf·m	lbf·ft	kWh	PSh	kcal	Btu
1	0.101972	0.737562	2.77778×10^{-7}	3.77673×10^{-7}	2.38846×10^{-4}	9.47817×10^{-4}
9.80665	1	7.23301	2.72407×10^{-6}	3.70370×10^{-6}	2.34228×10^{-3}	9.29491×10^{-3}
1.35582	0.138255	1	3.76616×10^{-7}	5.12055×10^{-7}	3.23832×10^{-4}	1.28507×10^{-3}
3.6×10^6	3.67098×10^5	2.65522×10^6	1	1.35962	859.845	3412.14
2.64780×10^6	2.7×10^5	1.95291×10^6	0.735499	1	632.415	2509.63
2.68452×10^6	2.7375×10^5	1.98×10^6	0.745700	1.01387	641.186	2544.43
4186.8	426.935	3088.03	1.163×10^{-3}	1.58124×10^{-3}	1	3.96832
1055.06	107.586	778.169	2.93071×10^{-4}	3.98466×10^{-4}	0.251996	1

1 PS=75 kgf·m/s, 1 HP=550ft·l bf/s, 1 Btu/lb=2326J/kg, 1 Btu(British heat unit)=1055.0558526 J=0.55555 Chu(Centigrade heat unit), 1 J=10^7erg

(12) 동력

W	kW	HP(영마력)	PS(프랑스마력)	kgf · m/s	lbf · ft/s
1	0.001	1.34102×10^{-3}	1.35962×10^{-3}	0.101972	0.737562
1000	1	1.34102	1.35962	101.972	737.562
745.700	0.745700	1	1.01387	76.0402	550
735.499	0.735499	0.986320	1	75	542.476
9.80665	9.80665×10^{-3}	0.0131509	0.0133333	1	7.23301
1.35582	1.35582×10^{-3}	1.81818×10^{-3}	1.84340×10^{-3}	0.138255	1

1 PS(SI)=75 kgf · m/s=735.49875 W, 1 PS(한국)=735.5 W, 1 HP(SI)=550 ft · 1 bf/s=745.699872 W, 1 HP(한국)=746 W

1 USRT=12,000 Btu/h=3.519 kW

1일본냉동톤=3320 kcal/h=3860 kW

(13) 열전도계수

W/(m · K)	kcal/(m · s · ℃)	kcal/(m · h · ℃)	Btu/(ft · h · °F)	Btu/(in · h · °F)
1	2.38846×10^{-4}	0.859845	0.577789	0.0481491
4186.8	1	3600	2419.09	201.591
1.163	2.77778×10^{-4}	1	0.671969	0.0559974
1.73073	4.13379×10^{-4}	1.48816	1	0.0833333
20.7688	4.96055×10^{-3}	17.8580	12	1

(14) 열전달계수, 열통과율

$W/(m^2 \cdot K)$	$kcal/(m^2 \cdot s \cdot ℃)$	$kcal/(m^2 \cdot h \cdot ℃)$	$Btu/(ft^2 \cdot h \cdot °F)$	$Btu/(in^2 \cdot h \cdot °F)$
1	2.38846×10^{-4}	0.859845	0.176110	1.22299×10^{-3}
4186.8	1	3600	737.338	5.12040
1.163	2.77778×10^{-4}	1	0.204816	1.42233×10^{-3}
5.67826	1.35623×10^{-3}	4.88243	1	6.94444×10^{-3}
817.670	0.195297	703.070	144	1

(15) 열유속

W/m^2	$kcal/(m^2 \cdot h)$	$Btu/(ft^2 \cdot h)$
1	0.859845	0.316998
1.163	1	0.368669
3.15459	2.71246	1

(16) 점성계수

Pa·s	kgf·s/m^2	kg/(m·h)	g/(cm·s)=P	lbf·s/ft^2
1	0.101972	3600	10	0.0208854
9.80665	1	35303.9	98.0665	0.204816
2.77778×10^{-4}	2.83255×10^{-5}	1	2.77778×10^{-3}	5.80151×10^{-6}
0.1	0.0101972	360	1	2.08854×10^{-3}
47.8803	4.88243	1.72369×10^{5}	478.803	1

1 P(poise)=1 Pa·s

(17) 동점성계수, 확산계수

m^2/s	m^2/h	cm^2/s	ft^2/s
1	3600	1.0×10^{4}	10.7639
2.77778×10^{-4}	1	2.77778	2.98998×10^{-3}
1.0×10^{-4}	0.36	1	1.07639×10^{-3}
0.09290304	334.451	929.0304	1

1 stokes=1 cm^2/s

(18) 분률

기 호	크 기	비 고
%	100분의 1	백분율, 퍼센트로 읽음
%	1000분의 1	천분율, 퍼어밀로 읽음
ppm	100만 분의 1	parts per million의 약어
pphm	1억 분의 1	parts per hundred million의 약어
ppb	10억 분의 1	parts per billon의 약어

[부표 2] 물의 성질

온도 [℃]	포화압력 [kPa]	밀도 ρ [kg/m³]		증발잠열 h_{fg} [kJ/kg]	비열 C_p [J/kg·K]		열전도계수 k [W/m·K]		점성계수 μ [kgm/s]	
		액체	증기		액체	증기	액체	증기	액체($\times10^{-3}$)	증기($\times10^{-5}$)
0.01	0.6113	999.8	0.0048	2,501	4,217	1,854	0.561	0.0171	1.792	0.922
5	0.8721	999.9	0.0068	2,490	4,205	1,857	0.571	0.0173	1.519	0.934
10	1.2276	999.7	0.0094	2,478	4,194	1,862	0.580	0.0176	1.307	0.946
15	1.7051	999.1	0.0128	2,466	4,186	1,863	0.589	0.0179	1.138	0.959
20	2.339	998.0	0.0173	2,454	4,182	1,867	0.598	0.0182	1.002	0.973
25	3.169	997.0	0.0231	2,442	4,180	1,870	0.607	0.0186	0.891	0.987
30	4.246	996.0	0.0304	2,431	4,178	1,875	0.615	0.0189	0.798	1.001
35	5.628	994.0	0.0397	2,419	4,178	1,880	0.623	0.0192	0.720	1.016
40	7.384	992.1	0.0512	2,407	4,179	1,885	0.631	0.0196	0.653	1.031
45	9.593	990.1	0.0655	2,395	4,180	1,892	0.637	0.0200	0.596	1.046
50	12.35	988.1	0.0831	2,383	4,181	1,900	0.644	0.0204	0.547	1.062
55	15.76	985.2	0.1045	2,371	4,183	1,908	0.649	0.0208	0.504	1.077
60	19.94	983.3	0.1304	2,359	4,185	1,916	0.654	0.0212	0.467	1.093
65	25.03	980.4	0.1614	2,346	4,187	1,926	0.659	0.0216	0.433	1.110
70	31.19	977.5	0.1983	2,334	4,190	1,936	0.663	0.0221	0.404	1.126
75	38.58	974.7	0.2421	2,321	4,193	1,948	0.667	0.0225	0.378	1.142
80	47.39	971.8	0.2935	2,309	4,197	1,962	0.670	0.0230	0.355	1.159
85	57.83	968.1	0.3536	2,296	4,201	1,977	0.673	0.0235	0.333	1.176
90	70.14	965.3	0.4235	2,283	4,206	1,993	0.675	0.0240	0.315	1.193
95	84.55	961.5	0.5045	2,270	4,212	2,010	0.677	0.0246	0.297	1.210
100	101.33	957.9	0.5978	2,257	4,217	2,029	0.679	0.0251	0.282	1.227
110	143.27	950.6	0.8263	2,230	4,229	2,071	0.682	0.0262	0.255	1.261
120	198.53	943.4	1.121	2,203	4,244	2,120	0.683	0.0275	0.232	1.296
130	270.1	934.6	1.496	2,174	4,263	2,177	0.684	0.0288	0.213	1.330
140	361.3	921.7	1.965	2,145	4,286	2,244	0.683	0.0301	0.197	1.365
150	475.8	916.6	2.546	2,114	4,311	2,314	0.682	0.0316	0.183	1.399
160	617.8	907.4	3.256	2,083	4,340	2,420	0.680	0.0331	0.170	1.434
170	791.7	897.7	4.119	2,050	4,370	2,490	0.677	0.0347	0.160	1.468
180	1002.1	887.3	5.153	2,015	4,410	2,590	0.673	0.0364	0.150	1.502
190	1254.4	876.4	6.388	1,979	4,460	2,710	0.669	0.0382	0.142	1.537
200	1553.8	864.3	7.852	1,941	4,500	2,840	0.663	0.0401	0.134	1.571

[부표 3] 1atm에서 공기의 성질

온도 [℃]	밀도 ρ [kg/m³]	비열 C_p [J/kg·K]	열전도계수 k [W/m·K]	점성계수 μ [kgm/s](×10^{-5})
-150	2.866	983	0.01171	0.8636
-100	2.038	966	0.01582	0.1189
-50	1.582	999	0.01979	1.474
-40	1.514	1,002	0.02057	1.527
-30	1.451	1,004	0.02134	1.579
-20	1.394	1,005	0.02211	1.630
-10	1.341	1,006	0.02288	1.680
0	1.292	1,006	0.02364	1.729
5	1.269	1,006	0.02401	1.754
10	1.246	1,006	0.02439	1.778
15	1.225	1,007	0.02476	1.802
20	1.204	1,007	0.02514	1.825
25	1.184	1,007	0.02551	1.849
30	1.164	1,007	0.02588	1.872
35	1.145	1,007	0.02625	1.895
40	1.127	1,007	0.02662	1.918
45	1.109	1,007	0.02699	1.941
50	1.092	1,007	0.02735	1.963
60	1.059	1,007	0.02808	2.008
70	1.028	1,007	0.02881	2.052
80	0.9994	1,008	0.02953	2.096
90	0.9718	1,008	0.03024	2.139
100	0.9458	1,009	0.03095	2.181
120	0.8977	1,011	0.03235	2.264
140	0.8542	1,013	0.03374	2.345
160	0.8148	1,016	0.03511	2.420
180	0.7788	1,019	0.03646	2.504
200	0.7459	1,023	0.03779	2.577
250	0.6746	1,033	0.04104	2.760
300	0.6158	1,044	0.04418	2.934
350	0.5664	1,056	0.04721	3.101
400	0.5243	1,069	0.05015	3.261
450	0.4880	1,081	0.05298	3.415
500	0.4565	1,093	0.05572	3.563
600	0.4042	1,115	0.06093	3.846
700	0.3627	1,135	0.06581	4.111
800	0.3289	1,153	0.07037	4.362
900	0.3008	1,169	0.07465	4.600
1000	0.2772	1,184	0.07868	4.826
1500	0.1990	1,234	0.09599	5.817
2000	0.1553	1,264	0.11113	6.630

[부표 4] 물질의 열적 성질(상온)

물질	밀도 [kg/m³]	비열 C_p [kJ/kg·K]	열전도계수 k [W/m·K]
공기(정지)	1.3	1.008	0.022
물(정지)	998	4.2	0.6
얼음	917	2.06	2.2
눈	100	1.806	0.06
순동	8,954	0.3831	386
알루미늄	2,707	0.896	204
청동	8,666	0.343	26
칠삼황동	8,522	0.385	111
탄소강 0.5%C	7,833	0.465	54
탄소강 1.0%C	7,801	0.473	43
탄소강 1.5%C	7,753	0.486	36
점토	1,860	1.680	1.5
흙	1,888	0.837	0.63
모래	1,699	0.837	0.5
자갈	1,849	0.837	0.62
보온벽돌	625	0.879	0.14
보통벽돌	1,519	0.837	0.3
내화벽돌	1,949	0.879	1.1
대리석	2,669	0.879	2.8
화강암	2,808	0.837	3.5
PC 콘크리트	2,400	0.378	1.5
보통콘크리트	2,200	0.882	1.5
경량콘크리트	1600	1.008	0.78
기포콘크리트(ALC)	600	1.092	0.17
중량블럭	2,300	0.785	1.1
경량블럭	1500	1.05	0.53
모르타르	2,000	0.798	1.5
플라스터	1,950	0.84	0.79
석고보드(6 mm)	862	1.13	0.14
석고시멘트판(6 mm)	1,678	0.753	1.8
판유리(3 mm)	2,539	0.795	0.79
타일	2,400	0.84	1.3
합성수지	1,250	1.176	0.19
FRP	1,600	1.176	0.261
카펫	400	0.80	0.08
목재(무거운)	600	2.09	0.186
목재(보통, 소나무)	479	2.09	0.174
목재(가벼운)	400	2.09	0.14
합판	550	1.30	0.187
유리솜(24 K)	24	0.84	0.042
유리솜(32 K)	32	0.84	0.040
암면	100	0.84	0.042
스티렌발포판	18	1.26	0.047
스티렌발포판(압출)	28	1.26	0.037
스티렌발포판(프레온발포)	40	1.26	0.026
경질우레탄발포판	38	1.26	0.028
연질우레탄발포판	30	1.26	0.050
폴리에틸렌발포판	50	1.26	0.044

[부표 5] 물질의 복사 성질

(1) 금속

물질	온도(K)	방사율(ε)
알루미늄		
연마된	300~900	0.04~0.06
상용 판재	400	0.09
심히 산화된	400~800	0.20~0.33
전기분해로 산화된	300	0.8
놋쇠		
잘 연마된	500~650	0.03~0.04
연마된	350	0.09
보통 판재	300~600	0.22
산화된	450~800	0.6
연마된 크롬	300~1,400	0.08~0.40
구리		
잘 연마된	300	0.02
연마된	300~500	0.04~0.05
상용판재	300	0.15
산화된	600~1,000	0.5~0.8
흑색으로 산화된	300	0.78
철		
잘 연마된	300~500	0.05~0.07
수철	300	0.44
녹이 쓴	300	0.61
산화된	500~900	0.64~0.78
스테인리스강		
연마된	300~1,000	0.17~0.30
약간 산화된	600~1,000	0.30~0.40
심하게 산화된	600~1,000	0.70~0.80
강		
연마된 판재	300~500	0.08~0.14
상용 판재	500~1,200	0.20~0.32
심하게 산화된	300	0.81

(2) 비금속

물질	온도(K)	방사율(ε)
알루미나	800~1,400	0.65~0.45
벽돌		
일반	300	0.93~0.96
내화	1200	0.75
천	300	0.75~0.90
콘크리트	300	0.88~0.94
유리		
창	300	0.90~0.95
파이렉스	300~1,200	0.82~0.62
얼음	273	0.95~0.99
석재	300	0.80
페인트		
알루미늄	300	0.40~0.50
흙색 라커	300	0.88
오일	300	0.92~0.96
적색(초벌)	300	0.93
백색 아크릴	300	0.90
백색 에나멜	300	0.90
백색 종이	300	0.9
백색 플라스터	300	0.93
고무		
경질	300	0.93
연질	300	0.86
모래	300	0.9
사람 피부	300	0.95
눈	273	0.80~0.90
흙	300	0.93~0.96
숯	300~500	0.95
깊은 물	273~373	0.95~0.96
목재		
너도밤나무	300	0.94
오크	300	0.9

(3) 재료의 태양복사 물성치

물질	태양열 흡수율 α_S	300K에서 방사율 ε	α_S/ε	태양열 투과율 τ_S
알루미늄				
연마된	0.09	0.03	3.0	
산화된	0.14	0.84	0.17	
결정을 씌운	0.11	0.37	0.30	
박막	0.15	0.05	3.0	
적색 벽돌	0.63	0.93	0.68	
콘크리트	0.60	0.88	0.68	
아연도금강판				
새 것	0.65	0.13	5.0	
오래된 것	0.80	0.28	2.9	
3.2 mm 유리				
열처리한				0.79
저철분, 산화				0.88
무광택 대리석	0.40	0.88	0.45	
흑색 금속판				
황화	0.92	0.10	9.2	
코발트산화	0.93	0.30	3.1	
니켈산화	0.92	0.08	11	
크롬	0.87	0.09	9.7	
0.13 mm두께 마일라				0.87
패인트				
흑색	0.98	0.98	1.0	
백색아크릴	0.26	0.90	0.29	
백색 산화아연	0.16	0.93	0.17	
백색 종이	0.27	0.83	0.32	
3.2 mm 두께 플렉시글라스				0.90
지붕 타일				
건조 면	0.65	0.85	0.76	
젖은 면	0.88	0.91	0.96	
마른 모래	0.52~0.73	0.82~0.86	0.63~0.82	
눈				
미세한 눈	0.13	0.82	0.16	
녹아 언 눈	0.33	0.89	0.37	
강철				
매끈한	0.41	0.05	8.2	
거친	0.89	0.92	0.96	
0.10 mm 두께 Tedlar 및 Teflon				0.92
목재	0.59	0.90	0.66	

[부표 6] 배관의 규격

(1) 배관용 탄소강관(KS D 3507)

관의 호칭		바깥지름 (mm)	두께 (mm)	두께의 허용차	소켓을 포함치 않는 무게 (kg/m)
A	B				
6	1/8	10.5	2.00	+규정하지 않음 −12.5%	0.419
8	1/4	13.8	2.35		0.664
10	3/8	17.3	2.35		0.866
15	1/2	21.7	2.65		1.25
20	3/4	27.2	2.65		1.6
25	1	34	3.25		2.46
32	$1\frac{1}{4}$	42.7	3.25		3.16
40	$1\frac{1}{2}$	48.6	3.65		3.63
50	2	60.5	3.65		5.12
65	$2\frac{1}{2}$	76.3	3.65		6.34
80	3	89.1	4.05		8.49
90	$3\frac{1}{2}$	101.6	4.05		9.74
100	4	114.3	4.5		12.2
125	5	139.8	4.85		16.1
150	6	165.2	4.85		19.2
175	7	190.7	5.3		24.2
200	8	216.3	5.85		30.4
225	9	241.8	6.2		36
250	10	267.4	6.40		41.2
300	12	318.5	7.00		53.8
350	14	355.6	7.60		65.2
400	16	406.4	7.9		77.6
450	18	457.2	7.9		87.5
500	20	508	7.9		97.4

(2) 압력배관용 탄소강관(KS D 3562)

호칭지름		바깥지름 (mm)	호칭두께							
			스케줄 40				스케줄 60			
			두께 (mm)	무게 (kg/cm)	수압시험압력 (kgf/cm^2)		두께 (mm)	무게 (kg/m)	수압시험압력 (kgf/cm^2)	
A	B				2종	3종			2종	3종
6	1/8	10.5	1.7	0.396	50	50	2.2	0.450	70	70
8	1/4	13.8	2.2	0.629	50	50	2.4	0.675	70	70
10	3/8	17.3	2.3	0.851	50	50	2.8	1.00	70	70
15	1/2	21.7	2.8	1.31	50	50	3.2	1.46	70	70
20	3/4	27.2	2.9	1.74	50	50	3.4	2.00	70	70
25	1	34.0	3.4	2.57	50	50	3.9	2.89	70	70
32	$1\frac{1}{4}$	42.7	3.6	3.47	100	100	4.5	4.24	100	120
40	$1\frac{1}{2}$	48.6	3.7	4.1	100	100	4.5	4.89	100	120
50	2	60.5	3.9	5.44	100	100	4.9	6.72	100	120
65	$2\frac{1}{2}$	76.3	5.2	9.12	100	100	6.0	10.4	100	120
80	3	89.1	5.5	11.3	100	100	6.6	13.4	130	140
90	$3\frac{1}{2}$	101.6	5.7	13.5	100	100	7.0	16.3	140	140
100	4	114.3	6.0	16	100	100	7.1	18.8	140	140
125	5	139.8	6.6	21.7	100	100	8.1	26.3	140	140
150	6	165.2	7.1	27.7	100	100	9.3	35.8	140	140
200	8	216.3	8.2	42.1	100	100	10.3	52.3	130	140
250	10	267.4	9.3	59.2	100	100	12.7	79.8	130	140
300	12	318.5	10.3	78.3	100	100	14.3	107	120	130
350	14	355.6	11.1	94.3	70	100	15.1	127	110	130
400	16	406.4	12.7	123	70	100	16.7	160	110	120
450	18	457.2	14.3	156	70	100	19.0	205	110	120
500	20	508.0	15.1	184	70	100	20.6	248	110	120
550	22	558.8	15.9	213	70	100				
600	24	609.6								
650	26	660.4								

(3) 동관의 규격(KS D 5301)

형	호칭경		평균 바깥지름 (mm)	두께 (mm)	중량 (kg/m)	만수용량 (kg/m)	상용압력(kgf/cm)		용도
	DN	NPS					경질	연질	
K	8	1/4	9.52	0.89	0.216	0.263	111	71.6	상수도관으로 배관 기타 배관전관
	10	3/8	12.70	1.24	0.399	0.481	123	79.7	
	15	1/2	15.88	1.24	0.510	0.650	95.3	61.6	
	–	5/8	19.05	1.24	0.620	0.835	78.7	50.9	
	20	3/4	22.22	1.65	0.953	1.24	90.8	58.7	
	25	1	28.58	1.65	1.25	1.76	69.7	45.1	
	32	1¼	34.92	1.65	1.54	2.33	56.6	36.6	
	40	1½	41.28	1.83	2.03	3.14	43.7	34.7	
	50	2	53.98	2.11	3.07	5.02	46.1	29.8	
	65	2½	66.68	2.41	4.35	7.35	43.2	27.9	
	80	3	79.38	2.77	5.96	10.3	42.4	27.4	
	90	3½	92.08	3.05	7.63	13.5	39.8	25.7	
L	8	1/4	9.52	0.76	0.187	0.237	95.4	61.7	냉온수배관 냉난방배관 가스배관 기타
	10	3/8	12.70	0.89	0.295	0.389	81.7	52.8	
	15	1/2	15.88	1.02	0.426	0.576	74.5	48.1	
	–	5/8	19.05	1.07	0.540	0.764	65.3	42.2	
	20	3/4	22.22	1.14	0.675	0.987	60.1	38.8	
	25	1	28.58	1.27	0.974	1.51	52.6	34.0	
	32	1¼	34.92	1.40	1.32	2.13	47.9	31.0	
	40	1½	41.28	1.52	1.70	2.85	43.3	28.0	
	50	2	53.98	1.78	2.61	4.60	38.5	24.9	
	65	2½	66.68	2.03	3.69	6.77	35.5	22.9	
	80	3	79.38	2.29	4.96	9.35	34.1	22.0	
	90	3½	92.08	2.54	6.38	12.4	33.0	21.3	
M	10	3/8	12.70	0.64	0.217	0.319	57.2	37.0	냉온수배관 냉난방배관 기타
	15	1/2	15.88	0.71	0.302	0.467	51.5	33.3	
	20	3/4	22.22	0.81	0.487	0.820	39.6	25.6	
	25	1	28.58	0.89	0.692	1.26	34.4	22.2	
	32	1¼	34.92	1.07	1.02	1.87	35.0	22.6	
	40	1½	41.28	1.24	1.39	2.57	35.1	22.7	
	50	2	53.98	1.47	2.17	4.21	30.7	19.8	
	65	2½	66.68	1.65	3.01	6.16	28.4	18.3	
	80	3	79.38	1.83	3.99	8.49	26.8	17.3	
	90	3½	92.08	2.11	5.33	11.4	26.7	17.3	
N	8	1/4	9.52	0.46	0.117	0.175	55.1	35.6	배수관 통기관
	10	3/8	12.70	0.46	0.158	0.267	40.9	26.4	
	15	1/2	15.88	0.51	0.220	0.393	36.0	23.3	
	20	3/4	22.22	0.56	0.341	0.690	28.6	18.5	
	25	1	28.58	0.61	0.479	1.07	23.1	14.9	
	32	1¼	34.92	0.71	0.682	1.57	22.7	14.6	
	40	1½	41.28	0.81	0.921	2.16	21.1	13.6	
	50	2	53.98	0.91	1.36	3.49	17.8	11.5	
	65	2½	66.68	1.02	1.88	5.16	16.5	10.5	
	80	3	79.38	1.22	2.68	7.32	17.2	11.1	

주) ① KSD5301의 표준규격임

② KS D 5301은 ASTM. B 88, JIS. H 3300 규격과 동일함

③ 바깥지름의 산출공식 : 바깥지름=호칭경(인치)+1/8(인치)

(예) DN 20의 바깥지름 3/4×25.4+1/8×25.4=22.2(mm)

(ㄱ)

(ㄴ)

(ㅊ)

(ㅋ)

(ㅌ)

(ㅍ)

〈ㅎ〉

〈기타〉

저자약력

● **권영필**
- 서울대학교 학사
- KAIST 석사, 박사
- 미국 Georgia Tech., U. Houston에서 연구
- 숭실대학교 공학대학 학장
- 숭실대학교 기계공학과 명예교수

건축기계설비

MECHANICAL FACILITIES FOR BUILDING

초 판 1쇄 발행 2011년 2월 28일
개정판 1쇄 발행 2013년 1월 10일
개정판 2쇄 발행 2020년 2월 28일

저 자 권영필
발 행 인 김호석
발 행 처 도서출판 대가
기 획 김호석 · 장종구
경영지원 박미경
편 집 부 박은주
마 케 팅 권우석 · 오중환
관 리 한미정

주 소 경기도 고양시 일산동구 장항동 776-1 로데오메탈릭타워 405호
전 화 (02) 305-0210 / 306-0210
팩 스 (031) 905-0221
전자우편 dga1023@hanmail.net
홈페이지 www.bookdaega.com